计算机系列教材

陈伟 李频 编著

网络安全原理与实践
（第2版）

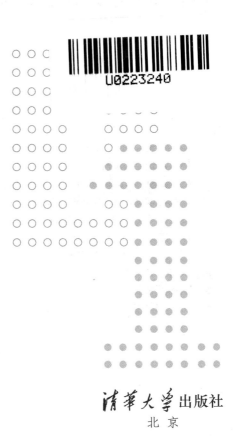

清华大学出版社
北京

内 容 简 介

　　本书围绕网络安全技术体系的建立,系统介绍了计算机网络安全知识和理论。全书共分 16 章,内容包括网络安全基础、网络安全威胁、密码学概述、对称加密、公钥密码、消息认证和散列函数、鉴别和密钥分配协议、身份认证和访问控制、PKI 技术、虚拟专用网和 IPSec 协议、电子邮件安全、Web 安全、防火墙技术、入侵检测系统和网络诱骗系统、无线网络安全、恶意代码。本书既重视基础原理和基本概念的阐述,又紧密联系当前的前沿科技知识,注重理论和实践的统一,可以有效加深读者对于网络安全的理解,培养读者的创新能力。

　　本书可作为信息安全、计算机科学与技术、信息管理、电子商务、软件工程、物联网工程、数据科学与大数据技术等专业本科生和研究生的教材,也可供从事相关专业的教学、科研和工程人员参考。

图书在版编目(CIP)数据

　　网络安全原理与实践/陈伟,李频编著. —2 版. —北京:清华大学出版社,2023.2(2024.1 重印)
　　计算机系列教材
　　ISBN 978-7-302-61395-4

　　Ⅰ.①网… Ⅱ.①陈… ②李… Ⅲ.①计算机网络—网络安全—高等学校—教材 Ⅳ.①TP393.08

　　中国版本图书馆 CIP 数据核字(2022)第 124667 号

责任编辑:白立军
封面设计:常雪影
责任校对:郝美丽
责任印制:曹婉颖

出版发行:清华大学出版社
　　　网　　　址:https://www.tup.com.cn,https://www.wqxuetang.com
　　　地　　　址:北京清华大学学研大厦 A 座　　　　邮　　编:100084
　　　社　总　机:010-83470000　　　　　　　　　　邮　　购:010-62786544
　　　投稿与读者服务:010-62776969,c-service@tup.tsinghua.edu.cn
　　　质量反馈:010-62772015,zhiliang@tup.tsinghua.edu.cn
　　　课件下载:https://www.tup.com.cn,010-83470236
印　装　者:三河市龙大印装有限公司
经　　　销:全国新华书店
开　　　本:185mm×260mm　　　印　张:22　　　字　　数:509 千字
版　　　次:2014 年 7 月第 1 版　2023 年 3 月第 2 版　　印　次:2024 年 1 月第 3 次印刷
定　　　价:69.00 元

产品编号:095257-01

前　言

随着计算机网络的发展,信息安全越来越受到人们的关注,信息安全已成为发展最为迅速的学科领域之一。人员、技术和管理是信息安全保障的三大要素,虽然人员和管理在安全领域所扮演的角色非常重要,但技术要素才是基础,一个信息安全工程师首先必须对安全技术的功能和弱点有深入的理解。对于信息安全专业人才培养来说,使学生掌握信息安全技术理论和应用是关键。

2001年,经教育部批准,武汉大学创建了全国第一个信息安全本科专业,我国从此开始了信息安全本科生的培养。2002年,教育部又批准了18所高等学校建立信息安全本科专业,之后信息安全本科人才培养达到高潮。在信息安全本科生培养初期,教材比较匮乏,一般信息安全专业课使用各个学校的内部讲义或面向研究生的教材,2007年后,出现了大量的信息安全本科专业教材,课程涵盖密码学、系统安全、网络安全、网络攻防、信息安全实验等。

南京邮电大学于2002年获批建立信息安全本科专业,在信息安全学科专业领域,特别是网络安全方向拥有一支学术水平较高的专家队伍,承担了网络安全领域的多项科研课题,能够从事本科至博士生的多层次人才培养。我们在约20年信息安全本科生人才培养的过程中积累了一些经验,通过对多种教材的使用有了一定的心得,体会到信息安全专业是一门对实践性要求很高的学科,如果在教学中不能将理论与实践相结合,学生难以有效地掌握知识点。编写本书之前,我们将本书定位为适应本科生教学使用,偏向网络安全、理论与实践相结合的教材。编写时以网络安全理论为本位,以实际能力为目标,注意原理联系实践,尽量多介绍一些实际问题,让读者增加感性认识。

本书自2014年出版以来,被50多所高校选作教材,得到高校教师的认可。这次修订,调整了部分章节的内容,并删除了一些陈旧知识,增加了一些实验,更突出了实践性。

本书围绕网络安全体系的建立展开,第1章和第2章介绍网络安全的基本概念和目前存在的网络安全威胁。后续章节可以分为三部分:第一部分为密码学,这部分为网络安全的基础,主要包含第3～6章,本书不过多讨论密码学中的算法设计和安全性证明,重点介绍各种密码的主要思想和算法特点,目标是让读者能在不同应用场景下选择合适的密码方法;第二部分为网络安全协议,由于网络技术的出现,原有的在单机上的安全保护技术遇到了挑战,网络安全协议主要解决此类问题,主要包含第7～10章,还有第12章的部分内容;第三部分为网络安全技术,相比密码学和网络安全协议,读者在现实生活中更容易接触到这些应用技术,这些技术主要应用在网络攻防中,主要包含第11～16章。本书适合32～64学时教学使用,部分章节可作为选学内容。

本书既注重网络安全基础理论,又着眼培养读者解决网络安全问题的实际能力。本书突出网络安全的特色,理论与实践相结合,文字简明,通俗易懂,用循序渐进的方式叙述网络安全知识,对网络安全的原理与技术的难点的介绍适度,适合本科生教学使用。

　　本书由南京邮电大学计算机学院信息安全系组织编写,为南京邮电大学"十二五"规划教材,第 3～6 章、第 15 和 16 章由陈伟编写,其余章节由李频编写完成。本书在编写过程中参阅了大量文献,还参考了互联网上信息安全的相关资料,在此一并向作者表示衷心的感谢。硕士研究生杨龙、李晨阳、吴震雄、姜海东、顾杨、龚沛华、许若妹等参与部分文字的录入和插图绘制工作,此书的出版得到了多位专家的指导和帮助,在此一并表示感谢。

　　正如互联网的设计会存在漏洞一样,限于作者的水平,本书难免会存在错误,我们将会虚心聆听读者指出的任何一处错误,恳请广大读者批评指正。

作　者

2023 年 1 月

目 录

第 1 章　网络安全基础

1.1　网络安全的概念

21 世纪是信息的时代,信息正成为重要的战略资源,信息的获取能力、处理能力和保障能力成为一个国家综合国力的重要组成部分。一方面,一个信息技术和信息产业落后的国家无法成为世界强国,目前信息科学和技术正处于快速发展阶段,成为促进经济发展和社会进步的重要因素;另一方面,危害信息安全的事件不断出现,人们经常在新闻中听到黑客、木马、漏洞这些与信息安全有关的名词,网络银行账号、网络游戏账号、QQ 账号被盗已经不再成为新闻,网络谣言、人肉搜索等网络暴力事件已经成为常见的现象,信息安全的形势严峻,信息技术的发展改善了人们的生活,但也让人们的敏感信息变得不安全。也许几十年前,人们只要把敏感文档锁进保险箱,就可以高枕无忧了,可如今大部分信息都是以二进制的形式存储在电子产品中,通过网络传送,人们已经没有保险箱可以保证这些信息的安全。因此,信息安全事关国家安全和社会稳定,必须采取措施确保我国的信息安全。

1. 信息安全的含义

目前,业界关于信息安全的定义和内涵尚没有形成一个统一的说法。不同的学者根据自己的研究和理解给出了不同的诠释。尽管这些诠释不尽相同,但其主要内容却是相同的。

信息论的知识告诉我们,信息不能脱离它的载体而孤立存在。例如,有一份重要的文档使用微软公司 Office 软件编辑处理,并存储在计算机的硬盘中,可以同步到云盘 Onedriver 上,可以通过网络用电子邮件发送给对方。在编辑发送过程中,Office 软件、硬盘、云盘、网络都是信息的载体,如果 Office 软件存在漏洞,计算机硬盘被偷走,云存储服务器信息泄露,网络数据被截取,这个重要的文档就会泄密。我们不能脱离信息系统而孤立地谈论信息安全。因此,应当从信息系统安全角度来全面考虑信息安全的内涵。信息系统安全主要包括 4 个层面:硬件安全、软件安全、数据安全和安全管理,其中的数据安全即是传统的信息安全。为了表述简单,在不会产生歧义时可以直接将信息系统安全简称为"信息安全"。

(1) 硬件安全:信息系统硬件的安全是信息系统安全的首要问题,包括硬件的稳定性、可靠性和可用性。

(2) 软件安全:保护信息系统不被非法侵入,系统软件和应用软件不被非法复制、篡改,不受恶意软件的侵害等。

(3) 数据安全:采取措施确保数据免受未授权的泄露、篡改和毁坏,主要包括数据的机密性、完整性、不可否认性和可用性。

（4）安全管理：运行时突发事件的安全处理等，包括建立安全管理制度、开展安全审计、进行风险分析等。

其中，信息系统硬件的安全和操作系统的安全是信息安全的基础，密码学、网络安全等技术是信息安全的研究核心和关键技术，信息系统安全是信息安全的目标，必须确保信息在获取、存储、传输和处理各环节中的安全。确保信息安全是一项系统工程，只有从信息系统的硬件和底层软件做起，从整体上采取措施，才能比较有效地实现信息安全。

综上所述，信息安全是研究信息获取、信息存储、信息传输以及信息处理领域的信息安全保障问题的一门新兴的学科，是防止信息被非授权使用、误用、篡改和拒绝使用而采取的措施。

信息安全是综合数学、物理、生物、量子力学、电子、通信、计算机、系统工程、语言学、统计学、心理学、法律、管理、教育等学科演绎而成的交叉学科，与这些学科既有紧密的联系和渊源，又有本质的不同，从而构成一个独立的学科。

2. 网络和网络安全

网络作为信息的主要收集、存储、分配、传输和应用的载体，其安全对整个信息安全起着至关重要甚至是决定性的作用。网络安全的基础是需要具有安全的网络体系结构和网络通信协议。但遗憾的是，如今基于 TCP/IP 协议族实现的 Internet，无论是其体系结构还是通信协议，都具有各种各样的安全漏洞，因此带来的安全事件层出不穷。因此，利用网络进行的攻击与反攻击、控制与反控制永远不会停止。

网络安全，也就是网络信息系统的安全，是指网络系统的硬件、软件及系统中的数据受到保护，不因偶然的或者恶意的原因而遭到破坏、篡改、泄露，系统连续可靠正常地运行，网络服务不被中断。为了实现网络安全，需要保证计算机自身的安全，互联的安全（包含通信设备、通信链路、网络协议的安全），各种网络应用和服务的安全等几方面。相对于信息安全的其他安全技术，网络安全是本书的研究重点。

1.2　主要的网络安全威胁

网络安全威胁有很多种类，存在着不同的分类方法，其中一种分类方法是将它们分成被动攻击与主动攻击。

1. 被动攻击

被动攻击是指攻击者监听网络通信时传递的数据流，从而获取传输的数据信息。被动攻击的两种形式是消息内容泄露和通信形式泄露。

1）消息内容泄露

网上传输的任何消息都有可能被黑客截获，尤其是黑客更想截获的明文消息。电子邮件、传输的文件等都有可能包含敏感或机密信息。我们希望阻止黑客了解消息的内容。

2) 通信形式泄露

网上传输的消息不管是明文还是密文,黑客都有可能获得这些消息的通信形式。从而可以确定通信主机的位置甚至于身份,并能观察到正在通信的消息的长度和频率。

2. 主动攻击

主动攻击包括伪装成其他用户、篡改网络上传输的信息。主动攻击有中断、伪造、篡改、重放等几种。下面介绍消息重放和消息篡改。

1) 消息重放

将事先捕获的消息在稍后的时间重传,以达到假冒合法用户身份的目的。

2) 消息篡改

将合法消息的某些部分进行篡改,或者消息被延迟或被重新排序等,从而产生非授权的效果。

由于被动攻击不涉及对数据的修改,所以往往很难检测,但相对容易预防。而主动攻击很难绝对地预防,却相对容易被检测。由于检测本身具有威慑黑客的作用,所以它也可以对防范起到一定作用。

下面列举几种主要的网络安全威胁方式。

① 伪装或假冒。

某个未授权实体伪装或假冒成另一个被授权实体,从而非法获取系统的访问权限或得到额外的特权。它通常和消息的重放及篡改等主动攻击形式同时使用。

② 否认或抵赖。

网络用户虚假地否认发送过的信息或接收到的信息。威胁源可以是用户和程序,受威胁对象是用户。

③ 破坏完整性。

对正确存储的数据和通信的信息流进行非法篡改、删除或插入等操作,从而使得数据的完整性遭到破坏。

④ 破坏机密性。

用户通过搭线窃听、网络监听等方法非法获得网络中传输的非授权数据的内容,或者通过非法登录他人系统得到系统中的明文信息。

⑤ 流量分析/信息量分析。

攻击者通过观察通信中信息的形式,如信息长度、频率、来源地、目的地等,而不是通信的内容,来对通信进行分析。

⑥ 重放。

攻击者利用身份认证机制中的漏洞,先把别人有用的密文消息记录下来,过一段时间后再发送出去,以达到假冒合法用户登录系统的目的。

⑦ 重定向。

网络攻击者设法将信息发送端重定向到攻击者所在的计算机,然后再转发给接收者。例如,攻击者伪造某个网上银行域名,用户以为是真实网站,按要求输入账号和口令,攻击者就能获取相关信息。

⑧ 拒绝服务。

攻击者对系统进行非法的、根本无法成功的大量访问尝试而使系统过载,从而导致系统不能对合法用户提供正常访问。

⑨ 恶意软件。

恶意软件(malware)是一种(往往是秘密地)被植入系统中,损害受害者数据、应用程序或操作系统的机密性、完整性或可用性,或对用户实施骚扰或妨碍的程序。

⑩ 社会工程。

社会工程(social engineering)是指利用说服或欺骗的方式,让网络内部的人(如安全意识薄弱的职员)来提供必要的信息,从而获得对信息系统的访问。它其实是高级黑客技术的一种,往往使得看似处在严密防护下的网络系统出现致命的突破口。

1.3 TCP/IP 协议族的安全问题

网络安全指的是基于 TCP/IP 协议族的互联网和局域网的安全,但实际上它们是有着很多安全问题的。互联网由于没有中心的管理机构,是一种自治的广域网,任何一台主机或者各种类型的局域网只要遵从 TCP/IP 和 IP 地址分配规则,就能够连入 Internet。Internet 容易隐藏攻击者的踪迹且蕴藏巨大的计算能力,因此它是一个理想的分布式攻击平台。

由于最初 TCP/IP 是在可信任环境中开发出来的,在协议设计的总体构想上未考虑安全问题,所以基本谈不上有安全性。后来虽然 TCP/IP 经过一次又一次的改进,但因为其先天不足和需要向后兼容的原因,仍然未彻底解决其自身的安全性问题。TCP/IP 协议族的组成和协议之间的相关性如图 1.1 所示。

1.3.1 链路层协议的安全隐患

1. ARP 的安全隐患

ARP 通常用来将 IP 地址转换为网卡物理地址(MAC 地址),主要通过使用 ARP 缓存映射表来完成。但该协议有一个问题,为了减少网络上过多的 ARP 数据包,一台主机即使收到的 ARP 应答包并非自己请求的,也会将其插入自己的 ARP 缓存表中。这将会被利用,导致基于 ARP 欺骗的中间人(Man In The Middle,MITM)攻击。

2. 以太网协议 CSMA/CD 的安全隐患

以太网协议 CSMA/CD 是基于广播方式传送数据的,所有物理信号都被传送到每一个主机节点,如果网卡被设置成混杂模式,这种模式下无论监听到的数据帧的目的地址如何,网卡都能够接收。这样一个以太网接口就能接收不是发给它的数据帧,从而实现网络嗅探。

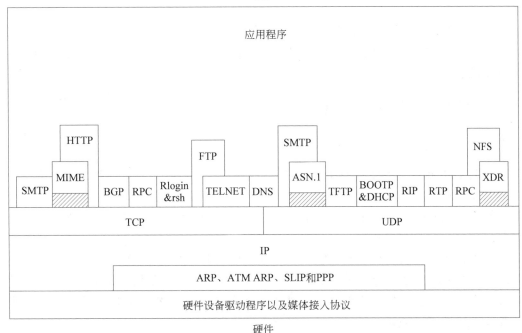

图 1.1　TCP/IP 协议族的组成和协议之间的相关性

1.3.2　网络层协议的安全隐患

1. IP 的安全隐患

IP 地址是由 Internet 网络信息中心分发的,所以很容易发现数据包的源地址。而且 IP 地址隐含了主机所在的网络,攻击者可以根据它得到目标网络的拓扑结构。因此,使用公有 IP 地址的网络拓扑对 Internet 上的用户来说是暴露的。

Internet 上的路由器只负责将数据传送到下一个路由器,并不关心其中内容,也没有人关心其中内容。也就是说,其中数据包的包头和内容都有可能被假冒、篡改或破坏。数据包都是分成多个分片在网络上分别发送的,黑客很容易插入数据包篡改其中内容。

IP 既不能为数据提供完整性、机密性保护,又缺少对源 IP 地址的认证机制。所以源 IP 地址很容易被伪造和更改,导致网络遭受 IP 欺骗攻击,这样网上传输数据的真实来源就无法得到保证。

IP 的另一个安全问题是利用“源路由”选项进行攻击。源路由指定了 IP 数据包必须经过的路径,对该选项的设置使得入侵者能够绕开某些网络安全措施而通过安全性差的路径来攻击目标主机。

最后,IP 还可能受到一种称为“IP 分片包”的威胁,这可能使被攻击的目标系统遭受分片扫描和拒绝服务等攻击。

2. ICMP 的安全隐患

黑客可以利用 ICMP 重定向报文来破坏路由，进行数据包截取；也可以实现操作系统指纹识别，识别被扫描主机的端口开放情况；还可以利用不可达报文对某一服务器发起拒绝服务攻击。

1.3.3 传输层协议的安全隐患

1. TCP 的安全隐患

使用 TCP 建立一个完整的连接时，需要经历"三次握手"过程。如果这其中客户的 IP 地址是虚假的，服务器就需要维持大量的"半连接列表"而耗费相当多的资源，最终导致服务器遭受拒绝服务攻击，典型的针对 TCP 握手的拒绝服务攻击就是 SYN Flood 攻击。

TCP 提供的可靠连接是通过对初始序列号的认证来实现的，每一个合法的 TCP 连接都有一个客户机/服务器双方共享的唯一序列号作为标识。如果操作系统所产生的序列号并不是真正随机的，攻击者猜出序列号之后，就可以控制该 TCP 连接，从而对目标服务器进行 IP 欺骗等攻击。

2. UDP 的安全隐患

UDP 是一个无连接、不可靠的协议，传输数据前不需要建立连接，攻击者很容易通过伪造源地址的方式向目标发送攻击报文，所以发送欺骗 UDP 包比欺骗 TCP 包更容易，非常容易受到 IP 源路由和拒绝服务攻击。

1.3.4 应用层协议的安全隐患

1. DNS 协议的安全隐患

DNS 协议通常完成 IP 地址到域名之间的相互转换。但该协议有一个问题，当一个 DNS 服务器向另一个 DNS 服务器发送某个域名解析请求时，黑客冒充被请求方，向请求方返回一个被篡改了的应答。这样域名就被解析成错误的 IP 地址，将请求方导向不是它真正请求的服务器，从而达到 DNS 欺骗的目的。

如果 DNS 协议遭到拒绝服务攻击，DNS 就无法进行域名解析，就会影响所有需要域名解析的应用，而且对用户的影响范围比较广泛。

2. 路由协议的安全隐患

许多路由协议使用未加密的静态口令来认证数据中的路由信息，容易被窃听。因此，可以通过修改路由信息来扰乱合法路由器的路由表，以达到修改网络数据传输路径的目的。另外很多路由协议，如 BGP，是通过 TCP 传送数据的，对 TCP 的攻击也会影响它的安全。

3. Web 协议的安全隐患

Web 具有动态性和双向性,使得 Web 服务非常容易遭受来自 Internet 的攻击。另外,实现 Web 浏览和配置管理等功能的软件非常复杂,其中隐藏着很多安全隐患。更重要的是构成 Web 程序的脚本语句不需要经过严格的编译过程来修改其中的语法错误就能够直接运行,同时 Web 页面中使用的有些控件的实现代码是直接从网络下载得到的,这些都对 Web 程序的安全构成威胁。

4. 其他协议的安全隐患

建立在 TCP/IP 上的应用程序还有 SMTP、POP3、Telnet、FTP、SNMP 等,它们大都以守护进程的形式以 root 权限运行,黑客利用它们的代码中出现的安全漏洞就能够取得系统控制权;同时它们都采用简单的身份认证方式(基于口令的认证或基于地址的认证),且信息以明文方式在网络中传输,这都会导致非常大的安全隐患,危及整个系统的安全性。另外 TCP/IP 下层协议的安全缺陷必然导致应用层的安全出现漏洞甚至崩溃。

1.4　OSI 安全体系结构

国际标准化组织(ISO)制定的 OSI(开放系统互连)基本参考模型只考虑了网络协议所实现的功能和性能,而没有考虑提供任何的网络安全性。后来,ISO 于 1989 年对 OSI 环境的安全性进行了深入的研究,在此基础上又提出了一个 OSI 安全体系结构,作为对七层网络协议在安全方面的补充,它可以作为研究设计计算机网络以及评估和改进现有系统的理论依据。OSI 安全体系结构定义了安全服务(也叫安全需求)、安全机制、安全管理及有关安全方面的其他问题,此外还定义了各种安全机制以及安全服务在 OSI 各层中的位置。

1.4.1　安全服务

在对安全威胁进行分析的基础上,规定了 5 种标准的安全服务。

1. 认证

认证用于认证实体的身份和对身份的证实,包括对等实体认证和数据源认证两种。

2. 访问控制

访问控制提供对越权使用资源的防御措施,防止系统资源被非法使用。

3. 数据机密性

数据机密性是针对信息泄露而采取的防御措施,分为连接机密性、无连接机密性、选择字段机密性、通信业务流机密性 4 种。

4. 数据完整性

数据完整性防止非法篡改和破坏信息,如修改、复制、插入和删除等,分为带恢复的连接完整性、无恢复的连接完整性、选择字段的连接完整性、无连接完整性、选择字段无连接完整性 5 种。

5. 抗否认

抗否认是针对对方否认的防范措施,用来证实发生过的操作,包括对发送方的抗否认和对接收方的抗否认两种。

1.4.2 安全机制

安全服务可以单个使用,也可以组合起来使用。一种安全服务可以由一种或数种安全机制支持,一种安全机制也可以支持多种安全服务。上述安全服务可以用以下的安全机制来实现。

(1)加密机制:借助各种加密算法对存储和传输的数据进行加密,是各种安全服务的基础。

(2)数字签名:发送方用自己私钥数字签名,接收方用发送方公钥验证签名——数字签名也是对发送方的一种鉴别。

(3)访问控制机制:根据访问者的身份和有关信息,决定实体的访问权限。

(4)数据完整性机制:判断信息在传输过程中是否被篡改过,但它一般不能防止重放攻击。

(5)认证交换机制:用来实现对等实体的认证,如进行口令交换的一次性口令机制。

(6)通信业务填充机制:通过填充冗余的业务流量来防止攻击者进行"信息量分析",目的是不要暴露正在传输的数据,填充的流量需通过加密进行保护。

(7)路由选择控制机制:防止不利的信息通过路由来传送,如使用网络层防火墙;还可以使信息发送者选择特殊的路由,以保证数据安全。

(8)公证机制:由第三方使用数字签名机制为通信用户签发数字证书来实现,它基于通信双方对第三方都绝对信任。

1.5 网络安全服务及其实现层次

一种安全服务是否可以在对应于 TCP/IP 协议族五层的某一层实现,主要依据有以下 3 点。

(1)参数要求:能否直接提供实现服务的机制所需的参数。

(2)服务要求:该层协议数据单元是否需要这种安全服务。

(3)效益要求:在该层实现这种服务的成本和效益状况。

1.5.1　机密性

阻止未经授权的用户非法获取保密信息,即相关信息只给授权用户使用。即使是攻击者得到了信息本身,他也无法从中得到信息的内容或提炼出有用数据。数据机密性分为存储的机密性和传输的机密性:存储的机密性是指数据在系统存储的过程中不被攻击者获得其内容;传输的机密性是指数据在网络中传输的过程中不被第三方获得其内容。

(1) 物理层可以通过成对插入透明的电气转换设备实现线路信号的保密,这种机密性服务相对简单透明。

(2) 链路层可以提供相邻节点间交换数据的保密,与物理层机密性服务构成冗余的线路保密服务。

(3) 网络层具备建立网络主机和设备级机密性服务条件,在网关上可以提供中继式保密机制。但这种保密为同一主机上的所有用户提供的机密性服务是相同的。

(4) 传输层具备建立网络服务端口级的端—端交换数据的保密,因而可以区分不同端口间的数据交换保密需求。但是传输中间的节点不参与这种机密性服务。

(5) 应用层具备建立应用进程间的交换数据机密性服务条件,但同时也增加了机密性服务参数管理的复杂性,相对较低的机密性服务,对网络主机的密码算法和密钥管理提出了更高的要求。

数据机密性主要通过下面的机制得到保证:物理保密、防窃听、防辐射、信息加密、通信业务填充机制等。

1.5.2　完整性

在未经许可的情况下,保证数据不会被他人删除或修改。完整性也分为存储的完整性和传输的完整性,是指数据在存储和传输过程中不被偶然或故意地插入、删除、修改、伪造、乱序和重放。不过一般提起保护数据完整性,并非真的是防止数据被非法篡改,实际上是指提供一种检查数据是否被非法篡改的机制,以防止接收被篡改的数据。

(1) 物理层没有检测或恢复机制,不具备数据完整性服务条件。

(2) 链路层具备相邻的节点之间的完整性服务条件,但对网络上的每个节点来说,增加了系统的时空开销,而提供的完整性不是最终意义上的完整性,所以不具备效益要求。

(3) 网络层也被认为不具备效益要求,对网络层实体而言,它们自己产生和管理的网络管理信息的完整性服务是必需的,但这种服务是网络层内部的需要,不对高层开放,因而不是我们所指的数据完整性服务。

(4) 传输层因为提供了端到端的连接,因而被认为最适宜提供数据完整性服务,不过通常这种完整性不具备语义完整性服务功能。

(5) 应用层可以建立应用实体相关的语义完整性服务。

数据完整性主要通过下面的机制得到保证:数据校验、数字指纹、消息校验码、防重放机制等。

1.5.3　身份认证

用户要向系统证明他就是他所声称的那个人,目的是为了防止非法用户访问系统和网络资源,它是确保合法用户使用系统的第一道关卡。

(1)物理层不具备认证服务的参数要求。

(2)链路层不具备认证服务的服务和效益要求。

(3)网络层上具备进行网络主机和设备级认证的参数要求,可以满足数据通信对网关认证的服务要求,同时可以满足网络通信管理信息的来源认证要求。

(4)传输层具备网络通信中系统端口级认证的参数要求,在一个连接的开始前和持续过程中能够提供两个或多个通信实体的进程级认证服务。

(5)应用层可以提供和满足应用实体(即用户)间的特殊或专门认证服务。

实现身份认证的主要方法包括口令、数字证书、基于生物特征以及通过可信第三方进行认证等。

1.5.4　访问控制

限制主体对访问客体的访问权限,从而使计算机系统在合法范围内使用。访问控制建立在身份认证的基础上,通过限制对关键资源的访问,防止非法用户的侵入或因为合法用户的不慎操作而造成的破坏。

(1)物理层和链路层不具备访问控制服务的参数要求,这是因为没有可用于这样一种访问控制机制的物理设备。

(2)网络层可以确立网络层实体的标识,如精细到网络设备或主机级访问主体和客体标识,因而可以使用基于网络设备、主机、网段或子网的访问控制机制,提供网络层实体访问控制服务。这是一种粗粒度的访问控制,但其控制的范围也相对广泛。

(3)传输层可以提供基于网络端口服务的访问控制机制,控制端到端之间数据共享或设备共享。

(4)应用层能提供应用相关的访问控制服务,将访问控制建立在应用层实体(如用户),将保护精细到具体应用过程中涉及的资源(如每个文件)。

实现访问控制的主要方法,从宏观上分为自主访问控制和强制访问控制等;从具体实现方法上分为访问控制矩阵和访问控制表等。

1.5.5　不可否认

发送方(或接收方)不能否认它曾经在某时发送(或接收)过的数据。即通信方必须对自己的行为负责,而不能也无法事后否认;若发送方没有发送过数据,其他人也无法假冒发送方成功。不可否认分为发送方的不可否认(发送方无法否认他曾经发送过某消息)、接收方的不可否认(接收方无法否认他曾经接收过某消息)、时间上不可否认。

(1)不可否认服务必须具备完整的证明信息和公证机制,显然在传输层以下都不具备完整的证明信息交换条件。

（2）不可否认服务的证明信息的管理与具体服务项目密切相关，与公证机制相关，因而，传输层本身也难以胜任，通常都建立在应用层之上。

主要的不可否认机制有数字签名、数字签名收条和时间戳等。时间戳同时还可以保证消息的完整性，有效地防止重放攻击。

1.5.6 可用性

我们要求计算机或网络能够在我们期望它以我们所期望的方式运行的时候运行。即网络服务在需要时，具有允许授权用户使用的特性；或者是网络部分受损或需要降级使用时，仍能为授权用户提供有效服务的特性。可用性分为物理上的可用性和防止拒绝服务来实现可用性。从参数要求、服务要求、效益要求 3 方面来看，可用性比较适合在网络层和传输层实现。

要想实现可用性就需要做到：保证计算机和网络设备及通信的正常使用不受到断电、地震、火灾、水灾等自然灾害的影响；对网络阻塞、网络蠕虫、黑客攻击等容易导致系统崩溃或带宽过度损耗的情况采取措施等。

1.6 TCP/IP 协议族的安全架构

TCP/IP 协议族的所有协议都不能提供 1.5 节介绍的 6 种网络安全服务。为了解决 TCP/IP 协议族的安全性问题，以 IETF 为代表的相关组织不断通过对现有协议的改进和设计新的安全协议来对现有的 TCP/IP 提供相关的安全保证。由于 TCP/IP 各层提供的功能不同，需要面向各层提供的安全保证也不同，因此人们在协议栈的不同层次上设计了相应的安全协议。一个单独的层次无法提供全部的网络安全服务，从而形成了由各层安全协议构成的 TCP/IP 协议族的安全架构，如图 1.2 所示。

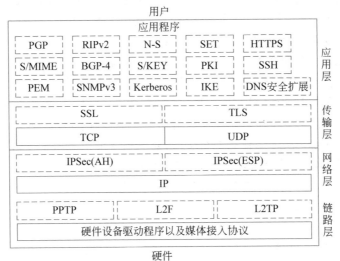

图 1.2 TCP/IP 协议族的安全架构

1. 链路层安全协议

链路层安全协议负责提供通过通信链路连接的主机或路由器之间的安全保证。主要优点是效率高和容易实施,也被经常使用,主要缺点是不通用,扩展性不强,在 Internet 环境中并不完全适用。

2. 网络层安全协议

网络层安全协议主要是解决网络层通信的安全问题,IPSec 是现阶段最为主要的网络层安全协议。主要优点是对网络层以上各层透明性好,即安全服务的提供不需要应用程序做任何改动,并具有与物理网络的无关性。主要缺点是很难提供不可否认性服务,且不能对来自同一主机但属于不同进程的数据包分别施加安全保证,这就可能导致不能提供所需的特定功能,甚至导致出现冗余,从而造成系统性能下降。

3. 传输层安全协议

传输层安全协议主要实现传输层的安全通信,只可实现端到端(进程到进程)的加密。主要优点是它能提供基于进程到进程的安全服务,并可以利用公钥加密机制实现通信端实体间的相互认证,支持用户选择的加密算法。主要缺点是需要对应用程序进行修改才能增加相应的安全功能,透明性不够好,无法从根本上解决身份认证和不可否认问题。另外,基于 UDP 的通信很难在传输层建立起安全机制。

4. 应用层安全协议

应用层的安全措施必须在端系统及主机上实施。应用层的安全性使得数据在交付下层协议之前已经是加密的,这大大减少了泄露的可能。其主要优点还有:可以更紧密地结合具体应用内容的安全需求和特点,提供针对性更强的安全功能和服务,可以非常灵活地处理单个文件安全性,能够提供身份认证、访问控制、不可否认、数据机密性、数据完整性等功能。但主要缺点也由此引起,它需要对操作系统内核做较大调整,而且针对每个应用都需要单独设计一套安全机制,并没有一个统一的解决方案。

总体来说,安全协议在 TCP/IP 协议栈中实现的层次越低,协议就越具有灵活性,能够提供整个数据包的安全性,具有通用性,且该协议运行性能就越好,对用户的影响也就越小;另一方面,高层的安全协议则能够针对用户和应用提供不同级别的、更灵活的安全功能。至于需要在哪一层使用什么安全协议,要综合考虑需要保护的应用对安全保密的具体要求、每一层实现安全功能的特点以及其他有关因素。

1.7　PPDR 安全模型

安全模型是指在一个特定的环境里,为保证提供一定级别的安全性所奉行的基本思想,它表示安全服务和安全框架是如何结合的,主要供开发人员在开发安全协议时使用。总体来说,安全模型已经从以前的被动防御发展到现在的主动防御,强调整个生命周期的防御和恢复。

这里给出一个经典的、最早提出的体现这一思想的安全模型——动态的自适应网络安全模型(简称 PPDR 模型)。该模型可量化、可由数学证明,且基于时间特性。PPDR 模型是在整体的安全策略的控制和指导下,在综合运用防护工具的同时,利用检测工具了解和评估系统的安全状态,将系统调整到"最安全"和"风险最低"的状态。图 1.3 给出的是PPDR 安全模型。

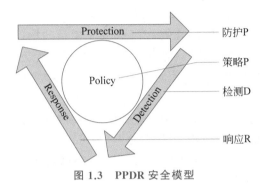

图 1.3 PPDR 安全模型

1. 策略(Policy)

根据风险分析产生的安全策略描述了系统中哪些资源需要得到保护,以及如何实现对它们的保护等,Policy 是 PPDR 安全模型的核心。企业安全策略为安全管理提供管理方向和支持手段。安全策略描述系统的安全需求,以及如何组织各种安全机制实现系统的安全需求。

2. 防护(Protection)

通过修复系统漏洞、正确设计开发和安装系统来预防安全事件的发生;通过定期检查来发现可能存在的系统脆弱性;通过教育让用户和操作员正确使用系统防止意外威胁;通过访问控制、监视等手段来防止恶意威胁。Protection 的内容主要有加密机制、数字签名机制、访问控制机制、认证机制、信息隐藏、防火墙技术等。

3. 检测(Detection)

检测是动态响应和加强防护的依据,也是强制落实安全策略的有力工具,通过不断检测、监控网络和系统,来发现新的威胁和弱点,通过循环反馈来及时做出有效的响应。Detection 的内容主要有入侵检测、系统脆弱性机制、数据完整性机制、攻击性检测等。

4. 响应(Response)

响应在安全系统中占有最重要的地位,是解决潜在安全性问题的最有效的办法,从某种意义上讲,安全问题就是要解决紧急响应和异常处理问题。Response 的内容主要有应急策略、应急机制、应急手段、入侵过程分析、安全状态评估等。

因为没有一项防护技术是完美的,检测和响应是最基本的,所以防护不是必需的,检测和响应是必需的。防护、检测和响应组成了一个完整的、动态的安全循环,在安全策略的指导下保证信息系统的安全。

后来美国国防部又在 PPDR 模型的基础上增加了一个环节:Recovery(恢复),它包含的主要内容有数据备份、数据恢复、系统恢复等,这样 PPDR 模型就演化成了 PPDRR 安全模型。又有研究者提出上述 5 个环节都要以 Evaluation(评估)这个环节为基础,这就形成了具有 6 个环节的 EPPDRR 安全模型。

信息系统的安全是基于时间特性的,PPDR 安全模型的特点就在于动态性和基于时间的特性。该理论的最基本原理是:网络安全相关的所有活动,无论是攻击、防护、检测还是响应等都要消耗时间,因此可以用时间来衡量一个系统的安全性和安全能力。下面先定义几个时间值。

(1) 攻击时间 P_t:表示黑客从开始入侵到侵入系统的时间(对系统而言就是保护时间)。高水平的入侵和安全薄弱的系统都能使 P_t 缩短。

(2) 检测时间 D_t:入侵者发动入侵开始,到系统能够检测到入侵行为所花费的时间。适当的防护措施可以缩短 D_t。

(3) 响应时间 R_t:从检测到系统漏洞或监控,到非法攻击,到系统能够做出响应(如切换、报警、跟踪、反击等)的时间。

(4) 系统暴露时间 $E_t = D_t + R_t - P_t$:是指系统处于不安全状态的时间。系统的检测时间和响应时间越长,或者系统的保护时间越短,则系统的暴露时间越长,系统就越不安全。如果 E_t 小于或等于 0,那么基于 PPDR 模型,认为系统是安全的。要达到安全的目标实际上就是尽可能增大保护时间,尽量减少检测时间和响应时间。

PPDR 安全模型的逻辑思想体现在:要求检测时间加上响应时间小于黑客攻击成功所需的时间。如果 PPDR 模型防范的对象是单个黑客,会起到一定效果;如果防范对象是一个有组织的黑客团队,则几乎不能发挥作用。黑客在发动分布式拒绝服务攻击过程中,可以将攻击的各个步骤细分为时间非常短的若干个阶段,而且攻击源可以千变万化,每一个阶段占用的时间很短,几乎没有过程可言,那么 PPDR 模型就很难防止这种攻击。

1.8 可信计算机系统评价准则

人们一直在寻求制定和努力发展安全标准,众多标准化组织在安全需求分析指导、安全技术机制开发、安全评估标准等方面制定了许多标准及草案。1985 年美国国防部制定了计算机安全标准——可信计算机系统评价准则(Trusted Computer System Evaluation Criteria,TCSEC),即橙皮书。

橙皮书中使用了可信计算基础(Trusted Computing Base,TCB)这一概念,即计算机硬件与支持不可信应用及不可信用户的操作系统的组合体。TCB 是一种实现安全策略的机制,包括硬件、固件和软件,它们根据安全策略来处理主体对客体的访问。橙皮书是一个比较成功的计算机安全标准,它在较长的一段时间得到了广泛的应用,并且也成为其他安全标准制定的参照,具有划时代的意义。图 1.4 给出了 TCSEC 的安全级别示意图。

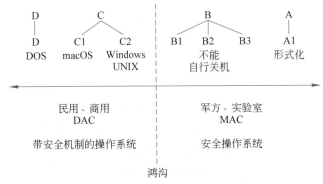

图 1.4　TCSEC 的安全级别示意图

1. TCSEC 划分的安全级别

TCSEC 把计算机系统的安全分为 A、B、C、D 4 个等级 7 个安全级别,按照由弱到强的排列顺序是 D、C1、C2、B1、B2、B3、A1。

(1) D:最低保护(minimal protection),指未加任何实际的安全措施,整个计算机系统都是不可信任的。D 系统只为文件和用户提供安全保护,操作系统很容易受到损害。任何人不需要任何账户就可以进入系统,不受任何限制就可以访问他人文件。D 系统最普遍的形式是本地操作系统,或一个完全没有保护的网络,如 DOS 被定为 D 级。

(2) C:被动的自主访问策略(discretionary access policy enforced),提供审慎的保护,并为用户的行动和责任提供审计能力。

① C1 级:具有一定的自主型访问控制(DAC)机制,通过将用户和数据分开达到安全的目的。它要求系统硬件有一定的安全保护,用户在使用前必须登录系统,并允许系统管理员为一些程序和数据设定访问许可权限等。但 C1 系统不能控制进入系统的用户的访问级别,用户可以直接访问操作系统的根目录,并改变自己的权限。而且 C1 系统中的所有文档具有相同的安全性,如 UNIX 的 owner/group/other 存取控制。

② C2 级:又称为访问控制保护,具有更细分每一个单独用户的 DAC 机制,且引入了审计机制,还对审计使用了身份认证。连接到网络上时,C2 系统的用户分别对各自的行为负责。C2 系统通过登录过程、安全事件和资源隔离来增强这种控制。C2 系统可以进一步限制用户执行某些命令或访问某些文件的权限,而且还加入了身份认证级别(即对用户分组)。能够达到 C2 级的操作系统有 UNIX 和 Windows NT 以后的版本。

(3) B:被动的强制访问策略(mandatory access policy enforced),B 系统具有强制性保护功能,目前很少有操作系统能够符合 B 级标准。

① B1 级:满足 C2 级的所有要求,还需具有所用安全策略模型的非形式化描述,实施了强制型访问控制(MAC)。对象(如盘区和文件服务器目录)必须在访问控制之下,系统不允许拥有者更改它们的权限。特定政府机构和系统安全外包商是 B1 计算机系统的主要拥有者。

② B2 级:系统的 TCB 基于明确定义的形式化模型,并对系统中所有的主体和客体

实施了 DAC 和 MAC。要求计算机系统中的所有对象都加标签,而且给设备分配单个或多个安全级别。另外,具有可信通路机制、系统结构化设计、最小特权管理以及对隐藏通道的分析和处理。

③ B3 级:系统的 TCB 设计要满足能对系统中所有的主体和客体的访问进行控制,TCB 不会被非法篡改,且 TCB 设计得要小巧且结构化以便于分析和测试其正确性。支持"安全管理者"的实现,审计机制能实时报告系统的安全性事件,支持系统恢复。内存管理硬件用于保护安全域免遭无授权访问或其他安全域对象的修改。

(4) A:形式化证明的安全(formally proven security)。

A1 级:类似于 B3 级,包括一个严格的设计、控制和验证过程。设计必须是从数学角度经过验证的。它的特点在于形式化的顶层设计规格 FTDS、形式化验证 FTDS 与形式化模型的一致性和由此带来的更高的可信度。

2. TCSEC 的局限性

TCSEC 只能用来衡量单机系统平台的安全级别,不同计算机系统可以根据需要和可能选用安全强度不同的标准。TCSEC 是第一代安全评价标准,以下是已得到公认的对 TCSEC 局限性的认识。

(1) TCSEC 是针对无漏洞和无入侵系统制定的分级标准,它不是基于时间,而是基于功能、角色、规则等。TCSEC 仅仅是为了防护,但对防护的安全功能如何检查以及检查出的安全漏洞又如何弥补和反应等则没有讨论。

(2) TCSEC 主要针对小型和大型计算机制定的测评标准,它的网络解释目前缺少成功的实践支持,尤其对互联网很少有成功的实例支持。

(3) TCSEC 主要用于军事和政府信息系统,对于个人和商用系统采用这个方案是有困难的,也就是说其安全性主要是基于机密性制定的,对完整性和可用性的支持不够,忽略了不同行业的计算机应用的安全性差别。

(4) 安全的本质之一是管理,而 TCSEC 缺少对管理保障的讨论。

(5) TCSEC 的安全策略是固定的,缺少对安全威胁的针对性,其安全策略不能针对不同的安全威胁实施相应的组合。

(6) TCSEC 测评的可操作性较差,缺少测评方法、框架和具体标准的支持。

1987 年 6 月,美国国防部计算机安全评估中心(NCSC)首次发表了可信计算机网络安全说明(TNI,又称红皮书),该说明是在 TCSEC 的基础上增加了网络安全评价的内容。借用 TCSEC 中的 TCB 的概念,在可信网络安全说明中也建立了网络可信计算基础 NTCB,它是由所有与网络安全有关的部分组成。网络系统也相应地被划分为 7 个安全等级,基本上与 TCSEC 的 7 个等级相对应。由于网络还存在对外提供服务的问题,因此,对网络系统的安全要求除了对网络各个安全等级的具体要求外,还包括对网络安全服务的具体要求。但是红皮书主要说明联网环境的安全功能要求,较少阐明保证要求。

1.9　信息系统安全保护等级划分准则

公安部 1999 年制定了《计算机信息系统安全保护等级划分准则》,已于 2001 年 1 月 1 日执行。它是我国计算机信息系统安全等级保护系列标准的核心和保护制度建立的重要基础。

该准则参考了 TCSEC 模型,在 TCSEC 的 7 个安全等级中,D 级是没有安全机制的级别,A1 级是难以达到的安全级别。所以在我国的安全准则中,去掉了这两个级别,对其他 5 个级别也赋予了新意。该准则将信息系统安全从低到高划分为如下 5 个等级,计算机信息系统安全保护能力随着安全保护等级的增高而逐渐增强。

第一级:用户自主保护级。它的安全保护机制使用户具备自主安全保护的能力,对用户实施访问控制,保护用户和用户组信息,保护用户的信息免受非法的读写破坏。

第二级:系统审计保护级。除具备第一级所有的安全保护功能外,还实施了更细的自主访问控制,要求创建和维护访问的审计跟踪记录,通过登录规程、审计与安全有关的事件和隔离设施等措施,使所有的用户对自己行为的合法性负责。

第三级:安全标记保护级。除继承前一个级别的安全功能外,还提供有关安全策略模型、数据标记以及主体对客体访问控制的非形式化描述,要求以访问对象标记的安全级别限制访问者的访问权限,实现对访问对象的强制访问。

第四级:结构化保护级。在继承前面安全级别的安全功能的基础上,将安全保护机制划分为关键部分和非关键部分,对关键部分直接控制访问者对访问对象的存取,从而加强系统的抗渗透能力。还要求将第三级系统中的自主访问控制和强制访问控制扩展到所有主体和客体,且要考虑隐藏通道。

第五级:访问验证保护级。这一个级别特别增设了访问验证功能,负责仲裁对访问对象的所有访问活动。TCB 应满足引用监控器(reference monitor)需求,引用监控器本身要具备抗篡改性,且必须足够小,能够分析和测试。

信息系统安全保护等级划分准则的主要安全考核指标有身份认证、自主访问控制、数据完整性、审计、隐藏通道分析、客体重用、强制访问控制、安全标记、可信路径和可信恢复等,这些指标涵盖了不同级别的安全要求。

习题

1. 信息安全主要包括哪 4 个层面的内容?

2. 什么是信息安全?什么是网络安全?

3. 何为重放攻击?试举例说明。

4. ARP、IP、TCP、DNS 等协议有哪些主要的安全问题?

5. OSI 安全体系结构中定义了哪些安全服务?哪些安全机制?安全服务和安全机制之间存在什么关系?试举例说明。

6. 什么是"信息量分析"攻击?用 OSI 8 种安全机制中的哪一种可以防止这种攻击?

7. 网络信息安全需求包含哪 6 方面？分别简单说明它们的含义。

8. 请思考本章所述的各种网络安全威胁会分别危及 6 种网络安全服务中的哪一种。

9. 请体会为什么信息安全是一个多学科交叉的领域，为什么很难仅在一个学科领域内提供全部的 6 种安全服务。

10. 考虑在网络协议栈的不同层次实现的网络安全协议分别具有哪些优点和缺点？

11. 什么是 PPDR 安全模型？它包含哪几部分？作为一种安全模型，它有哪几方面的特点？它的时间特性是怎么体现出来的？

12. 本章所述的 8 种安全机制分别是属于防护、检测和响应机制的哪一种？

13. TCSEC 又叫什么？严格地说，它是一个计算机安全标准还是网络安全标准？TCSEC 有哪些局限性？

14. 查找资料，研究什么是可信计算基础 TCB，它包含哪些内容？它在安全操作系统中起到什么作用？

15. C 级与 B 级的计算机系统在安全性上的主要区别是什么？

第 2 章　网络安全威胁

关于网络安全,首先要了解一下什么是黑客(Hacker)。黑客是指喜欢探索软件程序奥秘,并从中增长了其个人才干的人。他们不像绝大多数计算机使用者那样,只规规矩矩地了解别人指定了解的比较狭小的一部分知识,即黑客是最大限度地挖掘计算机软件和网络协议漏洞的人。

黑客这个词刚出现的时候是个中性词,既有好的黑客又有坏的黑客。现在的黑客一般是指网络攻击者,即通过渗透和挖掘计算机软件和网络协议漏洞来破坏网络安全的人。

第 1 章介绍了目前一些主要的网络安全威胁,这些威胁出现的原因主要是黑客的网络攻击技术的不断发展,所以必须进一步研究网络安全威胁和常见的黑客攻击技术。目前网络安全领域的研究越来越注重攻防结合,于是网络安全技术形成了两个不同的角度和方向:攻击技术和防御技术,两者相辅相成,互为补充。网络管理员研究黑客常用攻击手段和工具并利用它们对网络进行模拟攻击,找出网络的安全漏洞,也必然为防御技术提供新的思路。

网络攻击过程有多个阶段、多种技术,但没有一个统一的定式。网络攻击技术本身发展很快,目前可行的技术可能很快就过时了。网络攻击技术过时的原因主要是相应的网络防御技术发展也很快,反之亦然。

2.1　隐藏攻击者的地址和身份

1. IP 地址欺骗或盗用技术

因为 TCP/IP 路由机制只检查数据包目的地址的有效性,所以攻击者可以定制一个虚假的源 IP 地址,从而避免网络安全管理人员的 IP 地址追踪。一些访问控制系统通过 IP 地址控制对网络服务的访问,攻击者可以修改本机 IP 地址,从而绕过访问控制系统。

2. MAC 地址盗用技术

尽管相对 IP 地址的盗用来说,MAC 地址的盗用相对困难得多,但是仍然可以用一定的技术修改主机的 MAC 地址。在 Windows 系统中,除了网卡的 EPROM 外,MAC 地址还保存在注册表中,而发出的数据包中的源 MAC 地址,正是从注册表中读取的。所以只需修改注册表,就可进行 MAC 地址盗用。Linux 更改 MAC 地址可以使用 ifconfig 命令。

3. 通过 Proxy 隐藏技术

网络攻击者收集目标信息时,常常通过免费代理服务器(Proxy)进行,这样做的目的是以 Proxy 为"攻击跳板",即使被攻击目标的网络管理员发现,也难以追踪到网络攻击者的真实身份或 IP 地址,例如,Windows 计算机可以利用 WinGate 软件作为攻击跳板。但如果 Proxy 有详细的访问日志记录,那么攻击者的源 IP 地址就能够追踪到。考虑到这个因素,网络攻击者还会用多级 Proxy 或者"跳板主机"来攻击目标。

4. 网络地址转换技术

由于公有 IP 地址的匮乏,所以目前很多局域网的主机使用的都是私有 IP 地址。这样,内网主机相互之间通信时只需要使用私有 IP 地址,只有在与外网主机通信时才需要把私有 IP 地址转换成可以路由的公有 IP 地址,这就叫作网络地址转换(NAT)。实际上 NAT 也具有对外部网络隐藏用户私有 IP 地址和内部网络拓扑结构的效果。因此 NAT 也能起到隐藏攻击者地址和身份的作用。

5. 盗用他人网络账户技术

网络攻击者为了转移网络安全管理人员的视线,常常盗用他人的网络账户进行攻击,例如,通过网络监听获得网络管理人员的账号和口令,然后利用此账号进入系统。

2.2　踩点技术

黑客必须尽可能地收集目标系统安全状况的各种信息,形成对目标网络必要的轮廓性认识,并为实施攻击做好准备,这一过程被形象地称为"踩点"(footprinting)。通常采用 Whois、Finger、Nslookup 等工具获得目标的一些信息,如域名、IP 地址、DNS 服务器、邮件服务器、网络拓扑结构、相关的用户信息等。这往往是黑客入侵所做的第一步准备工作,注意此阶段获取的都是已经公开的信息,采用的技术也是合法的。

Whois 数据库查询可以获得很多关于目标系统的注册信息,DNS 查询(如用 Windows/UNIX 上提供的 Nslookup 命令行工具)也可以获得关于目标系统域名、IP 地址、DNS 服务器、邮件服务器等有用信息。可以使用网络浏览器进行踩点获得目标网络和主机的一些信息,此外还可以用 Traceroute 工具获得一些网络拓扑和路由信息。

2.3　扫描技术

当黑客通过踩点得到关于目标网络的敏感信息后,下一步可以利用许多现成的工具,对目标网络进行有针对性的扫描(scanning),扫描的最终结果决定了他们能否对目标网络进行攻击。在扫描阶段,我们将使用各种工具和技巧(如 Ping 扫描、端口扫描以及操作系统探测等)确定哪些系统是存活的,它们在监听哪些端口(以此来判断它们在提供哪些服务),甚至更进一步地获知它们运行的是什么操作系统。扫描技术是把双刃剑,黑客可以利用它入侵系统,而系统管理员也可以利用它对系统进行安全管理,从而可以有效地防范黑客入侵,就看双方谁能够更好地利用这种技术。扫描过程一般可分为如下几个阶段。

2.3.1 主机扫描

一般使用操作系统自带的工具 Ping 实现对主机的扫描(host scanning),Ping 扫描采用的是发送 ICMP echo 请求分组到目标主机,如果收到 ICMP echo 应答则表明目标主机是激活的,UNIX 和 Windows 中都有众多的工具来执行 Ping 扫描。改进的 Ping 扫描工具(如 Fping 等)则以一种并行的轮转形式发送大量的 Ping 请求,使扫描速度明显加快。但现在由于防火墙的存在,对 Ping 扫描的请求不一定有应答,Ping 扫描的结果也就不一定准确了。

2.3.2 端口扫描

通过 Ping 扫描获得一台激活的主机后,就可以进行端口扫描(port scanning)。根据被扫描主机返回的信息不同,端口扫描不仅能够确定主机上开放的网络服务,还能进一步确定它是否真正处于激活状态。扫描者不仅能获得目标主机对外开放的 TCP 和 UDP 端口列表,而且还能通过一些连接测试得到监听端口返回的 Banner 信息。端口扫描通常采用 Nmap 等扫描工具,可以获得目标计算机的一些有用信息,例如,机器上打开了哪些端口,这样就知道它开放了哪些网络服务。黑客就可以利用这些服务的漏洞,做进一步的入侵。常见的端口扫描类型如表 2.1 所示。

表 2.1 常见的端口扫描类型

序号	扫描类型	扫描现象	判断结果	优点	缺点
1	TCP-Connect()扫描(完全连接扫描)	Client→SYN Server→SYN|ACK Client→ACK	端口开放(监听 listening)	不需要特殊权限,可得到 Banner 信息	速度较慢,容易被发现和过滤
		Client→SYN Server→RST|ACK Client→RST	端口未开放		
2	TCP-SYN()扫描(半连接扫描)	Client→SYN Server→SYN|ACK Client→RST|ACK	重置连接端口开放	扫描隐蔽,不会留下日志记录,速度比较快	需管理员权限来定制 TCP 包头;误报较多,被扫描的旧系统容易产生崩溃
		Client→SYN Server→RST|ACK	端口未开放		
3	SYN|ACK 扫描	Client→SYN|ACK Server→RST	端口未开放	不会被包过滤型防火墙过滤	不能绕过状态检测型防火墙
		Client→SYN|ACK Server→ —	端口开放		
4	TCP-FIN 扫描	Client→FIN Server→RST	端口未开放	不会被日志记录	只适用于 UNIX 系统(可以区分 UNIX 和 Windows)
		Client→FIN Server→ —	端口开放		

续表

序号	扫描类型	扫描现象	判断结果	优点	缺点
5	TCP-Xmas 扫描	Client→FIN|URG|PSH Server→RST	端口未开放	不会被日志记录	只适用于 UNIX 系统(可以区分 UNIX 和 Windows)
		Client→FIN|URG|PSH Server→ —	端口开放		
6	TCP-Null 扫描	Client→所有标志位置 0 的 TCP 包 Server→RST	端口未开放	不会被日志记录	只适用于 UNIX 系统(可以区分 UNIX 和 Windows)
		Client→所有标志位置 0 的 TCP 包 Server→ —	端口开放		
7	UDP 扫描	Client→UDP 包 Server→ ICMP_PORT_UNREACHABLE 包	端口未开放	扫描速度比较快,能绕过没有针对 UDP 扫描进行过滤的防火墙	不可靠,需 root 权限(UDP 本身不可靠;无论开不开放,都不会发 ICMP 包;防火墙禁止 ICMP 通过)
		Client→UDP 包 Server→ —	端口开放		

除完全连接扫描外,所有的扫描类型都是隐蔽扫描,它们是为了对抗主机日志审计系统而发展起来的,但隐蔽扫描更容易产生误报。攻击者通常使用多种扫描技术进行多次扫描,并将这些扫描结果进行比较,以避免误报。然而随着入侵检测技术的发展,由于隐蔽扫描明显违反协议规则,在网络流量中非常醒目,就变得不再隐蔽。但是目前看来,只要端口扫描有足够耐心,对同一主机的不同端口进行分布式扫描,且间隔时间足够长,那么几乎没有可靠的办法能检测出来。

2.3.3 操作系统探测

操作系统探测(operate system probing)是一种可以探测目标主机操作系统类型的扫描技术,也称为协议栈指纹鉴别(TCP stack fingerprinting)。为什么会产生操作系统探测这种扫描方式呢?众所周知,TCP 的实现是有 RFC 标准可依的,因此绝大多数情形,按标准实现的协议表现应该相同。但由于以下原因,各个操作系统实现的协议栈细节是不同的:对 RFC 相关文件规范和条文的理解不同;TCP/IP 规范并不被严格执行,每个实现都有自己特点;规范中本来就有一些选择性的特性可能只在某些系统使用;某些系统还私自对 IP 协议做了改进。

因此黑客可以对目标主机发出操作系统探测包,由于不同操作系统厂商的 TCP/IP 协议栈实现上存在细微差别,因此每种操作系统对探测包都有其独特的响应方法,黑客经常能够根据返回的响应包来确定目标主机运行的操作系统类型。常用的协议栈指纹包括 TTL 值、TCP 窗口大小、DF 标志、TOS、IP 碎片、ACK 值、TCP 选项等。

此外还可以利用 Ping 扫描命令进行简单的操作系统探测:根据所返回数据包的 TTL 值的细微差别,来确定目标主机的操作系统。如果 TTL 值接近 256 就可能是

UNIX 系统；如果 TTL 值接近 128 就有可能是 Windows 系统；如果 TTL 值接近 64 就有可能是 Linux 系统。但是这种探测的准确性不是很高。

2.3.4　漏洞扫描

漏洞是指计算机或网络系统具有的某种可能被入侵者恶意利用的特性，在网络安全领域，安全漏洞通常又被称作脆弱性（vulnerability）。漏洞扫描（hole scanning）是针对特定应用和服务（如 Web 服务器、操作系统、数据库服务器、防火墙、路由器）查找目标网络中有哪些漏洞，并从中抽取有效账号或导出资源名，这些信息很可能成为目标系统的祸根。通常，网络或主机中存在的安全漏洞是攻击者成功实施攻击的关键。

例如，一旦漏洞扫描查出一个有效用户名或共享资源，攻击者猜出对应的口令或利用与资源共享协议关联的某些脆弱点通常就只是一个时间问题了。漏洞扫描技巧差不多都是特定于操作系统的。根据使用者不同，漏洞扫描从实现原理上分为从外部的扫描和从内部的扫描。能够从主机系统内部检测系统配置的缺陷，是系统管理员的漏洞扫描器与黑客的漏洞扫描器在技术上的最大区别。

2.4　嗅探技术

在真正的网络攻击之前一般还会使用嗅探（sniffing）技术，从技术本身来说，它既可以用于网络攻击，也可以用于网络防范。对黑客来说，使用嗅探技术可以非常隐蔽地攫取网络中传输的大量敏感信息（如用户账号和口令），是一种有效的被动攻击技术，与主动攻击技术相比，嗅探行为更难被察觉，也更容易实现；对安全管理人员来说，借助嗅探技术则可以对网络活动进行实时监控，并及时发现各种网络攻击行为（如会话劫持），也就是能进行网络入侵检测。当然，在网络上能够实现嗅探的最佳位置是网关、路由器、防火墙等网络设备，但是这些设备一般很难被黑客攻入。所以一般只能对同一局域网主机实施嗅探，局域网分为共享式和交换式，所以嗅探技术也相应地分为以下两种。

（1）以前使用的共享式局域网的数据传输是通过广播方式实现的，通常一个共享局域网的所有网络接口都有访问在物理链路上传输的所有数据的能力，但是在系统正常工作时，网卡驱动程序会判断所接收到的数据包的目的地址，如果目的地址不是本地主机，数据包将会被丢弃。目的地址是本地主机的数据包被传到上层进一步处理。在这种环境中，可以将网卡的工作模式设置成混杂（promiscuous）模式，这样局域网上传输的所有数据会被全部接收，然后对数据进行过滤和解码就看到数据包内容。

（2）目前使用较多的是交换式局域网，其中的交换机不会将发往单个地址的数据包向所有端口传送，所以避免了利用网卡混杂模式进行的嗅探。尽管普通的网卡混杂模式嗅探器（如 wireshark）在交换网络中不再有效，但也有一类特殊的嗅探器（如 ARP 欺骗工具），它们利用交换网络中不可避免的一些设计缺陷，伪装成网关进行网络嗅探，监听发送给其他主机的数据包内容，使交换机形同虚设。

黑客可以在共享局域网中将自己主机的网卡设置成混杂模式，或在交换局域网自己主机上使用 ARP 欺骗工具,就能够接收局域网上传输的所有数据包,以便截获其他用户的账号和口令等信息。这往往是黑客入侵的第三步工作。虽然嗅探能得到局域网中传送的大量数据,如果不加选择地接收所有的数据包,并且进行长时间的监听,那么需要分析的数据量是非常巨大的,并且会浪费大量硬盘空间。

2.5 攻击技术

从黑客攻击的目的来看,无非是两种:给目标以致命打击,虽然黑客自己不一定得到直接利益,但能让目标系统受损甚至瘫痪,如拒绝服务攻击;更多的目的在于获取直接的利益,如截取到目标系统的机密信息,或者得到目标系统的最高控制权。在此过程中,黑客无意对目标系统的正常工作能力进行破坏,他可能更希望非常隐蔽地实现自己的目的。目前主要的黑客攻击技术(attack technology)有如下几种。

2.5.1 社会工程

社会工程(social engineering)的核心是,攻击者伪装自己的身份并设法让受害人泄露系统的信息。它是一种低技术含量破坏网络安全的有效方法,但其实是高级黑客技术的一种,往往使得看似处在严密防护下的网络系统出现致命的突破口。这种技术是利用说服或欺骗的方式,让网络内部的人(如安全意识薄弱的职员)来提供必要的信息,从而获得对信息系统的访问。记住,攻击者总是从网络安全链路上的最薄弱环节来入侵的,人类那种天生愿意相信他人说辞的倾向让大多数人容易被这种手段所利用。

社会工程不是一门科学,而是一门艺术和窍门的方法。利用社会工程手段突破安全防御措施的事件,已呈现上升甚至泛滥的趋势。一些信息安全专家预言,社会工程将会是未来信息系统入侵与反入侵的重要对抗领域。凯文·米特尼克(Kevin Mitnick)所著的《欺骗的艺术》(*The Art of Deception*)堪称社会工程学的经典。书中详细地描述了许多运用社会工程手段入侵网络的方法,这些方法并不需要太多的技术基础,但可怕的是,一旦懂得如何利用人类的弱点(如轻信、健忘、胆小、贪便宜等)就可以轻易地潜入防护最严密的网络系统。

免费下载软件中绑定流氓软件、免费音乐中包含病毒和网络钓鱼、垃圾电子邮件中包含间谍软件等,都是近来社会工程的代表应用。

2.5.2 口令破解

攻击者可以通过获取口令文件然后使用口令破解(password cracking)工具进行字典攻击或暴力攻击来获得口令;也可通过猜测或窃听(如嗅探技术)等方式获取口令;还可以通过键盘记录器或社会工程方法获取口令,从而进入系统进行非法访问,所以选择安全的口令非常重要。口令破解可能是黑客入侵中最常见的一种攻击方式,也常常是网络安全链路中最薄弱的连接。

一般使用散列算法实现口令的加密,口令的散列值都具有单向不可逆的特性,从算法本身去破解口令散列值难度很大。但是由于散列算法是公开的,从正向进行猜测也是可以实现的。因为许多用户在选择口令时,习惯性地选用一些容易记忆且带有明显特征的口令。黑客可以制作一个口令字典,字典中都是一些经常被用作口令的字符串,将这些字符串逐一用和系统的散列算法相同的方法进行散列,然后和口令文件中的条目进行匹配。如果相同,该字符串就是一个合法口令。具体破解口令的方式有手工猜测、字典攻击、暴力攻击、组合攻击等。

许多网络应用对于一个多次登录失败的用户账号进行锁定,一般这样的登录次数被限定为 3~5 次,以防止口令猜测攻击。但是攻击者可以利用这种安全措施阻止合法用户的登录,有时甚至 root 或 administrator 等特权账号都可能成为攻击的目标,这又将会使系统遭受拒绝服务攻击。

2.5.3 ARP 欺骗

ARP 欺骗(ARP spoofing)之所以能够成功,是因为 ARP 的设计上有如下缺陷:一台主机即使收到的 ARP 应答包并非自己请求得到的,也会将其插入自己的 ARP 缓存表中。这种设计最初是为了减少网络上过多的 ARP 数据通信,但这同时也给了黑客攻击的机会。

如果黑客想嗅探同一局域网中两台主机之间通信,他会分别给这两台主机发送一个 ARP 应答包,让两台主机都误认为对方的 MAC 地址是黑客所在主机的 MAC 地址。这样,它们之间通信的所有数据包都会通过攻击者,双方看似"直接"的通信连接,实际上都是通过黑客所在主机间接中转的。黑客一方面得到了想获取的数据内容;另一方面只需要更改数据包中一些信息做好转发工作即可。这种嗅探方式中的黑客主机不需要设置网卡的混杂模式,因为通信双方的数据包在物理上都是发送给黑客主机的。ARP 欺骗也是中间人攻击的一种实现方法。

2.5.4 DNS 欺骗

当用户使用域名访问 Web 服务器时,DNS 服务器需要向另一个 DNS 服务器发送某个解析请求(由域名解析出 IP 地址),因为对被请求方不进行身份认证,这样黑客就可以冒充被请求方,向请求方返回一个被篡改了的 IP 地址作为应答,将用户引向黑客设定的主机。

DNS 欺骗(DNS spoofing)能够成功,首先一个条件就是 DNS 服务器会在本地 cache 中缓存有可能被黑客篡改了的信息,以后向该 DNS 服务器发送的对同一域名的解析请求,在该条目被缓存的生存期内,得到的结果都将被篡改。

DNS 欺骗威力巨大,有些黑客利用 DNS 欺骗将一些重要的网站(例如银行主页)解析到自己的"钓鱼网站"上,用户受骗后,在用户输入账号口令时窃取用户信息;有些人则利用 DNS 欺骗入侵局域网,在局域网内挂木马,隐藏自己 IP 地址等。

2.5.5 会话劫持

会话劫持(session hijacking)是一种结合了嗅探以及欺骗技术在内的攻击手段,就是在一次正常的通信过程中,黑客作为第三方参与到其中,要么在数据流里注射额外的信息;或将双方的通信模式暗中改变,即从直接联系变成交由黑客中转。根据劫持实现原理和目的的不同,会话劫持又分为如下两种。

1. 中间人攻击

通过 ARP 欺骗进行的中间人攻击,要求黑客必须置身于通信双方任意一方的网络中,他通过构造虚假的 ARP 响应包,污染受害主机的 ARP 缓冲区,使受害主机彼此之间发送的数据包先到达黑客的主机,再由黑客改变 MAC 地址重新构造转发。对于基于 DNS 欺骗的会话劫持,因为基于 IP 地址,所以在广域网内也可进行,如 Web 服务器重定向。中间人攻击相当于在通信双方之间加入一个透明的代理,这种攻击方式不仅对传输明文的常规通信协议有效,对于配置不当的加密协议也有利用的可能,如 SSH 和 SSL 协议。当然中间人攻击还可以用多种其他方法实现。

2. 会话注射

会话注射(session injection)不需要改变通信双方数据的流向,即要么将双方的通信模式暗中改变,从直接联系变成由黑客中转;要么在正常的数据流中插入黑客填充的内容,黑客首先可以中断用户和服务器的通信,然后注入他自己的命令。例如,攻击者看到服务器和一个客户端已经建立了会话连接并且客户端使用合法的 Telnet 账号和口令已经登录到服务器时,攻击者可以马上停止转发从客户端到服务器的数据包。然后攻击者假装是受信任的客户端,将自己的数据包注入服务器(注意必须确保序列号和应答号的匹配),在服务器上使用客户端的权限建立一个新的账户。攻击者然后又开始转发受害者和服务器的数据包。这也实现了另外一种意义上的 IP 欺骗攻击。

2.5.6 拒绝服务攻击

拒绝服务(Denial of Service,DoS)攻击主要攻击网络的可用性。只要网络系统或应用程序还存在漏洞,只要网络协议的实现还存在安全隐患,甚至只要提供服务的系统仍然具有网络开放的特性,拒绝服务攻击就会存在。拒绝服务攻击是一种操作简单而富有成效的攻击手段,现在网络上这种攻击工具种类繁多,黑客往往不需要掌握复杂技术,只要有足够的网络资源,有可以利用的机会,攻击就可能屡屡奏效。从防御角度来看,面对拒绝服务攻击,迄今为止都没有很好的解决方案。

这样的入侵对于服务器来说可能并不会造成损害,但可以造成人们对被攻击服务器所提供服务的信任度下降,影响公司的声誉以及用户对网络服务的使用。拒绝服务攻击并非某一种具体的攻击方式,而是攻击所表现出来的结果。黑客可以采用种种手段,最终使得目标系统因遭受某种程度的破坏而严重损耗系统内存和网络带宽,从而不能继续对合法用户提供正常的服务,甚至导致设备物理上的瘫痪或崩溃。产生拒绝服务攻击的原因要么是被攻击系统的系统程序或应用程序存在漏洞,要么是网络协议栈实现存在缺陷,如 TCP 三次握手的缺陷。下面主要讨论几种有代表性的拒绝服务攻击手段。

1. UDP Flood

有些系统在安装后,没有对默认配置进行必要的修改,使得一些容易遭受攻击的服务端口开放。例如 UDP Flood 攻击利用的就是 Echo 和 Chargen 这两种 UDP 服务。Echo 服务(TCP7 和 UDP7)对接收到的每个字符进行回送;Chargen(TCP19 和 UDP19)对每个接收到的数据包都返回一些随机生成的字符(即如果与 Chargen 服务在 TCP19 端口建立了连接,它会不断返回乱字符直到连接中断)。黑客就利用这些不该打开的低端端口的漏洞对目标主机发动拒绝服务器攻击。

黑客选择两个远程目标 A 和 B,生成伪造的 UDP 数据包,目的地是 B 的 Chargen 端口,来源地假冒为 A 的 Echo 端口。这样 B 的 Chargen 服务返回的随机字符就发送给 A 的 Echo 服务,A 再向 B 回送收到的字符,如此反复,最终导致这两台主机应接不暇而拒绝服务。A 和 B 的内存和两者所在的局域网的带宽都受到严重损耗。UDP Flood 攻击比较新的形式是针对 DNS 服务器的攻击。

2. Land Attack

被攻击主机 S 往往是 Windows 主机,它的 139 端口一般都是开放的(当然任一开放端口都可被利用实现此攻击)。黑客向 S 的 139 端口发送 TCP 请求数据包,并将源 IP 地址设置为 S 的 IP 地址,源端口设置为 139 端口,这样的目的是让 S 自己攻击自己。最终 S 因试图与自己连接而陷入死循环,因为 S 一直给自己发送错误应答,并希望能够看到具有正确序列号的应答返回。

3. SYN Flood

在 Smurf Attack 之前,SYN Flood 是最为流行、最具有破坏性的 DoS 攻击方式之一,当然,在单机上实行 SYN Flood 早已经"过时"了,但将它应用到分布式拒绝服务攻击中,其后果往往是很严重的。SYN Flood 的实现过程如下。

(1)黑客使用 TCP 三次握手连接服务器的过程中,发送给服务器 S 的 SYN 包中的源 IP 地址是"虚假"的地址(即可路由但不能到达的地址)。

(2)服务器返回的 SYN+ACK 包就不能到达声称的源 IP 地址对应的主机。

(3)服务器就不能按时收到对应客户机返回的 ACK 包,就将该未完成连接放入自己的"未完成连接队列"中等待。

(4)服务器过一段时间再重发 SYN+ACK 包,再等待。

(5)如果超时定时器时间到,服务器实在等不到回应,将该"未完成连接"从"未完成连接队列"中清除,连接断开,给其他客户机以连接请求的机会。

(6)但是黑客并不会只发送一次这样的 SYN 包,如果他源源不断发送连接请求(用随机产生的虚假源地址以使受害服务器不能进行 IP 过滤或追查攻击源),使得清除出队列总没有进入队列快，"未完成连接队列"始终满，服务器不能响应正常的用户请求（即被拒绝服务）。

4. Smurf Attack

Smurf Attack 是一种最令人害怕的 DoS 攻击。假设黑客要攻击的受害主机是 S，但是使用常规的 DoS 方法直接攻击效果很差。于是黑客以受害主机的名义向某个局域网发送 ICMP echo 广播请求包，源地址设置为 S 的 IP 地址。不管该局域网中主机的相应端口是否打开，局域网中的所有主机便会向"无辜"的受害主机 S 返回 ICMP echo 广播响应包或者大量的 ICMP 端口不可到达的应答报文，使得受害主机应接不暇，导致其对正常的网络请求拒绝服务，同时也会耗尽广播网络的带宽。广播网络在这里起了攻击放大器的作用。在 2002 年就发生了一起针对核心域名服务器（DNS）的类似攻击。由于 13 台根目录 DNS 服务器中的 12 台是可以接收 Ping 消息的，它们不得不对所有的 Ping 请求消息进行回应。最后导致的结果就是一个大规模的拒绝服务攻击使得这些核心 DNS 服务器的运行速度变得很慢。

5. 分布式拒绝服务攻击

随着网络带宽的增加和网络设备性能的提高，使用单台主机对服务器进行拒绝服务攻击往往没有效果或效果非常不明显，而且容易追查到攻击者。而 2000 年左右出现的 DDoS（Distributed DoS）攻击是 DoS 攻击的一种延伸，它之所以威力巨大、攻击效果明显，是因为其协同攻击的能力。黑客使用 DDoS 攻击工具，往往可以同时控制成百上千台攻击源（傀儡机），向某个单点目标发动攻击，它还可以将各种传统的 DoS 攻击手段（如 SYN Flood、Smurf 等）结合使用。在 2000 年 2 月对 Yahoo 等著名站点的 DDoS 攻击案例中，入侵者控制了近 3000 台主机，攻击高峰时数据流量达到 1Gb/s。

DDoS 攻击的最大规模从 2010 年的 100Gb/s 增长到 2013 年 Spambaus 攻击中的 300Gb/s，在 2015 年的 BBC 攻击中甚至达到了 600Gb/s，这已经远远超过任何被攻击目标的带宽容量了，包括 Internet 核心交换节点和主 DNS 域名服务器在内。即使是稍小规模的攻击也可能产生惊人的效果。

DDoS 攻击的原因包括金融勒索、黑客主义以及国家支持的对反对者的攻击。DDoS 攻击还曾经作为攻击银行系统的辅助手段，以掩盖其攻击银行支付设备和 ATM 网络的真正企图。

2016 年 10 月的 Mirai 攻击代表着一种 DDoS 攻击的新趋势，该攻击主要针对域名系统服务提供商，这一攻击的显著特点是同时控制了很多物联网设备进行攻击，例如网络摄像头和监控器。攻击流量的峰值甚至高达 1.2Tb/s。

DDoS 攻击模型有 4 种不同的角色。

（1）黑客（Intruder/Attacker/Client）：黑客操作主机的接口（如用 Netcat 或 Telnet），其作用是向 Master 发送各种命令。

（2）主控端（Master/Handler）：监听来自 Intruder 的命令，并向网络上各个 Daemon 发攻击命令，使其开始攻击。

（3）守护进程端（Daemon/Slave/Agent/Zombie/Bot/Server）：接收和响应来自 Master 的攻击命令，是真正实施攻击的前锋。

（4）受害者（Victim）：即被攻击的目标主机。

图 2.1 给出了 DDoS 的攻击模型。

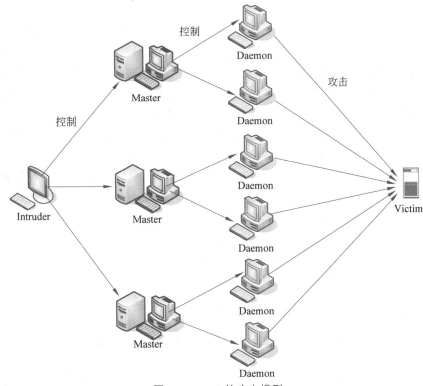

图 2.1　DDoS 的攻击模型

在进行 DDoS 攻击前，入侵者必须先控制大量的无关主机用于安装进行 DDoS 攻击的软件。获得大量的主机并不是非常困难，互联网上充斥着大量安全措施较差的主机，入侵者就能轻易进入这些系统（实现控制的机制与特洛伊木马的控制机制相似），这一步称为"构造攻击网络"。获得系统的控制权后，入侵者需要做的就是在被控制主机上安装 DDoS 攻击软件，Trinoo、Stacheldraht、TFN、TFN2K 等就是实现这种功能的软件。当攻击网络中的主机数目足够多，时机成熟后，攻击者就可以从 Intruder 上发送攻击命令，控制 Master，进而控制 Daemon 同时发送大量的攻击包，向 Victim 发动大规模的分布式拒绝服务攻击。

近年来，随着反射式 DDoS 攻击、蠕虫型 DDoS 攻击和反弹端口型 DDoS 攻击的出现，实施大流量的 DDoS 攻击变得很容易。而且 DDoS 攻击的攻击模式和攻击工具变得越来越复杂、有效和难以追踪到真正的攻击者，而现有的防护技术还不足以抵御大规模的攻击。所以对 DDoS 攻击，至今没有一个很好的防御方法。有研究表明，分布式入侵检测系统的实现原理使其有可能成为检测分布式拒绝服务攻击的一个突破方向。

因为许多 DoS 攻击的数据包都使用了虚假的源地址，因此根本的、长期有效的抵御 DoS 攻击的方法是限制主机系统发送带有虚假源地址数据包的能力。检测 DoS 攻击包的过滤器应该尽可能地接近数据包的源头，放在最接近数据包源头的路由器或源网关附近。

2.5.7　缓冲区溢出攻击

缓冲区溢出（buffer overflow）攻击是近年来一种应用非常广泛的远程攻击系统的手段，许多著名的安全漏洞都与缓冲区溢出有关。缓冲区就是在程序运行期间，在内存中分配的一个连续区域，用于保存字符数组在内的各种类型数据。而溢出，实际上就是所填充数据超过了原有缓冲区的边界，并非法占据了另一段内存区域。二者结合起来概括，所谓缓冲区溢出攻击，就是由于填充数据越界而导致程序执行出错甚至改变原有的流程，黑客借此精心构造填充数据，用黑客自己的代码覆盖原来的返回地址，让程序转而执行特定的代码，在原本没有系统访问权的情况下最终获取系统的控制权。

1988 年，美国康奈尔大学的计算机科学系研究生、23 岁的莫里斯利用 UNIX fingered 和 sendmail 程序不限制输入数据长度的漏洞，输入 512 个字符后使缓冲区溢出，同时编写了一段特别大的恶意程序能以 root 权限执行，并感染到其他计算机上。这就是利用缓冲区溢出漏洞进行攻击的最著名的 Morris 蠕虫，它造成全世界 6000 多台网络服务器瘫痪。1996 年 11 月，Bugtraq 邮件列表的创始人 Aleph One 给安全杂志 Phrack Magazine 写了一篇题目为 *Smashing The Stack For Fun and Profit* 的文章。这篇文章对于安全界产生了深远的影响，因为它清楚地阐明了糟糕的编程行为在缓冲区溢出攻击下会如何危及计算机和网络安全。

缓冲区溢出利用了计算机指令系统的弱点和计算机程序的缺陷，攻击者可以分析有缺陷的程序代码，通过向程序提交过长的、恶意构造的输入数据，破坏或改写内存中一些对控制程序流程起关键作用的信息（如函数的返回地址或 SEH 链）获得对进程的控制权。实现缓冲区溢出攻击的最大价值在于能够在被攻击主机上执行任意代码，可以利用缓冲区溢出执行非授权指令，甚至取得系统控制权，进而进行各种非法操作。

C 语言及其派生的语言，不仅拥有很多现代的高级控制结构和数据的抽象类型，而且还提供了直接访问和操纵内存数据的能力。特别是一个变量的值既可以解释为整数也可以解释为内存地址（指针），其优点是不仅可以用 C 语言来编写系统程序，而且可以提高程序的执行效率；缺点是也容易由于指针的使用和不恰当的对内存操作而产生漏洞。许多常见的广泛使用的函数库，特别是那些与字符串输入和处理相关的，没有对使用的缓冲区的长度进行检查，因此容易导致缓冲区溢出。

引起缓冲区溢出问题的根本原因是 C/C++ 没有对数组和指针的引用进行边界检查，也就是开发人员必须检查边界，而这一工作往往会被忽视。由于没有边界检查机制保证对数组和指针的引用不会越界，所以在对数组和指针引用时有可能会越过边界访问到定义的变量空间外的内容。如果是读取数组以外的内容，有可能使程序得出错误的结果，这还算是比较好的情况；如果是写入，就有可能破坏进程内存的其他内容。进而如果黑客研究内存中一些敏感数据（例如返回地址、VTable 等一些编译器或者操作系统自动维护的数据）的分布，精心组织越界数据，就能够通过缓冲区溢出改变程序的流向，运行恶意指令以获得对进程的控制。

　　缓冲区溢出攻击是通过破坏进程内存组织,利用指令系统特性或者操作系统机制改变进程正常流向的一种手段,它代表了一类攻击方法,其中包含很多不同种类的方法。缓冲区溢出攻击按填充数据溢出的缓冲区位置分为栈溢出(格式化字符串溢出可以看作栈溢出的特例)、堆溢出和BSS(静态数据区)溢出。按黑客重定向程序流程的方式分为直接植入黑客自己代码和跳转执行系统中已经加载的代码。按所利用的外部条件的不同分为本地缓冲区溢出和远程缓冲区溢出。

　　下面以一个简单的栈溢出为例介绍缓冲区溢出的过程。假设针对一个有strcpy函数栈溢出漏洞的程序,通过缓冲区溢出得到一个Shell的过程:使用一个shellcode数组来存储shellcode,所谓的shellcode就是把要执行的命令编辑成最简单的二进制形式以便执行。利用程序中的strcpy函数,把shellcode放到了程序的堆栈中。同时我们制造了数组越界,用shellcode的开始地址覆盖了程序的返回地址。程序在返回的时候就会执行shellcode,从而得到了一个Shell。

　　缓冲区溢出漏洞可以使黑客获得主机的访问权甚至是最高权限。黑客可以利用缓冲区溢出漏洞攻击具有root权限的程序,例如通过执行类似exec函数族代码来获得被攻击主机的root权限。下面是一个典型的shellcode源程序,使用execve函数来执行/bin/sh命令,也就是得到一个Shell。

```
#include <stdio.h>
void main(){
    char * name[2];
    name[0]="/bin/sh";
    name[1]=NULL;
    execve(name[0],name,NULL);
    }
```

　　但是,要将shellcode植入缓冲区中,它必须作为可直接执行的机器代码才行,所以要先将该程序编译成汇编代码,然后经过适当的调整,最后得到适合被入侵系统类型的机器代码。有了这段代码,黑客就可以设计自己的攻击程序(通常被称为exploit程序)。

　　(1) 在该程序中,黑客要构造一个特殊的字串,该字串中包含shellcode,也包含shellcode的地址(用该地址覆盖函数的返回地址)。这其中包含栈溢出中最难实现的如何定位栈溢出位置的技术。

　　(2) 攻击程序调用exec族函数来执行有缓冲区溢出漏洞的命令程序,并将构造好的字串作为参数传递给命令程序。

　　下面的程序说明怎样将包含shellcode的地址和shellcode的字串植入缓冲区的。

```
char shellcode[]=
    "\xeb\x1f\x5e\x89\x76\x08\x31\xc0\x88\x46\x07\x89\x46\x0c\xb0\x0b"
    "\x89\xf3\x8d\x4e\x08\x8d\x56\x0c\xcd\x80\x31\xdb\x89\xd8\x40\xcd"
    "\x80\xe8\xdc\xff\xff\xff/bin/sh";
```

```
char large_string[128];
void main(){
    char buffer[96];
    int i;
    long * long_ptr=(long *)large_string;
    for (i=0;i<32;i++)
        *(long_ptr+i)=(int)buffer;
    for (i=0;i<strlen(shellcode);i++)
        large_string[i]=shellcode[i];
    strcpy(buffer,large_string);
}
```

执行过程如下：首先，在 large_string 中填充 buffer 的地址，然后将 shellcode 放到 large_string 的最前面，最后，将这个超长的字串复制到狭小的缓冲区中。其结果是，main 函数的正常返回地址被 buffer 的地址所取代，而 buffer 开始处，正好是 shellcode。main 函数不能正常退出，strcpy 执行之后将会转而执行 shellcode。对本程序实现缓冲区溢出攻击后，被修改了的 main 函数的栈帧如图 2.2 所示。

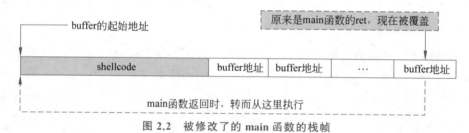

图 2.2　被修改了的 main 函数的栈帧

检测并阻止缓冲区溢出攻击有一些硬件和软件机制，如字符串类库、代码托管技术、对数据区使用数据执行保护机制、安全编译选项、可执行地址空间保护机制、检测栈被非法修改的技术、随机化地址空间布局等技术。很多机制都需要操作系统或编译器的支持。

2.6　权限提升

攻击者的最终目的是获得系统的控制权，即 root 权限或最高管理员权限。有些情况下，攻击者进入系统时得到的就是这个权限，但更多的时候攻击者最初只能得到部分访问权(如利用远程漏洞获取的权限)，于是他想通过权限提升(escalating privilege)，如使用 su 命令、种植获取口令的木马、破解口令散列文件得到管理员口令等，得到系统的控制权，而操作系统很难阻止这种权限提升。例如，一个攻击者只能以客人的身份进行访问，于是他利用这种访问取得另外的信息后，就可以利用这些信息获得系统的控制权。对 Internet 上的客户机来说，最重要的权限提升方法是利用 Web 浏览和电子邮件。

2.7　掩盖踪迹

黑客入侵系统成功,获得访问权或控制权后,此时最重要就是清除所有入侵痕迹,隐藏自己的踪迹,以防被管理员发觉,以便能够随时返回被入侵系统继续破坏或作为入侵其他系统的中继跳板。掩盖踪迹(covering tracks)的方法有隐藏上传的文件、禁止或篡改日志审计信息、清除日志记录、改变系统时间造成日志文件数据紊乱、干扰入侵检测系统的正常运行、修改完整性检测数据、使用 Rootkit 工具等。常用的清除日志工具有 zap、wzap、wipe、wted、elsave,当然直接使用 vi 之类简单的文件编辑器也可以。

2.8　创建后门

所谓的后门程序,理想地说,就是无论用户账号的增加或减少、服务的开启和关闭等系统配置发生怎样的改变,都能够让攻击者再次隐蔽地进入网络或系统而不用花费很多工夫的通道。一次成功的入侵通常要耗费攻击者大量的时间和资源,因此攻击者在退出系统之前要在系统的不同部分布置陷阱和后门,以便攻击者能在以后仍能从容获得特权访问。攻击者之所以创建后门(creating backdoor)是为了防止他们已经获得的受害机器的用户账号被屏蔽,而后门程序提供了攻击者所需的可靠而稳定的访问权。

蠕虫传播者可以将后门作为控制通道,获得被感染系统的远程访问权限,用于传送指令并发动分布式拒绝服务攻击;后门程序也可以作为一个代理使用,从而掩盖真正的攻击者;后门连接还可以被用于升级被感染系统中已存在的恶意代码,或者向被感染系统发送新的恶意代码。

创建后门的主要方法有重新开放不安全的服务端口、修改系统配置留下漏洞、安装嗅探器、建立隐藏通道、创建具有 root 权限的虚假用户账号、安装批处理文件、安装远程控制工具、使用木马程序替换系统程序(如 netstat、ls 等)、安装监控机制以及感染系统文件等。

2.9　Web 攻击技术

随着 Internet 的日益普及,人们对其依赖性也越来越强,它已逐渐成为人们生活中不可缺少的一部分。但是,Internet 提供的 Web 服务有几方面的安全问题:Web 服务是动态交互的;Web 服务使用广泛而且信誉非常重要;Web 服务器难以配置,会隐藏众多安全漏洞;编写和使用 Web 服务的用户安全意识相对薄弱。

可以将 Web 安全威胁分为对 Web 服务器的安全威胁、对 Web 浏览器的安全威胁和对通信信道的安全威胁三类,其中使用 SSL 协议可以较好地实现 Web 通信信道的安全。对 Web 服务器的攻击方法有样板文件和源代码泄露、资源解析和二次解码攻击(即同义异名攻击)、服务器功能扩展模块问题、服务器端包含(Server Side Include,SSI)问题、缓冲区溢出攻击、SQL 注入(SQL Injection)攻击等。对 Web 浏览器的攻击方法有对

ActiveX 和 JavaScript 脚本的攻击、攻击会话跟踪（cookie）机制、跨站脚本（Cross-Site Scripting,XSS）攻击、同形异义词（Homograph）漏洞。

2.9.1　SQL 注入攻击

1. SQL 注入的定义

SQL 注入是一种针对 Web 服务器程序及其数据库的攻击，是目前最流行的网站入侵技术之一。SQL 注入是指攻击者利用 Web 应用程序中没有对用户的输入进行合法性验证而产生的 SQL 注入漏洞（这种漏洞大多存在于常见的多连接 Web 应用程序中），通过构造特殊的 SQL 语句，将指令插入系统原始的 SQL 查询语句中并执行它，以获取数据库中的敏感信息，甚至获取主机的控制权限。

通常，程序员在存取数据库时，往往是事先定义好一个含有"空格"的 SQL 语句，然后将用户的输入填入空格，最终组织成 SQL 语句传递给数据库执行。但也正因为这个空格的存在，检查稍有不慎就会让黑客有机可乘，将特定代码填入空格，从而操纵 SQL 语句的执行。

SQL 注入技术是一种危害性很大的网络攻击技术，当 SQL 注入攻击伴随正常的访问请求一起发生时，是完全可以绕过防火墙而直接影响数据库甚至服务器，造成的危害无法估计。更重要的是，这种攻击利用的是 SQL 语法，使得攻击具有广泛性，它对于目前网络上的大多数数据库——MySQL、Oracle 及 SQL Server 等都有效。

以下介绍 SQL 注入攻击的总体思路。

（1）发现 SQL 注入位置。

（2）判断后台数据库类型。

（3）判断数据库中表及相应字段的结构。

（4）构造注入语句，得到数据库内容。

（5）结合其他漏洞，上传 Webshell 后门并持续连接。

（6）进一步提权，得到管理员权限。

2. 判断 Web 程序能否注入及注入方式

首先，需要对目标 Web 程序进行试探，来确定 SQL 注入漏洞。Web 程序传输数据有两种方式：GET 和 POST,SQL 注入同样要遵循 HTTP,因此也产生两种代码注入方式，不同的数据传递方式特点及注入方式如表 2.2 所示。

表 2.2　不同的数据传递方式特点及注入方式

数据传递方式	特　　点	SQL 注入方式
GET	通过浏览器 URL 传递数据，URL 可见，传送数据量较小，一般不超过 2KB	从地址栏注入
POST	隐式提交，URL 不可见，传送数据量较大，理论上，IIS5 中限制为 100KB	从特定表单注入

（1）默认使用 GET 方式(一般新闻网页及论坛)，是指用户数据通过浏览器 URL 来传递，也就是说，从客户端写入的数据会在 URL 上以特定的编码形式显示出来。利用此方式进行注入时，只需在 URL 的尾部，添加上特定的 SQL 语句并提交。

（2）另一些网页使用 POST 方式传递数据(如用户登录的界面)，此时 URL 不会再显示数据内容，处理程序会读取客户端录入的内容进行处理，此时只能以特定的工具进行提交。

当这些注入的额外数据随着合法数据一起被传送到数据库时，如果数据库存在注入漏洞，就会把非法语句视为 SQL 查询语句或操纵语句一并进行处理，然后返回相应的结果。因此，从返回的错误信息中，可以很容易地识别错误、定位错误并确认是否存在注入漏洞，若存在还可以从中确认注入点。

实际使用中，为了判断是否能注入 Web 程序，这里采用了一个经典的判断方法：1＝1、1＝2 方法，打开页面如下。

（1）http://127.0.0.1/inject.asp？dbtype＝sql&id＝1。

（2）http://127.0.0.1/inject.asp？dbtype＝sql&id＝1 and 1＝1。

（3）http://127.0.0.1/inject.asp？dbtype＝sql&id＝1 and 1＝2。

观察上面 3 个网址返回的结果，可以注入的表现如下。

（1）正常显示(这是必然的，不然就是程序有错误了)。

（2）正常显示，内容与(1)相同。

（3）提示 BOF 或 EOF(程序没做任何判断时)，或提示找不到记录(判断了 rs.eof 时)，或显示内容为空(程序加了 on error resume next)，总之与(1)完全不同。

如果出现如下返回结果就能判断页面是不可以注入的：打开页面(1)同样正常显示，打开页面(2)和页面(3)一般都会有程序定义的错误提示，或提示类型转换时出错，总之与页面(1)完全不同。

如果显示页面会动态变化(如有"已阅读×××次")时，页面(2)的判断就不能是"相同"，而是"关键字相同"，即若页面(1)和页面(2)均含有某个关键字，而页面(3)没有时判断可以注入；若页面(2)不含关键字即可判断不能注入。

3. SQL 注入的原理

SQL 注入的原理非常简单，即"填空游戏"。这个空格是程序员在 SQL 语句中留下的，目的是根据用户输入或者 URL 参数构造特定的查询语句，从而得到特定返回结果显示在页面上。例如，有这样一个 URL，http://127.0.0.1/inject.asp？dbtype＝sql&id＝1，程序需要根据 id 值查询数据库中的记录，那么它的 SQL 语句就要这样留空：select * from admin where id＝□；这个空格就是 URL 中参数为 id 的值，那么 ASP 程序中便要这样组织 SQL 语句：SqlStr＝"select * from admin where id＝"＋id，这样最终的 SQL 便能查询出 id 为 1 的记录。注意，程序并没有判断 id 的内容，而把它默认当成了一个数字，这样便造成了 SQL 注入漏洞。

黑客可以这样构造 URL，http://127.0.0.1/inject.asp？dbtype＝sql&id＝1%20or%201＝1(其中%20 是经过 URL 编码后的空格符)，这样填入空格的内容就变成

"1 or 1＝1"这个看似非法的数字，但是 ASP 程序却把它忠实地构造成：select ＊ from admin where id＝1 or 1＝1，其中 1＝1 永远成立。这个查询语句等价于：select ＊ from admin，就能查出 admin 表中所有记录，完全背离了程序员的初衷，改变了 ASP 程序的执行结果。看起来似乎危害不大，但这只是最简单基本的语句，聪明的黑客不断构造出各种各样的精妙复杂的语句，利用 SQL Server 中强大的不为人所知的功能，一步步地达到随心所欲地操纵数据库甚至操作系统的目的。

4. SQL 注入的分类

SQL 注入除了可以分为 GET 方式和 POST 方式的注入外，从 SQL 注入的内容及效果上来说，还可以将 SQL 注入划分为 4 类：SQL 操纵、代码注入、函数调用注入和缓冲区溢出。从 SQL 注入的一些技巧方法上，也可以将 SQL 注入划分为常规 SQL 注入、盲注、旁注以及跨站式注入等。

（1）SQL 操纵：攻击者通过集合运算（如 UNION）修改 SQL 语句，或者通过改变 WHERE 子句（使得 WHERE 子句总为真）来返回一个不同的结果等。大部分 SQL 注入攻击都是这个类型。

（2）代码注入：攻击者在原来的 SQL 语句中插入新的 SQL 语句或数据库指令。典型代码注入是附加一个 SQL Server 的 EXECUTE 指令到存在漏洞的 SQL 语句中。由于代码注入时总需要向数据库同时提交多个任务，因此只有当该数据库环境支持同时执行多个 SQL 语句请求时，代码注入才能发挥作用。

（3）函数调用注入：在有漏洞的 SQL 语句中插入定制的数据库函数，这些函数调用可以用来作为操作系统调用或者操纵数据库中的数据，用这种方法就可以获得系统权限甚至控制整个操作系统。

（4）缓冲区溢出：它是函数调用注入的一个子集，是以缓冲区溢出漏洞为基础的。在很多商业的和开源的数据库中都存在着可能导致缓冲区溢出的漏洞。

上述 4 种方法中，前两种是目前最为常见的 SQL 注入技术，后两种则出现的较少，但危害性与不可知性更甚。

此外，盲注是指通过构造特殊的 SQL 语句，在没有返回错误信息的情况下进行注入。需要额外加入判断方式，例如根据执行时间的长短判断"真"或"假"。旁注是指从旁注入，也就是利用主机上面的一个虚拟站点进行渗透，此类手法多出现于虚拟主机站点。跨站式注入是指攻击者利用程序对用户输入过滤及判断的不足，写入或插入可以显示在页面上并对其他用户造成影响的代码，一般来说跨站式注入最容易出现的地方是网站的留言区。

SQL 注入漏洞在网上极为普遍，通常是由于程序员对注入不了解，或者程序过滤不严格，或者因某个参数忘记检查导致。以脚本为主的防范策略（防注脚本）可以防范绝大多数的 SQL 注入攻击。防注脚本的原理很简单，它利用 instr()函数屏蔽掉所有的敏感字符（如各种引号、分号、转义字符等），当非法字符出现时，弹出警告对话框并重定向页面，以保障数据库的安全。为了确保站点万无一失，仅靠脚本是不够的，还可以更改 Web 服务器设置，无论 Web 程序运行中出什么错，服务器都只提示 HTTP 500 错误，那么攻击者就无法从返回的错误信息中了解他想要得到的信息。此外,在建立网站时,有必要将管理员和用户的权限做到最小化。除了这些被动防御外,管理员还应当经常检查日志记录,及时发现异常。

2.9.2　XSS 攻击

　　XSS 攻击也叫跨站脚本攻击,是一种针对 Web 浏览器的攻击,到目前为止,XSS 攻击是 Web 安全中最为常用、攻击成功率最高的一种攻击手段,而且现在许多大型知名网站都有 XSS 漏洞。XSS 攻击是指在远程 Web 页面的 URL 或 HTML 代码中插入具有恶意目的的 Script 标签,如 JavaScript、VBScript、ActiveX 或 Flash 等脚本,然后诱导信任它们的用户单击它们,确保恶意代码在受害人的计算机上运行,以便窃取此用户的信息、改变用户的设置、破坏用户数据。利用 XSS 机制中的漏洞而发动的各种攻击通常都需要受害用户的参与,以窃取该用户的 cookie 为目标。

　　为了成功地实现一个跨站脚本攻击,受害用户必须执行一些活动:或者是单击一个恶意链接,或者是浏览一个已经被恶意用户进行了跨站脚本注入的网站。然而,尽管跨站脚本有时看起来比较复杂,并且成功地实现攻击的可能性也比较低,但像 eBay 这样的网站都遭受过跨站脚本攻击。

　　其实 XSS 攻击也是一种注入,不过是针对 HTML 的注入。可以这么说,如果攻击者提交的变量没有经过很好的过滤就放到了数据库中,并且在另一些地方又直接取出来返回给来访问的其他用户,这就导致了 XSS 漏洞的产生。因为一个恶意用户提交的 HTML 代码最终被其他浏览该网站的用户访问,通过这些 HTML 代码也就间接控制了访问者的浏览器,这样可以做很多事情,甚至恶意用户能获得访问者计算机的最高权限。XSS 攻击涉及 3 种不同的计算机:攻击者、用户客户端和 Web 服务器,图 2.3 给出了跨站脚本(XSS)攻击示意图。

　　从图 2.3 中可以看出,黑客可以利用网页中存在的 XSS 漏洞,制造出多种不同的欺骗效果,让受害者落入圈套。主要方法是针对某个具有跨站脚本漏洞的网页,利用语句闭合原理把恶意脚本写入它的远程服务器中。然后黑客把恶意链接通过发邮件或者在论坛上发布等多种方法,让别人去点击,从而达到 XSS 攻击的效果。XSS 之所以危害如此之大是因为它利用了人们的好奇心和 XSS 攻击的最致命特性——被动攻击,所以人们往往在毫不知情的情况下,已经受到了 XSS 攻击。

　　通常通过注入像 alert('xss')的 JavaScript 代码来说明 XSS 漏洞的存在,该代码能够导致含有 XSS 漏洞的 Web 应用程序显示带有 xss 字样的弹出窗口。从技术角度来说,这确实证明 XSS 漏洞的存在性,但是它没有真实地反映 XSS 漏洞的危害性。

　　XSS 攻击利用了用户和服务器之间的信任关系,用户认为该页面是可信赖的,但是当浏览器下载该页面,嵌入其中的恶意脚本将被解释执行。XSS 攻击在多数情况下不会对服务器和 Web 程序的运行造成影响,但对客户端的安全构成严重的威胁,这主要是由于服务器对用户提交的数据过滤不完整造成的。如应用程序未能安全地管理好 HTML 的输入(没有过滤字符'＜'、'＞'、'/')和输出(没有对字符'＜'、'＞'、'/'编码)。

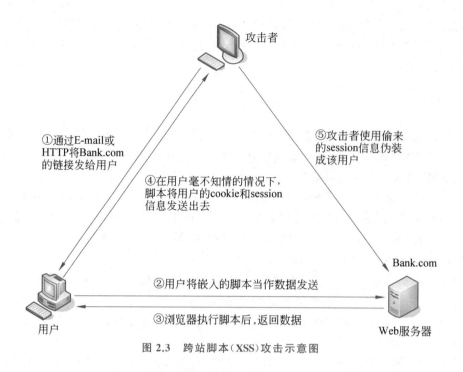

图 2.3　跨站脚本（XSS）攻击示意图

习题

1. 隐藏攻击者地址和身份的技术主要有哪些？

2. 试从扫描历史的发展和网络攻击者与安全专家对抗的角度分析为什么会出现复杂多样的扫描类型，需要满足哪两个条件才能称为一个好的扫描方式。

3. 请查找资料讨论，什么是主动操作系统探测技术？什么是被动操作系统探测技术？技术上有什么区别？探测的准确性上有什么不同？

4. 网络安全专家和网络管理员如何使用漏洞扫描工具来增加网络的安全性？有哪些主要的漏洞扫描工具？尝试使用它们来查找局域网以及其中主机的安全漏洞并加以修补。

5. 网卡混杂模式的嗅探的工作原理是什么？

6. 如何在交换式局域网中结合使用 ARP 欺骗工具和网卡混杂模式的嗅探工具，来捕捉发送给其他主机的数据包，并能够解码得到应用层的具体数据？

7. 什么是社会工程？举例说明如何才能在工作和生活中避免遭受社会工程攻击。

8. 能否在不同用途的账户中采用相同的口令，其安全漏洞是什么？而在不同账户中使用不同口令时，是否还有安全问题？为什么？

9. 通过对口令字典的分析，考虑如何才能设置一个好的口令？口令管理上还有哪些要注意的问题？

10. 根据实验原理和目的的不同，会话劫持又分为哪两种？说出它们的主要区别？

11. 什么是拒绝服务攻击？列举出至少 4 种拒绝服务攻击方法。

12. 简单描述 SYN Flood 和 Smurf 攻击的实现原理。

13. 什么是傀儡主机？一台计算机变成 DDoS 攻击者的傀儡的原因是什么？如果消除了这个原因，DDoS 攻击还能否存在？

14. 查找资料，研究目前的分布式拒绝服务攻击及其检测和防范技术的最新发展现状。

15. 简单描述缓冲区溢出攻击的实现原理。

16. 什么是 SQL 注入攻击？什么是 XSS 攻击？两者有什么主要区别？

17. 一般可以怎样判断数据库系统是否存在 SQL 注入的漏洞？

18. 查找资料，研究从各方面如何有效防范 XSS 攻击的措施。

19. 请调研最近又出现了哪些网络攻击与系统攻击，它们的原理是什么？

第3章 密码学概述

密码学是网络信息安全的数学理论基础,密码学常被认为是数学和计算机科学的分支,和信息论也密切相关。著名的密码学者 Ron Rivest 解释道:"密码学是关于如何在敌人存在的环境中通信"。密码学的首要目的是隐藏信息的含义,并不是隐藏信息的存在。密码学也促进了计算机科学的发展,特别是计算机与网络安全中的技术发展。密码学已被应用于人们的日常生活,如自动柜员机的芯片卡、电子商务等。目前主要的网络安全技术也都是以密码学为基础的,使用最广泛的加密机制是对称密码体制和公钥密码体制。本章首先介绍密码学的起源和发展历程;然后介绍密码学中的基本概念;最后介绍一些传统的加密技术,虽然这些加密技术不再使用了,但这些加密技术中的一些思想依然在现代密码学中得到了延伸。

3.1 密码学起源

密码学一词源自希腊语 krypto 及"理念"两词,意思为"隐藏"及"消息"。它是研究信息系统安全保密的科学,其目的是为两人在不安全的信道上进行通信而不被破译者获取通信的内容。相传最早使用密码捆在木棒上方法是公元前 5 世纪的斯巴达人,公元前 404 年,斯巴达国(今希腊)北路军统帅莱山得在征服雅典之后,本国的信使赶到,献上了一条皮带,上面有文字,通报了敌将断其归路的企图。莱山得当机立断,率师轻装脱离了险境。他们使用的是一根叫 Scytale 的棍子,如图 3.1 所示。送信人先绕棍子卷一张纸条,然后把要加密的信息写在上面,接着打开纸送给收信人。如果不知道棍子的宽度(这里作为密钥)是不可能解密里面的内容的。后来,罗马的军队用凯撒密码(三个字母表轮换)进行通信。

图 3.1 Scytale 棍子密码

中国周朝兵书《六韬·龙韬》中也记载了密码学的运用,其中的《阴符》和《阴书》便记载了周武王问姜子牙关于征战时与主将通信的方式。

太公曰:"主与将,有阴符,凡八等。有大胜克敌之符,长一尺。破军擒将之符,长九寸。降城得邑之符,长八寸。却敌报远之符,长七寸。警众坚守之符,长六寸。请粮益兵之符,长五寸。败军亡将之符,长四寸。失利亡士之符,长三寸。诸奉使行符,稽留,若符事闻,泄告者,皆诛之。八符者,主将秘闻,所以阴通言语,不泄中外相知之术。敌虽圣智,莫之能识。"

武王问太公曰:"……符不能明;相去辽远,言语不通。为之奈何?"

太公曰:"诸有阴事大虑,当用书,不用符。主以书遗将,将以书问主。书皆一合而再离,三发而一知。再离者,分书为三部。三发而一知者,言三人,人操一分,相参而不相知情也。此谓阴书。敌虽圣智,莫之能识。"

阴符是以八等长度的符来表达不同的消息和指令,可算是密码学中的替代法(substitution),把信息转变成敌人看不懂的符号。至于阴书则运用了移位法,把书一分为三,分三人传递,要把三份书重新拼合才能获得还原的信息。

在随后的 19 个世纪中,主要是发明一些更加高明的加密技术,这些技术的安全性通常依赖于用户赋予它们多大的信任程度。然而密码学文献发展有个很奇妙的过程,由于战争和各个国家之间的利益,密码学重要的进展很少在公开的文献中出现。密码学的发展大致可以分为以下三个阶段。

第一阶段是从几千年前到 1948 年。这一时期密码学还没有成为一门真正的科学,而是一门艺术。密码学专家常常是凭自己的直觉和信念来进行密码设计,而对密码的分析也多基于密码分析者(即破译者)的直觉和经验来进行的。第一次世界大战以后,情况开始变化,完全处于秘密工作状态的美国陆军和海军的机要部门开始在密码学方面取得根本性的进展。加州奥克兰的 Edward H. Hebern 申请了第一个转轮机专利,这种装置在差不多 50 年内被指定为美军的主要密码设备。但是由于战争的原因,公开的文件寥寥无几。

第二阶段是从 1949 年到 1975 年。1949 年,美国数学家、信息论的创始人 Shannon Claude Elwood 发表了《保密系统的信息理论》一文,它标志着密码学阶段的开始。同时以这篇文章为标志的信息论为对称密钥密码系统建立了理论基础,从此密码学成为一门科学。由于保密的需要,这时人们基本上看不到关于密码学的文献和资料,平常民众是接触不到密码的。1967 年 David Kahn 出版了一本叫作《破译者》(The Codebreakers)的小说,它并没有任何新的技术思想,但却对密码学的历史做了相当完整的记述。这部著作的意义不仅在于它涉及相当广泛的领域,而且在于它使成千上万原本不知道密码学的人了解了密码学。新的密码学文章慢慢开始源源不断地被编写出来,使人们知道了密码学。20 世纪 70 年代初期,IBM 公司发表了有关密码学的几篇技术报告,从而使更多的人了解了密码学的存在。但科学理论的产生并没有使密码学失去艺术的一面,如今,密码学仍是一门具有艺术性的科学。

第三阶段为 1976 年至今。1976 年,Diffie 和 Hellman 发表了《密码学的新方向》一文,他们首次证明了在发送端和接收端不需要传输密钥的保密通信的可能性,从而开创了公钥密码学的新纪元。该文章也成了区分古典密码和现代密码的标志。1977 年,美国的数据加密标准(DES)公布。这两件事情导致了对密码学的空前研究。从这时候起,开始对密码在民用方面进行研究,密码才开始充分发挥它的商用价值和社会价值,人们才开始接触到密码学。密码学发展至今,已有两大类密码系统:第一类为对称密钥密码系统;第二类为非对称密钥(公开密钥)密码系统。

随着在密码学理论和技术上的探索和实践,人们逐渐认识到认证和保密是两个独立的密码属性。Simmons 系统地研究了认证问题,并建立了一套与 Shannon 保密理论平行的认证理论。

历史车轮滚滚向前,密码学紧跟科学技术前进的步伐,根据密码学所使用的科学技术,还可以将其分为如下发展历程:密码学的初级形式——手工阶段,经过中间形式——机械阶段,发展到今天的高级形式——电子与计算机阶段。现代密码分析依赖数学方面的知识,现代密码学离开数学是不可想象的,密码学涉及数学的多个分支,如代数、数论、概率论、信息论、几何、组合学等。不仅如此,密码学的研究还需要具有其他学科的专业知识,如物理、电机工程、量子力学、计算机科学、电子学、系统工程、语言学等;反过来,密码学的研究也促进了上述各学科的发展。

计算机的出现,大大促进了密码学的变革。由于商业应用和大量的计算机网络通信的需要,民间对数据保护、数据传输的安全性、防止工业谍报活动等课题越来越重视,密码学的发展从此进入了一个崭新的阶段,与此同时,密码学的研究开始大规模地扩展到民用。

3.2 密码的基本概念

首先定义一些术语。原始的消息为明文(Plaintext),而加密后的消息为密文(Cipher)。从明文到密文的变换过程称为加密(Encryption),一般用 E 表示加密过程,从密文到明文的变换过程称为解密(Decryption),一般用 D 表示解密过程。用于加密的各种方案构成的研究领域称为密码编码学。这样的加密方案称为密码体制或密码。不知道任何加密细节的条件下解密消息的技术属于密码分析学的范畴,密码分析学即外行所说的"破译"。密码编码学和密码分析学统称密码学。

3.2.1 密码编码学

密码编码学的主要任务是研究安全、高效的信息加密算法和信息认证算法的设计理论与技术,密码系统设计通常的基本要求如下。

(1) 知道密钥 K_{AB} 时,加密 E_{AB} 容易计算。

(2) 知道密钥 K_{AB} 时,解密 D_{AB} 容易计算。

(3) 不知道密钥 K_{AB} 时,由密文 $C = E_{AB}(M)$ 不容易推导出明文 M。

以上三点要求说明密码系统设计的原则是:对合法的通信双方来说,加密和解密变换是容易的;对密码分析员来说,由密文推导出明文是困难的。衡量一个密码系统的好坏,当然应当以它能否被攻破和易于被攻破为基本标准。

理论上不可攻破的密码系统是一次一密,密钥只对一个消息进行加解密,之后丢弃不用,每一条新消息都需要一个与其等长的新密钥。这就是著名的一次一密,它是不可攻破的。但是在实际应用中,这种系统却受到很大限制。

① 分发和存储这样大的随机密钥序列(它和明文信息等长),确保密钥的安全是很困难的。

② 如何生成真正的随机序列也是一个现实问题。因此,人们转而寻求实际上不可攻

破的密码系统。

所谓实际上不可攻破的密码系统,是指它们在理论上虽然是可以攻破的,但真正要攻破它们,所需要的计算资源如计算机时间和存储空间超出了实际上的可能性。例如,破解某个密码系统需要耗费计算机机时200年,这个密码系统实际上非常安全。

密码编码学系统具有以下三个独立的特征。

(1)转换明文为密文的运算类型。所有的加密算法都基于两个原理:代换和置换,代换是将明文中的每个元素(如位、字母、位组或字组等)映射成另一个元素;置换是将明文中的元素重新排列。上述运算的基本要求是不允许有信息丢失(即所有的运算是可逆的)。大多数密码体制,都使用了多层代换和置换。

(2)所用的密钥数。如果发送方和接收方使用相同的密钥,这种密码就称为对称密码、单密钥密码、秘密钥密码或传统密码。如果收发双方使用不同的密钥,这种密码就称为非对称密码、双钥或公钥密码。

(3)处理明文的方法。分组密码每次处理输入的一组元素,相应地输出一组元素。流密码则是连续地处理输入元素,每次输出一个元素。

3.2.2 密码分析学

密码分析是指试图找出明文或密钥的工作,通常目标是恢复使用的密钥,而不是仅仅恢复出单个密文对应的明文,这样可以获得更多有价值的信息。攻击对称密码体制一般有以下两种方法。

(1)密码分析学:密码分析学攻击通常分析加密算法的性质,利用明文的一般特征或某些明密文对。破译者使用的策略取决于加密方案的固有性质以及破译者掌握的信息。这种形式的攻击企图利用算法的特征来推导出特别的明文或使用的密钥。

(2)穷举攻击:攻击者对一条密文尝试所有可能的密钥,直到把它转化为可读的有意义的明文。平均而言,获得成功至少要尝试所有可能密钥的一半。

如果上述任意一种攻击能成功地推导出密钥,那么影响将是灾难性的,将会危及所有未来和过去使用该密钥加密的消息的安全。

首先考虑密码分析学,然后讨论穷举攻击。

基于密码分析者知道信息的多少,表3.1概括了密码攻击的几种类型,表中唯密文攻击难度最大。有些情况下,攻击者甚至不知道加密算法,但是我们通常假设对手知道。早在1883年柯克霍夫斯(A. Kerchoffs)在其名著《军事密码学》中就建立了一个重要原则:密码算法即使为密码分析者所知,也应该无助于用来推导出明文和密钥。这一原则已被人广泛接受,取名为柯克霍夫斯原则,并成为密码系统设计的重要原则之一。

原因是依赖加密算法本身的机密性来防范密码分析者的代价较高,一旦对手知道加密算法则所有消息不再安全。重新设计加密算法并进行更换的成本也较大,通过密钥保密而不是加密算法保密来防范密码分析相对容易,可以通过更换密钥加强机密性。与更换算法的成本相比,更换密钥的成本也要小很多。

使用加密的优势在于,将对众多很长的明文保密转化为对少数的较短的密钥保密,而后者显然容易得多。

表 3.1　密码攻击的类型

攻　击　类　型	密码分析者已知的信息
唯密文攻击 ciphertext only	• 加密算法 • 要解密的密文
已知明文攻击 known plaintext	• 加密算法 • 要解密的密文 • 用(与待解的密文)同一密钥加密的一个或多个密文对
选择明文攻击 chosen plaintext	• 加密算法 • 要解密的密文 • 分析者任意选择的一些明文,以及对应的密文(与待解的密文使用同一密钥加密)
选择密文攻击 chosen ciphertext	• 加密算法 • 要解密的密文 • 分析者有目的地选择一些密文,以及对应的明文(与待解的密文使用同一密钥解密)
选择文本攻击 chosen text	• 加密算法 • 要解密的密文 • 分析者任意选择的明文,以及对应的密文(与待解的密文使用同一密钥加密) • 分析者有目的地选择一些密文,以及对应的明文(与待解的密文使用同一密钥解密)

（1）唯密文攻击。密码分析者有一些消息的密文,这些消息都用同一算法加密。密码分析者的任务是恢复尽可能多的明文,或者最好能推算出加密消息的密钥,以便可采用相同的密钥解出其他被加密的消息。

已知:

$$C_1 = E_k(M_1), C_2 = E_k(M_2), \cdots, C_i = E_k(M_i)$$

推导出：$M_1, M_2, \cdots, M_i$,或者密钥 k,或者找出一个算法从 $C_{i+1} = E_k(M_{i+1})$ 推导出 M_{i+1}。唯密文攻击是最容易防范的,因为攻击者拥有的信息量最少。不过在很多情况下,分析者可以得到更多的信息。分析者可以捕获到一段或更多的明文信息及相应密文,也可能知道某段明文信息的格式等。例如,按照 Postscript 格式加密的文件总是以相同的格式开头,还有,电子金融消息往往有标准化的文件头或者标志等。这些都是已知明文攻击的例子。拥有这些知识的分析者就可以从分析明文入手来推导出密钥。

（2）已知明文攻击。密码分析者不仅可以得到一些消息的密文,而且也知道这些消息的明文。分析者的任务是用加密消息推出用来加密的密钥或者推导出一个算法,用此算法可以对用同一密钥加密的任何新的消息进行解密。

已知:

$$M_1, C_1 = E_k(M_1), M_2, C_2 = E_k(M_2), \cdots, M_i, C_i = E_k(M_i)$$

推导出：密钥 k,或者从 $C_{i+1} = E_k(M_{i+1})$ 推导出 M_{i+1} 的算法。

与已知明文攻击紧密相关的是可能词攻击。如果攻击者处理的是一般分散文字信息,他可能对信息的内容一无所知;如果他处理的是一些特定的信息,他就可能知道其中的部分内容。例如,对于一个完整的数据库文件,攻击者可能知道放在文件最前面的是某些关键词。又如,某公司开发的程序源代码可能含有该公司的版权信息,并且放在某个标准位置。

(3) 选择明文攻击。分析者不仅可以得到一些消息的密文和相应的明文,而且他们也可以选择被加密的明文。也就是说分析者能够通过某种方式,让发送方在发送的信息中插入一段由他选择的信息,一个例子是差分密码分析。这个比已知明文攻击更有效,因为密码分析者能选择特定的明文块去加密,那些块可能产生更多关于密钥的信息,分析者的任务是推出用来加密消息的密钥或者导出一个算法,此算法可以对同一密钥加密的任何新的消息进行解密。

已知:$M_1, C_1 = E_k(M_1), M_2, C_2 = E_k(M_2), \cdots, M_i, C_i = E_k(M_i)$,其中 $M_1, M_2, \cdots, M_i$ 可由密码分析者选择。

推导出:密钥 k,或者从 $C_{i+1} = E_k(M_{i+1})$ 推导出 M_{i+1} 的算法。

一般来说,如果分析者有办法选择明文加密,那么他将特意选取那些最有可能恢复出密钥的数据。

表 3.1 还列举了另外两种类型的攻击方法:选择密文攻击和选择文本攻击。它们在密码分析技术中很少用到,但是仍然是两种可能的攻击方法。

只有相对较弱的算法才抵挡不住唯密文攻击。一般地,加密算法起码需要经受得住已知明文攻击。

除了前面介绍的密码分析学,另一种可能的攻击是试遍所有可能密钥的穷举攻击。如果密钥空间非常大,这种方法就不太实际。因此,攻击者必须依赖于对密文本身的分析,这一般要运用各种统计方法。使用这种方法,攻击者对可能的明文类型必须有所了解,比如明文是英文文本或法文文本、可执行文件、Java 源代码文件、会计文件等。

在已知密文/明文对时,密钥穷举攻击就是简单地搜索所有可能的密钥;如果没有已知的密文/明文对时,攻击者必须自己识别明文,这是一个有相当难度的工作。值得说明的是,穷举攻击并非指的是尝试所有可能的密钥。除非是明文已知的情况下,密码分析者会尝试所有密钥,以确认所给的明文是否为真正的明文。如果消息仅仅是英文的明文,那么很容易识别出明文。如果明文在加密前进行了压缩,那识别就很困难了。如果信息是更一般的数据类型,如二进制文件并进行了压缩,那么识别就更难于自动实现了。因此,穷举攻击还需要一些辅助信息,这包括对预期明文的某种程度的了解和自动区分明文和密文的某种手段。

如果一个密码体制满足条件:无论有多少可使用的密文,都不足以唯一地确定密文所对应的明文,则称该加密体制是无条件安全的。也就是说,无论花多少时间,攻击者都无法将密文解密,因为他所需的信息不在密文里。除了一次一密(一次一密的具体内容将会在以后的文中讲到)之外,所有的加密算法都不是无条件安全的。因此,加密算法的使用者应挑选尽量满足以下标准的算法。

① 破译密码的代价超出密文信息的价值。

② 破译密码的时间超出密文信息的有效生命期。

如果满足了上述两条标准,则加密体制是计算上安全的,因为攻击者成功破译密文所需的工作量是非常巨大的。对称密码体制的所有分析方法都利用了这样一个事实,即明文的结构和模式在加密之后仍然保存了下来,并且在密文中能找到一些蛛丝马迹。随着对各种对称密码体制讨论的深入,这一点将会变得很明显。对公钥密码体制的分析是依据一个完全不同的假设,即密钥对的数学性质使得无法从一个密钥推出另一个密钥,在后面章节中会详细介绍公钥密码体制。

试遍所有密钥直到有一个可用的密钥能够把密文还原成明文,这就是穷举攻击。我们可以从这种方法入手,考虑其所需的时间代价。要获得成功一般需要尝试所有可能密钥中的一半,表 3.2 给出了对于不同密钥空间所耗用的时间。DES(数据加密标准)算法使用的是 56 位密钥,3DES 使用的是 168 位密钥,AES(高级加密标准)的最短密钥长度是 128 位。表中最后一行还列出了采用 26 个字母的排列作为密钥的代换密码的一些结果。假设执行一次解密需要 $1\mu s$,表中数据说明了对于不同长度密钥执行穷尽搜索所需的时间。随着大规模并行计算机的应用,处理速度可能会高出若干个数量级。表 3.2 最后一列列举了每微秒执行 100 万次解密需要的时间。可以看出,DES 算法已不再是安全的算法。

表 3.2   不同密钥空间耗用的时间

密钥大小(位)	密钥个数	每微秒执行一次解密需要的时间	每微秒执行 100 万次解密需要的时间
32	$2^{32}=4.3\times10^9$	$2^{31}\mu s=35.8min$	2.15ms
56	$2^{56}=7.2\times10^{16}$	$2^{55}\mu s=1142$ 年	10.01 小时
128	$2^{128}=3.4\times10^{38}$	$2^{127}\mu s=5.4\times10^{24}$ 年	5.4×10^{18} 年
168	$2^{168}=3.7\times10^{50}$	$2^{167}\mu s=5.9\times10^{24}$ 年	5.9×10^{24} 年
26 个字符的排列组合	$26!=4\times10^{26}$	$2\times10^{26}\mu s=6.4\times10^{12}$ 年	6.4×10^6 年

3.2.3   密钥管理学

密码算法对密码系统的安全性有决定性的作用,但很多情况下,一个密码应用系统被破解往往不是密码算法本身造成的,而是密码系统的密钥管理方案不当造成的。例如,将密钥与加密算法不加保护地一起存储在计算机中,那么任何侵入该计算机的攻击者都能得到密码算法和密钥,相应地任何加密消息都可以被破解。

随着互联网的发展,密码学在网络安全中得到了广泛的应用。由于互联网本身是不可靠的,随时可能被攻击者监听、修改、重放数据,因此通信双方为了能达到安全通信的目的,需要在互联网本身不安全这个前提下,对安全通信所使用的密钥进行协商和管理。根据 Kerckhoffs 假设,密码分析者知道所使用的密码体制,拥有除了密钥以外的所有关于加密函数的全部知识。因此,密码系统的安全性完全取决于所使用的密钥的安全,密钥管理是密码系统不可缺少的重要组成部分,在密码系统中起着根本的作用。密钥管理相当复杂,既有技术问题,也有管理策略问题,从某种程度上密钥管理可以说是密码系统中最重要、最困难的部分,然而密钥管理却往往是人们最容易忽视的地方。

密钥管理包括密钥的生产、装入、更换、分配、保护、存储、吊销、销毁等内容,其中分配和存储是最棘手的问题。密钥管理主要包括以下内容。

(1)密钥生成。密钥生成是密钥管理的首要环节,密钥生成的主要设备是密钥生成器,密钥生成可分为集中式密钥生成和分布式密钥生成两种模式。对于前者,密钥由可信的密钥管理中心生成;对于后者,密钥由网络中的多个节点通过协商来生成。

加密算法的安全性依赖于密钥,如果使用了一个弱的密钥产生方法,那么整个加密系统的安全性都很差。所以需要有一个较好的随机数生成器来生成强壮的密钥。

大部分密钥生成算法采用随机过程或者伪随机过程来生成密钥。随机过程一般采用一个真随机数发生器,它的输出是一个完全不确定的值。伪随机过程一般采用噪声源技术,通过噪声源的功能产生二进制的随机序列或与之对应的随机数。

(2)密钥的装入和更换。密钥可通过键盘、密钥注入器、磁卡、智能卡等设备和介质装入。密钥的生命周期结束,必须更换和销毁密钥。密钥泄露后也必须对其进行销毁和更新。

(3)密钥分配。密钥分配主要有两种模式:集中式分配和分布式分配。集中式分配模式由一个可信的密钥管理中心给用户分发密钥,这种模式具有效率高的优点,但管理中心容易成为攻击者的攻击目标,存在单点失效问题。分布式密钥分配模式,则由多个服务器通过协商来分配密钥,该模式能极大地提高系统的安全性和密钥的可用性。如果一个服务器被攻击,其他服务器还可以帮助被攻击的服务器恢复密钥,在灾难恢复方面具有优势。

(4)密钥保护和存储。所有生成和分配的密钥必须具有保护措施,密钥保护装置必须绝对安全,密钥存储要保证密钥的保密性,密钥应以密文形式出现。

(5)密钥的吊销。如果密钥丢失或因某种原因不能使用,且发生在密钥有效期内,则需要将它从正常使用的密钥集中除去,称为密钥吊销。采用证书机制的公钥可以通过吊销公钥证书实现对公钥的吊销。

(6)密钥的销毁。不再使用的旧密钥必须销毁,否则敌手可用旧密钥解密用该密钥加密的文件,且利用旧密钥进行分析和破译密码体制。

如果对密钥进行分类,可将密钥分为主机主密钥、密钥加密密钥、会话密钥等类型。

(1)主机主密钥(host master key)。对密钥加密密钥进行加密的密钥称为主机主密钥。它一般保存于网络中心、主节点或主处理器中,受到严格的物理保护。

(2)密钥加密密钥(key encryption key)。在传输会话密钥时,用来加密会话密钥的密钥称为密钥加密密钥,也称为次主密钥(submaster key)或二级密钥(secondary key)。通信网络中各节点的密钥加密密钥应互不相同,在主机和主机之间以及主机和终端之间传送会话密钥时都需要有相应的密钥加密密钥。

(3)会话密钥(session key)。用于通信双方交换数据时使用的密钥。根据会话密钥的用途,可分为数据加密密钥、文件密钥等。用于保护传输数据的会话密钥叫作数据加密密钥;用来保护文件的会话密钥称为文件密钥。会话密钥可以由可信的密钥管理中心分配,也可由通信方协商获得。通常会话密钥的生存周期很短,一次通信结束后,该密钥就会被销毁。

现有密码系统的设计大都采用了层次化的密钥结构,这种层次化的密钥结构与对系统的密钥控制关系是对应的。一个常见的三级密钥管理的层次结构如图 3.2 所示。

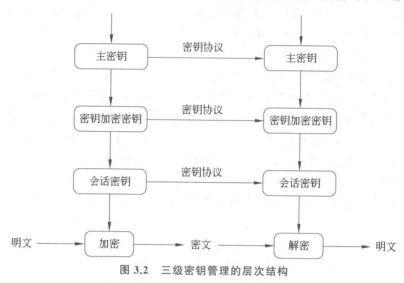

图 3.2 三级密钥管理的层次结构

密钥分级大大提高了密钥的安全性。一般来说,越低级的密钥更换越频繁,最低级的密钥可以做到一次一换。低级密钥具有相对独立性,这样,它的泄露或者破译不会影响上级密钥的安全,而且它们的生成方式、结构、内容可以根据协议不断变换。于是,对于攻击者而言,密钥分级系统是一个动态系统,对低级密钥的攻击不会影响高级主密钥。密钥的分级也方便了密钥的管理,使密钥管理自动化成为可能。

密钥还可以分散管理,如采用物理分散管理,将高层密钥保存在不同的地方,如 $K = K_R \oplus K_I$,K 为高层密钥,K_R 保存在密码机内,K_I 保存在密钥载体由用户保留,这样即使密码机丢失,或用户密钥载体丢失,密码机内的信息仍然由 K 加密保护。这一思想可以扩展到秘密共享机制,即使用秘密共享来分别保存主密钥。

3.3 传统密码技术

本节讨论的传统密码技术主要是指在计算机出现之前使用的加密方法,本节将对传统密码学的典型方法进行简要的论述和总结,使读者对密码学的全貌有一个完整的印象。这些传统的密码技术在现在的密码分析技术面前,可以被轻易地破解,已经没有太多的实际意义。但传统加密技术使用的代换和置换技术的基本思想在现代密码算法设计中还有广泛的应用,了解代换和置换技术的基本思想对理解现代密码学产生的背景、为今后研究和改进现代密码系统提供了基础。

3.3.1 置换密码

置换密码根据一定的规则重新安排明文字母,使之成为密文。常用的置换密码有两种:一种是列置换密码;另一种是周期置换密码。下面给出两个例子,分别说明它们的工作情况。

例 3.1　假设有一个密钥是 type 的列置换密码,把明文 we are all together 写成 4 列矩阵,如表 3.3 所示。

按照密钥 type 所确定的顺序,按列写出该矩阵中的字母,就得出密文:

　r l e r a l g e w e t t e a o h

例 3.2　假设有一个周期是 4 的置换密码,其密钥是 $i=1$, $2,3,4$ 的一个置换 $f(i)=3,4,2,1$。明文同上例,加密时先将明文分组,每组 4 个字母,然后根据密钥所规定的顺序变换如下:

① 明文: $M=$ wear eall toge ther

② 密文: $C=$ arew llae geot erht

置换密码因为有着与原始明文相同的字母频率特征而易被识破。如同列变换所示,密码分析可以直接从将密文排列成矩阵入手,再来处理列的位置。双字母音节和三字母分析方法可以派上用场。

多步置换密码相对来讲要安全得多,这种复杂的置换是不容易重构的。

表 3.3　置换密码

密钥	type
顺序	3 4 2 1 w e a r e a l l t o g e t h e r

3.3.2　代换密码

代换法是将明文中每一个字符替换成密文中的另一个字符,接收者对密文进行逆替换就可以恢复出明文。如果把明文看作二进制序列,那么代换就是用密文位串来代换明文位串。这里介绍两种代换密码,凯撒密码和单表代换密码。

1. 凯撒密码

已知最早的代换密码是由 Julius Caesar 发明的凯撒(Caesar)密码。它非常简单,就是对字母表中的每个字母用它之后的第三个字母来代换,例如:

- 明文: meet me after the toga party
- 密文: phhw ph diwhu wkh wrjd sduwb

注意到字母表是循环的,即认为紧随 z 后的是字母 a。通过列出所有的可能来定义如下变换:

- 明文: a b c d e f g h i j k l m n o p q r s t u v w x y z
- 密文: d e f g h i j k l m n o p q r s t u v w x y z a b c

如果让每个字母等价于一个数值:

a	b	c	d	e	f	g	h	i	j	k	l	m
0	1	2	3	4	5	6	7	8	9	10	11	12

n	o	p	q	r	s	t	u	v	w	x	y	z
13	14	15	16	17	18	19	20	21	22	23	24	25

那么加密算法可以这样表达:对每个明文字母 p,代换成密文字母 C:

$$C=E(3,p)=(p+3)\bmod 26$$

移位可以是任意整数 k,这样就得到了一般的 Caesar 算法:

$$C=E(k,p)=(p+k)\bmod 26$$

这里 k 的取值范围为 1~25。解密算法是:

$$p=D(k,C)=(C-k)\bmod 26$$

如果已知某给定的密文是凯撒密码,那么穷举攻击是很容易实现的:只要简单地测试所有的 25 种可能的密钥。

凯撒密码的 3 个重要特征可以采用穷举攻击分析方法。

① 已知加密算法和解密算法。

② 需测试的密钥只有 25 个。

③ 明文所用的语言是已知的,且其意义易于识别。

在大多数网络情况下,假设密码算法是已知的。一般来说,密钥空间很大的算法使穷举攻击分析方法不太可能成功。例如,第 4 章介绍的 3DES 算法,它的密钥长度是 168 位,其密钥空间是 2^{168},或者说有大于 3.7×10^{50} 种可能的密钥。

上述第三个特征也是非常重要的,如果明文所用的语言不为所知,那么明文输出就不可识别。而且,输入可能按某种方式经过缩写或压缩,也就更不可识别了。例如,下面是经过 WINRAR 压缩之后的部分文本文件:

```
爚/$ 蕣 J;\??B.?Q   ~薂)┼ 4 戢 OWA??.◀ w 悇碇}rw 霴?o 疲| 歕傛 f 頮溺板 r?R 鬴=妈梨
柑 I50$   澮 t?+#?j9W?鲜`砚 O0-+┬ ┌ 痏≯QO 庋   {鏂庀鄹?6)鳗琢?`d3??璩?お 姓肱皁 B
太| 蜇 N 衜?瘓-詖?Z 痟?d 敉?d 胜堶 s 擿+r~杷*镮煮'?   媮└ \p 軯┘ e 諆 vA   -氶   楞有
q   W?!u 佯 H   貯?袧镔褆~锻%
```

如果这个文件用一种简单的代换密码来加密(将字母集合扩充为不止包含 26 个英文字母),那么即使用穷举攻击进行密码分析,恢复出来的明文也是很难识别的。

2. 单表代换密码

凯撒密码仅有 25 种可能的密钥,远远不够安全。通过允许任意代换,密钥空间将会急剧增大。回忆凯撒密码的对应:如果密文行是 26 个字母的任意置换,那么就有 26! 或大于 4×10^{26} 种可能的密钥,这比 DES 的密钥空间要大 10 个数量级,凭直觉这样的密钥空间应该可以抵挡穷举攻击了。这种方法称为单表代换密码,这是因为每条消息用一个字母表(给出从明文字母到密文字母的映射)加密。攻击者尝试所有的 4×10^{26} 种可能密钥的工作量显然太大了,有没有更好的攻击方法呢?

答案是更好的攻击方法仍然存在。如果密码分析者知道明文(例如,未经压缩的英文文本)的属性,他就可以利用语言的一些规律进行攻击。为了说明分析过程,这里给出一段文字。需要解密的密文是:

PBFPVYFBQXZTYFPBFEQJHDXXQVAPTPQJKTOYQWIPBVWLXTOXBTFX
QWAXBVCXQWAXFQJVWLEQNTOZQGGQLFXQWAKVWLXQWAEBIPBFXF
QVXGTVJVWLBTPQWAEBFPBFHCVLXBQUFEVWLXGDPEQVPQGVPPBFTI
XPFHXZHVFAGFOTHFEFBQUFTDHZBQPOTHXTYFTODXQHFTDPTOGHFQ

PBQWAQJJTODXQHFOQPWTBDHHIXQVAPBFZQHCFWPFHPBFIPBQWKF
ABVYYDZBOTHPBQPQJTQOTOGHFQAPBFEQJHDXXQVAVXEBQPEFZBVF
OJIWFFACFCCFHQWAUVWFLQHGFXVAFXQHFUFHILTTAVWAFFAWTE
VOITDHFHFQAITIXPFHXAFQHEFZQWGFLVWPTOFFA

首先把字母使用的相对频率统计出来,与英文字母的使用频率分布进行比较,参见图 3.3 和图 3.4。

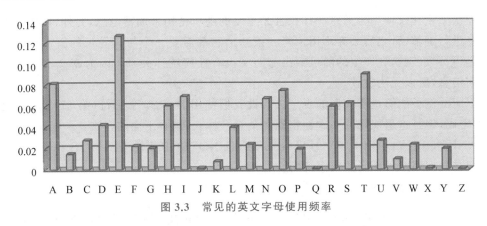

图 3.3 常见的英文字母使用频率

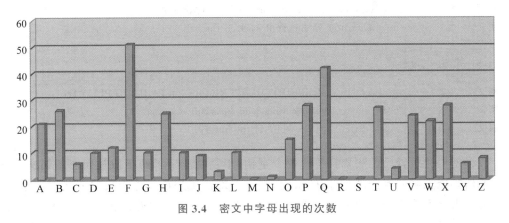

图 3.4 密文中字母出现的次数

如果已知消息足够长,只用这种方法就已经足够了;如果这段消息相对较短,就不能得到准确的字母匹配。将这种统计规律与图 3.3 比较,可以得出结论:密文字母中的 F 或 Q 可能相当于明文中的 E,但是并不能确定 F 对应 E 还是 Q 对应 E。密文中的 P、W、B、H、P、T 和 X 相对频率都比较高,可能与明文中的字母集{T,A,H,I,N,O,R,S}中的某一个相对应。相对频率较低的字母(M,R,S,K,U,Y)可能对应着明文字母集{B,J,K,Q,V,X,Z}中的某个元素。

据此我们可以从以下几种方法入手。可以尝试着做一些代换,填入明文,看一下是否像一个消息的轮廓,更系统一点的方法是寻找其他的规律。例如,明文中有某些词可能是已知的,或者寻找密文字母中的重复序列,推导它们的等价明文。

统计双字母组合的频率是一个很有效的工具。由此可以得到一个类似于图 3.3 的双字母组合的相对频率图。最常用的一个字母组合是 TH。而在密文中,用得最多的双字母组合是 PB,它出现了多次。所以可以估计 P 对应明文 T,而 B 对应明文 H。根据先前的假设,可以认为 F 对应 E。现在我们意识到密文中的 PBF 很可能就是 THE,这是英语中最常用的三字母组合,这表明我们的思路是正确的。

3.3.3　一次一密

一次一密建议使用与消息一样长且无重复的随机密钥来加密消息,另外,密钥只对一个消息进行加解密,之后丢弃不用。每一条新消息都需要一个与其等长的新密钥。一次一密是不可攻破的,它产生的随机输出与明文没有任何统计关系。因为密文不包含明文的任何信息,所以无法攻破。

下面的例子能够说明我们的观点。假设我们使用的是 27 个字符(第 27 个字符是空格)的密码,但是这里使用的一次性密钥和消息一样长,请看下面的密文:

ANKYODKYUREPFJBYOJTDSPLREYIUNOFDOIUERFPLUYTS

现在我们用两种不同的密钥解密。

(1) 密钥 1 的解密结果:

密文	ANKYODKYUREPFJBYOJDSPLREYIUNOFDOIUERFPLUYTS
密钥 1	pxlmvmsydofuyrvzwc tnlebnecvgdupahfzzlmnyih
明文	mr mustard with the candlestick in the hall

(2) 密钥 2 的解密结果:

密文	ANKYODKYUREPFJBYOJDSPLREYIUNOFDOIUERFPLUYTS
密钥 2	mfugpmiydgaxgoufhklllmhsqrdqogtewbqfgyovuhwt
明文	miss scarlet with the knife in the library

假设密码分析者已设法找到了这两个密钥,于是就产生了两个似是而非的明文。分析者如何确定正确的解密(即正确的密钥)呢?如果密钥是在真正随机的方式下产生的,那么分析者就不能说密钥更有可能是哪一种。因此,没有办法确定正确的密钥,也就是说,没有办法确定正确的明文。

事实上,给出任何长度与密文一样长的明文,都存在着一个密钥产生这个明文。因此,用穷举法搜索所有可能的密钥,就会得到大量可读、清楚的明文,但是没有办法确定哪一个才是真正所需的,因而这种密码是理论上不可攻破的。

一次一密的安全性完全取决于密钥的随机性。如果构成密钥的字符流是真正随机的,那么构成密文的字符流也是真正随机的。因此,分析者没有任何攻击密文的模式和规则可用。

理论上,对一次一密已经讲得很清楚了。但是在实际中,一次一密提供完全的安全性存在以下两个基本难点。

(1) 产生大规模随机密钥有实际困难。任何经常使用的系统都需要建立在某个规则基础上的数百万个随机字符,提供这样规模的真正随机字符是相当艰巨的任务。

(2) 更令人担忧的是密钥的分配和保护。对每一条发送的消息,需要提供给发送方和接收方等长度的密钥。因此,存在庞大的密钥分配问题。很难分发/存储和明文等长的随机密钥序列。

(3) 若有安全信道可传递每次不同、任意长的密钥序列,为何不直接用来传递明文呢?

因为上述这些困难,一次一密实际很少使用,主要用于安全性要求很高的低带宽信道。

3.3.4 转轮机

多步置换得到的算法对密码分析有很大的难度,这对代换密码也适用。20 世纪 20 年代,人们就发明机械加密设备用来自动处理加密,大多数是基于转轮的概念,机械转轮用线连起来完成通常的密码代换。

轮转机有一个键盘和一系列转轮(见图 3.5),每个转轮是字母的任意组合,有 26 个位置,并且完成一种简单代换。例如,一个转轮可能用线连起来以完成用 K 代换 A,用 W 代换 D,用 L 代换 T 等,而且转轮的输出栓连接到相邻的输入栓。

图 3.5　转轮机和其中的机械转轮

例如,有一个密码机,有 4 个转轮,第一个转轮可能用 G 代换 B,第二个转轮可能用 N 代换 G,第三个转轮可能用 S 代换 N,第四个转轮可能用 C 代换 S,C 应该是输出密文。当转轮移动后,下一次代换将不同。为使机器更加安全,可以把几种转轮和移动的齿轮结合起来。因为所有的转轮以不同的速度移动,n 个转轮的机器周期为 $26n$。为进一步阻止密码分析,有些转轮机在每个转轮上还有不同的位置号。

今天转轮机的意义在于它曾经给最为广泛使用的密码——数据加密标准 DES 指明了方向。第 4 章对 DES 进行讨论。

3.3.5 电码本

电视剧《潜伏》中会出现这样的镜头:当男主角余则成收到密电后,会拿出一本书对密电进行解密,这本书就是加密解密使用的电码本,如果这本书被敌人知道了,密电中的机密则会泄露。从字面中意义而言,传统的电码本密码就是像字典一样的书,包含单词和其相应的码字。表 3.4 给出了德国在第一次世界大战期间使用的一部著名电码本密码的摘录。

例如,要加密德文单词 Februar,整个单词被替换为 5 位"码字"13605。表 3.4 的电码本用于加密。相应的还有一个将 5 位码字按照数字大小顺序排列的电码本,用于解密。

电码本密码属于代替密码，但是与简单代替密码有很大的区别，因为这里是对整个单词甚至短语进行代替。

表 3.4 展示的电码本被用于著名的 Zimmermann 电报的加密中，在 1917 年，德国外交部部长 Arthur Zimmermann 给身在墨西哥城的德国大使发送一个加密的电报（见图 3.6），这份密电文被英国截获，当时英国和法国正在同德国及其同盟国作战，而美国处于中立。

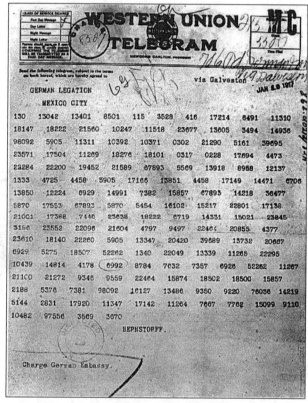

表 3.4 德国电码本摘录

明　　文	密文
Februar	13605
fest	13732
finanzielle	13850
folgender	13918
Frieden	17142
Friedenschluss	17149
⋮	⋮

图 3.6　德国 Zimmermann 密电

俄国破译出了德国电码本的部分内容，并将一部分电码本送给英国。经过艰苦的分析，英国恢复出了足够破译 Zimmermann 电报的电码本。电报陈述了德国政府计划开展"无限制潜艇战"，并且预测到这个计划将导致美国卷入战争。因此，Zimmermann 决定德国应该试图拉拢墨西哥加入同盟并与美国作战，如图 3.7 所示。德国对于墨西哥承诺"夺回其在德克萨斯州、新墨西哥州和亚利桑那州曾经失去的领土"。当解密后的 Zimmermaan 电报被公布给美国后，美国公众开始敌对德国；随后在 Lusitania 航线事件后，美国对德国正式宣战。

最初，英国曾犹豫是否公布 Zimmermann 电报，因为英国害怕德国发现他们的密码被破译以后就停止使用该密码。然而，通过在 Zimmermann 电报发送的同时期对其他电报进行过滤分析，英国破译者发现还有 Zimmermann 电报的未加密版本被发送。英国随后公布了同未加密版本电报内容相似的 Zimmermann 电报。于是德国就以为他们的电码本密码没有问题，并在整个第一次世界大战中继续使用其加密敏感信息。

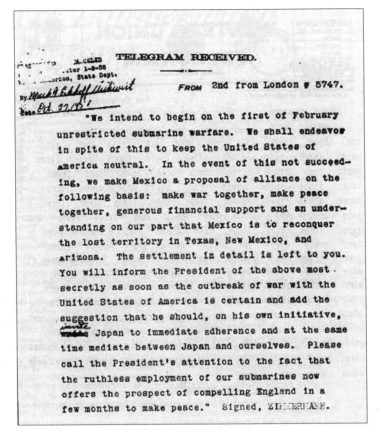

图 3.7　用电码本解密的 Zimmermann 电报

电码本和现代分组密码有一定的相关性,现代分组密码对明文使用复杂的算法产生密文(反之亦然),但是从宏观上来看分组密码都可以视为一个电码本密码,这里每个密钥都确定一部不同的电码本。

习题

1. 假设已知使用凯撒密码,试从下面的密文恢复出明文:
VSRQJHEREVTXDUHSDQWU

2. 如果拥有一台每秒可以尝试 2^{40} 次密钥的计算机,那么对于密钥空间为 2^{128} 进行密钥的穷举搜索大概需要多长时间(以年为单位)?

3. 请简述密码学在计算机网络安全的重要作用。

4. 密码管理中使用层次化的密钥结构的作用是什么?

5. 设计一个电码本密码的计算机版本。该密码应包含许多可能的电码本,使用密钥以确定使用哪个电码本对特定消息进行加密或解密。

第 4 章 对 称 加 密

现代密码学发展到现在,经历了很多阶段,有很多种算法和应用协议,我们可以将它们分为两类:对称密码系统(或单钥密码系统)和公钥密码系统(或非对称密码系统、双钥密码系统)。

现代密码学算法,不管属于哪一种,都必须遵从 Kerchoffs 原则,即现代密码学的加解算法必须公开,加密系统的安全性只依赖于密钥,即所有的秘密都在密钥上。可以认为公开越久的算法,如一直在使用,有理由相信其加密强度越高,因为经过长时间攻击已完善;反之不公开的算法加密强度可能不高。

对称加密也称为常规加密、私钥或单钥加密,它的特点是加密和解密时所使用的密钥是相同的或者类似的,即由加密密钥可以很容易得到解密密钥,反之亦然。正因为如此,我们常称其为对称密码系统或单钥密码系统。在一个密码系统中,我们不能假定加密算法和解密算法是保密的,因此密钥必须保密。然而发送消息的通道往往是不安全的,所以在对称密码系统中,通常要求使用不同于发送消息的另外一个安全通道来发送密钥。

与之相反,公钥密码系统却具有不同的特点和优点:加密密钥和解密密钥在算法上是不同的,知道其中一个密钥,也不能有效地推导出另一个密钥,所以公钥密码系统常常称为非对称密码系统或双钥密码系统。因此,可以公开加密密钥,不需要额外的安全信道来分发密钥,这样无损于整个系统的保密性,用户只需要保存好解密密钥,这也是公钥密码系统名称的来源。

在 20 世纪 70 年代末期公钥加密开发之前,对称加密是唯一被使用的加密类型。现在,它仍然属于使用最广泛的两种加密类型之一,有些读者误认为对称密码已经被公钥密码取代,这是一种错误的认识。对称密码在加解密的速度上比公钥密码要快得多,显然对大量数据进行加解密时,对称密码是首选。

对称密码通常通过流密码和分组密码来实现,本章首先介绍对称流密码,并描述广泛使用的流密码 RC4。然后会探讨三种重要的分组加密算法:DES、3DES 以及 AES。接着讨论随机数和伪随机数的生成。最后,介绍分组密码的工作模式这一重要内容。

4.1 流密码

流密码连续处理输入元素,在运行过程中,一次产生一个输出元素。在流密码中,将明文消息按一定长度分组(长度较小,如一字节),然后对各组用相关但不同的密钥进行加密,产生相应的密文,相同的明文分组会因在明文序列中的位置不同而对应于不同的密文分组。在分组密码中,明文消息也是按一定长度分组(长度较大),每组都使用完全相同的密钥进行加密,产生相应的密文,相同的明文分组不管处在明文序列的什么位置,总是对应相同的密文分组。相对分组密码而言,流密码主要有以下优点:第一,在硬件实施上,流密码的速度一般要比分组密码快,而且不需要有很复杂的硬件电路;第二,在某些情况下(例如,对某些电信上的应用,如 GSM 移动通信中使用),当缓冲不足或必须对收到的字符进行逐一处理时,流密码就显得更加必要和恰当;第三,流密码有较理想的数学分析工具,如频谱理论和技术、代数方法等;第四,流密码能较好地隐藏明文的统计特征。

尽管分组密码使用得更为普遍,但是对于一些特定的应用,使用流密码更合适,例如在 GSM 移动通信中用于保护数据机密性的 A5/1 算法。本节首先概述流密码结构,然后研究流行的对称流密码 RC4。

4.1.1　流密码结构

目前关于流密码的理论和技术已取得长足的发展。同时密码学家也提出了大量的流密码算法,有些算法已被广泛地应用于移动通信、军事外交等领域。

流密码的基本原理是在流密码中,明文按一定长度分组后被表示成一个序列,并称为明文流,序列中的一项称为一个明文字。加密时,先由主密钥产生一个密钥流序列,该序列的每一项和明文字具有相同的比特长度,称为一个密钥字。然后依次把明文流和密钥流中的对应项输入加密函数,产生相应的密文字,由密文字构成密文流输出,即

- 设明文流为: $M = m_1 m_2 \cdots m_i \cdots$
- 密钥流为: $K = k_1 k_2 \cdots k_i \cdots$
- 通常密钥流由流密码的函数生成: $\text{StreamCipher}(K) = k_1, k_2, \cdots, k_i, \cdots$
- 加密算法为: $C = c_1 c_2 \cdots c_i \cdots = E_{k_1}(m_1) E_{k_2}(m_2) \cdots E_{k_i}(_i) \cdots$
- 解密算法为: $M = m_1 m_2 \cdots m_i \cdots = D_{k_1}(c_1) D_{k_2}(c_2) \cdots D_{k_i}(c_i) \cdots$

假设发送者和接收者都拥有相同的流密码算法,并且都知道密钥 K,那么这个系统就构成了一个现实的"一次一密",尽管不像真正的一次一密那样具有可证明的安全性。

流密码使用的密钥流生成器(可以用硬件实现)将一个短的随机密钥值扩展为一个长得多的伪随机序列,使得与真随机序列在计算上不可区分,以替换一次一密中对真随机密钥流的需求,同时又能满足计算上的安全性。

流密码与分组密码在对明文的加密方式上是不同的。分组密码对明文进行处理时,明文分组相对较大,所有的明文分组都是用完全相同的函数和密钥来加密的。而流密码对明文消息进行处理时,采用较小的分组长度,对明文流中的每个分组用相同的函数和不同的密钥字来加密。

图 4.1 展示了典型的流密码结构。在这个结构里,密钥输入到一个伪随机字节生成器,产生一个表面随机的 8 比特数的流。这个生成器的输出称为密钥流,使用位异或操作与明文流结合,一次一字节。例如,如果生成器产生的下一字节是 01101100,明文的下一字节是 11001100,那么得到的密文字节是:

$$
\begin{array}{ll}
11001100 & \text{明文} \\
\oplus 01101100 & \text{密钥流} \\
\hline
10100000 & \text{密文}
\end{array}
$$

解密需要使用之前加密使用过的同一密钥流:

$$10100000 \quad \text{密文}$$
$$\oplus 01101100 \quad \text{密钥流}$$
$$\overline{}$$
$$11001100 \quad \text{明文}$$

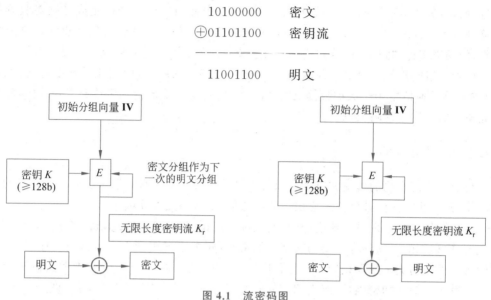

图 4.1 流密码图

加密方和解密方只要协商好相同的 K 和初始向量 **IV**,就可以在加解密之前提前计算出完全一样的 K_r。

但是,流加密算法的显著缺点是不能重复使用密钥。若两次加密使用相同的 K_r,则将两次的密文异或就可以消除密钥,为破解密文提供可能。这叫密钥流重用攻击,通过增加 **IV** 长度并使用随机的 **IV** 就可以防御这种攻击。

$$C_i \oplus C_j = (P_i \oplus K) \oplus (P_j \oplus K) = (P_i \oplus P_j) \oplus (K \oplus K) = (P_i \oplus P_j) \oplus 0 = P_i \oplus P_j$$

其中,P 是明文;K 是密钥;C 是密文。

设计流密码时主要考虑的因素如下。

(1) 加密序列应该有一个长周期。伪随机数生成器使用一个函数产生一个实际上不断重复的确定比特流。这个重复的周期越长,密码破解就越困难。

(2) 密钥流应该尽可能地接近真随机数流的性质。例如,1 和 0 的数目应该近似相等。如果将密钥流视作字节流,那么每字节的 256 种可能值出现的频率应该近似相等。密钥流表现得越随机,密文就越随机化,密码破译就越困难。

(3) 伪随机数生成器的输出受输入密钥值控制。为了抵抗穷举攻击,这个密钥必须非常长。分组密码中的考虑因素在这里同样适用。因此,就当前的科技水平而言,需要至少 128b 的密钥。

流密码强度完全依赖于密钥流生成器所生成随机序列的随机性和不可预测性,其核心问题是密钥流生成器的设计。保持收发两端密钥的精确同步是实现正确解密的关键技术。如果伪随机数生成器设计合理,对同样的密钥长度,流密码和分组密码一样安全。流密码的主要优点是流密码与分组密码相比更快,而且使用更少的代码,如 RC4 算法能用仅仅几行代码实现。表 4.1 将 RC4 与三个知名的对称分组密码的执行时间进行了比较。分组密码的优点是可以重复使用密钥,而流密码重复使用密钥就不安全了。如果两个明文使用同一密钥进行流密码加密,密码破译常常会非常容易。如果将这两个密文流进行异或,结果就是原始明文的异或值。如果明文是文本字符串、信用卡号或者其他已知其性质的字节流,密码破解可能会成功。

表 4.1 对称密码速率比较　　　　　　　　　　　使用 CPU:奔腾Ⅱ

密码	密钥长度	速率(Mb/s)	密码	密钥长度	速率(Mb/s)
DES	56	9	RC2	可变	0.9
3DES	168	3	RC4	可变	45

对于需要加密/解密数据流的应用,例如在数据通信信道或者浏览器/Web 服务器上,流密码也许是更好的选择。对于处理数据分组的应用,如文件传递、电子邮件和数据库,分组密码可能更合适。但是,这两种密码都可以在几乎所有的应用中使用。

2015 年后 RC4 爆出了多个漏洞,安全性有所下降。不少应用中不再使用或支持 RC4 算法。

4.1.2 RC4 算法

RC4 是 RSA 三人组中的头号人物 Ron Rivest 在 1987 年为 RSA Security 公司设计的流密码。它是密钥大小可变的流密码,是由于其核心部分的状态向量 S 长度可为 1~256 字节,但一般为 256 字节。该算法的速度可以达到 DES 加密的 10 倍左右,且具有很高级别的非线性。RC4 原本被 RSA Security 公司当作商业秘密,但是在 1994 年 9 月,RC4 算法通过 Cypherpunks 匿名邮件发送列表匿名地公布在互联网上,也就不再有什么商业机密。RC4 也称作 ARC4(Alleged RC4——所谓的 RC4),因为 RSA 从来就没有正式发布过这个算法。

SSL/TLS(Secure Sockets Layer/Transport Layer Security,安全套接字层/传输层安全)标准中使用了 RC4,该协议可以为网络浏览器和服务器之间提供安全的通信。RC4 也被用于属于 IEEE 802.11 无线局域网标准一部分的有线等效隐私(Wired Equivalent Privacy,WEP)协议及更新的 WiFi 保护访问(WiFi Protected Access,WPA)协议。

RC4 算法非常简单,从本质上讲,它就是一个 256 字节置换的查表,在产生密钥流每一字节的时候,所查的表就进行一次修改。整个 RC4 都是基于字节的。算法的第一个阶段是对于查表使用的密钥进行初始化,用一个可变长度为 1~256 字节(8~2048 比特)的密钥来初始化 256 字节的状态向量 S,其元素为 $S[0],S[1],\cdots,S[255]$。任何时候,S 都包含所有 0~255 的 8 比特数的排列组合。加密和解密时,一字节 k 由 S 产生,通过系统的方式从其 255 个元素中选取一个。每次 k 值产生之后,要再次排列 S 的元素。

初始化 S。开始时,S 的元素设为等于 0~255 的升序值;即 $S[0]=0,S[1]=1,\cdots,S[255]=255$。同时创建一个临时向量 T。如果密钥 K 的长度为 256 比特,就把 K 直接赋给 T,否则,对于 keylen 字节长度的密钥,从 K 复制 T 的前 keylen 个元素,然后一直重

复 K 直到填满 T。可以把这些预备操作概括如下：

```
/* 初始化 */
for i=0 to 255 do
{S[i]=i;
T[i]=K[i mod keylen];}
```

接下来我们使用 T 来产生 S 的初始排列。它从 $S[0]$ 开始一直处理到 $S[255]$，同时对每个 $S[i]$，根据 $T[i]$ 指定的方案将 $S[i]$ 与 S 中的另一个字节交换：

```
/* s 的初始排列 */
j=0;
for i=0 to 255 do
{j=(j+S[i]+T[i]) mod 256;
swap (S[i],S[j]);}
```

因为对 S 的唯一操作是交换，其唯一的作用是排列组合。S 仍然包含 $0\sim255$ 的所有数。

流产生。RC4 的一个特点是，密钥可以是 $1\sim256$ 字节中的任意长度，密钥只在初始化置换 S 中使用，一旦 S 向量被初始化，就不再使用密钥。流产生过程包括迭代 $S[i]$ 的所有元素，并对每个 $S[i]$ 根据 S 的当前结构指定的方案将 $S[i]$ 与 S 中的另一个字节交换。到达 $S[255]$ 之后，重新从 $S[0]$ 开始：

```
/* 流产生 */
i , j=0;
while (true)
    {i=(i+1) mod 256;
    j=(j+S[i]) mod 256;
    swap (S[i],S[j]);
    t=(S[i]+S[j]) mod 256;
    k=S[t];}
```

加密时，将 k 值与明文的下一字节做异或。解密时，将 k 值与密文的下一字节做异或。

RC4 算法可以被视为自修改的查表，它非常简单，并且软件实现效率很高。对于 RC4 存在可行的攻击方法，然而这些方法中没有一个对于合理密钥长度(如 128 比特)的 RC4 是可行的。只要在使用时丢弃生成的前 256 字节密钥流，该攻击就不可行了。这可以通过在初始化过程中额外添加 256 步来完成。无线局域网的 802.11 协议中有 WEP 协议，此协议为 802.11 无线局域网提供机密性保护，该协议使用了 RC4 加密算法。WEP 协议容易受到密码破解攻击，使用 WEP 加密的无线网络一般在 $5\sim30$ 分钟内就可以被破解密码，所以在无线网络中不建议使用 WEP 加密。WEP 漏洞的原因不在于 RC4 本身，而在于输入 RC4 密钥的产生方法。其他使用 RC4 的应用并没有出现类似 WEP 的漏洞,例如在 SSL 协议中使用 RC4 依然是安全的,而且在 WEP 中,也可以通过改变密钥产生方法来修补。

RC4 可以在包括 SSL 在内的很多应用中使用,然而该算法比较过时,没有针对 32 位处理器进行优化。近年来对于研究新的流密码的工作似乎并不多,RSA 三人组中的 Shamir 也提出"流密码的死期"已经到了,尽管看起来有些偏激,但显然现在分组密码才是主流。

4.2 分组密码

最常用的对称加密算法是分组密码,分组密码的设计目标是安全和效率,也就是说既要求分组密码的安全性要高,同时也要求加解密的速度要快,由于密码的高安全性通常意味着更多的计算量,这两个目标有时是冲突的,因此设计一个既安全又高效的分组密码则是非常困难的。分组密码处理固定大小的明文分组输入,且对每个明文分组产生同等大小的密文分组。分组密码生成密文的特点是:经过加密所得到的密文仅与给定的密码算法和密钥有关,与被处理的明文分组在整个明文中所处的位置无关。

分组密码的思想与传统加密算法中的电码本相似,经过分组后,每一个明文对应着一个密文,类似于电码本中每一串数字,对应一个单词。改变密钥也就意味着换了一个电码本,当然更新密钥的成本比传统电码本的更新成本要小得多,大家可以想象在第二次世界大战中盟军在全军相关部门更换一次密码本的代价,而更换密钥只需要传递短短的二进制串即可完成更新任务,原有的设备和算法可以继续使用。

本节重点介绍三个重要的对称分组密码:数据加密标准(Data Encryption Standard,DES)和三重数据加密标准(triple DES,3DES)以及高级加密标准(Advanced Encryption Standard,AES)。

4.2.1 数据加密标准

最广泛使用的加密方案是基于 DES 的,DES 由原美国国家标准局(现在是美国国家标准与技术研究所,NIST)于 1977 年采用,以美国联邦信息处理标准 FIPS PUB46 发布。这个算法本身被称为数据加密算法(Data Encryption Algorithm,DEA)。

1. 算法描述

DES 采用 Feistel 结构,这里先解释 Feistel 结构:Feistel 结构本身不是密码,而是一种分组密码的设计结构,其基本思想表现为:用简单的乘积来近似表达大尺寸的替代变换,交替使用代换和置换,应用混淆(confusion)和扩散(diffusion)的思想。所谓混淆就是将明文转换成其他的样子,而扩散则是指明文中任何一点变化都能将扩散到密文的各部分。Feistel 结构的最大优点是容易保证加解密的相似性,这一点在实现中尤其重要。Feistel 结构因 DES 的使用而流行,在很多分组加密中使用,如 RC5、FEAL、CAST、Blowfish 等。

DES 明文长度为 64 比特,更长的明文被分为 64 比特的分组来处理。密钥长度为 56 比特,实际长度为 64 比特,但是第 8、16、24、32、40、48、56 和 64 比特为奇偶校验位,故使用的实际有效长度为 56 比特。它采用 16 轮迭代,从原始 56 比特密钥产生 16 组子密钥,每一轮迭代使用一个子密钥。

DES 的解密过程在本质上和加密过程相同,使用的是同一算法。规则如下:使用密文作为 DES 算法的输入,但是子密钥 K_i 的使用顺序与加密时相反。即第一次使用 K_{16},第二次使用 K_{15},以此类推直到第 16 次也就是最后一次使用 K_1。

先介绍总体结构框图,如图 4.2 所示,可见其中的典型结构是 Feistel 迭代结构。Feistel 结构是所有分组密码使用的最普遍的结构。一般来说,分组密码由一系列轮组成,每轮使用一个密钥值进行代换和置换。分组密码的具体实现依赖于以下参数和特征。

(1)分组长度:一般来说,分组越长意味着安全性越高,但是会降低加解密速度。目前 128 位的分组长度比较合理,能适合大多数分组密码的要求。

(2)密钥长度:密钥较长同样意味着安全性较高,但是会降低加解密速度。通常使用的密钥长度是 128 位。

(3)迭代轮数:Feistel 结构的本质在于单轮不能提供足够的安全性,但多轮加密可以取得很高的安全性。迭代轮数的典型值是 16。

(4)子密钥产生算法:子密钥产生算法越复杂,密码分析越困难。

(5)轮函数:同样,轮函数越复杂,抗攻击的能力就越强。

初始置换 IP(Initial Permutation)打乱输入的比对序列,初始置换的逆 IP^{-1} 是 IP 的逆置换(Inverse Initial Permutation),有 $IP^{-1}[IP(x)]=x$。IP^{-1} 和 IP 是公开的,与密钥无关,不影响 DES 的安全性,因为开始时使用了 IP,所以最后使用 IP^{-1}。

2. 16 轮迭代

在每轮迭代的过程中,左边部分等于上一轮的右边部分,右边部分通过轮函数计算得到:

$$L_i = R_{i-1}$$

$$R_i = L_{i-1} \oplus f(R_{i-1}, K_i), (1 \leqslant i < 16, \mid L_i \mid = \mid R_i \mid = 32, \mid K_i \mid = 48)$$

但是在最后一轮即第 16 轮迭代后,为了解密方便,没有交换左右两边的数据。图 4.3 给出了 16 轮迭代的流程图以及每一轮的加密构成。

3. 轮函数 f

轮函数 f 是 DES 设计的核心,其结构如图 4.4 所示。

(1)扩展置换(expansion permutation)E。以 32 比特的 R_{i-1} 为输入,根据固定的扩展置换表,扩展成 48 比特。扩展方法如表 4.2 所示,可见有 16 个比特出现了两次,分别是第 1、4、5、8、9、12、13、16、17、20、21、24、25、28、29、32 比特。

表 4.2   DES 扩展置换 E

32	1	2	3	4	5	4	5	6	7	8	9
8	9	10	11	12	13	12	13	14	15	16	17
16	17	18	19	20	21	20	21	22	23	24	25
24	25	26	27	28	29	28	29	30	31	32	1

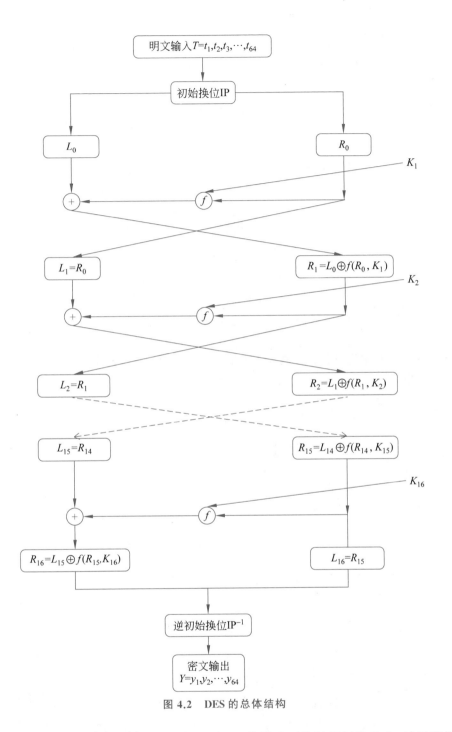

图 4.2 DES 的总体结构

输入数据的某些位的变化经过扩展置换后,将影响两位扩展置换输出,扩展置换输出将与轮密钥逐位进行异或运算,影响两个 S 盒的代换。从而使密文的每一位更加依赖明文和密钥的每一位,实现了扩散原则。

(2)S 盒代换(S-box Substitution)。将异或后的 48 比特依次分成 8 组,每组 6 比特,

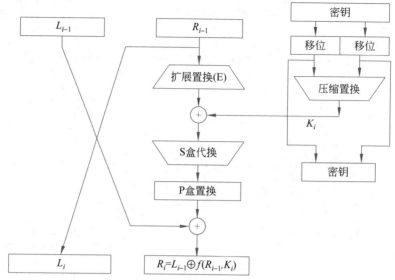

图 4.3　轮迭代的流程图以及每一轮的加密构成

分别送入 8 个 S 盒中进行代换。每个 S 盒由一个 4 行 16 列的表确定。图 4.5 给出一个 S 盒 S_1 的示意图。

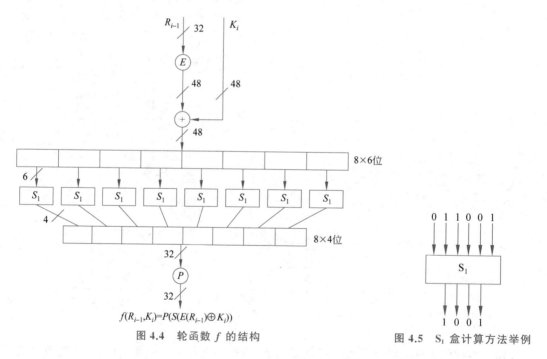

$$f(R_{i-1},K_i)=P(S(E(R_{i-1})\oplus K_i))$$

图 4.4　轮函数 f 的结构　　　　图 4.5　S_1 盒计算方法举例

每个 S 盒的输入是 6 位,不妨设为 $b_1,b_2,\cdots,b_6$。S 盒的输出为 4 位,通过查找 r 行 c 列的数据得到。这里的 $b_1 b_6$ 为行 r 的二进制表示,即 $r=2\times b_1+b_6$,$b_2 b_3 b_4 b_5$ 为列 c 的二进制表示。例如,$S_1(011001)$ 产生 $r=(01)_2=1$,$c=(1100)_2=12$,输出为 9,即二进制

1001。S 盒的设计如表 4.3 所示。

表 4.3　S 盒的设计

S_1	0	1	2	3	4	5	6	7	8	9	10	11	12	13	14	15
0	14	4	13	1	2	15	11	8	3	10	6	12	5	9	0	7
1	0	15	7	4	14	2	13	1	10	6	12	11	9	5	3	8
2	4	1	14	8	13	6	2	11	15	12	9	7	3	10	5	0
3	15	12	8	2	4	9	1	7	5	11	3	14	10	0	6	13
S_2	0	1	2	3	4	5	6	7	8	9	10	11	12	13	14	15
0	15	1	8	14	6	11	3	4	9	7	2	13	12	0	5	10
1	3	13	4	7	15	2	8	14	12	0	1	10	6	9	11	5
2	0	14	7	11	10	4	13	1	5	8	12	6	9	3	2	15
3	13	8	10	1	3	15	4	2	11	6	7	12	0	5	14	9
S_3	0	1	2	3	4	5	6	7	8	9	10	11	12	13	14	15
0	10	0	9	14	6	3	15	5	1	13	12	7	11	4	2	8
1	13	7	0	9	3	4	6	10	2	8	5	14	12	11	15	1
2	13	6	4	9	8	15	3	0	11	1	2	12	5	10	14	7
3	1	10	13	0	6	9	8	7	4	15	14	3	11	5	2	12
S_4	0	1	2	3	4	5	6	7	8	9	10	11	12	13	14	15
0	7	13	14	3	0	6	9	10	1	2	8	5	11	12	4	15
1	13	8	11	5	6	15	0	3	4	7	2	12	1	10	14	9
2	10	6	9	0	12	11	7	13	15	1	3	14	5	2	8	4
3	3	15	0	6	10	1	13	8	9	4	5	11	12	7	2	14
S_5	0	1	2	3	4	5	6	7	8	9	10	11	12	13	14	15
0	2	12	4	1	7	10	11	6	8	5	3	15	13	0	14	9
1	14	11	2	12	4	7	13	1	5	0	15	10	3	9	8	6
2	4	2	1	11	10	13	7	8	15	9	12	5	6	3	0	14
3	11	8	12	7	1	14	2	13	6	15	0	9	10	4	5	3
S_6	0	1	2	3	4	5	6	7	8	9	10	11	12	13	14	15
0	12	1	10	15	9	2	6	8	0	13	3	4	14	7	5	11
1	10	15	4	2	7	12	9	5	6	1	13	14	0	11	3	8
2	9	14	15	5	2	8	12	3	7	0	4	10	1	13	11	6
3	4	3	2	12	9	5	15	10	11	14	1	7	6	0	8	13

S_7	0	1	2	3	4	5	6	7	8	9	10	11	12	13	14	15
0	4	11	2	14	15	0	8	13	3	12	9	7	5	10	6	1
1	13	0	11	7	4	9	1	10	14	3	5	12	2	15	8	6
2	1	4	11	13	12	3	7	14	10	15	6	8	0	5	9	2
3	6	11	13	8	1	4	10	7	9	5	0	15	14	2	3	12
S_8	0	1	2	3	4	5	6	7	8	9	10	11	12	13	14	15
0	13	2	8	4	6	15	11	1	10	9	3	14	5	0	12	7
1	1	15	13	8	10	3	7	4	12	5	6	11	0	14	9	2
2	7	11	4	1	9	12	14	2	0	6	10	13	15	3	5	8
3	2	1	14	7	4	10	8	13	15	12	9	0	3	5	6	11

（3）P 盒置换，P 盒是一个 32 位的置换，如表 4.4 所示。

表 4.4　P 盒置换表

16	7	20	21	29	12	28	17	1	15	23	26	5	18	31	10
2	8	24	14	32	27	3	9	19	13	30	6	22	11	4	25

P 盒用于将 S 盒的输出扩散到下一轮迭代中。P 盒设计有如下特点。

① 每个 S 盒的 4 位输出影响下一轮 6 个不同的 S 盒，但是没有 2 位影响同一 S 盒。

② 在第 i 轮 S 盒的 4 位输出中，2 位将影响 $i+1$ 轮中间位，其余 2 位将影响两端位。

③ 如果一个 S 盒的 4 位输出影响另一个 S 盒的中间的 1 位，则后一个的输出位不会影响前面一个 S 盒的中间位。

经过 P 盒置换后，就完成了 DES 加密，DES 解密的过程与之完全相反，这里不再赘述。在 DES 加密中，需要根据 DES 的密钥生成每一轮的子密钥，也叫轮密钥。下面介绍轮密钥生成的具体过程。

4. 轮密钥的生成

轮密钥(subkey、roundkey)生成的过程如图 4.6 所示。

初始密钥为 64 比特，去掉 8 比特校验位，得到的 56 比特经过 PC-1（Permutation Choice Ⅰ，置换选择 1)得到各为 28 比特的 C_0 和 D_0，分别经过一个循环左移函数 LS1，得到 C_1 和 D_1 连接成 56 比特，经过 PC-2（Permutation Choice Ⅱ，置换选择 2)，选取 48 位，得到 K_1。产生其他轮密钥 $K_2,\cdots,K_{16}$ 的方法以此类推。PC-1 为一种置换，用于打乱次序，如表 4.5 所示。PC-2 也是一种置换，可打乱次序，它同时也是压缩置换，去掉了第 9,18,22,25,7,10,15,26 位，以增加破译难度，如表 4.6 所示。左循环移位的个数在不同的轮中有所不同。当在 1,2,9,16 轮时，移动 1 位。在其他轮时，移动 2 位，如表 4.7 所示。

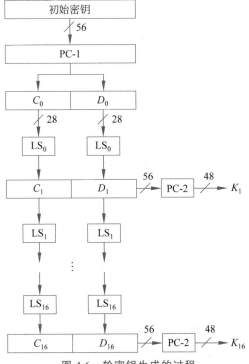

图 4.6 轮密钥生成的过程

表 4.5 PC-1 置换选择 1

57	49	41	33	25	17	9	1	58	50	42	34	26	18
10	2	59	51	43	35	27	19	11	3	60	52	44	36
63	55	47	39	31	23	15	7	62	54	46	38	30	22
14	6	61	53	45	37	29	21	13	5	28	20	12	4

表 4.6 PC-2 置换选择 2

14	17	11	24	1	5	3	28	15	6	21	10
23	19	12	4	26	8	16	7	27	20	13	2
41	52	31	37	47	55	30	40	51	45	33	48
44	49	39	56	34	53	46	42	50	36	29	32

表 4.7 每轮移动的次数

轮	1	2	3	4	5	6	7	8	9	10	11	12	13	14	15	16
位数	1	1	2	2	2	2	2	2	1	2	2	2	2	2	2	1

  通过循环移位和置换, DES 的密钥编排方法确保了原密钥中各位的使用次数基本上相同。

5. 对 DES 不足的讨论

现在全球已有许多关于 DES 的成熟软件和硬件产品，以及以 DES 为基础的各种新的密码系统，其中 DEC 公司（Digital Equipment Corporation）开发出来的 DES 芯片速度最快，其加密和解密速度可高达 1Gb/s。

但是，DES 的保密性究竟如何呢？早在 DES 被正式接受之前，围绕着对 DES 的评价问题就展开了激烈的讨论，至今仍然是一个热点。目前针对 DES 的批评主要集中在以下几方面，而且随着科技的发展，DES 暴露的缺点越来越多。

1）56 位的 DES 的密钥长度对于当前的计算速度来说太短

对 DES 保密性的分析可以分解为两部分：对算法本身的分析和对使用 56 位密钥的分析。前一种情况指的是通过研究算法的性质而破译算法的可能性。这些年来，对寻找和研究该算法的弱点进行了非常多的尝试，使得 DES 是现存加密算法中被研究得最彻底的一个。尽管通过了多次尝试，迄今为止仍然没有人成功找到 DES 的致命缺陷。另一个更重要的考虑是密钥长度，所以 56 位的密钥长度成为 DES 的最主要弱点。

56 位的密钥长度有 2^{56} 个可能的密钥，约为 7.2×10^{16} 个。因此，从表面看来，穷举攻击是不可行的。穷举攻击时假设平均情况下必须有一半的密钥空间要被穷举，那么每微秒做一次 DES 加密的一台机器需要超过 1000 年的时间来破解密文。

然而 W. Diffie 和 M. E. Hellman 在 1979 年就认为，56 位的密钥长度不够，因为可以通过造价约 2000 万美元的并行密钥穷尽搜索专用机，通过一天左右的计算可以得到密

图 4.7　DES 破解器

钥，从而破译 DES。1981 年，Diffie 更正了估计，认为这种专用机造价约为 5000 万美元，破译 DES 的时间需要两天。NBS 的意见是：在 1990 年以前还是无法制造出用一两天时间尝试 $2^{56} \approx 7 \times 10^{16}$ 个密钥的机器，同时造价也太高了，一般承受不起。但是，人们不得不承认，密钥长度不够，无论如何都是对 DES 的一个潜在的危险，例如 1998 年，电子前哨基金会（Electronic Frontier Foundation，EFF）制造了一台 DES 破解器，如图 4.7 所示，它使用多个 Deep Crack 芯片搭成，造价约 25 万美元，包括 1856 个自定义的芯片，在 56 小时内利用穷尽搜索的方法破译了 56 位密钥长度的 DES，它显示了迅速破解 DES 的可能性。

EFF 的动力来自于向民众显示 DES 不仅在理论上是可破解的，而且在现实中也是可以实现破解。EFF 公布了对这个机器的详细描述，使得其他人也能够制造破解机。随着硬件速度的不断提升和价格的持续下降，使 DES 变得没有实际价值。为了提供实用所需的安全性，可以使用 DES 的衍生算法 3DES 来进行加密，虽然 3DES 也存在理论上的攻击方法，但这些方法在实际中难以得到应用。在 2001 年，DES 作为一个标准已经被高级

加密标准(Advanced Encryption Standard,AES)所取代。

需要指出,密钥搜索(key-search)的暴力破解攻击不仅仅是运行全部可能的密钥那么简单。除非已经给出了已知明文,不然破译还需要辨认出明文。如果消息仅仅是直白的英语文本,那么很容易得到结果,尽管必须使辨认英语的工作自动化。如果文本消息在加密前经过了压缩,那么辨认要困难得多。同时如果消息是更一般的数据类型,例如用数字表示的文件,并且被压缩过,问题就变得更难以自动化。因此,在穷举攻击之外,需要在一定程度上了解预期的明文,也需要一些能自动分辨出明文的方法。EFF 同样指出了这个问题,并且介绍了一些在很多情况下都有效的自动化技术。

最终的结论是,如果对加密算法能进行的唯一攻击形式是穷举方法,那么抵抗这类攻击的方法就很明显了:使用更长的密钥。为了对需要的密钥长度有一个认识,我们使用 EFF 破解机作为评估的基础。EFF 破解机是一个原型,可以假设按照如今的技术,使用速度更快、成本更低的机器。如果我们假设破解机能够在 $1\mu s$ 内做 100 万次解密,那么一个 DES 密码需要 10 小时来破解,和 EFF 的结果相比速度约为其 7 倍。例如,对目前普遍使用的 128 位长的密钥,使用 EFF 破解机需要超过 10^{18} 年才能破解密码。如果能够将破解机加速到 10 000 亿(10^{12})倍,仍需要超过 100 万年的时间来破解密码。所以 128 位的密钥能保证算法不能被穷举破解。

2) DES 的迭代函数的 16 次运算次数可能太少

在 DES 中,迭代的次数控制着因换位而产生扩散量的随机性。如果 DES 迭代的次数不够,一个输出位就会只依赖于少数几个输入位,从而不可能造成随机分布量。A.Konheim 指出,8 次迭代之后,加密本质上可以看成每一个明文位是每一个密文位的随机函数,那么为什么要迭代 16 次而不是 8 次呢?

1990 年,E. Bihan 和 A. Shamir 发明了差分分析方法,是对分组密码进行密码分析的最佳手段之一,他们运用差分分析方法证明,通过已知明文的攻击,任何少于 16 次迭代的 DES 算法都可以用比穷举法更有效的方法破译。因此,DES 算法选取迭代次数 16 是适宜的,恰好能够抵抗差分分析方法的攻击。这不禁引起人们的怀疑,这是偶然的巧合吗?似乎不是,IBM 公司的 D. Coppersmith 在一份内部报告中说:"IBM 设计小组早在 1974 年就掌握了这种差分分析方法的攻击原理,因此在设计 S 盒(即替代函数)和置换变换时考虑上述破译手段,这就是为什么 DES 能够抵抗差分分析方法攻击的原因,我们不希望外界掌握这一强有力的密码分析方法,因此这些年我们一直保持沉默。现在既然已经公开这一技术,我们认为是将这段历史公之于众的时候了。"

3) S 盒中可能存在着不安全的因素

Hellman 等曾对在 S 盒中是否存在密码分析的捷径问题提出质疑,他们认为:S 盒设计标准应当公布,以便公开讨论 S 盒的安全性。

4) DES 的一些关键部分不应当保密

美国国家安全局 NSA 告诫 DES 的设计者,代换和置换的设计标准是"敏感"的,并且要求 IBM 公司不要公布这些信息和数据。很显然,这是不符合第 3 章提出的柯克霍夫斯的密码设计原则。除此之外,批评者还指出,不公布这些数据,会使设计者在密码分析方面占优势,不能使人信服 IBM 和 NSA 关于 DES 是安全的一般结论。

4.2.2 三重 DES

DES 安全性的最大隐患是密钥太短,为充分利用现有 DES 的软硬件资源,可使用多重 DES 增加密钥量,提高抗击密钥穷举攻击的能力。1999 年美国 NIST 发布了新版本的 DES 标准(FIPS PUB46-3),指出 DES 仅能用于遗留系统,3DES 取代 DES 成为新的标准。

1. 二重 DES

二重 DES 是多重 DES 的最简单形式,即 $C=E_{k_1}(E_{k_2}(M))$,解密时 $M=D_{k_2}(D_{k_1}(C))$。但如果出现以下情况:

$$E_{k_1}(E_{k_2}(M))=E_{k_3}(M)$$

二重 DES 和多重 DES 就等同于一次 DES 加密,就没有意义了。

答案是这种情况不会出现。1992 年 K. W. Campbell 和 M. J. Wiener 在 CRYPTO 92 上发表了论文,证明 DES 不是一个群(group)。一个基本原理是:如果复合运算不满足交换律,且相互独立,则这一种复合运算的结果将使复杂度增加。直觉上看,假设分组的长度为 64,则理想分组密码的密钥空间为 $2^{64}!>10^{1020}$。这是一个很大的数,实际对 56 位的密钥能定义的映射个数为 $2^{56}<10^{17}$,远远小于这个数。

2. 二重 DES 的中间相遇攻击

二重 DES 的密钥长度为 112 位,密钥量本身可以抵御目前的穷举攻击,但是,二重 DES 不能抵御中间相遇攻击(meet-in-the-middle)。顾名思义,就是寻找一个中间值 $X=E_{k_1}(M)=D_{k_2}(C)$。

对于给定的明密文对 (x,y),可采用如下攻击步骤。

(1) 将 z 按所有可能的密钥 $K_{1i}(i=1,2,\cdots,2^{56})$ 加密,得到的加密结果排序保存到表 T 中,例如 $(K_{11},z_{11}),(K_{12},z_{12}),\cdots,(K_{1t},z_{1t}),t=2^{56}$。

(2) 将 y 用所有可能的密钥 $K_{2i}(i=1,2,\cdots,2^{56})$ 解密,每解密一次,就将解密结果与 T 中的值比较。如果有相等的,不妨设是 z_{1n},对应的密钥为 K_{2m}(即 $\mathrm{DES}_{K_{1n}}(x)=z_{1n}=\mathrm{DES}_{K_{2m}}^{-1}(y)$)。满足这一条件的 K_{2m} 可能不止一个,于是需要选择另外一个明文密文对 (x',y'),验证 $y'=\mathrm{DES}_{K_{1n}}(\mathrm{DES}_{K_{2m}}(x'))$,如果成立则认定这个密钥正确。

3. 三重 DES

为了抵抗中间相遇攻击,可以使用三重 DES(triple-DES,3DES)。三重 DES 有 4 种模式,如图 4.8 所示。

DES-EEE3 模式:

$$C=E_{k_3}(E_{k_2}(E_{k_1}(M)))$$

DES-EDE3 模式:

$$C=E_{k_3}(D_{k_2}(E_{k_1}(M)))$$

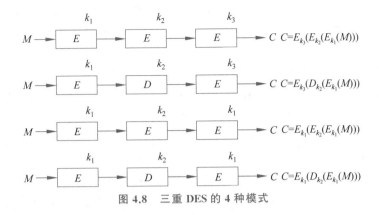

图 4.8 三重 DES 的 4 种模式

DES-EEE2 模式：

$$C = E_{k_1}(E_{k_2}(E_{k_1}(M)))$$

DES-EDE2 模式：

$$C = E_{k_1}(D_{k_2}(E_{k_1}(M)))$$

前两种模式使用了 3 种不同的密钥,每个密钥长度为 56 位,因此总密钥长度达到 168 位。后两种模式使用两个不同的密钥,总密钥长度为 112 位。三重 DES 提高了抗穷举攻击的能力,但处理速度较慢,尤其难以有效地用软件实现。

DES-EDE3 模式和 DES-EDE2 模式中出现了解密,初看上去会觉得奇怪,但第二步使用的解密没有密码方面的特别意义。这样做的目的是,如果 $K_1 = K_2$,则三重 DES 退化成 DES,好处是让 3DES 的使用者能够解密原来单重 DES 使用者加密的数据：

$$C = E_{k_1}(D_{k_1}(E_{k_1}(M))) = E_{k_1}(M)$$

对三重 DES 的标准化最初出现在 1985 年的 ANSI 标准 X9.17 中。为了把它用于金融领域,1999 年随着 FIPS PUB 46-3 的公布,把它合并为数据加密标准的一部分。三密钥的三重 DES 在许多基于 Internet 的应用中被采用,如 PGP 和 S/MIME。

很容易看出,3DES 是一个强大的算法,因为底层密码算法是 DES,DES 算法本身的抵抗破译能力,3DES 同样也有。不仅如此,由于 168 比特的密钥长度,穷举攻击更没有可能。

最终 AES 将取代 3DES,NIST 预言在可预见的将来 3DES 仍将是被批准的算法(为美国政府所使用),目前在实际应用中,AES 和 3DES 同时并存。

4.2.3 高级加密标准

3DES 有两个吸引人之处：第一,由于 168 比特的密钥长度,它克服了 DES 对付穷举攻击的不足；第二,3DES 的底层加密算法和 DES 相同,而这个算法比任何其他算法都经过了更长时间、更详细的审查,除穷举方法以外没有发现任何有效的基于此算法的攻击。因此,有足够理由相信 3DES 对密码破译有强大的抵抗力。如果安全是唯一的考虑因素,那么 3DES 将是接下来几十年中标准化加密算法的合理选择。

3DES 的基本缺陷是算法软件运行相对较慢。原 DES 是为 20 世纪 70 年代中期的硬件实现设计的，没有高效的软件代码。3DES 迭代轮数是 DES 的 3 倍，因此更慢。第二个缺陷是 DES 和 3DES 都使用 64 比特大小的分组。出于效率和安全原因，需要更大的分组。

因为这些缺陷，3DES 不是长期使用的合理选择。作为替代，1997 年 NIST 公开征集新的高级加密标准（AES），要求它和 3DES 等同或者更高的安全强度，并且效率有显著提高。除这些基本要求外，NIST 还指定 AES 必须是分组大小为 128 比特的分组密码，支持密钥长度为 128、192 和 256 比特。评估指标包括安全性、计算效率、所需存储空间、软硬件适配度以及灵活性等。

在第一轮评估中，通过了 15 个候选算法，第二轮则把范围减小到了 5 个，事实上能进入第一轮的 15 个候选算法都是很优秀的算法，这些作者也为能成为 AES 的候选算法而感到自豪。2001 年 11 月 NIST 完成评估并发布了最终标准（FIPS PUB 197），NIST 选择了 Rijndael（读作 rain-doll）作为 AES 算法。开发和提交 Rijndael 作为 AES 算法的是两位来自比利时的密码学家 Joan Daemen 博士和 Vincent Rijmen 博士。

1. 算法简介

AES 使用的分组大小为 128 比特，密钥长度可以为 128、192 或 256 比特。在本节的描述中，我们假设密钥长度为 128 比特，这可能是最常用的长度。

图 4.9 给出了 AES 的总体结构。加密和解密算法的输入是一个 128 比特的分组。在 FIPS PUB 197 中，分组被描述为一字节方阵。分组被复制到状态（state）数组，这个数组在加密或解密的每一步都会被更改。最后一步结束后，状态数组将被复制到输出矩阵。类似地，128 比特的密钥也被描述为一字节方阵。然后，密钥被扩展成一个子密钥字的数组；每个字是 4 字节，而对于 128 比特的密钥，子密钥总共有 44 个字。矩阵中字节的顺序是按列排序的。例如，128 比特的明文输入的前 4 字节占输入（in）矩阵的第 1 列，接下来 4 字节占第 2 列，以此类推。类似地，扩展密钥的前 4 字节即一个字占 w 矩阵的第 1 列。

2. 总体结构

如图 4.9 所示，Rijndael 加密算法的轮函数采用 SP 结构，Rijndael 没有使用 Feistel 结构，而是在每轮替换和移位时都并行处理整个数据分组。每一轮由字节代换（sub byte）、行移位变换（shift row）、列混合变换（mix column）、轮密钥加变换（add round key）组成。AES 最后一轮没有列混合变换，类似 DES 中最后一轮没有交换。在第一轮之前有一个初始轮密钥加，初始轮密钥加对安全性无任何意义。具体而言，算法执行一个"初始轮密钥加"，然后执行 $N_r - 1$ 次"中间轮变换"，以及一个"末轮变换"。

3. 组成部分

（1）字节代换（sub byte）。可将字节代换方法制成 S 盒表格（见表 4.8），通过查表进行快速变换。

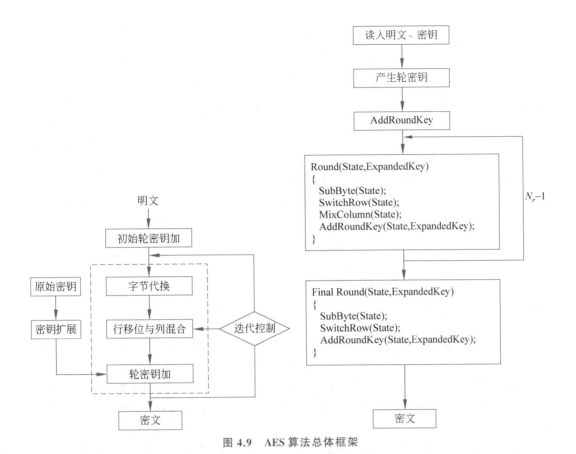

图 4.9　AES 算法总体框架

表 4.8　AES 的 S 盒

	0	1	2	3	4	5	6	7	8	9	a	b	c	d	e	f
0	63	7C	77	7B	F2	6B	6F	C5	30	01	67	2B	FE	D7	AB	76
1	CA	82	C9	7D	FA	59	47	F0	AD	D4	A2	AF	9C	A4	72	C0
2	B7	FD	93	26	36	3F	F7	CC	34	A5	E5	F1	71	D8	31	15
3	04	C7	23	C3	18	96	05	9A	07	12	80	E2	EB	27	B2	75
4	09	83	2C	1A	1B	6E	5A	A0	52	3B	D6	B3	29	E3	3F	84
5	53	D1	00	ED	20	FC	B1	5B	6A	CB	BE	39	4A	4C	58	CF
6	D0	EF	AA	FB	43	4D	33	85	45	F9	02	7F	50	3C	9F	A8
7	51	A3	40	8F	92	9D	38	F5	BC	B6	DA	21	10	FF	F3	D2
8	CD	0C	13	EC	5F	97	44	17	C4	A7	7E	3D	64	5D	19	73
9	60	81	4F	DC	22	2A	90	88	46	EE	B8	14	DE	5E	0B	DB
a	E0	32	3A	0A	49	06	24	5C	C2	D3	AC	62	91	95	E4	79
b	E7	C8	37	6D	8D	D5	4E	A9	6C	56	F4	EA	65	7A	AE	08

续表

	0	1	2	3	4	5	6	7	8	9	a	b	c	d	e	f
c	BA	78	25	2E	1C	A6	B4	C6	E8	DD	74	1F	4B	BD	8B	8A
d	70	3E	B5	66	48	03	F6	0E	61	35	57	B9	86	C1	1D	9E
e	E1	F8	98	11	69	D9	8E	94	9B	1E	87	E9	CE	55	28	DF
f	8C	A1	89	0D	BF	E6	42	68	41	99	2D	0F	B0	54	BB	16

下面给出一个输入输出状态矩阵的例子。

F5	56	10	20
6B	44	57	39
01	03	6C	21
AF	30	32	34

S盒代换 →

E6	B1	CA	B7
7F	1B	5B	12
7C	7B	50	FD
79	04	23	18

问题是 S 盒是如何设计的。AES 的 S 盒设计不像 DES 的 S 盒设计那么神秘，而是有严格的、公开的数学计算，从而让 AES 使用者可以放心地使用。其设计原理是将一个字节非线性地变换为另一字节，由两个变换复合而成：一个是求 $GF(2^8)$ 上的乘法逆；另一个是仿射变换。对这两个变换的数学计算感兴趣的读者，可以参考密码学的相关书籍。

（2）行移位变换（shift row）。将状态矩阵中的每一行循环左移若干位。将行移位运算表示为 $R_c: S->R(S)$。具体地说，第 0 行不移动，第 1 行循环左移 1 位，第 2 行循环左移 2 位，第 3 行循环左移 3 位，即

行移位实现了字节在每一行的扩散，自然地，还需要实现字节的改变在列的扩散。

（3）列混合变换（mix column）。把状态矩阵每列的 4 字节表示为 $GF(2^8)$ 上的多项式 $S(x)$，再将该多项式与固定多项式 $c(x)$ 做模 x^4+1 乘法，即 $S'(x) = c(x) \otimes S(x) \bmod (x^4+1)$，这里，$c(x) = {'03'}x^3 + {'01'}x^2 + {'01'}x + {'02'}$。列混合的映射可以看成：

$$\begin{bmatrix} S_{00} & S_{01} & S_{02} & S_{03} \\ S_{10} & S_{11} & S_{12} & S_{13} \\ S_{20} & S_{21} & S_{22} & S_{23} \\ S_{30} & S_{31} & S_{32} & S_{33} \end{bmatrix} \rightarrow \begin{bmatrix} S'_{00} & S'_{01} & S'_{02} & S'_{03} \\ S'_{10} & S'_{11} & S'_{12} & S'_{13} \\ S'_{20} & S'_{21} & S'_{22} & S'_{23} \\ S'_{30} & S'_{31} & S'_{32} & S'_{33} \end{bmatrix}$$

记

$$S_j(x) = s_{3j}x^3 + s_{2j}x^2 + s_{1j}x + s_{0j}, \quad 0 \leqslant j \leqslant 3$$

$$S'_j(x) = s'_{3j}x^3 + s'_{2j}x^2 + s'_{1j}x + s'_{0j}, \quad 0 \leqslant j \leqslant 3$$

$$S'_j(x) = c(x) \otimes S_j(x) = c(x)S_j(x) \bmod (x^4 + 1)$$

由于 $c(x)$ 固定,故可以将该乘法写成如下形式:

$$\begin{bmatrix} s'_{0j} \\ s'_{1j} \\ s'_{2j} \\ s'_{3j} \end{bmatrix} = \begin{bmatrix} 02 & 03 & 01 & 01 \\ 01 & 02 & 03 & 01 \\ 01 & 01 & 02 & 03 \\ 03 & 01 & 01 & 02 \end{bmatrix} \begin{bmatrix} s_{0j} \\ s_{1j} \\ s_{2j} \\ s_{3j} \end{bmatrix}, \quad j = 0, 1, 2, 3$$

于是,列混合即为矩阵乘法:

$$\begin{bmatrix} s'_{00} & s'_{01} & s'_{02} & s'_{03} \\ s'_{10} & s'_{11} & s'_{12} & s'_{13} \\ s'_{20} & s'_{21} & s'_{22} & s'_{23} \\ s'_{30} & s'_{31} & s'_{32} & s'_{33} \end{bmatrix} = \begin{bmatrix} 02 & 03 & 01 & 01 \\ 01 & 02 & 03 & 01 \\ 01 & 01 & 02 & 03 \\ 03 & 01 & 01 & 02 \end{bmatrix} \begin{bmatrix} s_{00} & s_{01} & s_{02} & s_{03} \\ s_{10} & s_{11} & s_{12} & s_{13} \\ s_{20} & s_{21} & s_{22} & s_{23} \\ s_{30} & s_{31} & s_{32} & s_{33} \end{bmatrix}$$

于是,可以记列混合运算为 $M(S) = CS$。这里,

$$C = \begin{bmatrix} 02 & 03 & 01 & 01 \\ 01 & 02 & 03 & 01 \\ 01 & 01 & 02 & 03 \\ 03 & 01 & 01 & 02 \end{bmatrix}$$

MixClournn 用到了 AES 的第二个基本运算——字运算,即系数在有限域 $GF(2^8)$ 上的运算。

(4) 轮密钥加(add round key)。轮密钥加是通过密钥生成算法从初始密钥中产生的,其长度等于分组长度,为 128 比特。轮密钥加变换就是简单地将一个轮密钥按位异或到一个状态上,也就是将轮密钥矩阵与状态矩阵的对应字节异或。

4. 密钥扩展算法(key expansion)

10 轮 AES 需要 11 个轮密钥,每个轮密钥由 16 字节(4 个字)组成。整个扩展密钥共包含 44 个字,表示为 $w[0], w[1], \cdots, w[43]$,它由种子密钥通过扩展算法得到。密钥扩展算法的输入为 128 比特,处理成一个由 16 字节组成的数组:key$[0]$,key$[1]$,$\cdots$,key$[15]$;输出为字组成的数组 $w[0], w[1], \cdots, w[43]$。密钥扩展包括两个操作:RotWord 和 SubWord。前者表示循环移位,即 $\text{RotWord}(B_0, B_1, B_2, B_3) = (B_1, B_2, B_3, B_0)$,后者 $\text{SubWord}(B_0, B_1, B_2, B_3)$ 对 4 字节 (B_0, B_1, B_2, B_3) 使用 AES 中的 S 盒代换。即 $\text{SubWord}(B_0, B_1, B_2, B_3) = (B'_0, B'_1, B'_2, B'_3)$,其中 $B'_i = \text{SubByte}(B_i)$,$i = 0, 1, 2, 3$。另外,用 RCon 表示有 10 个字的常量数组 RCon$[1]$,RCon$[2]$,$\cdots$,RCon$[10]$,如表 4.9 所示。

表 4.9 RCon[i]

i	1	2	3	4	5
RCon[i]	01000000	02000000	04000000	08000000	10000000
i	6	7	8	9	10
RCon[i]	20000000	40000000	81000000	1B000000	36000000

RCon 是一个常数数组。RCon[i]$=(x^{i-1},00,00,00),i\geqslant1$。$x^{i-1}$ 表示有限域 GF(2^8) 中的多项式 x 的 $i-1$ 次方对应的字节,即 02,于是有 RCon[i]$=(c_i,00,00,00),i\geqslant1$,$c_0=01,c_i=02 \cdot c_{i-1},i>1$。

图 4.10 给出了密钥扩展的示意图。

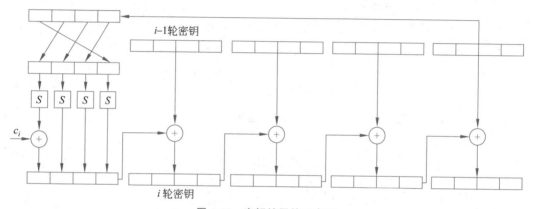

图 4.10 密钥扩展的示意图

下面给出密钥扩展程序的伪代码。根据 N_k 的不同有 $N_k\leqslant6,N_k>6$ 两个版本。Key[ ] 表示初始密钥列向量,W[ ] 表示密钥的列向量。

若 $N_k\leqslant6$,有:

```
KeyExpansion(Byte Key[4*N_k],W[N_b*(N_r+1)])
{
  For(i=0;i< N_k;i++)
    W[i]=(Key[4*i],Key[4*i+1],Key[4*i+2],Key[4*i+3]);        //将密钥排成4字一列
  For(i=N_k;i<N_b*(N_r+1);i++)
    {
    Temp=W[i-1];
    If(i%N_k==0)
    Temp=SubByte(RotWord(Temp))⊕RCon[i/N_k];      //左循环移位一个字后与 RCon
    W[i]=W[i-N_k]⊕Temp;                           //异或,每当 i 为 N_k 倍数时异或
    }
}
```

若 $N_k>6$,有:

```
KeyExpansion(Byte Key[4*N_k],W[N_b*(N_r+1)])
{
    For(i=0;i<N_k;i++)
    W[i]=(Key[4*i],Key[4*i+1],Key[4*i+2],Key[4*i+3]);

For(i=N_k;i<N_b*(N_r+1);i++)
{
    Temp=W[i-1];
    If(i%N_k==0)
      Temp=SubByte(RotWord(Temp))⊕RCon[i/N_k];
      Else if(i%N_k==4)                      //与 N_k≤6 程序的唯一区别,若 i-4 为 N_k 的倍数
        Temp=SubByte(Temp);                  //多做一次字节代换
      W[i]=W[i-N_k]⊕Temp;
    }
}
```

下面是对 AES 算法的一些说明和总结,可以让读者对 AES 有更清晰的认识。

(1) AES 不是 Feistel 结构。典型 Feistel 的结构中数据分组的一半用来更改另一半,然后两部分对换。AES 没有使用 Feistel 结构,而是在每轮替换和移位时都并行处理整个数据分组。

(2) 输入的密钥被扩展成 44 个 32 比特字的数组 $w[i]$。4 个不同的字(128 比特)用作每轮的轮密钥。

(3) 进行了 4 个不同的步骤,1 个是移位,3 个是替换。

① 字节代换(sub byte):使用一个表(称为 S 盒,S-box)来对分组进行逐一的字节替换。

② 行移位(shift row):对行做简单的移位。

③ 列混合(mix column):对列的每个字节做替换,是一个与本列全部字节有关的函数。

④ 轮密钥加(add round key):将当前分组与一部分扩展密钥简单地按位异或。

(4) 结构非常简单。对于加密和解密,密码都是从轮密钥加开始,接下来经过 9 轮迭轮,各包含 4 个步骤,最后进行一轮包含 3 个步骤的第 10 轮迭代。

(5) 只有轮密钥加步骤使用了密钥。由于这个原因,算法在开始和结束时进行轮密钥加步骤。对于任何其他步骤,如果在开始或者结束处应用,都可以在不知道密钥的情况下进行反向操作,并且不会增强安全。

(6) 像大多数分组密码一样,解密算法也是按照相反的顺序使用扩展密钥。但是解密算法并不与加密算法相同,这是 AES 特殊结构的结果。

Rijndael 算法是一种分组长度、密钥长度和迭代次数均可变的分组密码算法,其分组长度和密码长度都分别可为 128/192/256 位,迭代次数可为 10/12/14 轮。总的来说,Rijndael 汇聚了安全、效率、易用、灵活等优点,使它能成为 AES 最合适的选择。

(1) 安全性:Rijndael 算法抗线性攻击和抗差分攻击的能力大大增强。

（2）算法的速度：RC6 需要用到乘法运算，并且需要大量内存；Twofish 不便于在硬件中实现；Mars 和 Serpent 的速度都不如 Rijndael。

（3）灵活性：Rijndael 的密钥长度可根据不同的加密级别进行选择。Rijndael 的分组长度也是可变的，弥补了 DES 的弊端。Rijndael 的循环次数允许在一定范围内根据安全要求进行修正。

4.3 随机数和伪随机数

在多个网络安全应用程序加密的过程中，随机数起了非常重要的作用。本节将对随机数进行概述。

4.3.1 随机数的应用

一些网络安全算法的安全性依赖于密码中用到的随机数，例如：

（1）RSA 公开密钥加密算法和其他的公开密钥算法中密钥的生成。

（2）生成用于临时会话的对称会话密钥。这个功能被许多网络应用使用，例如传输层安全、WiFi 安全、电子邮件安全和 IP 安全。

（3）在许多密钥分配方案中，例如 Kerberos，随机数被用来建立同步交换以防止重放攻击。

信息安全对随机数提出了这样的需求：随机数要尽量随机，同时不可预测。具体的解释如下。

1. 随机性

在一般情况下，随机数生成过程中要注意的问题就是这一系列数据在严格意义上来说是要随机的。下列标准是用来验证一个数列是否为随机的。

（1）均匀分布：在一定次序或者序列上的比特分布要均匀分配。1 和 0 出现的频率必须大致相同。

（2）独立：在同一序列上，没有一个数字能影响和干涉其他数字。

虽然已经有许多明确的方法可以来检测一个数列是否符合一个特定的分布，但在均匀分配中，没有一个明确的方法能"证明"独立性；相反，许多方法能够被用来解释一个数列是否不呈现出独立性。普遍的解决方法是使用多个这样的测试，直到能确保这些独立性存在的概率足够大。

在我们讨论的背景下，呈现出统计上随机的数字串经常应用于产生与密码学相关的算法设计。例如，在第 5 章讨论的 RSA 公钥加密算法的重要基础就是能够产生素数。总体来说，很难确定一个给出的大数字 N 是素数，一个完全可信的途径是用每一个小于 $\sqrt{N}$ 的奇整数去除 N。但如果 N 达到 10^{150} 量级（在公钥密码中很常见），那么这个素性检测方法就超出了分析家和计算机的能力。无论如何，许多有效的素性检测算法利用随机抽取的整数来检测这个数字的素性，这种方法相对来说比较简单，随机抽取的整数质量决定了素性检测的质量。如果这一序列足够长(但是远远小于 $\sqrt{10^{150}}$),这个数的素性几乎能被确定。这种策略被称为随机选择,它频繁地出现在加密算法设计中。大体上,如果一个问题很难或者很耗费时间来解决,那么将用一个基于随机选择的简单策略来代替,这种策略计算结果的可信度通常都令人满意。

2. 不可预测性

在一些应用中,例如相互鉴别和生成会话密钥,我们并不过多要求数列是统计上随机,但是这个数列上连续数位应该是不可预测的。在一个真正的随机数列中,每一个统计出的数字将会独立于其他数字,因此这个数字是不可预测的。我们必须保证攻击者无法根据早期得到的数据预测未来的数据。

4.3.2 真随机数发生器、伪随机数发生器和伪随机函数

密码应用通常利用随机数生成的算法技术。这些算法具有确定性的特点,因此产生的数列不具有统计上的随机性。虽然如此,但如果这个算法很好,那么产生出的数列将会通过很多合理的随机性测试,这种数字被称为伪随机数字。

也许你会对将确定性算法生成的数字用作随机数这一概念感到不安。尽管对于这种应用存在“哲学上”的异议,它在总体上是有效的,我们可以接受这种古怪的“相对随机”的概念。

图 4.11 将一个真随机数发生器和两个伪随机数发生器进行了对比。真随机数发生器将一个有效的随机源作为输入端,这个源被称为熵源。本质上,这个熵源是从计算机的物理环境上得到的,并且包含按键时序特性,磁盘的电气活动,鼠标移动和瞬间的系统时钟。这个源,或者这些源的结合,作为一个算法的输入端来产生随机二进制数输出。真随机数发生器能够简单地引入一个模拟源的转换来进行二进制输出,如图 4.11(a)所示。

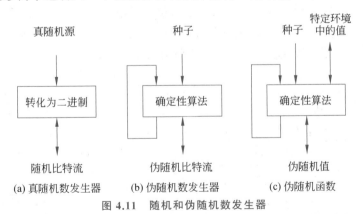

图 4.11 随机和伪随机数发生器

相比之下,伪随机数发生器采用一个不变值作为输入端,这个不变值称为种子,并且运用了确定的算法来产生一系列的输出比特。如图 4.11(b)所示,算法的结果通过回馈途径送到输入端。要特别指出的是,输出比特流仅仅被输入值所决定。也就是说,如果输

入种子的数值相同,那输出的结果也相同,并且种子能够产生全部的比特流。

图 4.11(b)和图 4.11(c)显示出基于应用的两种不同形式的伪随机数发生器。

伪随机数发生器(PRNG):一种算法被用来产生一个开路型比特流被称为 PRNG。一个开路型比特流的常见应用是作为输入端来输入对称的密码流。

伪随机函数(PRF):PRF 被用来产生一些固定长度的伪随机比特串。例如对称的加密密钥。典型的 PRF 采用种子加上上下文中特定的值作为输入端,例如用户名 ID。

除了产生的比特数不同外,PRNG 和 PRF 之间没有区别。相同的算法能被双方所应用,两者都需要一个种子,并且双方都必须呈现出随机性和不可预测性。

近年来,PRNG 的随机算法设计已经成为许多研究中的研究对象,并且已经发展成一个更加多样性的算法。除了一些特定设计的随机算法外,还可以使用密码算法作为随机算法的核心,因为密码算法可以起到一个随机输入的作用,例如使用对称加密算法、散列函数等。

4.4 分组密码的工作模式

分组密码是将消息分成固定长度的数据块(分组)来逐块处理的,通常,大多数消息的长度都大于分组密码的分组长度,长的消息被分成一系列连续排列的分组后,分组密码算法一次处理一个分组。于是,在实际应用中,人们设计了许多不同的块处理方式,称为分组密码的工作模式。

工作模式通常是基本的密码模块、反馈和一些简单运算的组合,从本质上说,工作模式是一项使密码算法适应实际应用的应用技术。工作模式的运算应当简单,不会明显降低基本密码的效率,并易于实现。同时工作模式不应当损害基本密码算法的安全性。

NIST 在 FIPS81 中定义了 4 种工作模式,后来由于新的应用和要求,在 800-38A 中将推荐的工作模式扩展为 5 种,这 5 种情况,希望能够覆盖利用一个分组密码做加密的所有可能情况。这 5 种情况也希望能适用于任何分组密码算法,当然包括 3DES 和 AES。表 4.10 对这 5 种工作模式进行了概括,后面将对其中几种最重要的模式简要介绍。

表 4.10　分组密码的工作模式

模　式	描　述	典型应用
电子密码本(ECB)	用相同的密钥分别对明文分组加密	单个数据的安全传输(如一个密钥)
密码分组链接(CBC)	加密算法的输入是上一个密文分组和下一个明文分组的异或	(1)普通目的的面向分组的传输 (2)认证(鉴别)
密码反馈(CFB)	一次处理 J 位,上一分组密文作为加密算法的输入,产生一个伪随机数输出与密文异或作为下一个分组的输入	(1)普通目的的面向分组的传输 (2)认证(鉴别)
输出反馈(OFB)	与 CFB 基本相同,只是加密算法的输入是上一次加密的输出	噪声信道上的数据流的传输(如卫星通信)
计数器(CTR)	每个明文分组都与一个加密计数器相异或。对每个后续分组计数器递增	(1)普通目的的面向分组的传输 (2)用于高速需求

4.4.1　ECB 模式

电子密码本(Electronic Code Book，ECB)模式是最简单的一种分组加密模式,之所以使用术语密码本,是因为对于给定的密钥,每个 b 比特的明文分组对应唯一的密文。因此,可以想象一个庞大的密码本,它包含任何可能的 b 比特明文对应的密文。ECB 模式如图 4.12 所示。

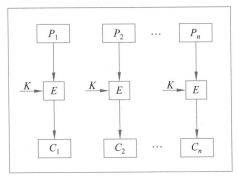 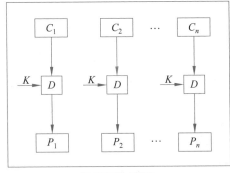

(a) ECB模式加密　　　　　　　　　　　　　(b) ECB模式解密

图 4.12　ECB 模式

即

$$C_i = E_k(P_i)$$
$$P_i = D_k(C_i), \quad 1 \leqslant i \leqslant n$$

这里 P_i、C_i、k 是分别为明文分组、密文分组和密钥。n 为分组的个数。$E()$、$D()$分别为加密函数和解密函数。

ECB 模式的优点是简单高效,可以实现并行操作。ECB 模式有良好的差错控制,一个密文分组(或明文分组)的改变,在解密(或加密)时,只会引起相应的明文分组(或密文分组)的改变,不会影响其他明文分组(或密文分组)的改变。

ECB 模式的最大特性是明文中相同的分组在密文中也是相同的。这也是其缺点,因为这样在加密长消息时,敌手可能得到多个明文密文对,进行已知明文攻击。如果明文中有一些重复的元素,那么这些元素可能被破译者识别,这也许能帮助破译,或者可能给替换或者重排数据分组提供了机会。因此,ECB 模式特别适合加密数据随机且较短的情形,如加密一个会话密钥。

为了克服 ECB 模式的安全不足,我们希望有一种技术,其中如果重复出现同一明文分组,则将产生不同的密文分组。

4.4.2　CBC 模式

为避免 ECB 模式中的安全缺陷,可以引入某些反馈机制,例如将前一个分组的加密结果反馈到当前分组的加密中。这样,每个密文分组不仅依赖于产生它的明文分组,也依赖于所有前面的明文分组,从而相同的明文分组对应的密文分组不同。

但是，简单地引入反馈，如果两个消息前面部分的明文分组全部相同，则密文也还是会出现相同的前面部分，即密文的不同是从明文中首次出现不同的位置开始的。为了使得加密的结果一开始就出现不同，或者说使得相同的消息也有不同的密文，引入了初始向量（Initial Vector，IV）。**IV** 的不同，使得相同的消息有不同的密文。在 CBC（Cipher Block Chaining，密码分组链接）模式中，加密算法的输入是当前明文分组与前一密文分组的异或，每个分组使用同一密钥。CBC 模式如图 4.13 所示。

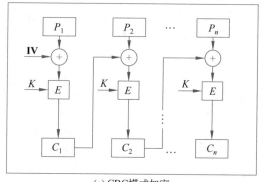
(a) CBC模式加密

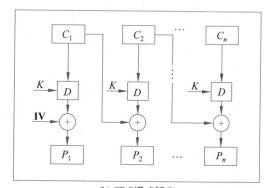
(b) CBC模式解密

图 4.13　CBC 模式

即

$$C_i = E_k(P_i \oplus C_{i-1})$$
$$P_i = D_k(C_i) \oplus C_{i-1}, \qquad 1 \leqslant i \leqslant n, C_0 = \mathbf{IV}$$

发送者和接收者都必须知道 **IV**，为了提高安全性，通常 **IV** 应该加以保密，例如传输时用 ECB 加密来保护 **IV**；否则，中间截获者可以通过改变 **IV**，来改变第一个明文分组的解密值，因为解密时，有 $P_1 = \mathbf{IV} \oplus C_1$，中间截获者修改 **IV** 的某一位，可以改变 P_1 中的相应位。

由于引入了反馈机制，因而一个分组的错误将有可能对其他分组造成影响。这种一个错误导致多个错误的现象叫作错误扩散。错误扩散可分为明文错误扩散（加密错误扩散）和密文错误扩散（解密错误扩散）。明文错误扩散指加密前明文中的错误对解密后得到的明文的影响。密文错误扩散是指加密后密文中的错误对解密后得到的明文分组的影响。

那 CBC 是否有明文错误扩散和密文错误扩散？使用 CBC 时，虽然明文分组中发生的错误将影响对应的密文分组以及其后的所有密文分组，当由于解密会反转这个过程，所以解密后的明文也仍然只是那一个分组有错误。因而，CBC 没有明文错误扩散。由于信道噪声或存储介质的损害，接收方得到的密文中某个分组出现错误，该错误的分组只会影响对应的解密明文的分组，以及其后的一个解密明文的分组。因此，CBC 的密文错误扩散是很小的。

同 ECB 一样，CBC 不能自动恢复同步错误。如果密文中偶尔丢失或添加一些数据位，那么整个密文序列将不能正确地解密，除非能够重新恢复分组的边界。如果密文中有一位发生错误，只会影响当前分组和下一分组的明文。

CBC 对于加密长于 64 比特的消息非常合适。另外，CBC 除了能获得保密性外，还能用于认证（鉴别）。

4.4.3　CFB 模式

ECB 和 CBC 都必须将一个分组接收完才能进行加解密,对 DES 而言,需要等 64 比特全接收完才能开始加密。有时候需要实时的加密,如网络环境中,当终端输入一个字符,需要马上加密传给主机,这时需要使用流密码。使用 CFB 模式(Cipher Feedback,密码反馈模式),可以将分组密码转变为流密码,实现实时操作,变成面向字符的流密码工作模式。流密码的一个特性是密文与明文长度相等,因此,如果传输 8 比特的字符,每个字符应该加密为 8 比特。如果使用超过 8 比特的字符进行加密,传输能力就被浪费了。

与 CBC 一样,引入反馈机制,CFB 的密文块是前面所有明文块的函数。CFB 模式如图 4.14 所示。

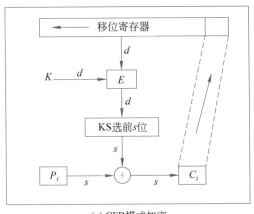

(a) CFB模式加密　　　　　　　　(b) CFB模式解密

图 4.14　CFB 模式

即加密过程为

$$KS_i = E_K(\text{rgst}_{i-1})$$
$$C_i = P_i \oplus KS_i[s] \quad (\text{rgst}_0 = \mathbf{IV}, \ 1 \leqslant i \leqslant n)$$
$$\text{rgst}_i = \{\text{rgst}_{i-1} \lll_s \| C_i\}$$

这里,$\text{rgst}_{i-1}(1 \leqslant i \leqslant n)$ 表示移位寄存器保存的值,$\lll_s$ 表示左移 s 位。其实,分组加密 E_K 实质上起到生成密钥流的作用,每次密钥流(KS_i)生成后,选择前 s 比特(用 $KS_i[s]$ 表示)进行加密,产生的密文 C_i 作为反馈,添加到移位寄存器尾部,这里假设寄存器长度和加密算法输入一样长,显然 $|C_i| = s$。

解密过程如下:

$$KS_i = E_K(\text{rgst}_{i-1})$$
$$P_i = C_i \oplus KS_i[s] \quad (\text{rgst}_0 = \mathbf{IV}, \ 1 \leqslant i \leqslant n)$$
$$\text{rgst}_i = \{\text{rgst}_{i-1} \lll_s \| C_i\}$$

值得注意的是,解密时将收到的密文单元与加密函数 E_K 的输出进行异或,这里仍然使用加密函数 E_K,而不是解密函数。原因是加密函数 E_K 只起密钥流 KS 产生的作用,故解密时还是使用加密函数。

4.4.4 CTR 模式

CTR 模式（计数器模式）在 IPSec 和 ATM（异步转换模式）网络安全中发挥了重要作用。如图 4.15 所示，计数器长度与明文分组长度相同，加密不同明义分组所用的计数器值必须不同，以使得相同的明文分组有不同的密文分组。从本质上说，CTR 模式就是使用计数器产生密钥流加密明文。

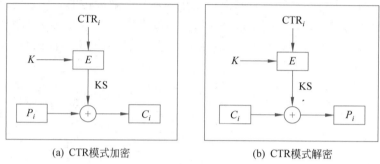

(a) CTR模式加密   (b) CTR模式解密

图 4.15　CTR 模式

即加密过程为

$$KS_i = E_K(CTR_i)$$
$$C_i = P_i \oplus KS_i, \quad 1 \leqslant i \leqslant n$$

解密过程为

$$KS_i = E_K(CTR_i)$$
$$P_i = C_i \oplus KS_i, \quad 1 \leqslant i \leqslant n$$

一个简单的使 CTR_i 不同的方法是：

$$CTR_i = CTR_{i-1} + 1, \quad 2 \leqslant i \leqslant n$$

CTR 具有以下优点。

（1）CTR 可以并行，效率高。CBC 和 CFB 的模式都不能并行，必须依次执行，因此 CTR 具有较高软件和硬件运行效率。并行性也意味着密文间的独立性，可以处理某个分组的密文使得随机访问某个明文分组。

（2）可以预处理。加密算法的执行不需要明文或密文的输入，密钥流可以事先准备，只要有足够的存储器，就可以极大提高吞吐量。

（3）简单性。和 CFB 一样，不需要分组密码的解密算法，只需要加密算法，这对某些加密和解密不同的分组加密算法（如 AES）而言，是有优势的。

（4）可证明的安全性。密码学知识能够证明 CTR 至少和在本章中被讨论的其他模式一样安全。

另外，还有一些模式是多个模式的组合使用，如 CCM 模式是 CTR 模式用于加密，CBC 模式用于认证（鉴别）的组合使用。

4.5　实验：使用 OpenSSL 进行加密操作

1. 实验原理

OpenSSL 是一个支持 SSL 认证的服务器软件,在后续章节中还会详细介绍它。它是一个源码开放的自由软件,支持多种操作系统。OpenSSL 通过强大的加密算法来实现建立在传输层之上的安全性。OpenSSL 包含一套 SSL 协议的完整接口,应用程序可以很方便地建立起安全套接层,进而能够通过网络进行安全的数据传输。

OpenSSL 包含一个命令行工具用来完成 OpenSSL 库中的所有功能,支持强大的密码库。本章实验使用 OpenSSL 进行加解密操作。

2. 实验环境

大部分的 Linux 操作系统默认安装了 OpenSSL,所以 Linux 或 macOS 用户可以直接打开一个终端来使用 OpenSSL;如果是 Windows 用户,可以到官方网站(https://www.openssl.org/)下载源码编译安装,也可以去第三方网站下载编译好的安装包,例如 http://slproweb.com/products/Win32OpenSSL.html。

3. 实验步骤

(1) 在 Linux 的图形界面下,需要打开一个终端(terminal)操作。在 Windows 操作系统中,需要打开"命令提示符"窗口,找到 OpenSSL 安装目录,就可以使用 openssl 命令了,例如使用 openssl help 可以查看所有的命令,如图 4.16 所示。

(2) 图 4.16 中显示了本章所学过的多个加密算法,例如 DES、3DES、RC4、AES 等,也列出了 4.4 节所学的分组密码的工作模式,例如 ECB、CBC、CFB、CTR 模式。可以选择其中一种加密方式进行加密操作,例如 aes-256-cbc 意味着使用 AES 加密算法,使用 256 位密钥长度,使用 CBC 的工作模式。具体命令格式如下:

```
openssl enc -aes-256-cbc -salt -in file.txt -out file.enc
```

使用 AES 算法＋256 位密钥＋CBC 模式对当前目录下的 file.txt 文件加密,加密结果 file.enc 输出到当前目录下。需要事先在当前目录下建立一个 file.txt 的文本文件,-salt 是指加密过程中使用"加盐"技术,在原始密码中混入额外的信息,避免信息雷同。

加密之前会需要输入用户密码(passphrase),请注意,这里的用户密码是方便用户记忆的密码,并不是 AES 算法加密使用密钥(key),请一定要记住这个用户密码,因为解密时还需要它。

(3) 在默认情况下,上述加密结果 file.enc 是以二进制存储的,如果想把加密数据粘贴到电子邮件中,还需要进行编码,否则打开 file.enc 将发现是乱码。编码使用-a 或者 base64 参数,例如:

```
lab130@lab130-I420-G15:~$ openssl help
Standard commands
asn1parse            ca                   ciphers              cms
crl                  crl2pkcs7            dgst                 dhparam
dsa                  dsaparam             ec                   ecparam
enc                  engine               errstr               gendsa
genpkey              genrsa               help                 list
nseq                 ocsp                 passwd               pkcs12
pkcs7                pkcs8                pkey                 pkeyparam
pkeyutl              prime                rand                 rehash
req                  rsa                  rsautl               s_client
s_server             s_time               sess_id              smime
speed                spkac                srp                  storeutl
ts                   verify               version              x509

Message Digest commands (see the 'dgst' command for more details)
blake2b512           blake2s256           gost                 md4
md5                  rmd160               sha1                 sha224
sha256               sha3-224             sha3-256             sha3-384
sha3-512             sha384               sha512               sha512-224
sha512-256           shake128             shake256             sm3

Cipher commands (see the 'enc' command for more details)
aes-128-cbc          aes-128-ecb          aes-192-cbc          aes-192-ecb
aes-256-cbc          aes-256-ecb          aria-128-cbc         aria-128-cfb
aria-128-cfb1        aria-128-cfb8        aria-128-ctr         aria-128-ecb
aria-128-ofb         aria-192-cbc         aria-192-cfb         aria-192-cfb1
aria-192-cfb8        aria-192-ctr         aria-192-ecb         aria-192-ofb
aria-256-cbc         aria-256-cfb         aria-256-cfb1        aria-256-cfb8
aria-256-ctr         aria-256-ecb         aria-256-ofb         base64
bf                   bf-cbc               bf-cfb               bf-ecb
bf-ofb               camellia-128-cbc     camellia-128-ecb     camellia-192-cbc
camellia-192-ecb     camellia-256-cbc     camellia-256-ecb     cast
cast-cbc             cast5-cbc            cast5-cfb            cast5-ecb
cast5-ofb            des                  des-cbc              des-cfb
des-ecb              des-ede              des-ede-cbc          des-ede-cfb
des-ede-ofb          des-ede3             des-ede3-cbc         des-ede3-cfb
des-ede3-ofb         des-ofb              des3                 desx
rc2                  rc2-40-cbc           rc2-64-cbc           rc2-cbc
rc2-cfb              rc2-ecb              rc2-ofb              rc4
rc4-40               seed                 seed-cbc             seed-cfb
seed-ecb             seed-ofb             sm4-cbc              sm4-cfb
sm4-ctr              sm4-ecb              sm4-ofb

lab130@lab130-I420-G15:~$
```

图 4.16　OpenSSL 的帮助命令

```
openssl enc -aes-256-cbc -a -salt -in file.txt -out file.enc
```

（4）如果需要解密 file.enc,需要记住之前使用的加密算法和用户密码,使用下面命令进行解密:

```
openssl enc -d -aes-256-cbc -in file.enc
```

如果之前使用了 BASE64 编码,需要加上参数-a。

```
openssl enc -d -aes-256-cbc -a -in file.enc
```

4. 实验探索

熟悉操作后,完成下面实验内容并记录到实验报告。

（1）使用 AES 加密算法对文本加密,对不同参数加密后的密文进行截图、比较:使用

base64 编码和不使用 base64 编码；使用 CBC 模式和使用 ECB 模式。

（2）编辑一个文本（文本需要长一些，建议超过 200 字符），使用 AES-256-CBC base64 编码加密后得到密文（例如 file.enc），打开密文文件（例如 file.enc）分别修改密文最开始 1 个字符、中间 1 个字符、最后 1 个字符，再进行解密。分别看一下三次解密会有什么问题，体会 CBC 和 ECB 工作模式的区别，截图比较。

请注意，是修改字符，而不是额外增加或删除密文里面的字符，否则会出现校验错误。

习题

1. 分组密码和流密码的区别是什么？

2. 简述对称密码的优缺点。

3. DES 是什么？

4. 解释 DES 算法中 S 盒的作用和工作原理。在 S_1 盒中，若输入 011001，输出为多少？

5. DES 的安全性存在不足的原因是什么？

6. 三重 DES 中，第二次使用的是解密运算（D），而不是加密运算（E），原因是什么？

7. 解释 AES 的总体加密流程。

8. 为什么说在网络安全应用程序加密的过程中，随机数起了非常重要的作用？

9. 什么是 ECB 模式？在 ECB 中，如果同一长度的明文分组在消息中出现不止一次，会产生相同的密文吗？为什么？

10. 密码分组链接模式（CBC）是一种重要的分组密码工作模式，请回答以下问题：

（1）简述 CBC 的工作过程。

（2）CBC 会传播错误，例如，在网络传输的过程中，传输的密文 C_1（如图 4.13 所示）发生了错误，显然会影响明文 P_1 和 P_2 的解密。除了 P_1 和 P_2 之外，还有其他分组受影响吗？为什么？

（3）假设在 P_1 的原文中有 1 比特错误，此错误会传播多少密文分组？接收端解密时所受到的影响是什么？

第 5 章 公钥密码

5.1 简介

前面介绍了传统密码体制中的对称加密体制,本章要讲述另一种重要的密钥体制——公钥密码体制。公钥密码学的发展是整个密码学发展历史中最伟大的一次革命,也许可以说是唯一的一次革命。在公钥密码体制产生和应用之前的整个密码学史中,所有的密码算法基本上都是基于代换和置换这两种方法。几千年来,对算法的研究主要是通过手工计算来完成的。随着转轮加密/解密机器的出现,传统密码学有了很大进展,利用电子机械转轮可以开发出极其复杂的加密系统,利用计算机甚至可以设计出更加复杂的系统,最著名的就是数据加密标准 DES。转轮机和 DES 是密码学发展的重要标志,但它们都基于代换和置换这些初等方法之上。

而公钥密码学与以前的密码学完全不同。公钥密码的发展提供了新的理论和技术基础,同时也是密码学发展的里程碑。算法的基本工具突破传统的代换和置换,公钥密码使用的基本工具是数学函数;另一方面公钥密码是非对称的,使用两个独立的密钥,两个密钥的使用对机密性、密钥分配、数字签名等都有划时代的意义。

公钥密码体制的概念是在解决对称密码体制中最难解决的两个问题时提出的,这两个问题是密钥分配和数字签名。

对称密码体制在进行密钥分配时,要求通信双方或者已经有一个共享的密钥,或者可以借助一个密钥分配中心来分配密钥。对前者的要求,常常可用人工方式传送双方最初共享的密钥,但是这种方法成本很高,而且还要依赖于通信过程的可靠性,这同样是一个安全隐患;对于第二个要求则完全依赖于密钥分配中心的可靠性,同时密钥中心往往需要很大的存储容量来处理大量的密钥。

第二个问题数字签名考虑的是如何为数字化的消息或文件提供一种类似于为书面文件手写签字的方法。这个对于对称密码体制是一个非常难以解决的问题。而随着社会的发展,尤其电子商务的发展,数字签名问题必须得到好的解决。W. Diffie 和 M. Hellman 为解决上述两个问题,从而提出了公钥密码体制。

对称加密和公开加密的一个显著区别体现在密钥协商上:使用对称加密的双方需要实时协商密钥;而使用公开加密时,用户的公私钥对是收发双方事先按照某种算法产生的,所以完全避开了密钥协商的步骤,方便陌生人进行加密通信。

对称加密的优点是加解密速度快,尤其针对长报文时;但它的缺点也比较明显,系统中的密钥数量多而且难以安全分发,同时不能对报文进行发送端鉴别。这些不足说明需要产生新的加密算法。

与对称加密算法比较而言,公钥密码的优点是:系统中需要产生密钥个数少,而且可以公开分发密钥,通信双方事先不需要通过保密信道交换密钥;同时可以实现数字签名进行发送端鉴别。这使得公钥密码特别适用于互联网这种大规模通信的环境。但是它也有显著的缺点:加解密速度慢,不适合直接加密明文。

公钥密码是密码学上的重大突破,但初学者会对公钥密码有一些误解,这里先提前说明。一种误解是,从密码分析的角度看,公钥密码比传统密码更安全。事实上,任何加密方法的安全性依赖于密钥的长度和破译密文所需要的计算量。从抗密码分析的角度看,原则上不能说传统密码优于公钥密码,也不能说公钥密码优于传统密码。

第二种误解是,公钥密码是一种通用的方法,所以传统密码已经过时。其实正相反,由于现有的公钥密码方法所需的计算量大,所以取代传统密码似乎不太可能。就像公钥密码的发明者之一 W. Diffie 所说的:"公钥密码学仅限于用在密钥管理和签名这类应用中,这几乎是已被广泛接受的事实。"

第三种误解是,对称密码中与密钥分配中心的握手是一件异常麻烦的事情,与之相比,用公钥密码实现密钥分配则非常简单。事实上,使用公钥密码也需要某种形式的协议,该协议通常包含一个中心代理,并且它所包含的处理过程既不比对称密码中的那些过程更简单,也不比之更有效。

本章先介绍公钥密码设计的基本思想与概念,接着介绍 Diffie-Hellman 密钥分配协议。密钥分配协议不是一个公钥密码的加解密算法,但很多人认为它是公钥密码思想的起源,它是密码学中一个惊人的成就,该算法的作者也因此获得计算机理论研究的最高奖项——图灵奖。然后讨论 RSA 算法,它是目前公钥密码中最重要的一种切实可行的加解密算法,RSA 的三位作者也获得了图灵奖。最后我们介绍椭圆曲线密码算法的一些知识,该领域是公钥密码研究的一个热点。

5.1.1　公钥密码体制的设计原理

公钥密码算法最重要的特点是采用两个相关的密钥将加密与解密能力分开,其中一个密钥是公开的,称为公开密钥,用来加密;另一个密钥是用户专用,是保密的,称为私有密钥,用于解密。加密和解密使用的密钥是不同的,因此公钥密码体制也称为双钥密码体制。公钥密码算法的重要特性:已知密码算法和加密密钥,想得到解密密钥在计算上是不可行的。

图 5.1 是公钥密码体制加密的框图,加密过程主要有以下几步。

(1) 系统中要求接收消息的端系统,产生一对用来加密和解密的密钥,如图 5.1 中的接收者 B,需要产生一对密钥 PK_B 和 SK_B,其中 PK_B 是公钥,SK_B 是私钥。

(2) 端系统 B 将公钥 PK_B 放在一个公开的寄存器或文件中,通常放入存放密钥的密钥中心中。另一私钥 SK_B 则被用户保存。

(3) A 如果要想向 B 发送消息 m,则首先必须得到并使用 B 的公钥 PK_B 加密 m,表示为

$$c = E_{PK_B}[m]$$

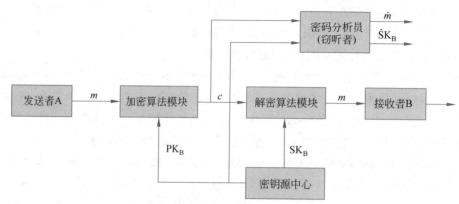

图 5.1　公钥密码体制加密的框图

其中，c 是密文；E 是加密算法。

（4）B 收到 A 的加密密文 c 后，用自己的私钥 SK_B 解密得到明文信息，表示为

$$m = D_{SK_B}[c]$$

其中，D 是解密算法。

因为整个过程中只有 B 知道 SK_B，所以其他人都无法对 c 解密，从而信息得到机密性保护。作为密码分析员可以观察到密文 c 并且可以得到公钥 PK_B，但是他不能访问私钥 SK_B 或者明文 m，所以密码分析者的目的是恢复私钥 SK_B 或者明文 m。如果密码分析者知道加密（E）和解密（D）算法，如果他只关心 m 这一个明文消息，那么他会集中精力试图通过生成明文估计值来恢复 $\hat{m}$。但是通常密码分析者也希望能获得其他消息，所以他会试图破解私钥 SK_B。

公钥密码不仅能用于保密通信，还可以提供不可否认性，这一点是对称密码由于自身特点而无法实现的。

首先解释一下不可否认，在使用对称密码保护的情况下，假设 A 从她的股票经纪人 B 处订购了 100 股股票，为了保护订单的机密性和完整性，A 使用共享对称密钥 K_{AB} 加密，假设 A 下了订单不久后并在向 B 付钱之前，股票暴跌 90%。这时 A 宣布她从没有下过订单，也就是说 A 否认了这笔交易。

那么 B 能否证实 A 曾经下过订单呢，不，他不能。因为 B 也知道对称密钥 K_{AB}，他可以假冒 A 在订单上放置伪造的消息。因此，尽管 B 知道 A 确实下了订单，但是却不能证明这一点。如何防止 A 否认这笔交易呢？可以使用数字签名，数字签名就是通过某种密码运算生成一系列符号及代码组成电子密码进行签名，来代替书写签名或印章，对于这种电子签名还可进行技术验证。

公钥密码可以实现数字签名，信息发送者可使用公钥密码产生别人无法伪造的一段数据串。事实上，确保数据机密性只是公钥体系的用途之一，它还有一个非常重要的用途就是对信息进行数字签名，防止信息发送者抵赖或第三方冒充发送者发送信息。对称加密算法不能实现这个功能，那为什么公开加密机制可以实现此功能呢？很简单，还是使用了"公钥加密，只有私钥能解密；私钥加密，只有公钥能解密"的原理。

发送者用自己的私钥加密数据后传给接收者,接收者用发送者的公钥解开数据后,就可以确定消息来自于谁,同时也是对发送者消息真实性的一个证明,发送者对所发消息不可否认。如图 5.2 所示,用户 A 用自己的私钥 SK_A 对明文 m 进行加密,过程表示为

$$c = E_{SK_A}[m]$$

将密文 c 发送给 B。B 用 A 提供的公钥 PK_A 对 c 进行解密,该过程可以表示为

$$m = D_{PK_A}[c]$$

因为从 m 得到 c 是经过 A 的私钥 SK_A 加密,也只有 A 才能做到,因此 c 可以当作 A 对 m 的数字签名。另一方面,任何人只要得不到 A 的私钥 SK_A 就不能篡改 m,所以以上过程实现了对消息来源和消息完整性的认证功能。

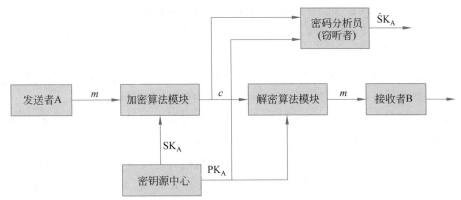

图 5.2　公钥密码体制数字签名原理框图

在这个数字签名的过程中,发送者使用私钥加密实现签名的功能,接收者使用公钥解密实现验证的功能,这与前面提到的加密过程相反。使用公钥密码加密时,发送者使用公钥加密,接收者使用私钥解密。在许多公钥算法中,两个密钥中任何一个都可用来加密,而另一个用来解密,可分别实现加解密和数字签名的功能。

在以上数字签名过程中,由于消息是由用户自己的私钥加密的,所以消息不可能被他人篡改,但却能很容易被他人窃听,这是由于任何人都能使用用户的公钥对消息解密。因此为了同时提供认证功能和保密性,可采用双重加、解密。原理图如图 5.3 所示。

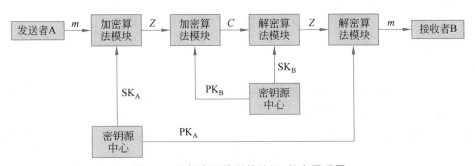

图 5.3　公钥密码体制的认证、保密原理图

发送方首先用自己的私钥 SK_A 对消息 m 进行加密,用于提供数字签名功能。然后用接收方的公钥 PK_B 进行第二次加密操作,表示为 $c = E_{PK_B}[E_{SK_A}[m]]$,解密过程为 $m = D_{PK_A}[D_{SK_B}[c]]$,即接收方用自己的私钥和发送方的公钥对收到的密文进行两次解密操作。

一般来讲,公钥加密算法应满足以下几点基本要求。

(1) 接收方 B 产生密钥对(公钥 PK_B 和私钥 SK_B)是很容易计算得到的。

(2) 发送方 A 用收到的公钥对消息 m 加密以产生密文 c,即 $c = E_{PK_B}[m]$,很容易通过计算得到。

(3) 接收方 B 用自己的私钥对密文 c 解密,即 $m = D_{SK_B}[c]$ 在计算上是容易的。

(4) 密码分析者或者攻击者由 B 的公钥 PK_B 求私钥 SK_B 在计算上是不可行的。

(5) 密码分析者或者攻击者由密文 c 和 B 的公钥 PK_B 恢复明文 m 在计算上是不可行的。

(6) 加密、解密操作的次序可以互换,也就是 $E_{PK_B}[D_{SK_B}(m)] = D_{SK_B}[E_{PK_B}(m)]$。以上要求中最后一条虽然非常有用,但并不是对所有算法都有此要求。

以上要求的本质是要求一个陷门单向函数。所谓陷门单向函数是两个集合 X、Y 之间的一个映射,使得 Y 中每一元素 y 都有唯一的一个原像 $x \in X$,且由 x 易于计算它的像 y。但是由 y 计算它的原像 x 在计算上是不可行的。这里所说的易于计算是指函数值能在其输入长度的多项式时间内求出,即如果输入长 n 比特,则求函数值的计算时间是 n^a 的某个倍数,其中 a 是一个固定常数。这时认为求函数值的算法属于可计算,否则就是不可行的。注意这里的可计算和不可行两个概念与计算复杂性理论中复杂度的概念非常相似,同时存在着本质的区别。在复杂性理论中,算法复杂度是用算法在最坏的情况下或平均情况时的复杂度来度量的。而这里所说的两个概念是指算法在几乎所有情况下的情景。称一个函数是陷门单向函数,是指该函数是易于计算的,但求它的逆过程是不可行的,除非在已知某些附加信息的前提。当附加信息给定后,求逆可在一定时间内完成。

所以总结为:陷门单向函数是一族可逆函数 f_k,但是满足以下 3 个条件。

(1) $Y = f_k(X)$ 易于计算(当 k 和 X 已知时)。

(2) $X = f_k^{-1}(Y)$ 易于计算(当 k 和 Y 已知时)。

(3) $X = f_k^{-1}(Y)$ 在计算上是不可行的(当 Y 已知但 k 未知时)。

5.1.2 公钥密码分析

与对称密码一样,公钥密码也易受穷举攻击,其解决方法也是使用长密钥。但同时也应考虑使用长密钥的利弊,公钥体制使用的是某种可逆的数学函数,计算函数值的复杂性可能不是密钥长度的线性函数,而是比线性函数增长更快的函数。因此,为了抗穷举攻击,密钥必须足够长;同时为了便于实现加密和解密,密钥必须足够短。在实际中,现在使用的密钥长度确实可以抗穷举攻击,但是它也使加密/解密速度太慢,所以公钥密码目前主要用于密钥管理和签名中。

对公钥密码的另一种攻击方法是,找出一种给定的公钥计算出私钥的方法。到目前为止,还未在数学上证明对一特定公钥算法这种攻击是不可行的,所以包括已被广泛使用的 RSA 在内的任何算法都是值得怀疑的。密码分析的历史表明,同一个问题从一个角度看是不可解的,但从另一个不同的角度来看则可能是可解的。

最后,还有一种攻击形式是公钥体制中所特有的,这种攻击本质上就是对消息的穷举攻击。例如,假定要发送的消息是 56 位的 DES 密钥,那么攻击者可以用公钥事先对所有可能的密钥加密,并与截获的密文匹配,从而可破解任何消息。因此,无论公钥体制的密钥有多长,这种攻击都可以转化为对 56 位密钥的穷举攻击。这是一种针对公开加密算法的类似彩虹表的攻击。对抗这种攻击的方法是,在要发送的消息后附加上一个随机数。

5.2 Diffie-Hellman 密钥交换

1976 年,Whitfield Diffie 和 Martin Hellman 在《密码学的新方向》一文中提出了著名的 Diffie-Hellman 密钥交换算法,标志着公钥密码体制的出现。Diffie 和 Hellman 第一次提出了不需要使用保密信道就可以安全分发对称密钥,这就是 Diffie-Hellman 算法的重大意义所在。不仅如此,公钥加密本身就是一个重大创新,因为它从根本上改变了加密和解密的过程。

密钥交换问题是对称加密的难题之一,Diffie-Hellman 密钥交换算法可以有效地解决这个问题。这个机制的巧妙在于需要安全通信的双方可以用这个方法确定对称密钥。然后可以用这个密钥进行加密和解密。

需要注意的是,Diffie-Hellman 密钥交换算法不是一种加密算法,不能进行消息的加密和解密。只是一种能使双方共享的对称密钥不需要在网络上传递的算法。双方确定要用的密钥后,则使用该密钥用某种对称加密算法实现加密和解密消息。Diffie-Hellman 算法第一次尝试了不需要基于保密信道的密钥分发,它的目的是使两个用户在公共网络平台上安全地交换一个对称密钥,以便用于随后的报文加密。Diffie-Hellman 算法的吸引力主要在于对称密钥只在需要的时候才会进行计算,之前密钥不需要保存,所以不会有泄密的危险。其次,它也不需要 PKI 的支持,除对全局参数的约定外,密钥交换不需要事先存在的任何条件。所以目前许多商业产品还在使用这种密钥交换技术,如 SSL、IPSec 等。

Diffie-Hellman 算法的安全性建立在离散对数问题的计算困难性之上。假定给定 g 和 $x = g^k$,那么为了求解 k 需要进行通常的对数运算 $\log_g(x)$。现在给定 g、p 和 $g^k \bmod p$,求解 k 的问题与对数问题类似,不同的是进行的是离散值的计算,这个问题称为离散对数。尽管同因子分解一样未被证明是 NP 完全问题,但求解离散对数问题也是非常困难的。简而言之,可以如下定义离散对数:首先定义一个素数 p 的原根,为其各次幂产生从 $1 \sim p-1$ 的所有整数根,也就是说,如果 a 是素数 p 的一个原根,那么数值

$$a \bmod p, \ a^2 \bmod p, \cdots, a^{p-1} \bmod p$$

是各不相同的整数,并且以某种排列方式组成了 $1 \sim p-1$ 的所有整数。

对于一个整数 b 和素数 p 的一个原根 a,可以找到唯一的指数 i,使得

$$b = a^i \bmod p, \quad 0 \leqslant i \leqslant p-1$$

指数 i 称为 b 的以 a 为基数的模 p 的离散对数。该值被记为 $\mathrm{ind}_{a,p}(b)$。

基于此背景知识,可以定义 Diffie-Hellman 密钥交换算法。该算法的实现原理如图 5.4 所示,描述如下。

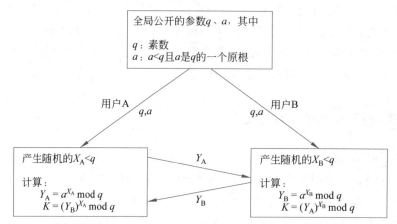

图 5.4 Diffie-Hellman 密钥交换算法的实现原理

(1) 有两个全局公开的参数,一个素数 q 和一个整数 a,a 是 q 的一个原根。

(2) 设用户 A 和 B 希望交换一个密钥,用户 A 选择一个作为私有密钥的随机数 $X_A < q$,并计算公开密钥 $Y_A = a^{X_A} \bmod q$。A 对 X_A 的值保密存放而使 Y_A 能被 B 公开获得。类似地,用户 B 选择一个私有的随机数 $X_B < q$,并计算公开密钥 $Y_B = a^{X_B} \bmod q$。B 对 X_B 的值保密存放而使 Y_B 能被 A 公开获得。

(3) 用户 A 产生共享对称密钥的计算式是 $K = (Y_B)^{X_A} \bmod q$。同样,用户 B 产生共享对称密钥的计算式是 $K = (Y_A)^{X_B} \bmod q$。这两个计算产生相同的结果(根据取模运算规则得到):

$$
\begin{aligned}
K &= (Y_B)^{X_A} \bmod q \\
&= (a^{X_B} \bmod q)^{X_A} \bmod q \\
&= (a^{X_B})^{X_A} \bmod q \\
&= a^{X_B X_A} \bmod q \\
&= (a^{X_A})^{X_B} \bmod q \\
&= (a^{X_A} \bmod q)^{X_B} \bmod q \\
&= (Y_A)^{X_B} \bmod q
\end{aligned}
$$

因此,相当于双方已经交换了一个相同的对称密钥 K。

(4) 因为 X_A 和 X_B 是保密的,一个攻击方可以利用的参数只有 q、a、Y_A 和 Y_B。因此攻击方被迫求离散对数来确定用户私钥。例如,要获取用户 B 的对称密钥 K,攻击方必须先计算

$$X_{\mathrm{B}} = \mathrm{ind}_{a,q}(Y_{\mathrm{B}})$$

然后他才可以像用户 B 那样计算出对称密钥 K。

下面给出的例子中,素数 $q=97$ 和它的一个原根 $a=5$,A 和 B 分别选择私钥 $X_{\mathrm{A}}=36$ 和 $X_{\mathrm{B}}=58$,并计算相应的公钥:

$$Y_{\mathrm{A}} = 5^{36} \bmod 97 = 50 \text{(A 计算)}$$
$$Y_{\mathrm{B}} = 5^{58} \bmod 97 = 44 \text{(B 计算)}$$

A 和 B 交换公钥后,双方均可单独计算出对称密钥 K:

$$K = (Y_{\mathrm{B}})^{X_{\mathrm{A}}} \bmod 97 = 44^{36} \bmod 97 = 75 \text{(A 计算)}$$
$$K = (Y_{\mathrm{A}})^{X_{\mathrm{B}}} \bmod 97 = 50^{58} \bmod 97 = 75 \text{(B 计算)}$$

我们假定攻击者能够得到下列信息: $q=97$,$a=5$,$Y_{\mathrm{A}}=50$,$Y_{\mathrm{B}}=44$。在这个简单的例子中,用穷举攻击确定 $K=75$ 是可能的。但当所有数字都足够大时,上述攻击方法实际是不可行的,即使使用大型的并行机也是如此。

然而 Diffie-Hellman 算法也存在一些不足。

(1) 没有提供双方身份的任何信息,容易遭受中间人攻击。

(2) 它是计算密集型的,因此容易遭受拒绝服务攻击,即攻击者请求大量的密钥,被攻击者花费了相当多的计算资源来求解无用的幂系数而不是在做真正的工作。

(3) 没办法防止重放攻击。

在 Diffie-Hellman 密钥交换算法中,并没有把通信双方的身份包含进去,即它不能鉴别通信双方的身份,所以非常容易遭受中间人攻击。中间人攻击过程如图 5.5 所示。

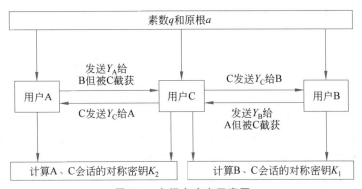

图 5.5 中间人攻击示意图

(1) B 在给 A 的报文中发送他的公钥 Y_{B}。

(2) C 截获 Y_{B} 保存下来并给 A 发送报文,该报文具有 B 的用户 ID 但使用 C 的公钥 Y_{C},仍按照好像来自 B 的样子被发送出去。A 收到 C 的报文后,将 Y_{C} 和 B 的用户 ID 存储在一块。类似地,C 使用 Y_{C} 向 B 发送好像来自 A 的报文。

(3) B 基于私钥 X_{B} 和 Y_{C} 计算对称密钥 K_1。A 基于私钥 X_{A} 和 Y_{C} 计算对称密钥 K_2。C 使用私钥 X_{C} 和 Y_{B} 计算 K_1,并使用私钥 X_{C} 和 Y_{A} 计算 K_2。

(4) 从现在开始,C 就可以转发 A 发给 B 的报文或转发 B 发给 A 的报文,在途中根据需要修改。使得 A 和 B 都不知道它们是在和 C 直接通信,它们之间的通信都是通过 C 中转的。

OAKLEY 算法是对 Diffie-Hellman 密钥交换算法的改进,它保留了后者的优点,同时克服了其弱点。OAKLEY 算法具有 5 个重要特征。

(1) 它采用 64 位随机的 cookie 的机制来对抗拒绝服务攻击。cookie 是为双方提供一种较弱的源地址认证,cookie 交换可以在它执行协议中复杂的运算(大整数求乘幂)之前完成。如果源地址是伪造的,则攻击者不能得到该 cookie,也就不能攻击成功。

(2) 它使得双方能够协商一个全局参数,基本上与 Diffie-Hellman 的全局参数一样。

(3) 它增加了"现时"机制来抗重放攻击。

(4) 它能够交换 Diffie-Hellman 的公开密钥。

(5) 它对 Diffie-Hellman 中公钥的交换进行了认证,所以能够认证交换中双方的身份以抵抗中间人攻击。

5.3　RSA

MIT 的 Ron Rivest、Adi Shamir 和 Len Adleman 于 1977 年提出并于 1978 年首次发表一种用数论构造的 RSA 算法,可以说是最早提出的满足要求的公钥算法之一,它是迄今为止在理论上最为成熟完善的公钥密码体制,该体制已经得到广泛的应用和实践。

RSA 的明文和密文均是 $0 \sim n-1$ 的整数,通常 n 的大小为 2048 位二进制数或 617 位十进制数,也就是说,n 小于 2^{2048}。本节将详细讨论 RSA 算法,首先给出算法描述,然后讨论 RSA 算法的计算问题和安全问题。

5.3.1　算法描述

1. RSA 算法的密钥产生

(1) 选两个保密的大素数 p 和 q。

(2) 计算 $n = pq,\varphi(n) = (p-1)(q-1)$,其中 $\varphi(n)$ 是 n 的欧拉函数值。

(3) 选一整数 e,满足 $1 < e < \varphi(n)$,且 $\gcd(\varphi(n),e) = 1$。

(4) 计算 d,满足 $d \cdot e = 1 \bmod \varphi(n)$,即 d 是 e 在模 $\varphi(n)$ 下的乘法逆元,因为 e 与 $\varphi(n)$ 互素,由模运算可知,它的乘法逆元一定存在。

(5) 以 $\{e,n\}$ 为公钥,$\{d,n\}$ 为私钥。

2. RSA 算法的加密

(1) 将明文比特串分组,使得每个分组对应的十进制数小于 n,即分组长度小于 $\log_2 n$。

(2) 对每个明文分组 m,做加密运算:

$$c = m^e \bmod n$$

3. RSA 算法的解密

对密文分组的解密运算为

$$m = c^d \bmod n$$

下面将证明 RSA 算法中解密过程的正确性(相关的运算参见有关数论书籍)。

证明:从加密过程知 $c = m^e \bmod n$,所以

$$c^d \bmod n \equiv m^{ed} \bmod n \equiv m^{1 \bmod \varphi(n)} \bmod n \equiv m^{k\varphi(n)+1} \bmod n$$

以下分为两种情况。

(1) 当 m 和 n 互素时,则由 Euler 定理:

$$m^{\varphi(n)} \equiv 1 \bmod n, \quad m^{k\varphi(n)} \equiv 1 \bmod n, \quad m^{k\varphi(n)+1} \equiv m \bmod n$$

即 $c^d \bmod n \equiv m$。

(2) 当 $\gcd(m, n) \neq 1$ 时,先看 $\gcd(m, n) = 1$ 的含义,由于 $n = pq$,所以 $\gcd(m, n) = 1$,这意味着 m 不是 p 的倍数也不是 q 的倍数,因此 $\gcd(m, n) \neq 1$ 意味着 m 是 p 的倍数或者是 q 的倍数,假设 $m = cp$,其中 c 为一个正整数。此时必有 $\gcd(m, q) = 1$,否则 m 也是 q 的倍数,从而是 pq 的倍数,与 $m < n = pq$ 矛盾。

由 $\gcd(m, n) = 1$ 及 Euler 定理得 $m^{\varphi(q)} \equiv 1 \bmod q$,所以 $m^{k\varphi(q)} \equiv 1 \bmod q$,$\left[m^{k\varphi(q)}\right]^{\varphi(p)} \equiv 1 \bmod q$,$m^{k\varphi(n)} \equiv 1 \bmod q$,因此存在一整数 r,使得 $m^{k\varphi(n)} = 1 + rq$,两边同时乘以 $m = cp$,得

$$m^{k\varphi(n)+1} = m + rcpq = m + rcn$$

即

$$m^{k\varphi(n)+1} = m \bmod n$$

所以

$$c^d \bmod n = m$$

例如,选 $p = 7$,$q = 17$,求 $n = p \times q = 119$,$\varphi(n) = (p-1)(q-1) = 96$。取 $e = 5$,满足 $1 < e < \varphi(n)$,且 $\gcd(\varphi(n), e) = 1$。确定满足 $d \times e = 1 \bmod 96$ 且小于 96 的 d,因为 $77 \times 5 = 385 = 4 \times 96 + 1$,所以 d 为 77,因此公钥为 $\{5, 119\}$,密钥为 $\{77, 119\}$。设明文 $m = 19$,则由加密过程得密文为

$$c = 19^5 \bmod 119 = 2\,476\,099 \bmod 119 = 66$$

解密为

$$66^{77} \bmod 119 = 19$$

5.3.2 RSA 算法中的计算问题

1. 加密、解密过程

RSA 的加密、解密过程都是求一个整数的整数次幂,然后取模。如果按其含义直接计算,则中间结果运算量非常大,有可能超出计算机所允许的整数取值范围。而如果采用模运算的性质:

$$(a \times b) \bmod n = [(a \bmod n) \times (b \bmod n)] \bmod n$$

就可以减小中间结果;再来考虑如何提高加、解密运算中指数运算的有效性。例如,求

x^{16},直接计算就需要做 15 次乘法,然而如果重复对每部分结果做平方运算,即求 x,x^2,x^4,x^8,x^{16},则需要 4 次乘法运算就可以了。

通常,求 a^m 可按如下步骤进行,其中 a、m 是正整数。

首先将 m 表示为二进制形式 b_k,b_{k-1},$\cdots$,b_0,即 $m=\sum_{i=0}^{k}b_i 2^i$。

因此

$$a^m = a^{\sum_{i=0}^{k}b_i \cdot 2^i} = \prod_{i=0}^{k}a^{b_i \cdot 2^i}$$

$$a^m \bmod n = \left[\prod_{i=0}^{k}a^{b_i \cdot 2^i}\right] \bmod n = \prod_{i=0}^{k}\left[a^{b_i \cdot 2^i} \bmod n\right]$$

然后可得以下快速指数算法:

```
--------------------------------
c=0;d=1
for i=k down to 0 do{
    c=2*c;
    d=(d*d) mod n;
if bᵢ=1 then{
    c=c+1;
    d=(d*a) mod n
    }
}
return d
--------------------------------
```

其中,d 是中间结果。d 的最终值即为所求的结果。c 在这里的作用是用来表示指数的部分结果。它的终值即为指数 m,c 对计算结果没有任何作用,算法中完全可将之舍去。

例如,求 $7^{560} \bmod 561$。

将 560 用二进制可表示为 1000110000,算法的中间结果如表 5.1 所示,所以

$$7^{560} \bmod 561 = 1$$

表 5.1 快速指数算法的结果

算法的中间结果											
I		9	8	7	6	5	4	3	2	1	0
B		1	0	0	0	1	1	0	0	0	0
D	1	7	49	157	526	160	241	298	166	67	1
C	0	1	2	4	8	17	35	70	140	280	560

2. 密钥的产生

在产生密钥时,需要考虑两个大素数 p、q 的选取,以及 e 的选取和 d 的计算。

因为 $n = pq$ 在密钥体制中是公开的,为了防止密码分析者或者窃听者通过穷举搜索发现 p、q,这两个素数应是在一个足够大的整数集合中选取的大数,因此如何有效地选取大素数是 RSA 算法中第一个需要解决的问题。

寻找大素数算法一般首先随机选取一个大的奇数,然后用素数检验算法检验这一个奇数是不是素数,如果不是就重新选取,直到找到素数为止。素数检验算法通常是概率性的,但是如果算法被多次重复执行,而且每次执行时输入不同的参数,如果算法的每一次检验结果都认为被检验的数是素数,那么就可以比较有把握地认为被检验的数是素数。

确定 p、q 后,下一个需要解决的问题就是如何选取满足 $1 < e < \varphi(n)$ 和 $\gcd(\varphi(n), e) = 1$ 的 e,并且计算满足 $d \cdot e \equiv 1 \bmod \varphi(n)$ 的 d。这一问题可用推广的 Euclid 算法来设计实现。

5.3.3 RSA 的安全性

RSA 的安全性主要是基于分解大整数的困难性假定,之所以为假定是因为至今在理论上和实践中还未能证明分解大整数就是 NP 问题,因为也许还存在尚未发现的多项式时间分解算法。如果 RSA 的模数 n 被成功分解为 $p \times q$,则立即获得 $\varphi(n) = (p-1)(q-1)$,从而能够确定 e 模 $\varphi(n)$ 的乘法逆元 d,即 $d = e^{-1} \bmod \varphi(n)$,因此攻击成功。那么是否有不通过分解大整数的其他攻击途径呢?现在已经证明由 n 直接确定 $\varphi(n)$ 等价于对 n 的分解,但是由 e 和 n 直接确定 d 也不比分解 n 来得简单容易。因此,可以将 RSA 的安全性考虑集中在分解大整数的问题上。而且,随着人类计算能力的不断提高,原来一些被认为不可能分解的大数已被成功分解,所以这些对 RSA 的安全性构成了潜在的危险;对于大整数分解的威胁除了人类的计算能力外,同时还有来自分解算法的进一步改进,将来可能还有更好的分解算法。因此,在使用 RSA 算法时对其密钥的选取要特别注意其大小。目前估计在未来一段时期,密钥长度大于 2048 比特的 RSA 是比较安全的。

为了保证 RSA 算法的安全性,一般对 p 和 q 提出以下要求。

(1) p 和 q 的长度相差不要太大。

(2) $p-1$ 和 $q-1$ 都应有大素因子。

(3) $\gcd(p-1, q-1)$ 应小。

此外,研究结果表明,如果 $e < n$,且 $d < n^{1/4}$,则 d 能被很容易地确定。

5.4 椭圆曲线密码算法

目前大多数使用公钥密码学进行加密、数字签名的产品和标准都使用 RSA 算法。5.3 节已经介绍过,为了进一步提高 RSA 算法的安全性,RSA 的做法是让它的密钥长度一再增大,例如信任度很高的 Verisign 数字证书中的 RSA 算法使用 2048 位的密钥。但是逐渐增加的密钥长度使得它的运算负担越来越大。而相比之下,椭圆曲线密码算法(ECC)采用短得多的密钥,可以获得更高的安全性,因此 ECC 具有更加广泛的应用前景,目前 ECC 已被 IEEE 公钥密码标准 P1363 采用。另一方面,虽然关于 ECC 的理论已很成熟,但这方面的产品出现得比较晚,而对 ECC 的密码分析的兴趣却在持续不断。

ECC 的依据就是定义在椭圆曲线点群上的离散对数问题的难解性。椭圆曲线公钥系统是替代 RSA 的强有力的竞争者。椭圆曲线加密方法与 RSA 方法相比,有下述优点:ECC 相对 RSA,首先是安全性能更高;其次是计算量小,处理速度快,尤其是解密与签名,ECC 比 RSA 快得多;而且 ECC 要求的存储空间小,更适用于嵌入式设备;最后 ECC 对带宽要求低,尤其在加密短消息时更明显,适用于无线网络领域。

椭圆曲线并不是一个特定的密码系统,椭圆曲线只是为公钥密码需要的复杂数学运算提供另外一种方案,例如有椭圆曲线版本的 Diffie-Hellman 算法。ECC 比 RSA 或 Diffie-Hellman 更难阐述,关于 ECC 的完整数学描述已超过本书的范围,本节只是给出有关椭圆曲线和 ECC 的一些基本知识,让读者能了解 ECC 的一些基本思想。

5.4.1　椭圆曲线

椭圆曲线实际上并非完全是椭圆,之所以称为椭圆曲线主要是因为它的曲线方程与计算椭圆周长的方程非常类似,椭圆曲线的曲线方程式一般是以下形式的三次方程

$$y^2 + axy + by = x^3 + cx^2 + dx + e$$

这里 a、b、c、d、e 是实数,但是满足某些简单条件。对本书而言,将方程限制为下述形式就足够了:

$$y^2 = x^3 + ax + b$$

因为方程中的指数最高是 3,所以称为三次方程,或者说方程的次数为 3。椭圆曲线的定义中还包括一个叫作无穷点或者零点的元素,记为 O。图 5.6 是一个椭圆曲线的例子。

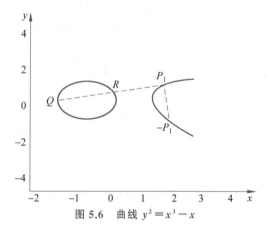

图 5.6　曲线 $y^2 = x^3 - x$

下面是椭圆曲线上的加法运算定义:如果其上的 3 个点能够位于同一直线上,那么它们之和将为 O。因此可以定义椭圆曲线上的加法律。

(1) O 为加法单位元,也就是对椭圆曲线上任一点 P,有 $P + O = P$。

(2) 设 $P_1 = (x, y)$ 是椭圆曲线上的一点(见图 5.6),它的加法逆元定义为 $P_2 = -P_1 = (x, -y)$。

这是因为 P_1 和 P_2 的连线延长到无穷远时,便得到椭圆曲线上另一点 O,从而椭圆曲线上的 3 点 P_1、P_2 和 O 共线,所以 $P_1 + P_2 + O = O$,$P_1 + P_2 = O$,$P_2 = -P_1$。由 $O + O = O$,还可以得出 $O = -O$。

(3) 设 Q 和 R 是椭圆曲线上 x 坐标不同的两点,$Q + R$ 可以定义如下:画一条通过 Q、R 的直线与椭圆曲线交于 P_1,交点应该是唯一的,除非所连的直线是 Q 点或 R 点的切线。由 $Q + R + P_1 = O$ 得到 $Q + R = -P_1$。

(4) 点 Q 的倍数定义如下:在 Q 点做椭圆曲线的一条切线,设切线与椭圆曲线交于点 S 处,定义 $2Q = Q + Q = -S$。类似地可以定义 $3Q = Q + Q + Q$,等等。

以上定义的加法都具有加法运算的一般性质,如交换律和结合律等。

5.4.2　有限域上的椭圆曲线

在密码中,有限域上的椭圆曲线得到普遍采用。有限域上的椭圆曲线实际上是指
5.4.1 节定义过的曲线方程,所有的系数都是某一个有限域 GF(p)中的元素,p 为一个大
素数,其中最为常用的是由方程

$$y^2 \equiv x^3 + ax + b \pmod{p} \ (a, b \in \mathrm{GF}(p), 4a^3 + 27b^2 \pmod{p} \neq 0)$$

所定义的曲线。

例如,$p=23$,$a=b=1$,$4a^3+27b^2 \pmod{23}=8 \neq 0$,方程为 $y^2 \equiv x^3+x+1$,其函数
图形实际上是连续的曲线,如图 5.7 所示。然而主要研究的是曲线在第一象限中的整数
点。设 $E_p(a,b)$ 表示上述方程所定义的椭圆曲线上的点集 $\{(x,y) \mid 0 \leqslant x < p,$
$0 \leqslant y < p\}$(且 x,y 均为整数)和无穷远点 O。本例中 $E_{23}(1,1)$ 可以由表 5.2 给出,但是
表中未给出 O。

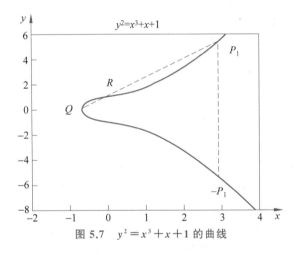

图 5.7　$y^2 = x^3 + x + 1$ 的曲线

表 5.2　椭圆曲线上的点集 $E_{23}(1,1)$

(0,1)	(0,22)	(1,7)	(1,16)	(3,10)	(3,13)	(4,0)	(5,4)	(5,19)
(6,4)	(6,19)	(7,11)	(7,12)	(9,7)	(9,16)	(11,3)	(11,20)	(12,4)
(12,19)	(13,7)	(13,16)	(17,3)	(17,20)	(18,3)	(18,20)	(19,5)	(19,18)

一般来说,$E_p(a,b)$ 由如下步骤产生:首先对于每一个 x($0 \leqslant x < p$ 且 x 为整数),
计算 $x^3+ax+b \pmod{p}$;然后决定求得的值在模 p 下是否存在平方根,如果不存在,则
曲线上就没有与这一 x 相对应的点。如果存在,则求出两个平方根($y=0$ 时只有一个平
方根)。

下面给 $E_p(a,b)$ 上的加法定义。

设 $P,Q \in E_p(a,b)$,则有:①$P+O=P$。②如果 $P=(x,y)$,那么 $(x,y)+(x,-y)=$
O,即 $(x,-y)$ 是 P 的加法逆元,表示为 $-P$。从 $E_p(a,b)$ 的产生方式可以得知,$-P$ 也

是 $E_p(a,b)$ 中的点,如上例中,$P=(13,7) \in E_{23}(1,1)$,$-P=(13,-7)$,而 $-7 \bmod 23 =$ 16,所以 $-P=(13,16)$,也在 $E_{23}(1,1)$ 中。③ 设 $P=(x_1,y_1),Q=(x_2,y_2)$,$P \neq Q$,则 $P+Q=(x_3,y_3)$ 通过以下规则确定。

$$x_3 \equiv \lambda^2 - x_1 - x_2 (\bmod p)$$
$$y_3 \equiv \lambda(x_1 - x_3) - y_1 (\bmod p)$$

其中,
$$\lambda \equiv \begin{cases} \dfrac{y_2 - y_1}{x_2 - x_1}, & P \neq Q \\ \dfrac{3x_1^2 + a}{2y_1}, & P = Q \end{cases}$$

例如,仍然采用 $E_{23}(1,1)$ 为例,设 $P=(3,10),Q=(9,7)$,则

$$\lambda = \frac{7-10}{9-3} = \frac{-1}{2} \equiv 11 \bmod 23$$
$$x_3 = 11^2 - 3 - 9 = 109 \equiv 17 \bmod 23$$
$$y_3 = 11 \times (3-17) - 10 = -164 \equiv 20 \bmod 23$$

所以得出 $P+Q=(17,20)$,仍然为 $E_{23}(1,1)$ 中的点。

如果要求 $2P$,则

$$\lambda = \frac{(3 \times 3^2 + 1) \bmod 23}{2 \times 10} = \frac{5}{20} = \frac{1}{4} \equiv 6 \bmod 23$$
$$x_3 = 6^2 - 3 - 3 = 30 \equiv 7 \bmod 23$$
$$y_3 = 6 \times (3-7) - 10 = -34 \equiv 12 \bmod 23$$

所以 $2P=(7,12)$。

相类似,倍点运算仍然可以定义为重复加法,如 $4P=P+P+P+P$。

通过这个例子可以看出,加法运算在 $E_{23}(1,1)$ 中是封闭的,且能验证它还能满足交换律,实际上对一般的 $E_p(a,b)$,可证明其上的加法运算是封闭的,满足交换律,同样也还能够证明其上的加法逆元运算也是封闭的,因此 $E_p(a,b)$ 是一个阿贝尔(Abel)群。许多公钥密码都使用了阿贝尔群,例如 Diffie-Hellman 密码交换包含若干非零整数对素数 q 的取模运算,通过幂运算来产生密钥,其中幂运算定义为重复相乘。读者可以从参考文献中阅读阿贝尔群的相关知识。

5.4.3 椭圆曲线上的密码

为了将椭圆曲线的功能用于密码体制构造中,还需要找出椭圆曲线上的数学困难问题。在椭圆曲线构成的阿贝尔群 $E_p(a,b)$ 上考虑方程 $Q=kP$,这里要求 $P,Q \in E_p(a,b)$,$k<P$,则可以验证由 k 和 P 很容易得到 Q,但是相反由 P,Q 求 k 则是非常困难的,这就是椭圆曲线的离散对数问题,这个问题可应用于公钥密码体制。 Diffie-Hellman 密钥交换和 EIGamal 密码体制就是基于有限域上离散对数问题的公钥体制。下面主要讲述如何用椭圆曲线来实现 Diffie-Hellman 密钥交换处理过程。

(1) 取一个素数 $p \approx 2^{180}$ 和两个参数 a、b,这样可以得到椭圆曲线及其上面的点所构成的阿贝尔群 $E_p(a,b)$。

（2）取 $E_p(a,b)$ 的一个生成元 $G(x_1,y_1)$，要求 G 的阶是一个非常大的素数，G 的阶是满足 $nG=O$ 的最小正整数 n。$E_p(a,b)$ 和 G 作为公开参数。

两个用户 A 和 B 之间的密钥交换操作可以按照如下方式进行。

（1）用户 A 首先选取一个整数 $n_A(n_A < n)$，作为私钥，并且通过 $P_A = n_A G$ 产生 $E_p(a,b)$ 上的一点用来作为公钥。

（2）用户 B 也采用类似的方法选取自己的私钥 n_B 和公钥 P_B。

（3）A 和 B 分别由 $K = n_A P_B$，$K = n_B P_A$ 产生出双方共享的对称密钥。

这样做是因为 $K = n_A P_B = n_A(n_B G) = n_B(n_A G) = n_B P_A$。

密钥分析者或者攻击者如果想获得 K，则必须要通过 P_A 和 G 求出 n_A，或由 P_B 和 G 求出 n_B，这就需要求解椭圆曲线上的离散对数，因此是不可行的。

同基于有限域上离散对数问题的公钥体制相比，椭圆曲线密码体制有如下几个优点。

（1）其安全性高：攻击有限域上离散对数问题的方法有指数积分法，其运算复杂度为 $O\left(\exp\sqrt[3]{(\log p)(\log\log p)^2}\right)$，其中 p 既是模数，又是素数。但是这种方法对椭圆曲线的离散对数问题并不有效。目前攻击椭圆曲线上的离散对数问题的方法只有适合攻击任何循环群上离散对数问题的大步小步法，这种方法的运算复杂度为 $O\left(\exp(\log\sqrt{p_{max}})\right)$，其中 p_{max} 是椭圆曲线所形成的阿贝尔群的阶的最大素因子，所以椭圆曲线密码体制比基于有限域上的离散对数问题的公钥体制更安全。

（2）它的密钥量小：由算法复杂度可知，在相同的安全性能条件下，椭圆曲线密码体制所需要的密钥量远小于基于有限域上的离散对数问题的公钥体制的密钥量。

（3）算法灵活性好：在有限域 $GF(q)$ 一定的情况下，其上的循环群就已确定，而 $GF(q)$ 上的椭圆曲线可以通过改变曲线参数，能够得到不同的曲线，从而形成不同的循环群。因此，椭圆曲线具有丰富的群结构和多选择性。正是由于它具有丰富的群结构和多选择性，并可在保持和 RSA/DSA 体制中同样安全性能的前提下大大缩短密钥的长度（目前 160 比特足以保证安全性），因此在密码领域中有着广阔的应用前景。

5.5　实验：RSA 密码实验

1. 实验环境

基本实验环境与第 4 章实验一致，在 OpenSSL 实验环境中进行公钥密码实验。如果还没有安装 OpenSSL，参考第 4 章实验内容。

2. 实验步骤

（1）在 Linux 的图形界面下，需要打开一个终端（terminal）操作。在 Windows 操作系统中，需要打开"命令提示符"窗口，找到 OpenSSL 安装目录，就可以使用 openssl 命令了。

（2）可以使用 openssl genrsa 生成 RSA 的私钥，默认是输出到屏幕显示，如图 5.8 所示，OpenSSL 早期版本默认是 512 位，现在版本默认是 2048 位，从位数的变化，也说明随着 RSA 破解算力的提高,现在 2048 位的 RSA 才是相对安全的。

```
openssl genrsa
```

```
lab130@lab130-I420-G15:~$ openssl genrsa
Generating RSA private key, 2048 bit long modulus (2 primes)
.................................+++++
.........................................................+++++
e is 65537 (0x010001)
-----BEGIN RSA PRIVATE KEY-----
MIIEpAIBAAKCAQEAzlyvPaPDRIzNNRrre47KVbqLvyLDyQYKhpn/J6sLkSk3BGiJQ
JAsUy2Y54i0uszLK+jHmf2Z5UthLfKTstwtLeo62ImepJchWJDN75VJE6kqy47FM
LVBaFiDJNg3hF3LSPrJbK7m9vafwL6UR7KAlc4ZwdiQYJuyI0gGmU3IRziwW7XsH
hEuUojjls2P51EqO2pZItFdcEI3246ysXKBNqlXklydyEJYZDQN+LUFC/jKilWZl
88U+5FqOPUX6EgLEUy5NPPC3xRkuFi2lIY1GVRJeFFE2cOpq+DzrbdHeMSk58hmx
PwHcd+uDUEjlxm0NE/QSwWl47yn9XZn6BHZKdwIDAQABAoIBAQC/T5OyrGB566LO
qbObGlOItwtfXhOpAgcEyZGSz80+yWjM5qSvVYqYqpPdCBA0VlFvs9VBpOmzEQyi
aG9/nrwByc42hS199oVNmGEzDxsOreO8TQEXPVfXDdwb/bAAwhUBxO3a0p6B9fAo
63p7iVhPCoK2M+4kH8MUFilxTN406Iqhd8DVBHW3j6TUqfmCaS0lPJIHYrQvAxM0
MRW/q3MKZoQB10LaBqqhkaOUXQJl/da/v24BWTlYBKXCiFgy4Y6V7cNW2ig6VDsA
s3WFTk2F3uq5cIffAJF6KavXcaaqldh/LAlvJ02pbl1lCTaQwU5wlZYyr5VYeYIs
n1GIBikBAoGBAP4qfthpUawmH3Q+1YmPWMrNptZBmWvowM3vRQM4z6LRkiSrcCwg
lSI8XL28HWXSb6mf9nX5fKZcKn52MkFvxYQ+fRelnkqNbsYPBXIOxykNyUEabjO2
L91dGH3DsOS+l0xrmIdLQR8KyjBjRtU3SJzKzeqEdc61NHkMyKt95D+BAoGBAM/Z
4kYdxdJn6TSPdvS5NYEHXLCEfoJleTE7revR1hdkOaM9/NokZYMw9EIwPb55vV2L
mPG9ZtMnSi6dk+jsfZ46xb2Zuc3+0+ZKSN/S6RdmXvl9DESCC0tnkGunfB/tsehy
s/nosYv8cbFbd23q/jviz7ESED66GuNPAxwXv4X3AoGALWH9IDs+ABUWjLUjf9p+
qkeqQJuZ/3Ch7KOKmRatzI7LH40VDGwM9P3+OUq7nRDEK2+KnGod3b6bP9VvB8wj
Yoed4nkKGJnEa80GleTZnvT90IiloLopNceHtf0Z0t7lORoFNDMlv4s3qwgu/6dN
aeG0fumD95LXeb3UnvptpQECgYAqs4ChFwzFJUPr4G136XTshS6ttQqoj2BOlQwu
HnXlaEnPF7USu9d/FFeaIX8N2sTkqwFI6LhvOOssmIMCn1NPZpOpWCOsBmZSMYC3
OwVYIVfxuZcDoWtQmn45H7eId7TNJIOFHCEduUdCQKBQnK60bxJsNmHQATv05w6k
ftyCEQKBgQDXRNOHcw5lXcf8ArKl5YED8MSSxwlUIZf4zwLoiRXS64MJ8nXgXNEb
7XbX1+scD2DuI9O1Ak0JVEUiRO+5rXGKkRBYe96xs0GzHwDtKulg9GGR9lDSaLqa
+JYFuTIqwOUy+jv8ZnallayE3vcc8bdpy7CUTbvOoipN9CTo9lv40Q==
-----END RSA PRIVATE KEY-----
lab130@lab130-I420-G15:~$
```

图 5.8　生成 2048 位的 RSA 私钥

(3) 如果想生成 1024 位 RSA 的私钥,输出到 mykey.pem 文件,可以用以下命令指定参数。

```
openssl genrsa -out mykey.pem 1024
```

(4) 因为生成的私钥文件 mykey.pem 对整个 RSA 加密算法来说非常重要,所以一般对该文件进行加密保护,可以使用 3DES 加密算法对该文件进行加密。

```
openssl genrsa -des3 -out mykey.pem 1024
```

执行该命令时,系统会提示输入用户密码(passphrase)。

(5) 在得到私钥 mykey.pem 后,可以生成对应的公钥,并把公钥保存到文件 public.pem 中。

```
openssl rsa -in mykey.pem -pubout
```

如果想把生成的公钥保存到文件 public.pem 中,可以增加输出参数-out。

```
openssl rsa -in mykey.pem -pubout -out pubkey.pem
```

3. 实验探索

生成一对 1024 位的 RSA 私钥和公钥,思考为什么私钥会比公钥长。

提示:可以从公钥和私钥的文件格式入手。

习题

1. 简述传统对称密码系统和公钥密码系统的原理区别和两者的优缺点。公钥密码系统能否替代传统的对称密码系统?

2. 考虑公共素数 $q=11$ 和原根 $a=2$ 的 Diffie-Hellman 方案,如果用户 A 有私钥 $X_A=6$,请问 A 的公钥 Y_A 是什么?

3. Diffie-Hellman 密钥交换时会被中间人攻击,请给出中间人攻击的方法。如何改进 Diffie-Hellman 算法以避免中间人攻击?

4. 简述 RSA 算法保护的机密性、完整性和不可否认性的原理。

5. 在非对称加密算法 RSA 中,假设"大"素数 $p=5$,$q=11$,试给出一对公钥和私钥,给出计算过程。

6. 请编程设计 RSA 算法,并验证上题结果是否正确。

7. 如果编程设计 RSA 算法时,要求素数的位数大于 256 位,需要考虑哪些和大数有关的问题?

8. 假设 Bob 使用模 n 很大的 RSA 加密系统。该模值在合理的时间内不能进行因式分解。假设 Alice 给 Bob 发送一条把每个字母对应成 0~25 的整数(A→0,…,Z→25)的消息,然后使用具有大的 e、n 值的 RSA 分别加密每个数。这种方法安全吗? 如果不安全,给出对这种加密方案有效的攻击。

9. 简要比较椭圆曲线密码算法和 RSA 算法的优缺点,如计算复杂性、实用性和计算时间等。

第6章　消息认证和散列函数

认证包括消息认证(message authentication)和身份认证(identification)。

消息认证是用来验证消息完整性的一种机制或服务,其含义是一个"用户"检验他收到的文件是否遭到第三方有意或无意的篡改。根据应用对象不同,"用户"的概念可以是文件的接收者、文件的阅读者、一个程序或者是一个登录设备等。身份认证是让验证者相信正在与之通信的另一方就是所声称的那个实体,身份认证的目的是防止伪装。本章主要是介绍消息认证的相关内容,身份认证会在后面章节中单独介绍。

本章首先介绍对消息认证和数字签名的要求以及可能遇到的攻击类型,然后介绍消息认证码、安全散列函数在内的一些基本认证方法。安全散列函数已成为越来越重要的研究领域,本章讨论一些常见的散列函数。

6.1　对认证的要求

在网络通信环境中,可能有下述攻击。

(1) 泄密:将消息透露给没有合法密钥的任何人或程序。

(2) 流量分析:分析通信双方的通信模式。在面向连接的应用中,确定连接的频率和持续时间。在面向连接或无连接的环境中,确定双方的消息数量和长度。

(3) 伪装:欺诈源向网络中插入一条消息。如攻击者产生一条消息并声称这条消息是来自某合法实体,或者非消息接收方发送的关于收到或未收到消息的欺诈应答。

(4) 内容修改:对消息内容的修改,包括插入、删除、转换。

(5) 顺序修改:对通信双方消息顺序的修改,包括插入、删除和重新排序。

(6) 计时修改:对消息的延时和重放。在面向连接的应用中,整个消息序列可能是前面某合法消息序列的重放,也可能是消息序列中的一条消息被延时或重放;在面向无连接的应用中,可能是一条消息(如数据报)被延时或重放。

(7) 发送方否认:发送方否认发送过某消息。

(8) 接收方否认:接收方否认接收到某消息。

对付前两种攻击的方法属于消息保密性范畴,已在密码学部分讨论了消息保密性;对付第(3)~(6)种攻击的方法一般称为消息认证;对付第(7)种攻击的方法属于数字签名。一般而言,数字签名方法也能够抵抗第(3)~(6)种攻击中的某些或全部攻击,对付第(8)种攻击需要使用数字签名和为抵抗此种攻击而设计的协议。

归纳起来,消息认证就是验证所收到的消息确实是来自真正的发送方且未被修改,它也可验证消息的顺序和及时性。数字签名也是一种认证技术,其中的一些方法可用来防止发送方否认。

任何消息认证机制在功能上基本可看作有两层。下层中一定有某种产生认证符的函数,认证符是一个用来认证消息的值;上层协议中将该函数作为原语使接收方可以验证消息的真实性。

用来产生认证符的函数类型可以分为如下 3 类。

(1) 消息加密:整个消息的密文作为认证符。

(2) 消息认证码:它是消息和密钥的函数,它产生定长的值,以该值作为认证符。

(3) 散列函数:它是将任意长的消息映射为定长的散列值的函数,以该散列值作为认证符。

消息加密本身提供了一种认证手段。考虑一个使用传统对称加密的简单例子,如图 6.1所示。

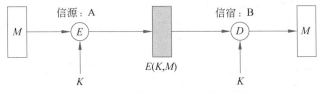

图 6.1　对称加密:加密与消息认证

发送方 A 用 A 和 B 共享的对称密钥 K 对发送到接收方 B 的消息 M 加密,如果没有其他方知道该密钥,那么可提供保密性,因为任何其他方均不能恢复出消息明文。

同时 B 可确信该消息是由 A 产生的。为什么呢? 因为除 B 外只有 A 拥有 K,A 能产生出用 K 可解密的密文,所以该消息一定来自 A。由于攻击者不知道密钥,他也就不知如何改变密文中的信息位才能在明文中产生预期的改变,因此,若 B 可以恢复出明文,则 B 可以认为 M 中的每一位都未被改变。所以可以说,对称密码既可以提供保密性,又可以提供认证功能。

加密算法已经在前面章节有所介绍,本章重点介绍另外两类认证方法:消息认证码和安全散列函数。

6.2　消息认证码

消息认证码又称 MAC(Message Authentication Code),是一种消息认证技术,它利用密钥来生成一个固定长度的短数据块,并将该数据块附加在消息之后。在这种方法中假定通信双方,例如 A 和 B,共享密钥 K。若 A 向 B 发送消息时,则 A 计算 MAC,它是消息和密钥的函数,即 $MAC = C(K, M)$,其中,M 为输入消息,C 为 MAC 函数,K 为共享的密钥,MAC 为消息认证码。

消息 M 和 MAC 一起被发送给接收方。接收方对收到的消息 M 用相同的密钥 K 进行相同的函数 C 计算得出新 MAC,并将接收到的 MAC 与其计算出的 MAC 进行比较,如图 6.2 所示。

如果只有收发双方知道该密钥,且接收到的 MAC 与计算得出的 MAC 相等,则:

(1) 接收方可以相信消息未被修改。如果攻击者改变了消息,但他无法改变相应的MAC,所以接收方计算出的 MAC 将不等于接收到的 MAC。假定攻击者不知道密钥,所

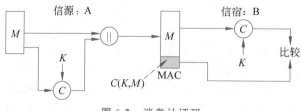

图 6.2 消息认证码

以他不知道如何改变 MAC 才能使其与修改后的消息相一致。

(2) 接收方可以相信消息来自真正的发送方。因为其他各方均不知道密钥,因此其他各方不能产生具有正确 MAC 的消息。

(3) 如果消息中含有序列号,那么接收方可以相信消息顺序是正确的,因为攻击者无法成功地修改序列号。

MAC 函数与加密类似,其区别之一是,MAC 算法不要求可逆性而加密算法必须是可逆的。一般而言,MAC 函数是多对一函数,其定义域由任意长的消息组成,而值域由所有可能的 MAC 组成。若使用 n 位长的 MAC,则 2^n 个可能的 MAC,而有 N 条可能的消息,其中 $N \gg 2^n$。而且若密钥长为 K,则有 2^K 种可能的密钥。

例如,假定使用 100 位的消息和 10 位的 MAC,那么总共有 2^{100} 条不同的消息,但仅有 2^{10} 种不同的 MAC。所以平均而言,同一 MAC 可以由 $2^{100}/2^{10} = 2^{90}$ 条不同的消息产生。若使用的密钥长为 5 位,则从消息集合到 MAC 值的集合有 $2^5 = 32$ 种不同的映射。

可以证明,由于认证函数的数学性质,与加密相比,认证函数更不易被攻破。

图 6.2 所示的过程可以提供认证但不能提供保密性,因为整个消息是以明文形式传送的。若在 MAC 算法之后(见图 6.3(a))或之前(见图 6.3(b))对消息加密则可以获得保密性。这两种情形都需要两个独立的密钥,并且收发双方共享这两个密钥。在第一种情

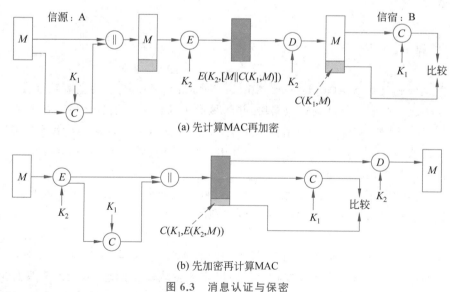

(a) 先计算MAC再加密

(b) 先加密再计算MAC

图 6.3 消息认证与保密

形中,先将消息作为输入,计算 MAC,并将 MAC 附加在消息后,然后对整个信息块加密;在第二种情形中,先将消息加密,然后将此密文作为输入,计算 MAC,并将 MAC 附加在上述密文之后形成待发送的信息块。一般而言,将 MAC 直接附加于明文之后要更好一些,所以通常使用图 6.3(a)所示的方法。

6.2.1 消息认证码的应用场景

对称加密可以提供认证,且它已被广泛用于现有产品之中,那么为什么不直接使用加密方法而要使用消息认证码呢? 下面列举了 3 种更适合使用消息认证码的情形。

(1) 有许多应用是将同一消息广播给很多接收者。例如需要通知各用户网络暂时不可使用,或一个军事控制中心要发一条警报;这种情况下,一种经济可靠的方法就是一个接收者负责验证消息的真实性,所以消息必须以明文加上消息认证码的形式进行广播。上述负责验证的接收者拥有密钥并执行认证过程,若 MAC 错误,则发警报通知其他各接收者。

(2) 在信息交换中,可能有这样一种情况,即通信某一方的处理负荷很大,没有时间解密收到的所有消息,他应能随机选择消息并对其进行认证。

(3) 在很多情况下,对明文消息不需要加密只需要进行消息认证。运行一个计算机程序而不必每次对其解密,因为每次对其解密会浪费处理器资源。若将消息认证码附于该程序之后,则可在需要保证程序完整性的时候才检验消息认证码。

除此以外,还有下述 3 种情形。

(1) 一些应用并不关心消息的保密性,而只关心消息认证。例如,简单网络管理协议 SNMPv3 就是如此,它将提供保密性和提供认证分离开来。对这些应用,管理系统应对其收到的 SNMP 消息进行认证,这一点非常重要,尤其是当消息中包含修改系统参数的命令时更是如此,但对这些应用不必隐藏 SNMP 报文。

(2) 将认证和保密性分离开来,可使层次结构更加灵活。例如,在应用层可能希望对消息进行认证;而在更低层上,如传输层,可能希望提供保密性。

(3) 仅在接收消息期间对消息实施保护是不够的,用户可能希望延长对消息的保护时间。就消息加密而言,消息被解密后就不再受任何保护,这样只是在传输中可以使消息不被修改,而不是在接收方系统中保护消息不被修改。

但是,由于收发双方共享密钥,因此 MAC 不能提供数字签名的功能。

6.2.2 基于 DES 的消息认证码

数据认证算法(FIPS PUB 113)建立在 DES 之上,是使用最广泛的 MAC 算法之一,它也是个 ANSI 标准(X9.17)。然而,已经发现了这个算法的安全弱点,将会用一个更新、更强的算法来代替它。

数据认证算法采用 DES 运算的密码分组链接(CBC)方式,其初始向量为 **0**,需要认证的数据(如消息、记录、文件或程序)分成连续的 64 位的分组 $D_1, D_2, \cdots, D_N$,若最后分组不足 64 位,则在其后填 0 直至成为 64 位的分组。利用 DES 加密算法 E 和密钥 K,计算数据认证码(DAC)的过程如图 6.4 所示。

$$O_1 = E(K, D_1)$$
$$O_2 = E(K, [D_2 \oplus O_1])$$
$$O_3 = E(K, [D_3 \oplus O_2])$$
$$\vdots$$
$$O_N = E(K, [D_N \oplus O_{N-1}])$$

其中，DAC 可以是整个块 O_N，也可以是其最左边的 M 位，其中 $16 \leqslant M \leqslant 64$。

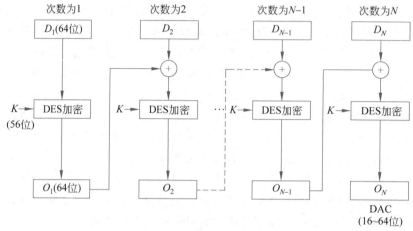

图 6.4　计算数据认证码（DAC）

6.3　安全散列函数

安全单向散列（Hash）函数是消息认证码的一种变形，下文中简称散列函数。散列函数和消息认证码一样，它的输入是可变大小的消息 M，输出是固定大小的散列值 $h = H(M)$。与 MAC 不同的是，散列值并不使用密钥，它仅是输入消息的函数。散列值有时也称为消息摘要。散列值是所有消息位的函数，它具有错误检测能力，即改变消息的任何一位或多位，都会导致散列值的改变。消息明文可能很长，但是它的散列值是固定大小的而且长度较短。而且即使修改明文的一字节，也会计算出不一样的散列值；通常两个不同的明文，其散列值必定不一样。所以消息的散列值代表了不同明文的所有特征，因此称为数字指纹。

散列值 h 由下述形式的函数 H 生成：

$$h = H(M)$$

其中，M 是一个变长消息；$H(M)$ 是定长的散列值。消息正确时，将散列值附于发送方的消息后；接收方通过重新计算散列值可认证该消息。由于散列函数本身是开源的，所以需要有某些方法来保护散列值。

图 6.5 给出了将散列值用于消息认证的几种方法，如下所述。

（1）用对称密码对消息及附加在其后的散列值加密。这种方法的结构如图 6.5（a）所示。同样的推理：由于只有 A 和 B 共享密钥，所以消息一定是来自 A 且未被修改过。散列值提供了认证所需的结构或冗余，并且由于该方法是对整个消息和散列值加密，所以也提供了保密性。

（2）用对称密码仅对散列值加密。对那些不要求保密性的应用，这种方法会减少处理代价。注意，散列函数和加密函数的合成函数即是 MAC（见图 6.5（b）），也就是说，$E(K,H(M))$ 是变长消息 M 和密钥 K 的函数，它产生定长的输出值，若攻击者不知道密钥，则他无法得出这个值。

（3）用公钥密码算法和发送方的私钥仅对散列加密。同图 6.5（c）一样，这种方法可提供认证；由于只有发送方可以产生加密后的散列值，所以这种方法也提供了数字签名，事实上，这就是数字签名技术的本质所在。

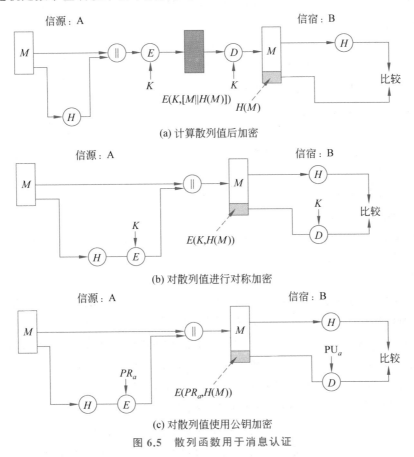

(a) 计算散列值后加密

(b) 对散列值进行对称加密

(c) 对散列值使用公钥加密

图 6.5　散列函数用于消息认证

（4）若既希望保证保密性又希望有数字签名，则先用发送方的私钥对散列值加密，再用对称密码中的密钥对消息和上述加密结果进行加密。这种技术比较常用。

如果不要求保证保密性，那么由于图 6.5（b）和图 6.5（c）中所需的计算量较少，而且人们越来越对那些不含加密函数的方法感兴趣，所以图 6.5（b）和图 6.5（c）比那些对整条消息加密的方法要好一些。这里列出几种不希望使用加密函数的理由。

① 加密软件速度慢。即使每条消息需要加密的数据量不大，但是总需要消息串输入加密系统中或由系统输出。

② 加密硬件成本不容忽视。尽管已有实现加密算法的低成本芯片，但是若网络中所有节点都必须有该硬件，则总成本可能很大。

③ 加密硬件的优化是针对大数据块的。对小数据块，大量时间花费在初始化和调用之上。

④ 加密算法可能受专利保护。必须经批准后才能使用，这也会增加成本。

6.3.1 对散列函数的要求

我们首先讨论用于消息认证的散列函数应满足的要求，因为散列函数一般很复杂，所以讨论一些简单的散列函数有助于理解散列函数的有关内容；然后介绍散列函数设计的几种方法。

散列函数的目的就是要产生文件、消息或其他数据块的"指纹"。散列函数要能够用于消息认证，它必须具有下列性质。

(1) H 可应用于任意大小的数据块。

(2) H 产生定长的输出。

(3) 对任意给定的 x，计算 $H(x)$ 比较容易，用硬件和软件均可实现。

(4) 对任意给定的散列值 h，找到满足 $H(x)=h$ 的 x 在计算上是不可行的，有些文献中称为单向性。

(5) 对任何给定的分组 x，找到满足 $y \neq x$ 且 $H(x)=H(y)$ 的 y 在计算上是不可行的，有时称为抗弱碰撞性。

(6) 找到任何一对满足 $y \neq x$ 且 $H(x)=H(y)$ 的 (x,y) 在计算上是不可行的。有时称为抗强碰撞性。

前 3 个条件是散列函数实际应用于消息认证中所必须满足的。

第 4 个条件单向性是指，由消息很容易计算出散列值，但是由散列值却不能计算出相应的消息，对使用一个秘密值的认证方法，这个性质非常重要。例如，使用用户密码登录邮箱，这里的用户密码是秘密值，通常用散列函数计算出散列值，再传送该散列值。虽然该秘密值本身并不传送，但若散列函数不是单向的，则攻击者可以按如下方式很容易地找出这个秘密值：若攻击者能够观察或截获到传送的消息，则他可以得到消息 M 和散列值 $C=H(S_{AB} \parallel M)$，然后求出散列函数的逆，从而得出 $S_{AB} \parallel M = H^{-1}(C)$。由于攻击者已知 M 和 $S_{AB} \parallel M$，所以可得出 S_{AB}。这里的 S_{AB} 是 A 与 B 之间的秘密值。

第 5 个性质可以保证，不能找到与给定消息具有相同散列值的另一消息，因此可以在使用对散列值加密的方法中（见图 6.5(b) 和图 6.5(c)）防止攻击者伪造散列值。在这些方法中，攻击者可以读取消息并产生其散列值，但是由于攻击者不知道密钥，所以他不可能改变消息而又不被察觉。如果第 5 个性质不成立，那么攻击者可以先观察或截获一条消息及其加密的散列值，然后由消息产生一个未加密的散列值，最后产生另一个具有相同散列值（未加密）的消息。

第 6 个性质涉及散列函数抗生日攻击这类攻击的能力强弱问题。后面再来讨论生日攻击。

6.3.2 简单散列函数

所有的散列函数都按下面的一般原理进行运算。输入(消息、文件等)都可看作一个 n 位分组的序列,其输出是 n 位的散列值。散列函数每次处理一个分组,重复该过程直至处理完所有的输入分组。

最简单的散列函数之一是将每个分组相应位异或(XOR),这个函数可描述为

$$C_i = b_{i1} \oplus b_{i2} \oplus \cdots \oplus b_{im}$$

其中:C_i 为散列值的第 i 位,$1 \leqslant i \leqslant n$;$m$ 为 n 位输入分组的个数;b_{ij} 为第 j 个分组的第 i 位;$\oplus$ 为异或运算。

上述运算过程,对每一位产生一个简单的奇偶校验,这种方法用于随机数的数据完整性检查比较有效。如果每个 n 位散列值出现的概率都相同,那么数据出错而不引起散列值改变的概率为 2^{-n}。若数据格式不是随机的,则会降低函数的有效性,例如,通常大多数文本文件中每 8 字节的高位总为 0,若使用 128 位的散列值,则对这类数据,散列函数的有效性是 2^{-112} 而不是 2^{-128}。

一种简单的改进方法是,每处理完一个分组后将散列值循环移位一次,这个过程可归纳如下。

(1) n 位散列值的初值为 0。

(2) 按如下处理每个 n 位的分组:

① 将当前的散列值循环左移一次。

② 将该分组与散列值异或。

这样可使输入更加完全地"随机",从而消除输入数据的规则性。

6.3.3 生日攻击

所谓的生日悖论是密码学领域经常涉及的一个基本问题。生日悖论,指如果一个房间里有 23 个或 23 个以上的人,那么至少有两个人的生日相同的概率要大于 50%。这就意味着在一个典型的标准小学班级(30 人)中,存在两人生日相同的可能性更高。对于 60 或者更多的人,这种概率要大于 99%。从引起逻辑矛盾的角度来说,生日悖论并不是一种悖论;从这个数学事实与一般直觉相抵触的意义上,它才称得上是一个悖论。大多数人会认为,23 人中有 2 人生日相同的概率应该远远小于 50%。计算与此相关的概率被称为生日问题,在这个问题之后的数学理论已被用于设计著名的密码攻击方法。

可以用以下方法验证这个结论,先计算房间里所有人的生日都不相同的概率,那么:

• 第一个人的生日是 365 选 365。

• 第二个人的生日是 365 选 364。

• 第三个人的生日是 365 选 363。

⋮

• 第 n 个人的生日是 365 选 $365-(n-1)$。

所以所有人生日都不相同的概率是

$$(365/365)\times(364/365)\times(363/365)\times(362/365)\times\cdots\times((365-n+1)/365)$$

那么，n 个人中有至少两个人生日相同的概率就是

$$1-(365/365)\times(364/365)\times(363/365)\times(362/365)\times\cdots\times((365-n+1)/365)$$

所以当 $n=23$ 时，概率为 0.507。

当 $n=100$ 时，概率为 0.999 999 6。

换一个角度，如果你进入了一个有着 22 个人的房间，房间里的人中会和你有相同生日的概率便不是 50% 了，而是变得非常低。原因是这时候只能产生 22 种不同的搭配。生日问题实际上是在问 23 个人中会有任意两人生日相同的概率是多少。

在了解生日悖论后，来分析散列函数的安全性问题。有人可能认为使用 64 位的散列值会很安全，例如，如果将加密后的散列值与未加密的消息一起传输（见图 6.5(b) 或图 6.5(c)），那么攻击者必须找到满足 $H(M')=H(M)$ 的 M' 来替代 M，以欺骗接收者。攻击者要找到这样的消息通常大约需要进行 2^{63} 次尝试。

但是，可能有另一种类型的攻击，这种攻击建立在生日悖论的基础之上。

(1) 发送方准备对消息"签名"，其使用的方法是，用其私钥对 m 位的散列值加密并将加密后的散列值附于消息之后，如图 6.5(c) 所示。

(2) 攻击者产生该消息的 $2^{m/2}$ 种变式，且每一种变式表达相同的意义。攻击者再伪造一条消息，并产生该伪造消息的 $2^{m/2}$ 种变式，攻击者准备用该伪造消息替代真实消息。

(3) 比较上述两个集合，找出产生相同散列值的一对消息。根据生日悖论，找到这对消息的概率大于 0.5，如果找不到这样的消息，那么再产生一条有效的消息和伪造的消息直至成功为止。

(4) 攻击者将该有效变式提供给人签名，将该签名附于伪造消息的有效变式后并发送给预期的接收方。因为上述两个变式的散列值相同，所以它们产生的签名也相同，因此攻击者即使不知道加密密钥也能攻击成功。

这样，如果使用 64 位的散列值，那么所需代价的数量级仅为 2^{32}。产生多个具有相同意义的变式并不困难。例如，攻击者可以在文件的词与词之间插入若干"空格＋空格＋退格"字符对，然后在实例中用"空格＋退格＋空格"替代这些字符从而产生各种变式。攻击者也可以简单地改变消息中词的顺序但不改变消息的意义。由此可以得出结论，散列值的长度应该较长才安全。

事实上，对于长度为 N 位的散列函数，有 2^N 种不同的散列值，假设所有散列输出取值的可能都是均等的，生日问题表明对于 $2^{N/2}$ 个不同的输入取散列值，很容易找到一个碰撞，即两个不同输入的散列值相同。这意味着产生 N 位输出的安全散列函数需要大约 $2^{N/2}$ 次计算就能攻破，而对于密钥长度为 N 位的对称密码需要大约 2^{N-1} 次计算才能暴力破解。这说明，如果在只能使用暴力破解的前提下，一个散列函数的输出长度至少应该是对称密码密钥长度的两倍时，才能提供足够的安全强度。

6.3.4 SHA 安全散列算法

近些年，应用最为广泛的散列函数是安全散列算法（SHA），SHA 由美国国家标准与

技术研究所(NIST)开发,并在 1993 年公布成为美国联邦信息处理标准(FIPS 180)。当人们发现 SHA 中也存在缺陷之后(目前已知 SHA-0 中存在),FIPS 180 的修订版本 FIPS 180-1 于 1995 年公布出来,通常称为 SHA-1。现行的标准文献被命名为"安全散列标准"。SHA 是基于散列函数 MD4,并且其构架跟 MD4 高度相仿。RFC 3174 中也列出了 SHA-1,但它实质上是 FIPS 180-1 的复制品,只是增加了 C 代码实现。

SHA-1 生成 160 比特的散列值,目前已经不再安全。2002 年,NIST 制定了修订版本的标准:FIPS-2。它定义了 3 种新版本的 SHA,散列长度分别为 256、384、512 比特,分别称为 SHA-256、SHA-384、SHA-512,三者并称为 SHA-2。这些新版本使用了与 SHA-1 相同的底层结构和相同类型的模运算以及相同的二元逻辑运算。特别是 512 位的 SHA-2 版本,似乎具有牢不可破的安全性。于 2008 年发布的修订文献 FIP PUB 180-3 增加了 224 比特的版本(见表 6.1)。RFC 4634 中也列出了 SHA-2,但它实质上是 FIPS 180-3 的复制品,只是增加了 C 代码实现。

表 6.1　SHA 参数的比较

比 较 项	SHA-1	SHA-224	SHA-256	SHA-384	SHA-512
消息摘要大小	160	224	256	384	512
消息大小	小于 2^{64}	小于 2^{64}	小于 2^{64}	小于 2^{128}	小于 2^{128}
块大小	512	512	512	1024	1024
字大小	32	32	32	64	64
步骤数	80	64	64	80	80
安全	80	112	128	192	256

2005 年,NIST 宣布计划到 2010 年不再认可 SHA-1,转为信任 SHA-2。此后不久,我国的王小云教授等提出了对 SHA-1 的攻击,该方法可以找到产生相同 SHA-1 的两条独立的消息,她们只用 2^{69} 次操作,远少于以前认为找到 SHA-1 碰撞所需的 2^{80} 次操作。王小云教授的研究工作使得找到 SHA-1 碰撞的复杂度降到 2^{69} 次操作,之后又降到 2^{63} 次操作。

然而,鉴于 SHA-2 与 SHA-1 两者结构的相似性,NIST 决定标准化一种与 SHA-2 和 SHA-1 截然不同的新的散列函数。这种被称为 SHA-3 的新散列函数发布于 2012 年。

这部分对 SHA-512 进行介绍,其他 SHA 算法与之很相似。该算法以最大长度不超过 2^{128} 比特的消息作为输入,生成 512 比特的消息摘要输出。输入一个 1024 比特的数据块进行处理。图 6.6 描述了处理消息生成摘要的全过程。处理过程包括以下步骤。

(1) 追加填充比特。填充消息使其长度模 1024 同余 896(长度≡896(模 1024))。即使消息已经是期望的长度,也总是要添加填充。因此,填充比特的范围是 1～1024。填充部分是由单个比特 1 后接所需个数的比特 0 构成。

(2) 追加长度。将 128 比特的数据块追加在消息上。该数据块被看作 128 比特的无符号整数(高位字节在前),它还含有原始消息(未填充前)的长度。前两步生成了长度为

1024 比特整数倍的消息。在图 6.6 中，被延展的消息表示为 1024 比特的数据块序列 $M_1, M_2, \cdots, M_N$，所以延展后消息总长度为 $N \times 1024$ 比特。

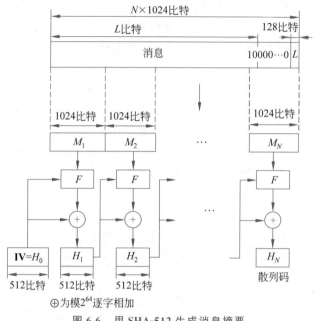

图 6.6 用 SHA-512 生成消息摘要

(3) 初始化散列缓冲区。用 512 比特的缓冲区保存散列函数中间和最终结果。缓冲区可以是 8 个 64 比特的寄存器(a、b、c、d、e、f、g、h)。这些寄存器初始化为 64 比特的整数(十六进制值)：

$$a = 6A09E667F3BCC908, \qquad b = BB67AE8584CAA73B$$
$$c = 3C6EF372FE94F82B, \qquad d = A54FF53A5F1D36F1$$
$$e = 510E527FADE682D1, \qquad f = 9B05688C2B3E6C1F$$
$$g = 1F83D9ABFB41BD6B, \qquad h = 5BE0CDI9137E2179$$

这些值以逆序的形式存储，即字的最高字节存在最低地址(最左边)字节位置。这些字取自前 8 个素数平方根小数部分的前 64 比特。

(4) 处理 1024 比特(128 字)的数据块消息。算法的核心是 80 轮迭代构成的模块；该模块在图 6.6 中标记为 F，图 6.7 说明其逻辑关系。每一轮都以 512 比特的缓冲区值 $abcdefgh$ 为输入，并且更新缓冲区内容。在第一轮的输入端，缓存中间散列值 H_{i-1}。在任意第 t 轮，使用从当前正在处理的 1024 比特的数据块(M_i)获取的 64 比特值 W_t。每一轮还使用外加常数 K_t，其中 $0 \leqslant t \leqslant 79$ 表示 80 轮中的某一轮。这些字取自前 8 个素数立方根小数部分的前 64 比特。这些常数用来随机化 64 比特模式，消除输入数据中的任何规则性。第 80 轮输出加到第 1 轮输入 H_{i-1} 生成 H_i。缓冲区里的任意 8 个字与 H_{i-1} 相应的字模 2^{64} 独立相加。

(5) 输出。当所有 N 个 1024 比特的数据块都处理完毕后，从第 N 阶段输出的便是 512 比特的消息摘要。

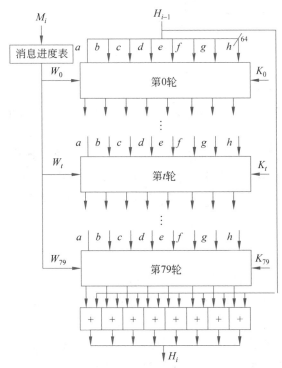

图 6.7 SHA-512 处理单个 1024 比特的数据块

SHA-512 算法使得散列值的任意比特都是输入端每 1 比特的函数。基本函数 F 的复杂迭代产生很好的混淆效果,即随机选取两组即使有很相似的规则性的消息也不可能生成相同的散列值。除非 SHA-512 隐含一些直到现在还没有公布的弱点,构造具有相同消息摘要的两条消息的难度的数量级为 2^{256} 步操作,而找出给定摘要的消息的难度的数量级为 2^{512}。

6.3.5 HMAC

实际上在公共信道上直接传递明文及其散列值并不能保证完整性。因为散列函数是公开的,同时不需要密钥就能求出明文的散列值。所以攻击者可以截获明文并进行篡改,将篡改后的明文用同一个散列函数求出散列值,再冒充真正的发送方将篡改后的明文及其散列值传递给接收方。虽然接收方验证两个散列值是匹配的,但是明文在传递过程中发生了变化。所以仅仅使用散列值是不能保证完整性的。

而消息验证码将散列函数和一个收发双方已经共享的对称密钥 K 同时作用于消息,产生一个定长数据分组,即 HMAC,并将其附加在消息中一起发送。接收方对接收到的消息进行同样的计算,并将接收的消息验证码与计算出的消息验证码相比较。如果两者相等,则有以下情况。

(1) 接收方能够确信消息没有被改动。如果攻击者改动了消息,但没有改动消息验证码,则接收方计算出的验证码就会与收到的验证码不同。因为攻击者不知道对称密钥

K，所以攻击者也就不能按消息中的改动相应地改动验证码。

（2）接收方能够确信消息确实来自其声称的来源。因为没有其他人知道密钥 K，所以也没有人能够用匹配的消息验证码来伪造消息。在另外一种改进的 HMAC 中，将发送方的身份 ID 与消息 M 拼接，$HMAC = H(M\|ID, K)$，使用这种方式的消息验证码也能够准确判断发送方的身份。

（3）如果消息包含了序列号，则接收方就能够确信序列是正确的，因为攻击者不能成功地改动序列号。

近年来，人们对从散列函数（如 SHA-1）中开发 MAC 越来越感兴趣。已经有很多方案可以把密钥合并到现有的散列算法中。最被广泛接受的方案就是 HMAC，HMAC 已经发布为 RFC 2104 标准，并被选作保护 IP 安全的从命令到实现（mandatory-to-implement）的 MAC。

1. HAMC 的设计目标

RFC 2104 为 HMAC 列出了下列设计目标。

（1）不改动即可使用散列函数。因为散列函数优点很多，如软件性能很好，代码免费和使用普及。

（2）嵌入式散列函数要有很好的可移植性，以便开发更快或更安全的散列函数。

（3）保持散列函数的原有性能，不发生显著退化。

（4）使用和处理密钥简单。

（5）基于嵌入式散列函数的合理假设，能够很好地理解和分析认证机制的密码强度。

前两个目标对于 HMAC 的可接受性非常重要。HMAC 把散列函数当成一个"黑盒"。这有两个优点：首先，实现 HMAC 时现有的散列函数可以用作一个模块。这样，已经预先打包的大量 HMAC 代码可以不加修改地使用。第二，如果想替换一个 HMAC 实现中的特定散列函数，所需做的只是除去现有的散列函数模块，放入新模块。如果需要更快的散列函数时就可以这样操作。更为重要的是，如果嵌入式散列函数的安全性受到威胁，可通过简单的用更加安全的模块取代嵌入式散列函数，从而保证了 HMAC 的安全。

实际上，上述设计目标中的最后一个目标是 HMAC 相对其他散列方案最主要的优点。如果能提供有一定合理性的抗密码分析强度的嵌入式散列函数，就能够证明 HMAC 是安全的，我们首先分析 HMAC 的结构。

2. HMAC 算法

图 6.8 描述了 HMAC 的整个操作。定义

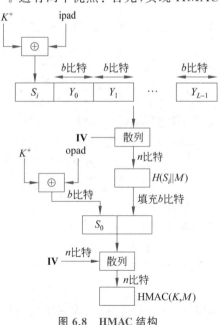

图 6.8　HMAC 结构

下列术语。

(1) H 为嵌入的散列函数(如 SHA-1)。

(2) M 为输入 HMAC 的消息(包括嵌入式散列函数中特定的填充部分)。

(3) Y_i 为 M 的第 i 个分组$(0 \leqslant i \leqslant (L-1))$。

(4) L 为 M 中的分组数。

(5) b 为分组中的比特数。

(6) n 为嵌入式散列函数产生的散列值长度。

(7) K 为密钥;如果密钥长度大于 b,则将其输入散列函数生成 n 比特的密钥;建议长度大于或等于 n。

K^+ 为 K 以及其左边填充的使长度为 b 的 0。

ipad=00110110(十六进制为 36),重复 $b/8$ 次。

opad=01011100(十六进制数为 5C),重复 $b/8$ 次。

HMAC 可用下式表示:
$$\text{HMAC}(K, M) = H\big[(K^+ \oplus \text{opad}) \parallel H[(K^+ \oplus \text{ipad}) \parallel M]\big]$$

简言之内容如下。

(1) 在 K 的左端追加 0 构成 b 比特的字符串 K^+(例如,K 的长度为 160 比特,$b=512$,K 将被追加 44 个 0 字节 0x00)。

(2) ipad 与 K^+ 进行 XOR(按比特异或)生成 b 比特的分组 S_i。

(3) 将 M 追加在 S_i 上。

(4) 将 H 应用于步骤(3)所产生的数据流。

(5) opad 与 K^+ 进行 XOR 生成 b 比特的分组 S_0。

(6) 将步骤(4)产生的散列结果追加在 S_0 上。

(7) 将 H 应用于步骤(6)产生的数据流,输出结果。

注意,与 ipad 进行异或将导致 K 一半的比特翻转。类似地,与 opad 进行异或也导致 K 一半的比特翻转,但翻转的比特却不同。实际上,用散列算法处理 S_i 和 S_0,我们已经从 K 伪随机地生成了两个密钥。

HMAC 的执行时间应该与嵌入式散列函数处理长消息所用的时间近似相等。HMAC 执行了三次基本的散列函数(S_i、S_0 和内部散列生成的数据块)。

3. HMAC 的安全性

根据散列函数的抗强碰撞性,散列函数 MD5 的破解代价为 2^{64} 数量级,根据现在的破解能力则被认为是可行的。所以 MD5 的安全性是得不到保证的,但是这是否意味着像 MD5 这样的 128 位散列函数不能用于 HMAC 呢?

回答是否定的,因为要攻击 MD5,攻击者可以选择任何消息集,并用专用计算机离线计算来寻找碰撞。由于攻击者知道散列算法和默认的 **IV**,因此攻击者可以对其产生的任何消息计算散列值。

但是,攻击 HMAC 时,由于攻击者不知道 K,所以,他不能离线产生消息/HMAC 对。他必须观察 HMAC 用相同的密钥产生的消息序列,并对这些消息进行攻击。

散列值为 128 位时,攻击者必须观察 2^{64} 个由同一密钥产生的分组（2^{72} 位）。对于 1Gb/s 的连接,要想攻击成功,攻击者约需 150 000 年来观察同一密钥产生的连续密钥流。因此,当注重执行速度时,用 MD5 作为 HMAC 中的散列函数,完全是可以接受的。

6.4 数字签名

为了鉴别文件或书信的真伪,传统的做法是相关人员在文件或书信上亲笔签名或用印章。签名或印章起到认证、核准、生效的作用。随着信息时代的到来,人们希望通过数字通信网络迅速传递贸易合同,这就出现了合同真实性认证的问题,数字签名就应运而生了。

消息认证用来保护通信双方免受第三方的攻击。然而它无法防止通信双方的相互攻击。通信双方可能存在欺骗和抵赖。最吸引人的解决方案是数字签名,它具有如下性质。

（1）必须能够证实是作者本人的签名以及签名的日期和时间。

（2）在签名时必须能够对内容进行鉴别。

（3）签名必须能被第三方证实以便解决争端。

数字签名与消息加密有所不同,消息加密和解密可能是一次性的,它只要求在解密之前是安全的;而一个签名的消息可能会作为一个法律上的文件,很可能在对消息签署多年以后才验证其签名,且可能需要多次验证此签名。因此,对签名的安全性和防伪造要求更高,并且要求验证速度比签名速度要快,特别是联机在线实时验证。

数字签名用来保证信息传输过程中信息的完整和确认信息发送者的身份。在电子商务中,为了安全、方便地实现在线支付需要使用数字签名,数据传输的安全性、完整性,身份验证机制以及交易的不可抵赖措施等都通过安全性认证手段加以解决,数字签名可以进一步方便企业和消费者在网上做生意,使企业和消费者双方获利。例如,商业用户无须在纸上签字或为信函往来而等待,足不出户就能够通过网络获得抵押贷款、购买保险或者与房屋建筑商签订契约等,企业之间也能通过网上磋商达成有法律效力的协议。

数字签名在 OSP7498-2 标准中定义为:“附加在数据单元上的一些数据,或是对数据单元所做的密码变换,这种数据和变换允许数据单元的接收者用于确认数据单元来源和数据单元的完整性,并保护数据,防止被人（例如接收者）进行伪造。”美国电子签名标准（DSS,FIPS186-2）对数字签名做了解释:“利用一套规则和一个参数对数据计算所得的结果,用此结果能够确认签名者的身份和数据的完整性。”在数字签名中,最常用到的是采用公钥技术进行数字签名。

6.4.1 数字签名原理

在网络传送中,信息的接收方可以伪造一份报文,并声称是由发送方发过来的,从而获得非法利益。例如,银行通过网络传送一张电子支票,接收方就可能改动支票的金额,并声称是银行发送过来的。同样,信息的发送方也可以否认发送过报文,从而获得非法利益。例如,客户给委托人发送一份进行某项股票交易的报文,如果这项股票交易亏损了,客户为了逃避损失否认了发送交易的报文。因此,需要新的安全技术来解决在通信过程中引起的争端,这种技术就是数字签名技术。

可以使用公开加密算法实现数字签名:发送方用自己的私钥对消息(或消息散列值)加密就是该用户对该消息的数字签名,可以保证发送方不可否认。

当通信双方发生下列情况时,数字签名技术必须能够解决引发的争端。

(1) 否认,发送方不承认自己发送过某一报文。

(2) 伪造,接收方自己伪造一份报文,并声称它来自发送方。

(3) 冒充,网络上的某个用户冒充另一个用户接收或发送报文。

(4) 篡改,接收方对收到的信息进行篡改。

信息发送者使用公开密钥算法产生别人无法伪造的一段数据串。发送者用自己的私钥加密数据后传给接收者,接收者用发送者的公钥解开数据后,就可以确定消息来自于谁,同时也是对发送者发送信息的真实性的一个证明,发送者对所发信息不能抵赖。

数字签名与签名者的私钥和明文本身都有关,所以某人对一个文件的签名不可能被提取出来粘贴到另外一个文件中而不被发现,因为没有人能够修改报文并且使原有的签名依然有效,这就能很好地防止用户的签名被伪造。

简单数字签名原理如图6.9所示,假设发送者A对他的报文计算一个报文摘要,然后用他的私有密钥对报文摘要进行加密构成数字签名,并把数字签名和原文一起发送给B。当B使用A的公开密钥解密数字签名,他就得到了A的报文摘要的一个备份,因为他能够用A的公开密钥对数字签名进行解密。他知道是A产生的,这样就验证了发送者的身份。然后B使用相同的散列函数(在先前就协商好的)来计算A发送来的明文的报文摘要。如果他计算出来的摘要和A发送给他的摘要是相同的,这样他就可以确认数字签名是正确的,这不仅意味着是A发送的报文,而且报文在发送的过程中没有发生改变。一个相同的报文摘要意味着报文没有被改变,这种方法是报文本身作为明文的形式发送的,因此没有达到保密的要求。如果想达到保密的要求,我们可以使用对称加密算法来加密报文的明文部分,如图6.10所示。其实这个过程在6.3节的散列函数中已有介绍,如图6.5(a)所示。

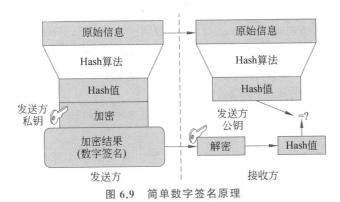

图6.9 简单数字签名原理

为什么需要在数字签名前使用散列函数计算报文摘要呢? 如果不使用,首先是计算代价高,使用公钥加密算法对信息进行加密是相对耗时的,如果对原始文件进行加密运

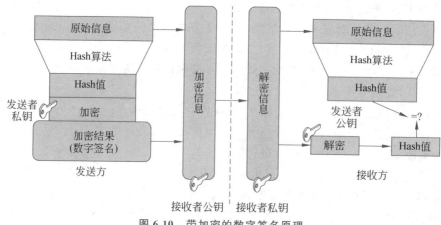

图 6.10　带加密的数字签名原理

算,签名过程会耗时较长。其次是存储代价大,每个原始文件都必须存储,以便于实际使用,同时还必须存储每个文件的数字签名,以便在有争议时用来认证文件的来源和内容。如果不使用报文摘要,每个文件数字签名的大小和文件本身的大小是差不多的,相当于额外多消耗了一倍的存储空间,特别是在用户数量很多时,需要很大的存储空间来存储数字签名。此外,在传输数字签名时,也会额外增加传输量。

解决这个问题的一个有效途径是减少数字签名的大小,因此数字签名人员想出了使用散列函数来快速地生成一个代表报文、简短独特的报文摘要,这个摘要可以被加密并作为数字签名。例如使用散列函数 SHA-256,生成的报文摘要只占用 256 比特空间,用发送者的私钥对报文摘要加密,加密后的结果为原文件的数字签名,这样就大大减小了数字签名计算、存储和传输的代价。

6.4.2　数字签名流程

在实际应用中,数字签名的过程通常如下。

(1) 采用散列算法对原始报文进行运算,得到一个固定长度的数字串,称为报文摘要(message digest),不同的报文所得到的报文摘要各异,但对相同的报文它的报文摘要却是唯一的。在数学上保证,只要改动报文中任何一位,重新计算出的报文摘要值就会与原先的值不相符,这样就保证了报文的不可更改性。

(2) 发送方生成报文的报文摘要,用自己的私有密钥对摘要进行加密来形成发送方的数字签名。

(3) 这个数字签名将作为报文的附件和报文一起发送给接收方。

(4) 接收方首先从接收到的原始报文中用同样的算法计算出新的报文摘要,再用发送方的公开密钥对报文附件的数字签名进行解密,比较两个报文摘要,如果值相同,接收方就能确认该数字签名是发送方的且报文未被篡改,否则就认为收到的报文是伪造的或者中途被篡改了。

数字签名的过程如图 6.11 所示。

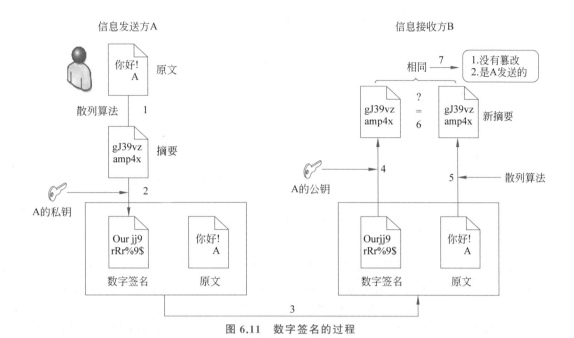

图 6.11 数字签名的过程

实现数字签名有很多方法,目前数字签名采用较多的是公钥加密技术,如基于 RSA Data Security 公司的 PKCS（Public Key Cryptography Standards）、DSA（Digital Signature Algorithm）、X.509、PGP（Pretty Good Privacy）。1994 年,美国标准与技术协会公布了数字签名标准（Digital Signature Standard，DSS）,从而使公钥加密技术广泛应用。

6.5 实验：数字签名的生成和验证

1. 实验环境

基本实验环境和第 4 章实验一致,在 OpenSSL 实验环境中进行散列函数和数字签名的实验。如果还没有安装 OpenSSL,参考第 4 章实验内容。

2. 实验步骤

（1）在 Linux 的图形界面下,需要打开一个终端（terminal）操作。在 Windows 操作系统中,需要打开"命令提示符"窗口,找到 OpenSSL 安装目录,就可以使用 openssl 命令了。

（2）使用散列函数对任意一个文件计算散列值,即报文摘要。在当前目录下新建一个文件 test,随意编辑内容并保存,使用 SHA256 散列函数命令计算该文件的散列值。

```
openssl sha256 test
```

（3）修改 test 文件,例如在 Linux 下面使用 vi 编辑软件对 test 进行任意修改,再次使用 SHA256 计算散列值,发现散列值已经发生很大的变化,如图 6.12 所示。

```
lab130@lab130-I420-G15:~$ openssl sha256 test
SHA256(test)= 1aa033e7ba72a65323ecaf8a27a721664fa607fc68e437e735fd80a69a77da79
lab130@lab130-I420-G15:~$ vi test
lab130@lab130-I420-G15:~$ openssl sha256 test
SHA256(test)= 740c91f4fd654809735a5cae51e4c1861cd48e6996db5112b2b973691971a736
lab130@lab130-I420-G15:~$
```

图 6.12　文件修改前后分别使用 SHA256 计算散列值

(4) 使用私钥对文件进行数字签名。假设已经完成第 5 章的实验,用 RSA 算法生成了一对私钥和公钥: mykey.pem 和 pubkey.pem。如果没有生成,可以参考第 5 章的实验内容。

```
openssl dgst-sha256 -sign mykey.pem -out my.sig test
```

dgst 表示使用报文摘要,-sha256 表示使用 SHA256 散列函数生成报文摘要,-sign mykey.pem 表示使用 mykey.pem 这个私钥来签名,-out my.sig 表示数字签名输出到 my.sig 这个文件,test 表示需要被签名的原始文件,也是上一步使用的文件。

生成签名后,可以查看这个签名,签名使用二进制存储,所以会有乱码,如图 6.13 所示。

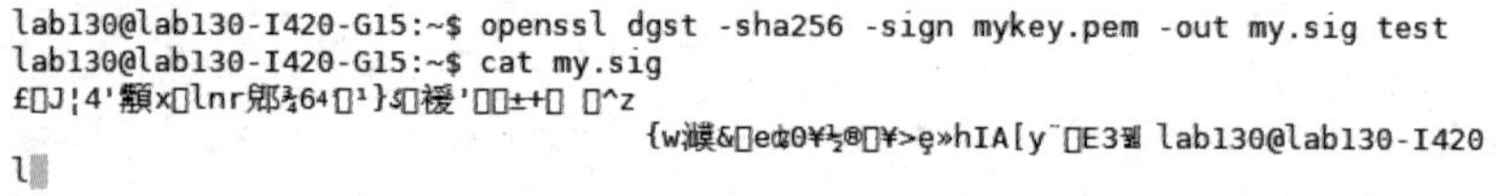

```
lab130@lab130-I420-G15:~$ openssl dgst -sha256 -sign mykey.pem -out my.sig test
lab130@lab130-I420-G15:~$ cat my.sig
£J¦'4'顤x lnr郎64'¹}知 援'±+ ^z
                            {w潕&e⑨¥⅛⑧¥»e»hIA[y¯E3 lab130@lab130-I420
l
```

图 6.13　查看二进制的签名

(5) 使用公钥对数字签名进行验证。

```
openssl dgst -sha256 -verify pubkey.pem -signature my.sig test
```

如果显示 Verified OK,说明签名验证成功,如图 6.14 所示。

```
lab130@lab130-I420-G15:~$ openssl dgst -sha256 -verify pubkey.pem -signature my.sig test
Verified OK
lab130@lab130-I420-G15:~$
```

图 6.14　签名验证成功

3. 实验探索

在完成上述步骤(4)之后,尝试偷偷修改 test 文件,再进行步骤(5)对数字签名进行验证,验证过程会出现什么问题?

习题

1. 说明消息认证的作用和应用场合。

2. 描述消息认证码和散列函数的差异。

3. 可以基于 DES 算法实现消息认证码,那如何使用 DES 作为安全散列函数?注意安全散列函数不使用密钥。

4. 假设一个散列函数产生 12 位的输出,如果随机选择 2^{10} 个消息计算散列值,可以找到碰撞吗?预计找到碰撞的可能性有多大?注意生日攻击对于散列函数的威胁。

5. 解释 SHA 安全散列函数处理消息的基本步骤。

6. HMAC 的设计目标是什么?

7. 数字签名有什么作用?主要应用在哪些场合?

8. 描述数字签名的基本原理。

9. 描述数字签名的流程。

第 7 章　鉴别和密钥分配协议

鉴别技术保证了在信息传送过程中能够正确地鉴别出信息发送方的身份,并且对信息内容的任何修改都可以被检测出来。本章中介绍的鉴别主要是对通信方身份的鉴别。利用对称加密算法和公开加密算法都可以进行鉴别。

因为对加密明文的保密主要依赖于密钥的保密,因此密钥的管理问题是密码学,甚至是网络信息安全研究中非常重要的问题。密钥的管理涉及密钥的生成、分配、使用、存储、备份、恢复以及销毁等多方面,涵盖了密钥的整个生存周期。其中如何分配已生成的密钥是密码学领域的难点问题,同样利用对称加密算法和公开加密算法都可以实现密钥分配。

本章重点介绍 Needham-Schroeder 协议及其改进协议,同时介绍如何对电子邮件进行单向鉴别。其次重点介绍如何安全分配对称密钥和公开密钥,这里面也涉及 Needham-Schroeder 协议。

7.1　鉴别协议

鉴别指两个或多个实体之间建立身份认证的过程,是证实信息交换过程有效性和合法性的一种手段。目前绝大多数的鉴别方法都是基于加密技术的,利用对称加密方法和公开加密方法都可以进行鉴别。

鉴别过程很容易遭受重放攻击,即攻击者发送一个目的主机已接收过的包,来达到欺骗目的主机的目的。在最坏的情况下,攻击者可以重放一个会话密钥或者成功地冒充另一方;情况好一点时,一个成功的重放可以提供看似正确其实并不正确的消息,这至少可以扰乱正常的操作。

一个常见的对付重放的方法是在待发送的鉴别消息中增加一项:现时(nonce)。现时是一个随时间变化的参数,是一个仅使用一次的数,在鉴别协议中被广泛应用,它既可以是一个序列号,也可以是随机数或时间戳。

(1) 随机数性质最好,因为它不可猜测和预测,但它不适合无连接的应用。

(2) 使用时间戳则要求双方的时钟同步,在分布式环境中有一定的困难;而且使用它的协议必须能容错,可以抗恶意攻击。

(3) 使用序列号则要求通信的每一方都要记住其他各方与其通信时的最后一个序列号,这比较难以实现;还要求产生它的系统是抗毁的,即使系统崩溃,序列号也不会出错。

nonce 的选用希望做到用户可以区别它们的不同,而攻击者无法伪造或猜测,从而增加重放和冒充的难度。nonce 在很多加密方法的初始向量和散列函数中发挥着重要作用,也可用于流密码加密过程中。

通信对象的鉴别分为单向鉴别和双向鉴别,下面分别加以讨论。

7.1.1　Needham-Schroeder 双向鉴别协议

双向鉴别技术保证了在信息传送过程中通信双方能够正确地鉴别出对方的身份,还同时可以交换会话密钥,用于保证信息的安全传输。

进行双向鉴别不得不从 Needham-Schroeder 协议谈起。这个经典的协议由 Roger Needham 和 Michael Schroeder 发明,采用了对称加密体制和密钥分配中心(KDC)技术。尽管这个协议本身存在一定的安全漏洞,但后来发展的很多鉴别协议都是在它的基础上扩展而成的,包括非常有名的 Kerberos 协议。

可以通过两层对称加密结构来实现 Needham-Schroeder 协议,以实现分布式环境中的双向鉴别和密钥分配。通常来说,这种方法需要使用一个可信任的密钥分配中心(KDC)。网络中通信的每一方都分别与 KDC 共享一个密钥称为主密钥(该密钥已经通过其他方法安全分发),KDC 负责产生通信双方通信时短期使用的会话密钥,并且通过主密钥来保护会话密钥的分发。这种方法使用得非常普遍,Kerberos 系统中使用的也是这种方法。

图 7.1 给出了 Needham-Schroeder 协议的双向鉴别和密钥分配过程,该协议的具体步骤可归纳如下。

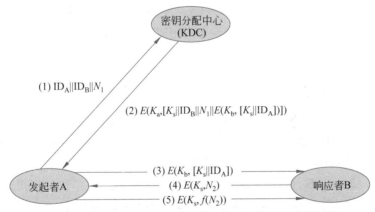

图 7.1　**Needham-Schroeder 协议的双向鉴别和密钥分配过程**

(1) A→KDC：$ID_A \parallel ID_B \parallel N_1$。

(2) KDC→A：$E(K_a, [K_s \parallel ID_B \parallel N_1 \parallel E(K_b, [K_s \parallel ID_A])])$。

(3) A→B：$E(K_b, [K_s \parallel ID_A])$。

(4) B→A：$E(K_s, N_2)$。

(5) A→B：$E(K_s, f(N_2))$。

实际上,到步骤(3)已经完成会话密钥的分配过程,通信的双方已经共享了新的会话密钥 K_s,步骤(4)和步骤(5)则进一步实现了鉴别功能。

K_a 和 K_b 分别是 A 和 B 与 KDC 共享的密钥,该协议的目的就是将会话密钥 K_s 安全地分发给 A 和 B。在步骤(2)中 A 安全地获得新的会话密钥 K_s,N_1 说明该报文不是以前协议的重放。步骤(3)中的消息只能被 B 解密,使得通信方 A 证实对方是通信方 B,

解密后报文中的 ID_A 使得通信方 B 证实对方是通信方 A。步骤(4)说明 B 已经知道了 K_s,步骤(5)使 B 确信 A 也知道了 K_s,由于使用了现时 $f(N_2)$,B 确信这是一条新的消息。步骤(4)和步骤(5)的加入是为了防止某种简单类型的重放攻击,特别是攻击者截获了步骤(3)中的报文并直接重放该报文。

这个协议的最终结果是把密钥分配中心(KDC)产生的会话密钥 K_s 安全地分发给通信方 A 和通信方 B,同时通信双方 A 和 B 都证实了自己的身份和对方的身份。

尽管 Needham-Schroeder 协议已经考虑了重放攻击,但是设计一个完美的没有漏洞的鉴别协议往往是很困难的。尽管有步骤(4)和步骤(5)的握手,该协议仍然容易受到重放攻击。假设攻击者 X 已经获得了一个旧的会话密钥,虽然出现这种情况的概率比攻击者只是简单地截获步骤(3)中的消息的概率小得多,但这也是一个潜在的安全威胁。X 可以假冒 A 重放步骤(3)中的消息诱使 B 使用旧的会话密钥进行通信。除非 B 明确地记得以前与 A 通信时所用的所有会话密钥,否则不能判断这是否为一个重放。如果 X 可以截获步骤(4)中的握手消息,就可以模仿步骤(5)中 A 的应答。从这时起,X 可以发送伪造的消息给 B,而 B 以为这是 A 使用才分发的会话密钥加密发送过来的消息。

7.1.2 改进的 Needham-Schroeder 协议

Denning 针对这个问题对 Needham-Schroeder 协议进行了改进,在步骤(2)和步骤(3)中加入了一个时间戳。在改进的协议中假定主密钥 K_a 和 K_b 是安全的,它包括下列几个步骤。

(1) A→KDC：$ID_A \parallel ID_B$。

(2) KDC→A：$E(K_a, [K_s \parallel ID_B \parallel T \parallel E(K_b, [K_s \parallel ID_A \parallel T])])$。

(3) A→B：$E(K_b, [K_s \parallel ID_A \parallel T])$。

(4) B→A：$E(K_s, N_1)$。

(5) A→B：$E(K_s, f(N_1))$。

时间戳 T 使 A 和 B 确信该会话密钥是刚刚产生的,这样,A 和 B 都知道此次交换的是一个新的会话密钥。因为时间戳 T 是使用安全的主密钥加密的,一个攻击者即使知道一个旧会话密钥,也不能成功地重放步骤(3)中的消息,因为 B 可以根据消息的时间戳检测出步骤(3)中的消息是重放。

Denning 协议看上去比 Needham-Schroeder 协议提供了更高的安全性,但是一个新的问题又出现了：也就是说,这个新的方案需要依赖时钟,而这些时钟应在整个网络上保持同步。当时钟或同步机制出错或者被破坏时,分布的时钟可能会不同步。当发送者的时钟超前于接收者的时钟,一个攻击者可以截获发送者发出的消息,并在消息中的时间戳是接收方的当前时间时重放这条消息,这种攻击会引起不可预测的结果,Gong 称这种攻击为"禁止-重放攻击"。

下面的改进协议同时解决了"禁止-重放攻击"和 Needham-Schroeder 协议中存在重放的问题,该协议如下。

(1) A→B：$ID_A \parallel N_a$。

(2) B→KDC: $ID_b \parallel N_b \parallel E(K_b, [ID_A \parallel N_a \parallel T_b])$。

(3) KDC→A: $E(K_a, [ID_B \parallel N_a \parallel K_s \parallel T_b]) \parallel E(K_b, [ID_A \parallel K_s \parallel T_b]) \parallel N_b$。

(4) A→B: $E(K_b, [ID_A \parallel K_s \parallel T_b]) \parallel E(K_s, N_b)$。

下面一步一步地来介绍该协议。

(1) A 初始化该认证交换。产生一个现时 N_a,并将其标识和 N_a 一起以明文的形式发送给 B。该现时将和会话密钥等一起被加密后返回给 A,向 A 保证消息的及时性。

(2) B 向 KDC 申请一个会话密钥。发送给 KDC 的消息中包含它的标识和一个现时 N_b,这个现时将和会话密钥等一起被加密后返回给 B,向 B 保证该消息的及时性。B 发送给 KDC 的消息中还包含用 B 和 KDC 共享的主密钥加密后的消息,该消息用于请求 KDC 给 A 发证书,消息中指定了证书的接收方、证书的使用期限和从 A 那里收到的现时。

(3) KDC 将 B 的现时用 B 和 KDC 共享的主密钥加密的消息分组发送给 A。待会可以看到,该消息相当于为 A 的后续认证提供了一张"证明书"。KDC 也向 A 发送了一个用 A 和 KDC 共享的主密钥加密的消息,该消息证明 B 曾经收到过 A 的初始化消息(ID_B),说明该消息是及时的,而不是一个重放(N_a),同时向 A 提供了会话密钥(K_s)和该会话密钥的时间戳(T_b)。

(4) A 将证明书和 B 的现时同时传送给 B,后者用会话密钥加密。该证明书向 B 提供了用于解密 $E(K_s, N_b)$ 的密钥而获得现时 N_b。用会话密钥加密 B 的现时保证了这是来自于 A 的非重放消息。

这个协议提供了 A 和 B 通过会话密钥建立会话的安全有效手段。而且,该协议使 A 拥有一个可向 B 进行后续认证的"证明书",避免了重复与认证服务器 KDC 联系。假如 A 和 B 使用上述协议建立一个会话并且结束了会话,随后在该协议所规定的有效期内,A 又想和 B 建立一个新的会话,则可以使用下面的协议。

(1) A→B: $E(K_b, [ID_A \parallel K_s \parallel T_b]) \parallel N'_a$。

(2) B→A: $N'_b \parallel E(K_s, N'_a)$。

(3) A→B: $E(K_s, N'_b)$。

当 B 接收到步骤(1)中的消息时,可以验证证书还没有失效。新产生的现时 N'_a 和 N'_b 使通信双方确定没有重放攻击。注意在前面的讨论中,T_b 指定的只是相对于 B 的时钟的时间,因此该时间戳并不要求时钟同步,因为 B 只校验自身产生的时间戳。

但是该协议的设计中也有许多不足:这个协议依赖于 KDC 的绝对安全性。KDC 更可能是可信的计算机程序,而不是可信的个人,如果一个攻击者破坏了 KDC,整个网络都会遭受损害。他获得了 KDC 与每个用户共享的所有主密钥后,就可以读取所有过去和将来的通信业务。另外一个问题就是 KDC 可能会成为瓶颈,如果 KDC 失效了,整个系统都会被破坏。

从 Needham-Schroeder 鉴别协议的改进过程可以看出,设计真正安全实用的鉴别协议是十分困难的。不同的假设条件、不同的网络环境,会产生不同安全等级的鉴别协议,真正安全的鉴别协议一定需要通过理论的证明和实际应用的检验。目前,鉴别协议的理论证明仍然是一项值得研究的课题。

7.1.3　单向鉴别协议

下面以对电子邮件的鉴别讨论单向鉴别协议的应用。电子邮件的基本特性是：与 Web 应用不同，它不需要发送方和接收方同时在线（即单向性）。电子邮件消息发送到接收者的电子邮箱，并一直保存在里面直到接收者去阅读。

首先，"信封"或者电子邮件消息的头必须是明文形式，这样诸如简单邮件传输协议（SMTP）或 X.400 这些存储—转发邮件协议才能够处理它们。因此，只有电子邮件消息内容需要被加密，而且邮件处理系统不需要拥有解密密钥。第二个要求就是鉴别，一般来说，接收者希望能够保证，其接收到的消息来自合法的发送者。

1. 使用对称加密算法

考虑到应该避免要求发送方 A 和接收方 B 同时在线，对 Needham-Schroeder 协议进行一些细微的修改后（即不需要步骤（4）和步骤（5）），就可以将它用于电子邮件的单向鉴别中。对于明文的电子邮件消息 M 来说，修改后的协议如下。

（1）A→KDC：$ID_A \parallel ID_B \parallel N_1$。

（2）KDC→A：$E(K_a, [K_s \parallel ID_B \parallel N_1 \parallel E(K_b, [K_s \parallel ID_A])])$。

（3）A→B：$E(K_b, [K_s \parallel ID_A]) \parallel E(K_s, M)$。

这种协议保证了只有消息的合法接收者才能够阅读该消息，同时它也提供了单向鉴别：证实发送者就是 A。但是该协议当然也不能抗重放攻击。另外，就算在消息中加入一个时间戳，由于电子邮件本身存在潜在的延时，所以时间戳的作用非常有限。

2. 使用公开加密算法

公开加密算法适合保证电子邮件传输的安全性，它既能够保证消息的机密性，也能够鉴别消息的通信方，或者两者都保证。

（1）如果只需要保证消息的机密性，需要发送的报文如下。

$$A→B：E(PU_B, K_s) \parallel E(K_s, M)$$

A 使用会话密钥 K_s 加密消息 M，同时使用 B 的公钥 PU_B 对 K_s 加密。只有 B 才能用自己的私钥来获得 K_s，然后用 K_s 解密该消息，这种方法比直接用 B 的公钥加密消息本身的效率高多了。

（2）如果只需要实现鉴别，数字签名就足够了，需要发送的报文如下。

$$A→B：M \parallel E(PR_A, H(M))$$

这种方法保证了 B 相信报文是 A 发送的（其他人不能假冒 A 发送），也保证了 A 以后不能否认曾经发过这条消息。这种方法不但不能保证消息的机密性，而且攻击者把最外面 A 的签名去掉，代之以自己的私钥签名也是可能的，这样 B 就会误认为消息是攻击者发送的。

（3）如果需要同时实现鉴别和机密性，消息和签名再用接收者的公钥来加密：

$$A→B：E(PU_B, [M \parallel E(PR_A, H(M))])$$

（4）如果同时需要提高加密效率，还需要使用下面的数字信封技术（结合使用对称加

密和公开加密),其实下面这个公式就是 PGP 加密系统的一种形式化表达方式:

$$A \rightarrow B: E(PU_B, K_s) \| E(K_s, [M \| E(PR_A, H(M))])$$

7.2 密钥分配协议

目前,大部分加密算法都已经公开,像 AES 和 RSA 等加密算法甚至作为国际标准来推行。因此,明文的保密在相当大的程度上依赖于密钥的保密。虽然设计安全的密钥算法和协议是不容易的,但可以依靠大量的学术研究。相对来说,对密钥进行保密显得更加困难。如何安全可靠、迅速高效地分配密钥,如何管理密钥一直是密码学领域的重要研究课题。

因为对称加密算法和公开加密算法的密钥性质不同,所以在密钥分配上存在的问题也不同:要使对称加密有效地进行,通信双方必须共享一个密钥,这个密钥还要防止被他人获得;要使公开加密有效地进行,通信双方必须发布其公钥,并防止其私钥被其他人获得。此外,密钥还需经常更换,以便在攻击者知道密钥的情况下使得泄露的数据量最小。在实际使用中,对于通信的双方 A 和 B,密钥的分配可以有以下几种方法。

(1) 密钥可以由 A 选定,然后通过物理的方法安全地传递给 B。

(2) 密钥可以由可信任的第三方 C 选定,然后通过物理的方法安全地传递给 A 和 B。上述两种方法由于都需要对密钥进行人工传递,对于大量连接的现代通信而言,显然不适用。

(3) 如果 A 和 B 都有一个到可信任的第三方 C 的加密连接,那么 C 就可以通过加密连接将密钥安全地传递给 A 和 B。可以采用密钥分配中心(KDC)技术,可信任的第三方 C 就是 KDC,这种方法常用于对称密钥的分配。

(4) 如果 A 和 B 都由可信任的第三方发布自己的公开密钥,它们就可用对方的公开密钥来加密通信。可以采用密钥认证中心技术,可信任的第三方 C 就是证书授权中心 CA,这种方法多用于公开密钥的分配。

7.2.1 对称密钥的分配

1. 集中式密钥分配方案

由一个中心节点(即 KDC)或者由一组节点组成层次结构负责密钥产生并分配给通信双方。用户不需要保存大量的会话密钥,只需保存同中心节点的加密主密钥,用于安全传送由中心节点产生的即将用于与另一方通信的会话密钥。这种方式的缺点是通信量大,同时需要较好的鉴别功能以鉴别中心节点和通信方。

目前使用的主流技术是密钥分配中心(KDC)技术,前面介绍的 Needham-Schroeder 协议就是这样的一种集中式密钥分配方案。它既具有良好的鉴别功能,又能使用主密钥加密对称的会话密钥,实现它的安全分发。协议的具体细节就不再介绍,下面讨论集中式密钥分配方案存在的问题。

单个密钥分配中心(KDC)无法支持大型的通信网络。因为每两个可能要进行安全通信的终端都必须同该密钥分配中心共享主密钥,所以当通信的终端数量很大时,这样做是不切实际的。解决这种问题的方案如下。

（1）为了同时支持没有共同密钥分配中心的终端之间的密钥信息的传输,可以建立一系列的密钥分配中心,各个密钥分配中心之间存在层次关系。

（2）各个密钥分配中心按一定方式进行协作。这样,一方面主密钥分配所涉及的工作量减至最少;另一方面某个KDC失效时,只影响其管辖区域,而不至于影响全局。

另外,应注意会话密钥有效期的设置。会话密钥更换得越频繁,系统的安全性也就越高。但是另一方面,频繁更换会话密钥会造成网络负担,延迟用户之间的通信。因此,在决定其有效期时,应权衡矛盾的两方面。

2. 分散式密钥分配方案

使用KDC进行密钥分配要求KDC是可信任的并且应该保护它免于被破坏。如果KDC被破坏,那么所有依靠该KDC分配会话密钥进行通信的所有通信方将不能进行正常的安全通信。如果KDC被控制,那么所有依靠该KDC分配会话密钥进行通信的所有通信方传递的信息将被窃听。

解决方案是:把单个KDC分散成几个KDC,将会降低这种风险;更进一步,把几个KDC分散到所有的通信方,即每个通信方同时也是密钥分配中心,自己保存同其他所有通信方的主密钥。分散式密钥分配方案如图7.2所示,会话密钥分配过程如下。

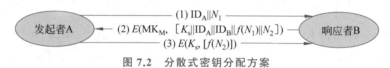

图7.2　分散式密钥分配方案

1）A→B:$ID_A \parallel N_1$

A给B发出一个要求会话密钥的请求,报文内容包括A的标识符ID_A和一个现时N_1,告知A希望与B进行通信,并请B产生一个会话密钥用于安全通信。

2）B→A:$E(MK_M, [K_s \parallel ID_A \parallel ID_B \parallel f(N_1) \parallel N_2])$

B使用一个用A和B共享的主密钥MK_M加密的报文进行响应。响应的报文包括B产生的会话密钥、A的标识符ID_A、B的标识符ID_B、$f(N_1)$的值、另一个现时N_2。

3）A→B:$E(K_s, [f(N_2)])$

A使用B产生的会话密钥K_s对$f(N_2)$进行加密,返回给B。

这种方案要求有n个通信方的网络要保存$[n(n-1)/2]$个主密钥。对于很大的网络,这种只用对称加密算法来实现分散式密钥分配的方案是不实际的,但对于小型网络或大型网络的局部范围,该分散式方案可行。

它的优点是虽然每个通信方都必须保存多达$n-1$个主密钥,但是需要多少会话密钥就可以产生多少。其中使用主密钥加密的报文很少,所以对主密钥的分析很困难。而会话密钥虽然加密的报文很多,但它只使用有限时间,所以也不易被攻破,即使被攻破对系统安全的危害也不大。

7.2.2 公开密钥的分配

公开密钥的分配要求和对称密钥的分配要求有着本质的区别。公开加密技术使得密钥较易分配,但它也有自己的问题。获取一个人的公开密钥有如下 4 种途径。

1. 公开密钥的公开宣布

任何参与者都可以将他的公开密钥发送给另外任何一个参与者,或者把这个密钥广播给相关人群。例如,PGP 中很多用户就可将自己的公钥附加到消息上,发送到公开区域。该途径有致命的漏洞:任何人都可以伪造一个公开的告示,冒充其他人,发送一个公开密钥给另一个参与者或者广播这样一个公开密钥。

2. 公开可用目录

由一个可信任组织负责维护一个公开的公开密钥动态目录(其中的目录项定期公布和更新),该目录为每个参与者维护一个目录项{用户名,用户的公开密钥},每个目录项的信息都需证实其真实性。任何其他通信方都可以从这里获得所需要通信方的公开密钥。该途径有致命的弱点:如果一个攻击方成功地得到或者计算出目录管理机构的私有密钥,就可以伪造公开密钥,并发送给其他人达到欺骗的目的。

3. 公开密钥管理机构

比公开可用目录多了公开密钥管理机构和通信方的认证以及通信双方的认证。每个通信方都有安全渠道得到该中心权威机构的公开密钥,而其对应的私有密钥只有该中心权威机构才持有。任何通信方都可以向该中心权威机构获得其他任何通信方的公开密钥,通过该中心权威机构的公开密钥便可判断它所获得的其他通信方的公开密钥的可信度。它的缺点在于,因为每一用户要想与他人联系都求助于该管理机构,所以容易使管理机构成为网络通信中的瓶颈。

4. 公开密钥证书

能否不需要与公开密钥管理机构实时通信,也能证明其他通信方的公开密钥的可信度?这就需要引入公开密钥证书的概念和技术。目前,公开密钥证书即数字证书由 CA 颁发,CA 可以事先为用户颁发证书,等用户需要通信时通过下载并验证他人的数字证书,相互得到对方的公钥即可,而无须再与 CA 联系。图 7.3 给出了利用数字证书分配公开密钥的过程。

CA 作为网络通信中受信任的第三方,承担检验公开密钥的合法性的责任。CA 为每个用户发放数字证书(经 CA 私钥签名的包含公开密钥拥有者信息及其公开密钥的文件),数字证书的作用是证明证书中列出的用户合法地拥有证书中列出的公开密钥。数字证书的格式遵循 X.509 标准,CA 的数字签名使得攻击者不能伪造和篡改证书。

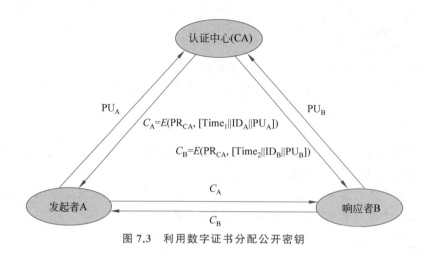

图 7.3　利用数字证书分配公开密钥

7.2.3　使用公开加密算法分配对称密钥

公开加密算法可以直接对消息本身加密,如果明文消息很长,加密和解密的速度就相当慢,所以事实上公开加密算法更多的时候用来分发对称加密算法的密钥:用公开加密方法来保护对称加密密钥的传送,保证了对称加密密钥的安全性;用对称加密方法来保护要发送的消息,由于其加密密钥是安全的,因而其传送的数据也是安全的,同时也利用了对称加密速度快的特点。这就是所谓的链式加密(数字信封)。使用这种方式,用户可以在每次发送保密信息时都使用不同的对称密钥,从而增加对称密钥破译的难度。而且一次对称密钥的破译不影响其他传递。

假定通信的双方 A 和 B 已经通过某种方法得到对方的公开密钥,那么用它来分发对称密钥的步骤如下所示,其分发过程如图 7.4 所示。

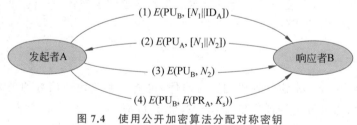

图 7.4　使用公开加密算法分配对称密钥

1. A→B: $E(PU_B, [N_1 \| ID_A])$

A 使用 B 的公开密钥 PU_B 加密一个报文发给 B,报文内容包括一个 A 的标识符 ID_A、一个现时值 N_1。

2. B→A: $E(PU_A, [N_1 \| N_2])$

B 返回一个用 A 的公开密钥 PU_A 加密的报文给 A,报文内容包括 A 的现时值 N_1 和

B 新产生的现时值 N_2。因为只有 B 才可以解密 1 中的报文,报文 2 中的 N_1 存在使得 A 确信对方是 B。

3. A→B：$E(PU_B, N_2)$

A 返回一个用 B 的公开密钥 PU_B 加密的报文给 B,因为只有 A 才可以解密 2 中的报文,报文 3 中的 N_2 存在使得 B 确信对方是 A。

4. A→B：$E(PU_B, E(PR_A, K_s))$

A 产生一个对称加密密钥 K_s,并用 A 的私有密钥 PR_A 加密,保证只有 A 才能发送它,再用 B 的公有密钥 PU_B 加密,保证只有 B 才能解读它。

B 收到加密报文后,先用自己私钥解密,再用 A 的公钥解密就得到 K_s,从而获得与 A 共享的对称加密密钥,因而通过 K_s 可以与之安全通信。

使用这种方式,用户在每次发送保密信息时都可以使用不同的对称密钥,从而增加密码破译的难度。一次密码的破译不影响其他次数据传递的安全。

另外,密码学中所介绍的 Diffie-Hellman 协议也是一个利用公开加密算法分配对称密钥的协议,但它不具有任何鉴别功能。

习题

1. 为什么密钥的分配与管理是加密系统最核心的问题?

2. 有哪几种常见的防止重放攻击的方法?它们各有什么特点?除了本章给出的方法之外,还有哪些机制能在一定程度上防止重放攻击?

3. 在 Needham-Schroeder 协议中,通信双方的主密钥和会话密钥的作用有何不同?它们分别是如何进行安全分发的?

4. Needham-Schroeder 协议能够实现双向鉴别和密钥分配,它一般是否会遭受中间人攻击?请说明原因。那么是否会遭受重放攻击呢?请说明原因和给出具体的攻击方案。

5. Needham-Schroeder 协议中使用的"现时"机制会遭受怎样的重放攻击?而依赖时钟同步的鉴别协议会遭受哪种重放攻击?本章中给出的哪种改进协议可以同时避免这两种重放攻击?它是如何实现的?

6. 如何修改 Needham-Schroeder 协议,使其能对电子邮件实现单向鉴别?这样修改的原因是什么?

7. 阐述如何分别使用对称加密算法和公开加密算法对电子邮件进行单向鉴别的原理,以及两种方法的优缺点。

8. 对称加密密钥的分配有哪两种主要的方案?请对比一下它们的优缺点。

9. KDC 在 Needham-Schroeder 协议的双向鉴别和密钥分配过程中起到什么作用?

10. 对称加密密钥的分散式分配方案的适用场合是什么?使用两级密钥方案(主密

钥和会话密钥)在密钥安全性管理上有什么优点？

11. 公开加密密钥的分配有哪几种方案？它们各有什么特点？哪种方案最安全？

12. 如何使用公开加密算法进行对称密钥的分配？

13. 试比较本章中的使用公开加密算法进行对称密钥的分配方案与 Diffie-Hellman 的密钥分配方案的异同。

第8章　身份认证和访问控制

身份认证是指用户要向系统证明他就是他所声称的那个人,包括识别和验证两个步骤:识别就是明确访问者的身份,验证就是对访问者声称的身份进行确认。识别信息是公开的,验证信息是保密的。在身份认证中用户必须提供他是谁的证明,认证的目的就是弄清楚他是谁,他具有什么特征,他知道什么可用于识别他的东西。这种证实用户的真实身份与其所声称的身份是否相符的过程是为了限制非法用户访问网络资源,这是其他安全机制的基础。

身份认证是安全系统中的第一道关卡,它在安全系统中的地位极其重要,是最基本的安全服务,其他的安全服务(如访问控制)都要依赖于它。识别身份后,由访问监视器根据用户身份和授权数据库决定是否能够访问某个资源。一旦身份认证系统被攻破,系统的所有安全措施将形同虚设,黑客攻击的目标往往就是身份认证系统。图 8.1 是安全系统中的身份认证和访问控制的示意图。

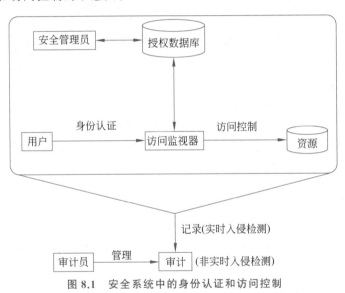

图 8.1　安全系统中的身份认证和访问控制

根据所使用环境的不同,身份认证分为单机状态下身份认证和网络环境下的身份认证两种,首先介绍单机状态下身份认证,然后重点介绍两种主要的网络环境下的身份认证协议——S/KEY 协议和 Kerberos 协议。

8.1　单机状态下的身份认证

单机状态下的身份认证相对网络环境下的身份认证来说比较容易实现,单机状态下用户登录计算机时,一般有以下 4 种形式验证用户身份。

（1）用户所知道的东西（基于知识的证明）：如口令、密码等。

（2）用户所拥有的东西（基于持有的证明）：如智能卡、通行证、USB Key 等。

（3）用户所具有的生物特征（基于属性的证明）：如指纹、脸形、声音、视网膜扫描、DNA 等。

（4）用户的行为特征：如手写签字、打字韵律等，这必须是用户下意识动作的结果。

组合使用上面的方法会更有效，如将口令与智能卡结合使用，通常称为双因素身份认证。因为每一种身份认证方法有自身的弱点，采用双因素身份认证可相互取长补短。

8.1.1　基于口令的认证方式

基于口令的认证方式是最常用的一种身份认证技术：用户输入自己的口令，计算机验证并给予用户相应的权限。对口令的攻击分为联机和脱机两种方式：联机攻击的表现形式是联机反复尝试口令进行登录；脱机攻击的表现形式为截获口令密文后进行强力攻击。基于口令的认证方式中最需要考虑的问题是如何存储口令。

1. 直接明文存储口令

这种方式有很大风险，任何人只要得到了存储口令的数据库，就可以得到全体人员的口令。例如，攻击者可以设法得到一个低优先级的账号和口令，进入系统后得到存储明文口令的文件，这样他就可以得到全体人员的口令，包括最高管理员的口令。

2. Hash 散列存储口令

口令 x 的散列值 $F(x)$ 又叫作通行短语（pass phrase），散列函数的目的是为文件、报文或其他数据产生"数字指纹"。对于每一个用户，系统将账号和口令散列值成对存储在一个口令文件中，当用户登录时，用户输入口令 x，系统计算 $F(x)$，然后与口令文件中相应的散列值进行比对，成功即允许登录。

3. 加盐的 Hash 散列存储口令

为了使口令文件中存储的用户口令更加安全，避免由于相同的明文口令对应的口令散列值相同，而造成一个用户口令的破解导致另一个用户的同一口令也被同时破解的问题，有些系统中又引了"盐值"的口令保存机制。

使用"盐值"的 3 个目的如下。

（1）它可以防止相同的口令明文在口令文件中的存储也是相同的。即使是两个不同的用户选择了相同的口令，这些口令也会被分配不同的"盐值"。因此，两个用户所拥有的散列口令是不同的。

（2）它显著地增加了离线口令字典攻击的难度。对于一个 b 位长度的"盐值"，可能产生的口令数量将会增长 2^b 倍，这将大大增加通过字典攻击来猜测口令的难度。

（3）它使得攻击者几乎不可能发现一个用户是否在两个或更多的系统中使用了相同的口令。

盐（salt）是在用户口令被散列之前与口令结合在一起的随机字符串，长度一般为 12

比特。由于该字符串在每一次口令创建时都随机生成,因此,即使两个用户的口令相同,但由于 salt 值不同,得到的口令散列也不同。例如,在 Linux 系统中/etc/shadow 文件中包含的两行数据:

```
lijie: qdUYgW6vvNB.U
wangfeng: zs9RZQrI/0aH2
```

账户 lijie 和 wangfeng 使用的是相同的口令值 password,但是在口令文件中保存的口令散列却完全不同。因此,当口令破解者破解一个口令后,他没有办法寻找具有相同散列值的其他口令,必须一个个地破解每一个口令。

服务器在对用户进行认证时要求用户输入口令,系统按照用户账号查找到存储的相应的 salt 和口令散列,并对用户输入的口令和 salt 合并后进行散列,然后将散列的结果与存储的该用户的口令散列进行比较:如果匹配成功则用户通过认证,否则拒绝用户访问。UNIX 及其各种变体(包括 Linux)在散列口令时都使用了加盐。

基于口令散列的认证方式的优点在于,即使黑客或系统管理员得到了口令文件,通过散列值想要计算出明文口令在计算上也是不可能的,这就相对增加了安全性。但是这种认证方式存在严重安全问题,它是一种单因素的认证,安全性仅依赖于口令,而且用户往往选择容易记忆、容易被猜测的口令(这就是安全系统最薄弱的突破口),同时口令文件被窃取后也可被进行离线的字典式攻击。随着自动化口令破解工具的实现,这种方法已经变得越来越不可靠。基于静态口令的认证在计算机网络中和分布式系统中更加不安全。

8.1.2 基于智能卡的认证方式

基于智能卡的认证方式是一种双因素的认证方式,也称为"增强的认证"。它要求用户拥有两个完全不同的因素:所知道的东西(个人身份识别码 PIN)和所拥有的东西(智能卡)。智能卡具有硬件加密功能,有较高的安全性。每个用户持有一张智能卡,智能卡存储用户个性化的秘密信息,同时在身份认证服务器中也存储该秘密信息。进行认证时,用户输入 PIN,智能卡识别 PIN 是否正确,如果正确,即可读出智能卡中的秘密信息,进而利用该秘密信息与主机之间进行认证。

在基于智能卡的认证方式中即使 PIN 或智能卡被窃取,用户仍不会被冒充。智能卡提供硬件保护措施和加密算法,可以利用这些功能加强安全性能。

8.1.3 基于生物特征的认证方式

基于生物统计学的方法以人体唯一的、可靠的、稳定的生物特征(如指纹、虹膜、脸形、掌纹等)为依据,采用计算机强大的计算功能和网络技术进行图像处理和模式识别。所有的工作大多进行了这样 4 个步骤:抓图、抽取特征、比较和匹配。生物识别系统捕捉到具有生物特征的样品,唯一的典型特征数据将会被提取并且被转化成数字符号,这些符号被存成那个人的特征模板。在登录时,人们同生物特征识别系统交互来进行身份认证,以确定匹配或不匹配。

因为这些特征都具有因人而异和随身携带的特点，他人模仿这些特征比较难，并且特征不能转让，所以该技术具有很好的安全性、可靠性和有效性。但是基于生物特征的认证方式识别的速度相对较慢，使用代价高，使用面窄，且不适合在网络环境中使用，而且在网络上传送时如果泄露也不好更新，所以使用得还不是非常广泛。历史上，第一个用于身份认证的生物特征是指纹，其他如声音、角膜则用得比较少。

近两年来，人脸识别技术得到了蓬勃发展和大规模使用，人脸识别技术实现的前提是根据人脸的面部特征构建相应的数学模型，通过摄像机和图片提取技术获取人脸的面部特征点的数据，同时对这些数据依照相应的算法进行计算比对，根据比对结果来实现登录、授权等操作。

人脸识别的主要流程如下。

人脸采集：通过摄像头采取同一个人的不同方位、不同表情的人脸图像。

人脸检测：人脸识别首先要做的就是识别出人脸，通过对视频中的图片进行捕获，判断是否符合人类的基础面部特征。若符合人脸的面部基础特征，则可进行人面图像预处理操作。

人脸图像预处理：预处理的结果将是为更细化的特征提取做准备。预处理的方式有很多种，如图像灰度化处理。

人脸图像特征提取：人脸特征建模的过程。人脸特征提取方法主要有以下两大类：基于知识的表征方法和基于统计学习或代数特征的表征方法。

人脸图像的识别与匹配：对特征提取后的人脸图像进行对比，得出人脸的相似度，相似度达到某一预设值，即满足人脸匹配。如果是一对一进行面部特征比较，则该过程叫作确认。如果是一对多的面部特征匹配，则该过程叫作辨认。

目前各种基于生物特征的认证方式需要解决的问题是：如果提取的识别信息数据量过多，则存在存储开销大、传输效率低等缺陷；数据量过少又可能出现漏报。如何准确地提取识别信息，是当前的一个研究热点。

8.2 S/KEY 认证协议

8.2.1 一次性口令技术

首先介绍在网络环境下进行身份认证的困难性，这同时也是为什么要使用一次性口令技术的原因。

Internet 上用户常常受到的一种攻击是监听：通过在网络连接上进行监听获得合法用户的账号和口令。攻击者可以使用已经获得的账号和口令来获得系统的访问权。所以在进行网络环境下的身份认证时，每次都使用相同的明文口令极易被网上嗅探，而且也容易受到字典攻击。

即使网络上传输的是用户的口令散列，它仍然可以被截获下来，且并不需要去解密得到口令本身。因为同一用户每次登录时使用的口令散列都相同，所以只需要直接"重放"口令散列就可以假冒合法用户登录成功。

因此,网络环境下的身份认证不能使用上面这些静态口令,而必须使用一次性口令技术,S/KEY 就是一种一次性口令认证技术,它能对抗上述的重放攻击。

20 世纪 80 年代初,美国科学家 Leslie Lamport 首次提出利用散列函数产生一次性口令的思想;1991 年,贝尔通信研究中心研制出基于一次性口令思想的挑战/应答(challenge/response)式动态密码身份认证系统 S/KEY;之后开发了更安全的基于 MD5 散列算法的动态密码认证系统;为了克服早期的挑战/应答式认证系统使用烦琐、通信速度慢的缺点,RSA 实验室又研制了基于时间同步的动态密码认证系统 RSA SecureID。

与静态口令不同,一次性口令之所以能够更好地实现网络身份认证是因为它是变动的口令,其变动来源于产生口令的运算因子是变化的。它一般使用双运算因子:固定因子,即用户的口令散列;变动因子,正是变动因子的不断变化,才产生了不断变动的一次性口令。采用不同的变动因子,形成不同的一次性口令认证技术:基于时间同步的认证技术、基于事件同步的认证技术、挑战/应答式的非同步认证技术。

(1) 基于时间同步的认证技术是把流逝的时间作为变动因子(例如以 60 秒作为变化单位,采用"滑动窗口"技术)。用户密钥卡和认证服务器所产生的密码在时间上必须同步。

(2) 基于事件同步的认证技术是把变动的数字序列(事件序列)作为密码产生器的一个运算因子,与用户的口令散列共同产生动态密码。用户密钥卡和认证服务器必须保持相同的事件序列。

(3) 挑战/应答方式的变动因子是由认证服务器产生的随机数字序列(Challenge),由于每一个 Challenge 都是唯一的、不会重复使用的,并且 Challenge 是在同一个地方产生的,所以不需要同步。

8.2.2　最初的 S/KEY 认证协议

S/KEY 是第一个一次性口令身份认证技术,现在已作为标准。它的认证过程如图 8.2 所示。

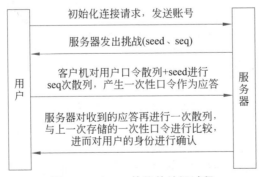

图 8.2　S/KEY 协议的认证过程

假定用户登录前已经在目标服务器上注册,即服务器上已存储该用户的口令散列,那么 S/KEY 的认证过程分为以下几个步骤。

（1）客户向需要身份认证的服务器提出连接请求。

（2）服务器发出挑战,带两个参数 seed、seq。

（3）客户输入口令,系统将口令散列与 seed 连接,做 seq 次 Hash 计算,产生一次性口令作为应答,传给服务器。

（4）服务器上必须存储一个文件(UNIX 系统中位于/etc/skeykeys),它存储每一个用户上一次登录的一次性口令。服务器收到用户新传来的一次性口令后,再进行一次 Hash,与上一次存储的一次性口令比较,匹配则通过身份认证,并用这次一次性口令覆盖上次一次性口令。下次用户登录时,服务器将送出 $seq' = seq - 1$。

注意,在本认证协议中服务器对同一个用户每次发出的挑战中的 seed 值是相同的。这种认证方式中合法的用户很容易通过服务器的身份认证,而攻击者即使截获了一次性口令,也不能得到用户口令散列。而且 seq 值是递减的,使得攻击者在不知道用户口令散列的情况下,不能预测出下一次的一次性口令,因而不能实现重放。

S/KEY 认证协议有如下优点。

（1）使用 S/KEY,只有一次性口令会在网络上出现,用户口令散列本身并没有在网上传播。这样黑客截获的是密文,由于散列函数固有的不可逆性,要想破解密文在计算上是不可能的。

（2）用户下一次连接服务器时生成的一次性口令与上一次不一样。

（3）实现原理简单,Hash 函数还可以用硬件实现。

（4）服务器上也只需要存储用户口令散列,黑客很难攻陷服务器,攻陷后也只得到用户口令散列。

S/KEY 认证协议有如下缺点。

（1）每次发送的 seq 值都是递减的,所以挑战使用一定次数后必须初始化;而且用户需要进行多次散列运算,服务器的额外开销比较大。

（2）安全性依赖于 Hash 函数的不可逆性。

（3）会话内容本身没有保密。

（4）重复使用以前的一次性口令,如果攻击者掌握了一个循环中的所有一次性口令就有了入侵机会。

（5）维护一个很大的一次性口令列表也很麻烦。

8.2.3 改进的 S/KEY 认证协议

由于最早出现的 S/KEY 一次性口令认证技术存在上面所说的一些问题,尤其是重复使用以前的一次性口令,给攻击者假冒合法用户身份进行登录提供了可能。所以后来又提出了一个改进的 S/KEY 认证协议,在很大程度上克服了前面提到的缺点,Windows 2000 及其之后版本中的 NTLM 认证所实现的挑战/应答机制就使用了这个经过改进的 S/KEY 认证协议。改进的 S/KEY 协议的认证过程如图 8.3 所示。

改进的 S/KEY 协议的认证过程如下。

（1）客户端首先用经注册的合法的用户账号向服务器提出登录请求。

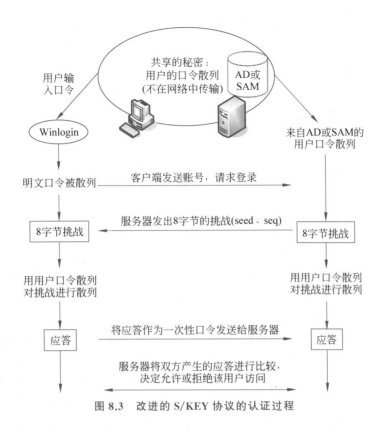

图 8.3　改进的 S/KEY 协议的认证过程

（2）服务器向客户端发送一个挑战：随机数 seed 和要求的散列次数 seq。

（3）客户端使用用户口令散列对它们进行散列运算，并将这个新计算出来的值作为应答传回服务器。

（4）服务器从本地 SAM 或者活动目录中取出该用户账号对应的口令散列对刚发送的挑战进行散列运算，并将结果与客户端的应答比较，判断允许或者拒绝访问。

如允许访问，服务器生成一个随机数作为对称的会话密钥，用于加密本次连接中客户端和服务器之间将要传输的数据。该会话密钥采用用户的口令散列加密，并发送给客户端。

在这个改进协议中只有 seed、seq 和一次性口令在网络上传播，但它们都是一次性的，这就提高了安全性。注意 seed 是每次变化、不可预测的；而 seq 每次可相同可不同。那么用户口令散列和 seed 值经过 seq 次散列后：

（1）用户很容易求出正确的一次性口令，以向服务器证明自己的身份；服务器也很容易计算出一次性口令，与接收到的一次性口令比较是否匹配。服务器不再需要维护一个一次性口令列表。

（2）攻击者即使截获一次性口令，也不可能求出用户口令散列；而且用户每次使用的一次性口令不同，攻击者既不能预测下一次一次性口令，也不能重放成功。

上面介绍的基于挑战/应答方式的一次性口令技术是当今口令认证机制的基础，例如 Windows 2000 以后版本的口令认证过程是：使用散列函数产生口令散列，认证数据库为

SAM(Security Account Manager,安全账号管理器)数据库,而挑战是 16 位的随机数。

使用 S/KEY 一次性口令技术仅仅能够避免用户受到监听和重放等攻击,它不能防止会话劫持等主动攻击。S/KEY 还依赖于 Hash 函数的不可逆性。如果需要身份认证的网络支持多种 Hash 算法,系统的安全将仅等同于使用的最弱算法的安全强度。S/KEY 没有完整性保护机制,无法阻止攻击者修改网络中的认证数据,无法防范拦截和修改数据包,无法防范内部攻击。最重要一点是,S/KEY 认证协议不能对服务器的身份进行认证。

8.3 Kerberos 认证协议

在一个开放的分布式网络环境中,用户通过工作站访问服务器上提供的服务。当结合使用网络访问控制和网络层安全协议时,可以保证只有经过授权的工作站才能连接到服务器,并可以防止传输的数据流被非法窃听。同时我们还希望服务器只能对授权用户提供服务,并能够鉴别服务请求的种类,但上述这些安全控制机制都不能完全有效地鉴别来自合法工作站上的用户哪些是合法的。

Kerberos 很好地解决了攻击者可能来自某个服务器所信任的工作站的问题。如果该用户没有通过相应的 Kerberos 认证,则他将被拒绝访问该服务器。Kerberos 基于可信赖的第三方(即密钥分配中心 KDC),能够提供不安全分布式环境下的双向用户实时认证,并且保证数据的安全传输。与其他安全协议不同,Kerberos 的认证和数据安全传输功能的实现都只使用对称加密算法。最早采用的是 DES,但后来也可用其他算法的独立加密模块。

Kerberos 是在 Needham-Schroeder 密钥分配和双向鉴别协议的基础上发展起来的,它采纳了 Denning 对 Needham-Schroeder 协议的改进建议,在鉴别协议中引入时间戳。它的最初版本 v1～v3 都只在麻省理工学院内部发行。Steve Miller 和 Clifford Neumann 在 1980 年年末发布了 Kerberos v4,这个版本主要是针对 Project Athena(雅典娜计划)。Kerberos v5 由 John Kohl 和 Clifford Neumann 设计,在 1993 年发布,目的在于克服 Kerberos v4 的局限性和安全问题。

目前使用的 Kerberos 系统有 v4 和 v5 两个版本,它们在概念上类似,但功能上有区别。v4 系统基于 TCP/IP,因此可用于 Internet,并在结构上较为简单,更易于理解,性能较好;v5 系统在功能上有所改进,但是一些基本的思想都没有变,而且安全性更好,更具有通用性。Kerberos 实际上已经成为工业界的事实标准,Kerberos v5 现已在大多数当前的 UNIX、Linux 系统中广泛实施,以及作为 Windows 的 Active Directory 服务的一部分。

Kerberos 的名字源于古希腊神话故事,Greek Kerberos 是希腊神话故事中一种 3 个头的狗,是地狱之门的守卫者。Modern Kerberos 意指有 3 部分的网络之门的保卫者。"三头"包括认证(authentication)、授权(authorization)、审计(audit)。

Kerberos 协议的基本思想:用户只需输入一次身份验证信息就可以凭此信息获得票据(ticket)来访问多个服务,对所有被授权的网络资源进行无缝的访问,即 SSO(Single

Sign On,单点登录)。SSO 可以提高网络用户的工作效率,降低网络操作的费用,并且是在不降低网络的安全性和操作的简便性的基础上实现的。用户在对应用服务器进行访问之前,必须先从作为 KDC 的 Kerberos 认证服务器上获取到该应用服务器的票据。KDC 负责用户对服务器的认证和服务器对用户的认证,通常安装在不为应用程序或用户提供登录服务的服务器上。

Kerberos 系统应满足如下 4 项需求。

(1) 安全性:指网络窃听者不能获得必要信息以假冒其他用户,Kerberos 应足够强壮以至于潜在的攻击者无法找到它的弱点。

(2) 可靠性:Kerberos 应高度可靠并且应借助于一个分布式服务器体系结构,使得一个系统能够备份另一个系统。

(3) 透明性:在理想情况下用户除了要求输入口令以外应感觉不到认证的发生。

(4) 可伸缩性:系统应能够支持大数量的客户和服务器,这意味着需要一个模块化的分布式结构。

8.3.1　简单的认证会话

Kerberos 将从用户登录网络(login,即开始使用 Kerberos 服务)到退出网络(logout)的这段时间称为一次会话(session),而 Kerberos 服务主要是针对会话设计的。

在一个不受保护的网络中,最大的安全威胁是冒充,一个攻击者可以假装成其他用户来获得未授权的服务。因此,服务器必须能够证实申请服务的用户身份。在这里使用一个认证服务器 AS 将所有用户 C 的口令存于一个集中式数据库,并且 AS 与每一个应用服务器 V 共享一个唯一的密钥(即该应用服务器的主密钥),该密钥已经通过其他方法安全分发。这个简单的认证会话的交互过程如下。

(1) C→AS:$ID_C \parallel P_C \parallel ID_V$。

(2) AS→C:Ticket。

(3) C→V:$ID_C \parallel$ Ticket。

$$Ticket = E(K_V, [\ ID_C \parallel AD_C \parallel ID_V\ ])$$

其中:ID_C 为 C 上的用户标识;ID_V 为 V 的标识;P_C 为 C 上的用户口令;AD_C 为 C 的网络地址;K_V 为 V 与 AS 共享的对称密钥。

(1) 用户登录工作站,请求访问 V,用户工作站上的客户端模块 C 要求用户输入口令,并将包含用户 ID、服务器 ID 和用户口令的消息送往 AS。

(2) AS 查询数据库,检查用户口令是否与用户 ID 匹配,并判断此用户是否有访问 V 的权限。如果两项检查均通过,AS 认为此用户合法。为了要让 V 确信该用户是合法的,AS 创建一个包含该用户 ID、用户网络地址和服务器 ID 的票据,用 AS 和此应用服务器 V 共享的主密钥加密,并将加密后的票据返回 C。由于票据被加密,因此不可能被 C 或其他攻击者修改。

(3) C 可以使用该票据向 V 提出服务请求:C 向 V 发送含有用户 ID 和票据的消息。V 对票据进行解密,并验证票据里的用户 ID 是否与消息中未加密的用户 ID 一致,如果验证通过,则 V 认为该用户真实,并为其提供服务。

8.3.2　更加安全的认证会话

上面的认证会话存在以下两个突出问题。

(1) 希望能使用户输入口令的次数最少。假设每个票据仅能用一次,那么,如果用户 C 早晨在一个工作站上登录查看邮件,C 为了与邮件服务器通信就必须提供口令得到票据。如果 C 想在一天中多次查询邮件,则每一次都需要它重新输入口令,可以通过重用票据来解决需要多次输入口令的问题。但用户必须为每种不同的服务创建一个新的票据。如果一个用户想同时访问打印服务器、邮件服务器、文件服务器等,则每次访问必须输入用户口令,以获得新的票据。

(2) 上述会话中涉及口令的明文传输。

为了解决这些问题,引入一个票据许可服务器(TGS)。在 AS 的基础上又引入 TGS 的主要目的是为了方便实现用户的单点登录。以下是一个更安全的认证会话。

用户登录的每一次会话:

① C→AS: $ID_C \parallel ID_{tgs}$。

② AS→C: $E(K_C, Ticket_{tgs})$。

每种服务类型一次:

③ C→TGS: $ID_C \parallel ID_V \parallel Ticket_{tgs}$。

④ TGS→C: $Ticket_V$。

每种服务会话一次:

⑤ C→V: $ID_C \parallel Ticket_V$。

$Ticket_{tgs} = E(K_{tgs}, [ID_C \parallel AD_C \parallel ID_{tgs} \parallel TS_1 \parallel Lifetime_1])$

$Ticket_V = E(K_V, [ID_C \parallel AD_C \parallel ID_V \parallel TS_2 \parallel Lifetime_2])$

用户首先应向 AS 申请得到一个票据许可票据 $Ticket_{tgs}$,由用户工作站的客户端模块保存,每当用户申请一项新的服务,客户端则用该票据证明自己的身份;由 TGS 向特定的服务授予一个服务许可票据 $Ticket_V$,客户将每个服务许可票据保存后,在每次请求特定服务的会话时使用该票据证实自己的身份,这两种票据都是可以重用的。票据中包含了一个时间戳(表明了票据产生的日期和时间)和票据生存期(表明了票据的有效时间长度,例如 8 小时)。这样,客户端现在就有了一个可重用的票据,并且不再需要麻烦用户为每个新服务请求都提供口令了。而且攻击者也很难重用这些票据去欺骗 TGS 和 V 了。一个更安全的认证会话过程如图 8.4 所示。

(1) 用户 C 通过向 AS 发送用户 ID、TGS 的 ID 来请求一张代表该用户的票据许可票据 $Ticket_{tgs}$。

(2) AS 发回一张加密过的票据,加密密钥是由用户口令导出的。当响应抵达客户端时,客户端提示用户输入口令,由此产生密钥,并对收到的报文解密。若口令正确,票据就能恢复。因为只有合法用户才能恢复该票据,用户就能使用口令获得 Kerberos 的信任而无须传递明文口令。

票据含有时间戳和生存期是为了防止对手的如下攻击:首先对手截获该票据,并等待用户退出工作站。然后对手既可以访问那个工作站,也可以将他的网络地址设为被攻击的工作站的网络地址,这样对手就能重放截获的票据向 TGS 证明。而有了时间戳和生存期,就能说明票据的有效时间长度。

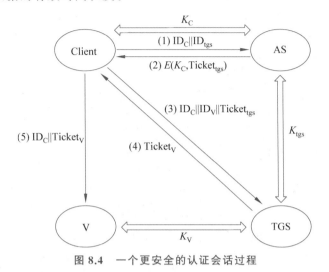

图 8.4 一个更安全的认证会话过程

(3) C 向 TGS 请求一张服务许可票据 Ticket_V。

(4) TGS 对 Ticket_{tgs} 解密,通过检查 TGS 的 ID 是否存在来验证是否为发给自己的票据,再检验生存期,看票据是否过期,然后比较用户 ID 和网络地址与收到的认证用户的信息是否一致,如果以上三者验证均通过,则向 C 返回一张访问请求服务的许可票据。如果用户想在晚些时候访问同一服务,那么客户只要使用先前获得的服务许可票据就可以了,而无须用户再输入口令。

(5) C 向服务器 V 请求某项服务,即 C 向 V 传送一个包含用户 ID 和服务许可票据的报文。

这种新的会话模式可以实现在每次用户会话时仅输入一次口令,可以更好地保护用户口令。

8.3.3 Kerberos v4 认证会话

虽然上述会话与第一种方式相比在安全性方面有所增强,但仍然存在以下两个问题。

(1) 票据许可票据和服务许可票据的生存期。如果生存期太短(例如几分钟),则用户将总被要求输入口令;如果生存期太长(例如几小时),则为攻击者提供了大量重放机会,将会使攻击者得到合法使用该用户资源和文件的机会。

(2) 服务器有向用户证实自己身份的需求。若没有这样的认证,攻击者即可伪造配置使得送往服务器的消息被定向到其他站点,假冒的服务器即可假装成真正的服务器捕获用户请求而向用户提供虚假服务。

Kerberos v4 解决了上述问题,我们将在下面逐个问题讨论,实际的 Kerberos v4 协议如图 8.5 所示。协议中采用简写 $E(K, \text{ABC})$ 表示用密钥 K 将明文 ABC 加密后的密文;K_i 是客户 i 与认证服务器之间的共享密钥;$K_{i,j}$ 是 i 与 j 之间的共享会话密钥;

$Lifetime_i$ 是第 i 个有效期(或称为生存期);$Ticket_i$ 是发给 i 的票据,该票据已用 i 与认证服务器之间的共享密钥加密,用于向 i 证实与 i 通信的客户身份;$Authenticator_C$ 是 C 发给 TGS 服务器的认证信息,表明拥有票据的确实是客户 C 本人。同时 Kerberos v4 只关注认证成功情况,认证失败时,服务器只需向客户端发送认证失败消息即可。

①C→AS	$ID_C\|ID_{tgs}\|TS_1$
②AS→C	$E(K_C,[K_{C,tgs}\|ID_{tgs}\|TS_2\|Lifetime_2\|Ticket_{tgs}])$ $Ticket_{tgs}=E(K_{tgs},[K_{C,tgs}\|ID_C\|AD_C\|ID_{tgs}\|TS_2\|Lifetime_2])$

(a) 服务认证交换:获得票据许可票据

③C→TGS	$ID_V\|Ticket_{tgs}\|Authenticator_C$
④TGS→C	$E(K_{C,tgs},[K_{C,V}\|ID_V\|TS_4\|Ticket_V])$ $Ticket_{tgs}=E(K_{tgs},[K_{C,tgs}\|ID_C\|AD_C\|ID_{tgs}\|TS_2\|Lifetime_2])$ $Ticket_V=E(K_V,[K_{C,V}\|ID_C\|AD_C\|ID_V\|TS_4\|Lifetime_4])$ $Authenticator_C=E(K_{C,tgs},[ID_C\|AD_C\|TS_3])$

(b) 服务许可票据交换:获取服务许可票据

⑤C→V	$Ticket_V\|Authenticator_C$
⑥V→C	$E(K_{C,V},[TS_5+1])$ (用于相互认证) $Ticket_V=E(K_V,[K_{C,V}\|ID_C\|AD_C\|ID_V\|TS_4\|Lifetime_4])$ $Authenticator_C=E(K_{C,V},[ID_C\|AD_C\|TS_5])$

(c) 客户端/服务器认证交换:获取服务

图 8.5　Kerberos v4 协议

(1) 票据许可票据的捕获问题,其威胁是攻击者窃取票据并在其生存期间内使用。为了解决这一问题,我们让 AS 同时用安全方式为 C 和 TGS 提供一条秘密信息(C 和 TGS 共享的对称密钥 $K_{C,tgs}$),然后客户端用该秘密信息 $K_{C,tgs}$ 加密认证码 $Authenticator_C$,以同样的安全方式向 TGS 证实自己的身份。

(2) 如果需要相互认证,则 V 在消息⑥发送一个应答消息。V 返回的消息中,时间戳的值为认证消息时间戳的值加 1,并用会话密钥加密。C 解密消息后可得到增加后的时间戳,由于消息是被会话密钥加密的,C 可以确信此消息只可能由 V 生成。

在实现相互认证的同时,C 与 V 共享一个对称的会话密钥 $K_{C,V}$,该密钥可以用于加密在它们之间传递的消息或交换新的随机的会话密钥。

Kerberos 协议的思想在现实世界中也经常使用。例如,A 想去乘坐 B 航班(即需要申请使用某个资源),则他首先需要去公安局获取身份证(即取得票据许可票据);其次,他需要拿着身份证到航空公司买机票(即获取服务许可票据);最后,在机场出示身份证和机票才能登机(即获取服务)。身份证、机票等都是有时间戳、有效期等时间信息的,在有效期内不需要再次认证,这也是 Kerberos 协议一次认证、多次登录情形的现实写照。

8.3.4　Kerberos 的跨域认证

一个完整的 Kerberos 环境包括一个 Kerberos 认证服务器(AS 和 TGS)、若干工作站和若干应用服务器,这样的环境被称为一个 Kerberos 域,需要满足如下要求。

（1）Kerberos 服务器必须在其数据库中存储有用户标识（UID）和用户口令散列,所有用户必须在 Kerberos 服务器注册。

（2）Kerberos 服务器必须与每个应用服务器共享一个对称密钥（即该应用服务器的主密钥）,所有应用服务器必须在 Kerberos 服务器上注册。

在一个 Kerberos 服务器中注册的客户与服务器属于同一个行政区域,隶属于不同行政区域的客户/服务器网络通常构成了不同域,但由于一个域中的用户可能需要访问另一个域中的服务器,而某些服务器也希望能给其他域的用户提供服务,所以也应该为这些用户提供认证。Kerberos 提供了一种支持这种跨域认证的机制,跨域认证如图 8.6 所示。为支持跨域认证,应满足下一个要求。

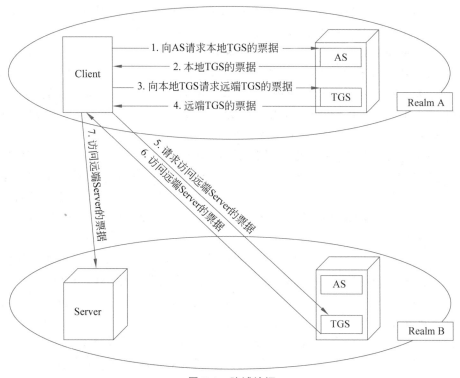

图 8.6　跨域认证

（3）每个互操作域的 Kerberos 服务器（TGS 服务器）应共享一个对称密钥,双方的 Kerberos 服务器应相互注册。这种模式要求每一个域的 Kerberos 服务器必须相互信任其他域的 Kerberos 服务器对其用户的认证。

单点登录主要发生在一个 Kerberos 域的用户访问其他 Kerberos 域的应用服务器的情况下,跨域之间的访问需要不同域的 TGS 预先建立信任。用户通过单个 AS 完成登录后,就能够获得多个 TGS 提供的服务,进而获得多个应用服务器提供的服务。

这种模式要求每一个域的 Kerberos 服务器必须相互信任其他域的 Kerberos 服务器对其域内用户的认证。这种方法带来的一个问题是对多域之间的认证,可伸缩性不好。

如果有 N 个域,则必须有 $N(N-1)/2$ 次安全密钥交换,每个 Kerberos 域才可以与其他 Kerberos 域交互。

8.3.5 Kerberos 的优缺点

Kerberos 认证协议比其他传统的认证协议更安全、更灵活、更有效。

(1) 它有较高的认证性能:一旦用户获得过访问某个服务器的 Ticket,该服务器就能根据这个 Ticket 实现对用户的认证,而无须 KDC 的再次参与。

(2) 它实现了双向认证。传统的认证基于这样一个前提:用户访问的远程的服务器是可信的,无须对它进行认证,所以不曾提供双向认证的功能。Kerberos 弥补了这个不足:用户在访问服务器的资源之前,可以要求对服务器的身份进行认证。

(3) 它的互操作性强:Kerberos 最初由 MIT 首创,现在已经成为一个成熟的、基于 IETF 标准的协议,被广泛接受,所以对于不同的平台可以进行互操作。

(4) 它实现起来成本低廉:目前 Linux 和 Windows 都内置了对它的支持,因为它需要的只是一个集中的 KDC 和层次化的信任管理。

(5) Kerberos 本身不支持访问控制,但是 Kerberos v5 可以传递其他服务产生的访问控制信息,即支持与其他访问控制服务的集成。这是一般的安全协议所没有实现的。

Kerberos 认证协议的主要安全问题如下。

(1) 原来的认证很可能被存储或被替换,虽然时间戳是专门用于防止重放攻击的,但在票据的有效时间内仍然可能奏效。假设在一个 Kerberos 服务域内的全部时钟保持同步,收到消息的时间在规定时间内(一般可以规定 $t=5$ 分钟),就认为该消息是新的。而事实上,攻击者可以事先把伪造的消息准备好,一旦得到票据就马上发出,这在 5 分钟内是难以查出来的。

(2) 认证票据的正确性是基于网络中所有的时钟保持同步,如果主机的时间发生错误,原来的票据是可以被替换的。如果服务器的时间提前或落后于 C 和 AS 的时间,服务器可能会把有效的票据看成一个重放攻击从而拒绝它。大多数网络的时间协议都是不安全的,而在分布式系统中这将成为极其严重的问题。

(3) Kerberos 防止口令猜测攻击的能力很弱,攻击者可以收集大量的票据,通过计算和密钥分析进行口令猜测。口令不够强时就更不能有效地防止口令猜测攻击。

(4) 实际上,最为严重的攻击是恶意软件攻击。Kerberos 认证协议依赖于 Kerberos 软件的绝对可信,而攻击者可以使用执行 Kerberos 协议和记录用户口令软件来代替所有用户的 Kerberos 软件,达到攻击目的。一般而言,装在不安全计算机内的安全系统都会面临这一问题。

另外,Kerberos 很难实现用户行为的不可否认性;实现起来比较复杂,要求通信的次数多,计算量较大;KDC 通信流量和负担很重,容易形成瓶颈;Kerberos 很难在不同的单位之间相互认证;在分布式系统中,认证服务器星罗棋布,域间会话密钥的数量惊人,密钥的管理、分配、存储都是很严峻的问题。

在如下两方面可以对 Kerberos 加以改进。

(1) 采用公开加密算法代替对称加密算法进行认证。

Kerberos 的很多缺陷均是由于只采用对称密钥技术造成的,这影响了系统的扩展性和易管理性。Kerberos 在最初设计时之所以没有使用公钥体系,是因为当时应用公钥体系的某些条件不完全成熟。目前这些条件已经成熟,如果能将公钥技术有机地融合到 Kerberos 中,便能克服上述缺点。从发展眼光来看,将公钥体系结合现有的 Kerberos 系统是一种趋势。

在 Kerberos 中我们可以使每个用户都有一对公钥/私钥对,用户公钥可对所有人公开,而私钥以文件的形式存放。每个用户有一个口令,根据该口令可生成用户的加密密钥,来加密私钥文件。需要说明的是,改进协议中的其他处理步骤没有发生变化,这样一方面,在用户口令安全性不强时,有效防止了攻击者可以收集大量的票据,通过计算和密钥分析来进行口令猜测,同时避免了由于 Kerberos 系统本身作大量的改动而可能导致的问题。

(2) 采用随机数技术代替时间戳。

Kerberos 为了防止重放攻击,在票据和认证码中都加入了时间戳,这就要求客户、AS 服务器、TGS 服务器和应用服务器的机器时间要大致保持一致,这在分布式网络环境下其实是很难达到的。如果在系统中,采用随机数技术代替时间戳,可以避免网络中时钟难于同步的问题,同时也可以较为有效地防止重放攻击。

8.4　访问控制

如果说身份认证技术解决了用户"是谁"的问题,那么用户"能够做什么"则是由访问控制(access control)决定的。访问控制技术作为国际标准化组织定义的 5 项标准安全服务之一,是实现信息系统安全的一项重要机制。美国国防部的可信计算机系统评估标准把访问控制作为评价系统安全的主要指标之一,因此,访问控制对提高系统安全的重要性是不言而喻的,而授权则是实施访问控制的基础。

本节首先介绍访问控制的基本概念,接着介绍几种常用的访问控制技术,包括强制访问控制、自主访问控制、基于角色的访问控制。每种技术并非是绝对互斥的,我们可以把几种策略综合起来应用从而获得更好、更安全的系统保护——多重的访问控制策略。

8.4.1　访问控制的基本原理

访问控制是实现既定安全策略的系统安全技术,目标是防止对任何资源(如计算资源、通信资源或信息资源)进行非授权的访问。所谓非授权访问包括未经授权的使用、泄露、修改、销毁以及颁发指令等。通过访问控制服务,可以限制对关键资源的访问,防止非法用户的侵入或者因合法用户的不慎操作所造成的破坏。访问控制的目的:限制主体对访问客体的访问权限(即安全访问策略),从而使计算机系统在合法范围内使用。

访问控制系统一般包括主体、客体、安全访问策略。

(1) 主体(subject):发出访问操作、存取要求的主动方,通常指用户或用户的某个进程。

(2) 客体(object):主体试图访问的一些资源。

(3) 安全访问策略:一套规则,用于确定一个主体是否对客体拥有访问能力。

访问控制功能组件包括了 4 部分(见图 8.7):发起者(initiator)、访问控制执行功能(Access control Enforcement Function,AEF)、访问控制决策功能(Access control Decision Function,ADF)以及目标(target)。

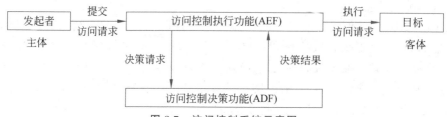

图 8.7 访问控制系统示意图

发起者是指信息系统中系统资源的使用者,是访问控制系统中的主体;目标是指被发起者访问或试图访问的基于计算机或通信的实体,是访问控制系统中的客体;AEF 的功能是负责建立起发起者与目标之间的通信桥梁,它必须按照 ADF 的授权查询指示来实施上述动作。也就是说,当发起者对目标提出执行操作要求时,AEF 会将这个请求信息通知 ADF,并由 ADF 做出是否允许访问的判断。在信息系统中,ADF 可以说是访问控制的核心。当 ADF 对发起者提出的访问请求进行判断时,所依据的是一套安全访问策略。

在网络系统中包含很多需要保护的资源,这些资源可能是硬件,如 CPU、打印机或者内存区域,也可能是软件,如进程、文件、数据库记录等。根据面向对象技术的思想,可以将这些资源看成对象,它们在整个系统中有自己唯一命名的名称,并且每个对象都有一个有限的操作集合,定义了可以对它进行的操作。根据能够控制的访问对象粒度,我们可以将访问控制分为粗粒度(coarse grained)访问控制、中粒度(medium grained)访问控制和细粒度(fine grained)访问控制。这里并没有严格定义的区分标准,但是人们通常认为,能够控制到文件,甚至记录对象的访问可以称为细粒度访问控制。

计算机信息系统访问控制技术最早产生于 20 世纪 60 年代,随后出现了两种重要的访问控制技术:自主访问控制(Discretionary Access Control,DAC)和强制访问控制(Mandatory Access Control,MAC)。它们在多用户系统(如各种 UNIX 系统)中得到广泛的应用。近年来,许多新的访问控制方式不断涌现,如基于角色的访问控制。

8.4.2 自主访问控制

自主访问控制最早出现在 20 世纪 70 年代初期的分时系统中,它是多用户环境下最常用的一种访问控制技术,也是目前计算机系统中实现最多的访问控制机制。在自主访问控制的机制下,客体的拥有者全权管理有关该客体的访问授权,有权泄露、修改该客体的有关信息。也就是说,允许某个主体显式地指定其他主体对该主体所拥有的信息资源是否可以访问以及可执行的访问类型。因此,自主访问控制又被称为基于拥有者的访问控制。

自主访问控制中用户可以随意地将自己拥有的访问权限赋给其他用户,之后还可以随意地将所赋权限撤销,这使得管理员难以确定哪些用户对哪些资源有访问权限,不利于实现统一的全局访问控制。因此,自主访问控制技术虽然在一定程度上实现了权限隔离和资源保护,但是在资源共享方面难以控制。

UNIX 或 Windows 操作系统都是自主访问控制:允许用户自行决定何人能够读或写何种文件。但具有根权限的用户能够强行对计算机上的所有文件进行读、写以及执行访问。

实现自主访问控制最直接的方法是利用访问控制矩阵。访问控制矩阵的每一行表示一个主体,每一列表示一个受保护的客体,矩阵中的元素表示主体可对客体进行的访问模式(例如读、写、执行、修改、删除等)。

表 8.1 是一个访问控制矩阵的示例,表中的 John、Alice、Bob 是 3 个主体,客体有 4 个文件和两个账户。需要指出的是,Own 的确切含义可能因不同的系统而异,通常一个文件的 Own 权限可以授予(authorize)或者撤销(revoke)其他用户对该文件的访问控制权限,例如 John 拥有文件的 Own 权限,他就可以授予 Alice 读或者 Bob 读、写的权限,也可以撤销赋给他们的权限。

表 8.1 访问控制矩阵示例

主 体	文件 1	文件 2	文件 3	文件 4	账户 1	账户 2
John	Own R W		Own R W		Inquiry Credit	
Alice	R	Own R W	W	R	Inquiry Debit	Inquiry Credit
Bob	R W	R		Own R W		Inquiry Debit

访问控制矩阵虽然直观,但是我们可以发现并不是每个主体和客体之间都存在着权限关系;相反,实际的系统中虽然可能有很多的主体和客体,但主体和客体之间的权限关系可能并不多,这样就存在着很多的空白项。因此,在实现自主访问控制时,通常不是将整个矩阵保存起来,因为这样做效率会很低。实际的方法是基于矩阵的行(主体)或列(客体)来表示访问控制信息。

1. 基于行的自主访问控制

基于行的自主访问控制是在每个主体上都附加一个该主体可访问的客体的列表。根据列表的内容不同,又有不同的实现方式。主要利用能力表(capability list)、前缀表(profiles list)和口令(password)来实现。

其中最常用的方法是利用能力表实现。能力决定用户是否可以对客体进行访问以及进行何种模式的访问,拥有相应能力的主体可以以给定的模式访问客体。

如图 8.8 所示,在访问能力表中,由于它着眼于某一主体的访问权限,以主体为出发点描述控制信息,因此很容易获得一个主体所被授权可以访问的客体及其权限,如果要求获得对某一特定客体有特定权限的所有主体就比较困难。而且,当一个客体被删除之后,系统必须为每个用户的表上清除该客体相应的条目。而且在一个安全系统中,相对主体来说,正是客体本身需要得到可靠的保护,访问控制服务也应该能够控制可访问某一客体的主体集合,于是出现了以客体为出发点的访问控制的实现方式——ACL。

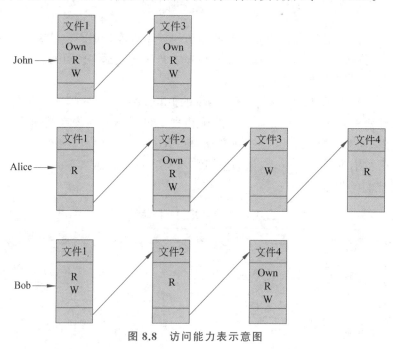

图 8.8　访问能力表示意图

2. 基于列的自主访问控制

在基于列的自主访问控制中,每个客体都附加一个可访问它的主体的明细表。基于列的自主访问控制最常用的实现方式是访问控制表(Access Control List,ACL)。

访问控制表是实现基于列的自主访问控制采用最多的一种方式。它可以对某一特定资源指定任意一个用户的访问权限。图 8.9 所示为访问控制表的示例。

为了减小访问控制表的规模、简化管理,用户被划分为用户分组,属于同一组的用户可以共享相同的访问权限。访问控制规则也被划分成规则集,然后将其作用于用户分组。这样就把单个用户和单个规则之间的映射变成了用户分组和规则集之间的映射,这样的映射要少得多。

ACL 的优点在于表述直观、易于理解,而且比较容易查出对某一特定资源拥有访问权限的所有用户,有效地实施授权管理。在一些实际应用中,还对 ACL 进行了扩展,从而进一步控制用户的合法访问时间,决定是否需要审计等。

尽管 ACL 灵活方便,但将它应用到网络规模较大、需求复杂的企业的内部网络时,ACL 需对每个资源指定可以访问的用户或组以及相应的权限。当网络中资源很多时,需

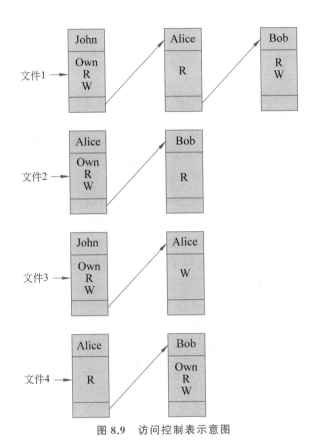

图 8.9　访问控制表示意图

要在 ACL 中设定大量的表项。而且,当用户的职位、职责发生变化时,为反映这些变化,管理员需要修改用户对所有资源的访问权限。另外,在许多组织中,服务器一般是彼此独立的,各自设置自己的 ACL,为了实现整个组织范围内的一致的控制政策,需要各管理部门的密切合作。所有这些使得访问控制的授权管理变得费力而烦琐,且容易出错。因此,单纯使用 ACL,不易实现最小权限原则及复杂的安全政策。所以在一些分布式操作系统中,通常将访问能力表和访问控制表结合使用。

上述两种自主访问控制方法都存在一些局限性,主要体现在:资源管理比较分散;用户间的关系不能在系统中体现出来,不易管理;信息容易泄露,无法抵御特洛伊木马的攻击。在自主访问控制下,一旦带有特洛伊木马的应用程序被激活,特洛伊木马可以任意泄露和破坏接触到的信息,甚至改变这些信息的访问授权模式。

在自主访问控制系统中,一个拥有一定访问权限的主体可以直接或间接地将权限传给其他主体。管理员难以确定哪些用户对哪些资源有访问权限,不利于实现统一的全局访问控制。其次,在许多组织中,用户对他所能访问的资源并不具有所有权,组织本身才是系统中资源的真正所有者。各组织一般希望访问控制与授权机制的实现结果能与组织内部的规章制度相一致,并且由管理部门统一实施访问控制,不允许用户自主的处理。显然自主访问控制已不能适应这些需求。

此外,主体访问者对访问的控制有一定的权力,但它使得信息在移动过程中其访问权限关系会被改变,这样做很容易产生安全漏洞,所以自主访问控制的安全级别很低。

8.4.3 强制访问控制

顾名思义,强制访问控制是"强加"给访问主体的,即系统强制主体服从访问控制政策。

强制访问控制主要用于多层次安全级别的军事系统中。强制访问控制的基本思想是:每个主体都有既定的安全属性,每个客体也都有既定的安全属性,主体对客体是否能执行特定的操作,取决于二者安全属性之间的关系。这些安全属性不能改变,它由管理部门(如安全管理员)自动地按照严格的规则来设置,不像访问控制表那样可以由用户直接或间接地修改。当主体对客体进行访问时,根据主体的安全属性和访问方式,比较主体的安全属性和客体的安全属性,从而决定是否允许主体的访问请求。主体不能改变自身的或任何客体的安全属性,包括不能改变属于用户的客体的安全属性,而且主体也不能将自己拥有的访问权限授予其他主体。

强制访问控制和自主访问控制是两种不同类型的访问控制机制,它们常结合起来使用。仅当主体能够同时通过自主访问控制和强制访问控制检查时,它才能访问一个客体。利用自主访问控制,用户可以有效地保护自己的资源,防止其他用户的非法获取;而利用强制访问控制可提供更强有力的安全保护,使用户不能通过意外事件和有意识的误操作逃避安全控制。

强制访问控制特别适用于多层次安全级别的军事应用中,也适用于政府部门、金融部门等。

事实上,人们一般都将强制访问控制与多级安全(MLS)体系相提并论。多级安全体系由美国国防部定义,起源于 20 世纪 60 年代末期。其实美国国防部对人工管理和存储机密性早有严格的政策,即军事安全策略。多级安全是军事安全策略的数学描述。

军事安全策略的主要思想是:预先将主体和客体分级,即定义用户的可信任级别及信息敏感程度,然后根据主体和客体的级别标记来确定访问模式,用户的访问必须遵守安全政策划分的安全级别的设定以及有关访问权限的设定。当用户提出访问请求时,系统对主客体两者进行比较以确定访问是否合法。

安全级是由两方面的内容构成的。

(1)保密级别:又叫敏感级别,例如可以分为绝密级、机密级、秘密级、无密级等。

(2)范畴集:是指在组织系统中,根据人员的不同职能所划分的不同领域。例如人事处、财务处等。

安全级包括一个保密级别和任意多个范畴。安全级通常写成保密级别后跟随一个范畴集的形式,如{机密:人事处,财务处}。范畴集可以为空。

在安全级中保密级别是线性排列的,例如,公开<秘密<机密<绝密;范畴则是互相独立和无序的,两个范畴集之间的关系是包含、被包含或无关。

强制访问控制最主要的优势在于它有阻止特洛伊木马的能力。一个特洛伊木马是在一个执行某些合法功能的程序中隐藏的代码,它利用运行此程序的主体的权限违反安全策略,通过伪装成有用的程序在进程中泄露信息。

阻止特洛伊木马的策略是基于非循环信息流来防止信息的扩散,所以在一个级别上读信息的主体一定不能在另一个违反非循环规则的安全级别上写信息。同样,在一个安全级别上写信息的主体也一定不能在另一个违反非循环规则的安全级别上读信息。

所谓上读,指的是低级别的用户能够读高敏感度区域,下读指低级别的用户只能读级别更低的低敏感信息,不能读高级别敏感信息。所谓上写,指的是不允许高敏感的信息写入低敏感区域,下写则允许高敏感度的信息写入低敏感区域。一般用上读/下写来保证数据完整性及利用下读/上写来保证数据的机密性。

保证数据机密性的是 Bell-Lapadula 模型,一般在军事系统中使用得较多。由于强制访问控制策略是通过梯度安全标签实现信息的单向流通的,此时信息流只能从低级别流向高级别,可以保证数据的机密性。所以它可以很好地阻止特洛伊木马的泄密。

例如,自主访问控制的主机上如果被植入了特洛伊木马,它的软硬件等信息就会被隐藏通道传递出去,这就是使用了“下写”机制。而自主访问控制是未实现这种强制性的读写机制的,所以使用自主访问控制的操作系统中是不能从根本上防范特洛伊木马的。

而强制性访问控制严格实现了下读/上写机制,木马的这种泄密功能是违反了上写机制的,所以强制性访问控制可以从根本上杜绝特洛伊木马。

强制访问控制的主要缺陷在于实现工作量太大,管理不善,不够灵活,而且强制访问控制过于偏重保密性,对其他方面如系统连续工作能力、授权的可管理性等考虑不足。

8.4.4 基于角色的访问控制

随着网络技术的发展,网络应用系统所面临的一个难题就是如何对日益复杂的数据资源进行安全管理。传统的访问控制技术都是由主体和访问权限直接发生关系,在实际应用中,当主体和客体的数目都非常巨大时,传统访问控制技术已远远不能胜任复杂的授权管理的要求。

目前,大部分信息资源服务器对信息没有进行统一管理,特别是没有根据信息的安全要求来进行管理。有些资源服务器虽然采取了一些诸如身份认证、访问控制等安全策略,但由于管理的力度太弱,无法做到对资源的全面控制。还有些资源服务器根据信息的秘密程度分为未知、普通、秘密、机密、绝密 5 级,然后给用户赋予访问权限,这种方式在一定程度上能解决信息的非授权访问问题,但这种方式往往会出现为用户分配的权限比它实际应该具有的权限要大的情况,也就是说,没有实现最小特权机制。这些问题都给信息资源的安全留下了重大隐患。

为了满足新的安全需求,近年来各国学者对访问控制技术进行了大量研究:一方面,对传统访问控制技术的不足进行改进;另一方面,研究新的访问控制技术以适应当前计算机信息系统的安全需求,从而产生了一些更为灵活的访问控制技术。其中,基于角色的访问控制(Role-Based Access Control,RBAC)的应用最为广泛。RBAC 的概念早在 20 世纪就已经提出,但在相当长的一段时间内没有得到人们的重视。进入 20 世纪 90 年代,安全需求的发展使得 RBAC 又引起人们极大的关注。RBAC 可以减少授权管理的复杂性,降低管理开销,是一种有效的实施企业访问安全策略的方式。

在很多商业部门中,访问控制是由各个用户在部门中所担任的角色来确定的,而不是基于信息的拥有者(即用户)。

所谓角色,就是一个或一群用户在组织内可执行的操作的集合。RBAC的根本特征即依据RBAC策略,系统定义了各种角色,不同的用户根据其职能和责任被赋予相应的角色。RBAC通过角色沟通主体与客体,真正决定访问权限的是用户对应的角色标识。

RBAC的核心思想就是将访问权限与角色相联系,通过给用户分配合适的角色,让用户与访问权限相关联。角色是根据企业内为完成各种不同的任务需要而设置的,根据用户在企业中的职权和责任来设定他们的角色。用户可以在角色间进行转换,系统可以添加、删除角色,还可以对角色的权限进行添加、删除。通过应用RBAC,可以将安全性放在一个接近组织结构的自然层面上进行管理。因此,在RBAC中,可以根据组织结构中不同的职能岗位划分角色,资源访问权限被封装在角色中,用户通过赋予的角色间接地访问系统资源,并对系统资源可进行许可范围内的操作。

如图8.10所示,RBAC包含3个实体:用户(user)、角色(role)和权限(privilege)。

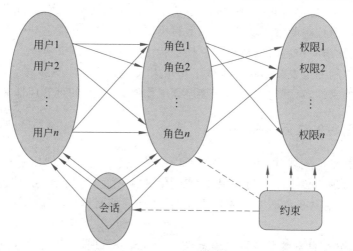

图8.10 用户、角色和权限的关系图

用户是对数据对象进行操作的主体,可以是人或计算机等。权限表示对系统中客体进行特定模式访问的操作许可,即对某一数据对象的可操作权利。对数据库系统而言,数据对象可以是表、视图、字段、记录,相应的操作有读、插入、删除和修改等。一项许可就是可以对某一个数据对象进行某一种特定操作的权利。

在RBAC中,角色对应于组织中某一特定的职能岗位,具有处理某些事物的许可。这与实际生活中的角色很相似,以学校为例,角色可以是院长、部长、科长、教员、学员等。不过在RBAC中的角色与实际的角色概念有所不同。在一个RBAC模型中,一个用户可以被赋予多个角色,一个角色也可以对应多个用户,这些角色是根据系统的具体实现来定义的;同样的一个角色可以拥有多个权限,一个权限也可以被多个用户所拥有。这样在授权管理中,角色作为中间桥梁把用户和权限联系起来,一个角色与若干权限关联可以看作该角色拥有的一组权限集合,与用户关联也可以看作若干具有相同身份的用户集合。

为了对系统资源进行存取,用户需要建立会话,每个会话将一个用户与他所对应的角色集中的一部分建立映射关系。这一角色子集成为会话激活的角色集,那么在这次会话中,用户可以执行的操作就是该会话激活的角色集对应的权限所允许的操作。

如果用户在一次会话中激活的角色集完成的功能远超过需要,就造成一种浪费,有时用户会误操作,破坏系统。为了防止这种情况发生,在 RBAC 中设定了最小权限原则,规定用户所拥有的角色集对应的权限要不大于用户工作时所需要的最大权限,而且每次会话中激活的角色集所对应的权限要小于或等于用户所拥有的权限。用户本次会话只需要这么多权限,是其所有权限的一部分,也就是每次会话使用的是角色子集。

会话是一个动态的概念,一次会话是用户的一个活跃进程,代表用户与系统进行的一次交互。用户与会话是一对多关系,一个用户可同时打开多个会话。RBAC 中,在用户和访问权限之间引入角色的概念。角色与一个或多个权限相联系,角色可以根据实际的工作需要生成或取消,而且登录到系统中的用户可根据自己的需要动态激活自己拥有的角色,避免了用户无意中危害系统安全。除此之外,角色之间、权限之间、角色和权限之间定义了一些关系,如角色间的层次性关系,而且也可以按需要定义各种约束(constraint),如定义出纳和会计这两个角色为互斥角色(即这两个不能分配给一个用户)。

从图 8.10 中,我们不难理解角色之间有权限重叠,如果将重叠部分设置为一个角色 R,其他角色既包含该角色 R 也包含自己的私有部分,这样就产生了角色层次。例如,部长的权限包括了他所主管的各科长的权限,科长的权限又包括了其属下各科员的权限。

约束是施加于单个角色之上或多个角色之间的,用来表达权限的执行是有条件的。最常见的约束有可被赋予某特定角色的用户数目的约束,即基数约束;或者是用户分配阶段有些权限不能同时被同一个用户获得的静态责任互斥。

用户所执行的操作与其所扮演的角色的职能相匹配,这正是 RBAC 的根本特征。即:依据 RBAC 策略,系统定义了各种角色,每种角色可以完成一定的职能。不同的用户根据其职能和责任被赋予相应的角色,一旦某个用户成为某角色的成员,则此用户可以完成该角色所具有的职能。

角色由系统管理员定义,角色成员的增减也只能由系统管理员来执行,即只有系统管理员有权定义和分配角色。用户与客体之间无直接联系,他只有通过角色才能享有该角色所对应的权限,从而访问相应的客体,而且授权是强加给用户的。因此,用户不能自主地将访问权限授给别的用户,这是 RBAC 与 DAC 的根本区别所在。RBAC 与 MAC 的区别在于:MAC 是基于多级安全需求的,而 RBAC 不是。因为军用系统中主要关心的是防止信息从高安全级流向低安全级,重点考虑的是信息的机密性,而基于角色控制的系统中主要关心的是保护信息的完整性。

综上所述,RBAC 具有以下特点。

(1) 以角色作为访问控制的主体。

用户以什么样的角色对资源进行访问,决定了用户拥有的权限以及可执行何种操作。RBAC 的基本思想是:授权给用户的访问权限通常由用户在一个组织中担当的角色来确定。传统的访问控制是将主体和受控客体直接相联系,而 RBAC 在主体与客体之间加入了角色,通过角色沟通主体与客体。这样分层的优点是当主体发生变化时,只需修改主体与角色之间的关联,而不必修改角色与客体的关联。

（2）角色继承。

RBAC 中利用角色之间的层次关系提高授权效率，避免相同权限的重复设置。RBAC 采用了"角色继承"的概念，角色继承是指角色不仅具有直接为其分配的权限，还可以继承其他角色的权限。角色继承把角色组织起来，能够很自然地反映组织内部人员之间的职权、责任关系。

角色继承可以用祖先关系来表示。如图 8.11 所示，角色 2 是角色 1 的"父亲"，它包含角色 1 的属性与权限。在角色继承关系图中，处于最上面的角色拥有最大的访问权限，越下端的角色拥有的权限越小。

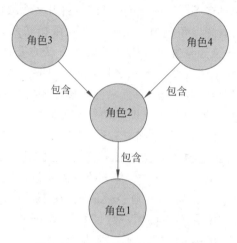

图 8.11　角色的继承关系示意图

（3）最小特权原则。

所谓最小特权原则（least privilege policy）是指用户所拥有的权力不能超过他执行工作时所需的权限。实现最小特权原则，需分清用户的工作内容，确定执行该项工作的最小权限，然后将用户限制在这些权限范围之内。在 RBAC 中，可以根据组织内的规章制度、职员的分工等设计拥有不同权限的角色，只有角色需要执行的操作才授权给角色。当一个主体准备访问资源时，如果该操作不在主体当前活跃角色的授权操作之内，该访问将被拒绝，由此体现了最小特权原则。

习题

1. 什么是身份认证？它在安全系统中的地位和作用是什么？

2. 一般来说，单机状态下有哪几种形式可以用于验证用户身份？

3. 单机状态下，使用静态口令（口令明文和口令散列）的认证有哪些安全问题？

4. 什么是字典式攻击？给出防范字典式攻击的方法。

5. 为什么一般来说基于智能卡的认证方式比基于口令的认证方式要安全？利用智能卡进行的双因素的认证方式的原理是什么？

6. 利用收集的资料简述基于生物特征认证的发展趋势。

7. 为什么在网络环境下不能使用静态口令进行用户的身份认证？在身份认证中，所谓的重放攻击是如何实现的？

8. 为什么相对于静态口令，一次性口令能够更好地实现网络身份认证？

9. 什么是基于时间同步、基于事件同步、基于挑战/应答式的非同步的认证技术？

10. 介绍你所了解的电子商务网站或网上银行所使用的动态口令应用的方案。

11. S/KEY 是如何实现一次性口令技术的？为什么改进的 S/KEY 能够防止重放攻击？

12. 结合 S/KEY 协议说明基于挑战/应答的认证机制的原理和过程。

13. S/KEY 协议的安全性依赖于单向散列函数的安全性，用公开加密算法代替单向散列函数改写 S/KEY 协议。

14. 试实现如下一个方案：客户端在登录服务器之前，服务器如何使用 RSA 的公钥和私钥对客户端的身份进行认证（提示：可以使用随机数和散列值）。

15. 从 Kerberos 协议的基本思想角度阐述它是如何体现 SSO 思想的。

16. 一个简单的 Kerberos 认证会话使用时有哪些主要问题？引入 TGS 后是如何解决这两个问题的？

17. 满足哪两项要求才能称为一个 Kerberos 域？什么情况下需要使用 Kerberos 域跨域认证？实现跨域认证还需要满足什么要求？

18. 访问控制的实现技术有哪几种？各自有何特点？

19. 基于角色的访问控制的核心思想是什么？

20. 基于角色的访问控制的特点有哪些？

第 9 章　PKI 技术

9.1　理论基础

  Internet 应用面临的最大问题是如何建立相互之间的信任关系以及如何保证信息的认证性、完整性、机密性和不可否认性，为所有网络应用（如网络浏览、电子邮件、电子商务）提供可靠透明的安全服务，PKI 则是解决这一系列问题的技术基础。PKI 是 Public Key Infrastructure 的缩写，意为公钥基础设施。简单地说，PKI 技术就是基于数字证书基础之上，利用公钥理论和技术建立的，为 Internet 中信息提供安全服务的统一的技术框架。

  安全服务的提供应该对用户透明，隐藏在其他应用的后面，用户不需要也无法直观地感觉到它是否有效或起作用。虽然如此，如果理解了 PKI 为什么能够解决网络的安全问题，它的基本理论基础是什么，就会更有利于推动 PKI 的应用和发展。

9.1.1　CA 认证与数字证书

  公钥基础设施的基础是公钥加密体制，公开加密算法可以提供网络信息安全的全面解决方案，如加密、数字签名和密钥交换，对称加密算法则不能很好地实现后两项功能。公钥加密体制中最大的漏洞不是用户公钥被泄露（不能保证机密性），而是公钥可能被篡改（不能保证完整性），而公钥一旦被篡改，公钥加密体制的基础就不存在了。所以必须保证用户公钥的真实性，即确认某个人真正的公钥，这就需要有一定的认证机制，以避免让任何人有篡改用户公钥的中间人攻击机会。

  在认证体制中，通常需要有一个可信的第三方，用于仲裁、颁发数字证书和管理某些机密信息。在 PKI 中，为了确保用户及他所持有公钥的真实性，公开加密系统需要一个值得信赖而且独立的第三方机构充当认证中心（CA），来确认声称拥有某个公开密钥的人的真正身份。

  要确认用户的公开密钥，CA 首先制作一张"数字证书"。数字证书是一个经认证中心（CA）数字签名的包含公钥拥有者信息及其公钥的文件。用户可以通过出示数字证书来证明其身份或访问在线信息或使用服务的权利。数字证书能够验证使用给定密钥的权利，这有助于防止有人利用假密钥冒充其他用户。数字证书与加密一起使用，可以提供一个更加完善的解决方案，确保交易中各方的身份。

  任何想发放自己公钥的用户，可以去 CA 处申请自己的数字证书。CA 在核实该用户的真实身份后，颁发包含用户公钥的数字证书，它还包含用户的真实身份、用户公钥的有效期和作用范围（用于加密或数字签名），然后 CA 使用自己的私钥为数字证书加上数字签名来绑定用户的身份和公钥。可以做一个简单的对比，如果数字证书相当于日常生活中的身份证，那么 CA 就相当于颁发身份证的公安部门，CA 的私钥签名相当于身份证里面的各种防伪技术,可以用来鉴别身份证的真实性。数字证书里面的用户身份、用户公钥等信息相当于身份证里面的个人信息,如姓名、出生日期、身份证号码等。

其他用户只要得到该用户的数字证书,并用已经得到 CA 的真实公钥验证该证书是真实的,就可以得到该用户真实的公钥。这样他们就能确信:使用该用户的公钥加密的消息是具有机密性的,使用该用户的私钥签名的消息都是不可伪造的。

因为 CA 的公钥是众所周知的,所以每个用户得到的 CA 公钥应该是真实的,并且信任颁发证书的 CA,这样用户就可以信任 CA 签发的其他用户公钥的真实性。所以,通过证书,可以使证书的拥有者向系统的其他用户证明自己的身份及其与公钥的匹配关系。由 CA 产生的用户证书有以下特点。

(1) 任何有 CA 公开密钥的用户都可以验证得到 CA 认证的其他用户的公开密钥。

(2) 因为用户证书的完整性由 CA 的数字签名来保证,所以除了认证中心 CA 外,没有任何一方能不被察觉地篡改该证书。

认证中心(CA)作为权威、可信赖、公正的第三方机构,专门负责为各种认证需求提供数字证书服务。认证中心颁发的数字证书均遵循 X.509 v3 标准,X.509 标准在公开密钥证书格式方面已被广为接受。X.509 数字证书已应用于许多网络安全协议,其中包括 IPSec、SSL、S/MIME。表 9.1 给出了 X.509 数字证书各部分的含义,图 9.1 给出了 CA 创建的 X.509 数字证书的格式。

表 9.1　X.509 数字证书各部分的含义

域	含　义
Version	证书版本号,不同版本的证书格式不同
Serial Number	序列号,同一认证机构签发的证书序列号唯一
Algorithm Identifier	签名算法,包括必要的参数
Issuer	认证机构的标识信息
Period Validity	有效期
Subject	证书持有人的标识信息
Subject's Public Key	证书持有人的公钥
Signature	认证机构对证书的签名

9.1.2　信任关系与信任模型

在基于 Internet 的分布式系统的安全中,信任和信任关系扮演了重要的角色。用户必须完全相信作为可信第三方的 KDC 和 CA,相信它是公正和正确的,不会与特殊用户勾结,也不会犯错误。有时,一个被用户信任的实体可以向用户推荐他所信任的实体,而这个实体又可以推荐其他的实体,从而形成一条信任路径。直观上讲,路径上的节点越远,越不值得信任。因此,有必要引入信任模型。

X.509 规范中给出了"信任"的定义:当实体 A 假定实体 B 严格地按 A 所期望的那

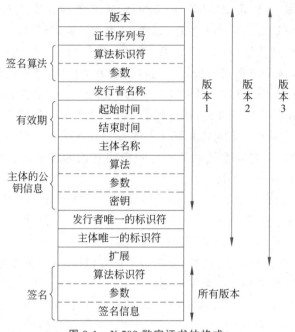

图 9.1　X.509 数字证书的格式

样行动,则 A 信任 B。在 PKI 中,可以把这个定义具体化为:如果一个用户假定 CA 可以将任一公钥绑定到某个实体上(即准确地给出他所发给证书的实体的身份),则他信任该 CA。

信任模型建立的目的是确保一个认证机构签发的证书能够被另一个认证机构的用户所信任。目前有 4 种常用的信任模型:认证机构的严格层次结构模型、分布式信任结构模型、Web 模型和以用户为中心的信任模型,此外,这些模型中的大部分还涉及交叉认证。

1. 认证机构的严格层次结构模型(Strict Hierarchy of Certification Authorities Model)

认证机构(CA)的严格层次结构可以被描绘为一棵倒置的树,树根代表一个对整个

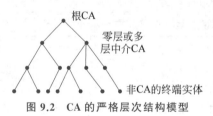

图 9.2　CA 的严格层次结构模型

PKI 系统的所有实体都有特别意义的 CA,通常叫作根 CA(Root CA),它充当信任的根或"信任锚(Trust Anchor)",也就是认证的起点或终点。图 9.2 给出了这个严格层次结构模型。

每个中介 CA 和终端用户都必须有根 CA 的证书,该证书的签发者是根 CA 自身。安装了根证书就表明你对该根证书以及用它所签发的证书都表示信任,不需要再通过其他证书来验证。

因此,唯一需要与层次结构中的所有实体建立信任的是根 CA。在认证机构的严格层次结构中,每个实体(包括中介 CA 和终端实体)都必须拥有根 CA 的公钥,该公钥的安

装是在这个模型中为随后进行的所有通信进行数字证书处理的基础,因此,它必须通过一种安全的带外方式来完成。值得注意的是,在一个多层的严格层次结构中,终端实体直接被其上层的 CA 认证(也就是颁发证书),但是它们的信任锚是另一个不同的 CA(根CA)。

2. 分布式信任结构模型(Distributed Trust Architecture Model)

分布式信任结构把信任分散在两个或多个 CA 上。也就是说,A 把 CA1 作为他的信任锚,而 B 可以把 CA2 作为他的信任锚。因为这些 CA 都作为信任锚,因此相应的 CA 必须是整个 PKI 系统的一个子集所构成的严格层次结构的根 CA。图 9.3 给出了分布式信任结构模型。其中的同位体根 CA(Peer Root CA)的互连过程通常被称为交叉认证(Cross Certification)。

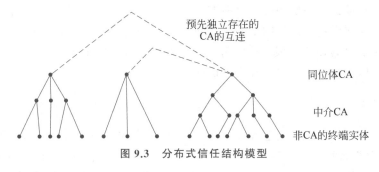

图 9.3　分布式信任结构模型

3. Web 模型(Web Model)

Web 模型依赖于流行的浏览器,许多 CA(如 Verisign)的公钥被预装在标准的浏览器上。这些公钥确定了一组 CA,浏览器用户最初信任这些 CA 并将它们作为证书检验的根。尽管这组根密钥可以被用户修改,然而几乎没有普通用户对 PKI 和安全问题能精通到可以进行这种修改的程度。实际上,浏览器厂商起到了信任锚的作用,而与被预装的公钥对应的 CA 就是它所认证的 CA,当然这种认证并不是通过颁发证书实现的,而只是物理上把 CA 的公钥嵌入浏览器中。

人们使用分层次的信任机构来确定证书的有效性。最高级别的 CA 有众所周知的根证书;根证书不由其他的任何人签署,这些证书预装在用户所购买的浏览器中。即将多个 CA 证书机构内受信任的、含有公钥信息的证书安装到验证证书的应用中,一个被广泛使用的典型应用就是 Web 浏览器。

例如,Chrome 中预装有类似 Verisign 的认证机构的公钥,用户可以要求某个网站的 Web 应用服务器提供自己的数字证书(即类似 Verisign 认证机构私钥签名该 Web 服务器的身份和公钥的绑定),这样用户就能得到这个 Web 服务器的公钥,从而对 Web 服务器的身份进行认证。从根本上讲,Web 模型更类似于认证机构的严格层次结构模型,这是一种有隐含根的严格层次结构。图 9.4 给出了 Web 模型。

Web 模型在方便性和互操作性方面有明显的优势,但是也存在许多安全隐患。例

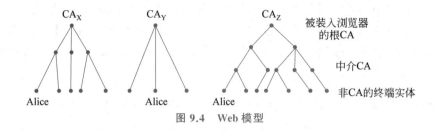

图 9.4　Web 模型

如，因为浏览器的用户自动地信任预安装的所有公钥，所以即使这些根 CA 中有一个是"坏的"（例如，该 CA 从没有认真核实被认证的服务器），公钥的真实性也得不到保证。另外一个潜在的安全隐患是没有实用的机制来撤销嵌入浏览器中的根 CA 的公钥。如果发现一个根 CA 的公钥是"坏的"或者与公钥相应的私钥被泄密了，要使全世界所有的浏览器都自动地废止该公钥的使用是不可能的。

　　还有就是终端用户与嵌入的根 CA 之间交互十分有限，他很难知道某个浏览器中嵌入了哪些根 CA，并且用户一般不可能对证书颁发过程有足够了解。最后由于根 CA 是预先安装的，所以难于扩展，难以实现交叉认证。

4. 以用户为中心的信任模型（User Centric Trust Model）

　　每个用户自己决定信任其他哪些用户。通常，用户的最初信任对象包括用户的朋友、家人或同事，但是否真正信任某证书则被许多因素所左右。安全软件 PGP 最能说明以用户为中心的信任模型，在 PGP 中，一个用户通过担当 CA（签发其他实体的公钥）并发布其他实体的公钥来建立（或参加）所谓的信任网（Web of Trust）。图 9.5 给出了以用户为中心的信任模型。

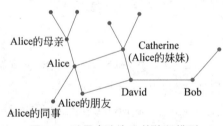

图 9.5　以用户为中心的信任模型

　　例如，当 Alice 收到一个据称属于 Bob 的证书时，她将发现这个证书是由她不认识的 David 签发的，但是 David 的证书是由她认识并且信任的 Catherine 签发的。在这种情况下，Alice 可以决定信任 Bob 的公钥（即信任从 Catherine 到 David 再到 Bob 的密钥链），也可以决定不信任 Bob 的公钥（认为"未知的" Bob 与"已知的"Catherine 之间的"距离太远"）。因为要依赖于用户自身的行为和决策能力，因此以用户为中心的模型在技术水平较高和利害关系高度一致的群体中是可行的，但是在一般的群体中是不现实的。

5. 交叉认证（Cross Certification）

　　在全球范围内建立一个容纳所有用户的单一 PKI 是不太可能实现的。现实可行的模型是：建立多个 PKI 域，进行独立的运行和操作，为不同环境和不同团体的用户服务。每个 CA 只可能覆盖一定的作用范围，即 CA 的域，当隶属于不同 CA 的用户需要交换信息时，就需要引入交叉证书和交叉认证，这也是 PKI 必须完成的工作。

交叉认证可以在以前没有关联 PKI 域的 CA 之间建立信任关系。两个 CA 安全地交换公钥信息,这样每个 CA 都可以有效地验证另一方密钥的真实性,称这样的认证过程为交叉认证。事实上,交叉认证通过信任传递机制来完成两者信任关系的建立,它是第三方信任的扩展,即一个 CA 的用户信任所有与自己 CA 有交叉认证的其他 CA 的用户。图 9.6 给出了在 CA1 和 CA2 之间交叉认证的例子。

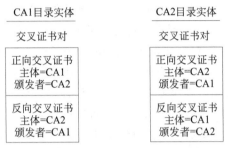

图 9.6　在 CA1 和 CA2 之间交叉认证的例子

交叉认证可以是单向的,更常见的是双向的。根据 X.509 中的术语,从 CA1 的观点来看,为它颁发的证书(也就是 CA1 作为主体而其他 CA 作为颁发者)叫作"正向交叉证书",被它颁发的证书叫作"反向交叉证书"。如果一个 X.500 目录被用作证书资料库,那么正确的正/反向交叉证书可以被存储在相关的 CA 目录项的交叉证书结构中。

假设 Alice 已经被 CA1 认证,持有可信的 CA1 的公钥,并且 Bob 已经被 CA2 认证,持有可信的 CA2 的公钥。在 CA1 和 CA2 交叉认证之后,Alice 的信任能够扩展到 CA2 的主体群(包括 Bob),反之亦然。在交叉认证之前,两个 CA 都会去了解对方的安全策略,包括在 CA 内哪个人负责高层的安全职责。同时还可能要两个 CA 的代表签署一个具有法律依据的协议。在这些协议中会陈述双方需要的安全策略,并签字保证这些策略要切实实施。

9.2　PKI 的组成

9.2.1　认证机构

CA 是数字证书的签发机构,它是 PKI 的核心。公钥加密体制中公钥需要在网上传送,故密钥管理主要是公钥的管理,目前较好的解决方案是引进数字证书(Certificate)机制。数字证书用于证明某一主体(如人、服务器等)的身份以及其公开密钥的合法性。在公钥加密体制中,必须有一个可信的机构来对任何一个主体的公钥进行认证,证明主体的身份以及他与公钥的匹配关系。CA 正是这样的机构,它的职责归纳起来如下。

(1) 验证并标识证书申请者的身份。

(2) 确保 CA 用于签名证书的私钥的质量。

(3) 确保整个签名过程的安全性,确保 CA 签名私钥的安全性。

(4) 证书材料信息(包括公钥证书序列号、CA 标识等)的管理。

（5）确定并检查证书的有效期限。

（6）确保证书主体标识的唯一性，防止重名。

（7）发布并维护作废证书列表（CRL）。

（8）对整个证书签发过程做日志记录。

（9）向申请人发通知。

CA 最为重要的职责是自己生成和管理一对密钥，它的私钥必须是高度机密的，以防止他人伪造数字证书，CA 中心进行密钥管理时必须做到以下内容。

（1）选择较长的密钥对：CA 根节点的 RSA 密钥长度至少应该达到 2048 位。

（2）使用硬件加密模块：密钥完全由加密模块本身控制，避免了软件加密时需要将密钥读入计算机内存而被陷阱程序窃取的危险。另外，如果试图打开硬件加密模块而分析获知密钥，硬件加密模块将感应这一情况，并将密钥销毁。

（3）使用专用硬件产生密钥对：专用的密钥产生设备，其内部装备了优质的随机数产生器，可以保证密钥的质量（连续产生的多个密钥对不应该产生任何相似的部分）。

（4）秘密分享原则：只有在两个或以上管理员合作时，才能完成证书签发和备份密钥恢复工作。

CA 还有一个很重要的职责是发布并维护作废证书列表（Certificate Revocation List，CRL），可以通过 CRL 来离线确认某个公开密钥的有效性。CRL 是一种包含了未到期但已撤销的证书列表的签名数据结构，它含有带时间戳的已撤销证书的列表。CRL 的完整性和可靠性由它本身的数字签名来保证，通常 CRL 的签名者一般就是证书的签发者。当 CRL 被创建并且签名以后，就可以通过证书库和网络自由地分发。CA 会定期发布 CRL，从几小时到几星期不等。不管 CRL 中是否含有新的被撤销证书的消息，都会发布一个新的 CRL。PKI 的证书策略决定了它的 CRL 时间间隔，而 CRL 之间的时间延迟是应用 CRL 的一个主要的缺陷。例如，一个已经公布的撤销可能要在下一次 CRL 发布时才能被其他用户接收到，而这也许是几小时或者几周以后了。

9.2.2　证书库

证书库是 CA 所签发的证书和 CRL 的集中存放地，是网上的一种公共信息库，用户可以从此处获得其他用户的证书以及作废证书列表（CRL）。系统必须确保证书库的完整性，防止伪造、篡改证书和 CRL。证书库必须稳定可靠，可随时更新扩充，用户能方便、及时、快速地找到安全通信所需要的证书。

构造证书库的最佳方法是采用支持 LDAP 协议的目录系统，用户或相关的应用通过 LDAP 来访问证书库。LDAP 作为一种按标准开发的协议，很好地解决了人们使用其他应用程序访问证书及 CRL 的问题。LDAP 目录服务支持分布式存放，这将是任何一个大规模的 PKI 系统成功实施的关键，也是创建一个有效 CA 的关键技术之一。

9.2.3　PKI 应用接口系统

PKI 必须提供良好的应用接口系统，它介于 PKI 和应用程序之间，使得各种应用能够以安全、一致、可信的方式与 PKI 交互,降低成本。普通用户只需要知道如何接入 PKI 就能获得安全服务,而无须理解 PKI 如何实现安全服务。为了向应用系统屏蔽密钥管理的细节,PKI 应用接口系统需要实现如下功能。

(1) 完成证书的验证工作,为所有应用以一致、可信的方式使用公钥证书提供支持。

(2) 以安全、一致的方式与 PKI 的密钥备份与恢复系统交互。

(3) 在所有应用系统中,确保用户的签名私钥始终只在用户本人的控制之下。

(4) 根据安全策略自动为用户更新密钥,实现密钥更新的自动、透明与一致。

(5) 为方便用户访问加密的历史数据,向应用提供历史密钥的安全管理服务。

(6) 为所有应用访问统一的证书库提供支持。

(7) 以可信、一致的方式与证书作废系统交互。

(8) 完成交叉证书的验证工作,为所有应用提供统一模式的交叉验证支持。

(9) 支持多种密钥存放介质,包括 IC 卡、PC 卡、安全文件等。

(10) PKI 应用接口系统应该是跨平台的。

9.3　PKI 的功能和要求

图 9.7 是 PKI 认证体系的基本模型,一般来说,PKI 是创建、管理、存储、分发和作废证书的一系列软件、硬件、人员、策略和过程的集合,它主要完成以下 4 项功能。

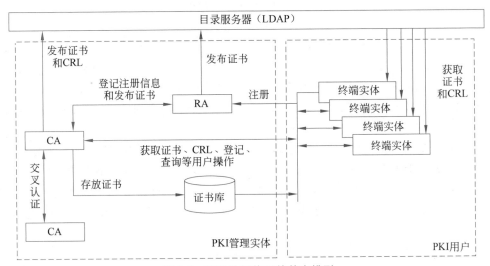

图 9.7　PKI 认证体系的基本模型

(1) 为需要的用户生成一对密钥(公钥和私钥),并通过一定的途径分发给用户。

(2) 认证机构(CA)为用户签发数字证书,其中 CA 用自己的私钥对用户身份及其真正公钥进行绑定,并通过一定的途径将数字证书分发给需要的用户。

(3) 用户对数字证书的有效性进行验证。

(4) 对用户的数字证书进行管理,如发布有效证书、发布已撤销的证书、证书归档等。

9.3.1 密钥和证书管理

1. 初始化阶段

(1) 终端实体注册。

终端实体注册是单个用户或进程的身份被建立和验证的过程。注册过程能够通过不同的方法来实现,图9.8所示为一个可能的包括 RA 和 CA 的实体初始化方案(注意,根本不使用 RA 的其他方案可能也是可行的)。终端实体注册是在线进行的,是用注册表格的交换来实现的。注册过程一般要求包括将一个或更多的共享秘密赋给终端实体,以便后来在初始化过程中由 CA 确认那个实体。

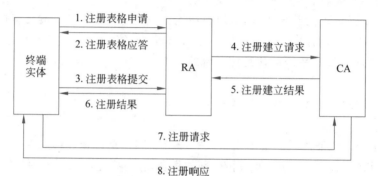

图9.8 终端实体初始化方案

注册中心(RA)是数字证书注册审批机构,它是 CA 的延伸部分,与 CA 逻辑上是一个整体,执行不同的功能。RA 可以单独实现,也可以合并在 CA 中实现。RA 与具体应用的业务流程相联系,是最终用户和 CA 系统交流的纽带。RA 按照特定的政策和管理规范对用户的资格进行审查,并执行是否同意给该申请者发放证书、撤销证书等操作,并承担因审核错误而引起的一切后果。

如果审查通过,即可实时或批量地向 CA 提出申请,要求为用户签发数字证书。任何环境下 RA 都不是真正地签发证书,只有 CA 有权颁发证书和发送证书撤销信息。

PKI 推荐由一个独立的 RA 来完成注册管理的任务,这样既有利于提高效率,又有利于安全。另外,CA 和 RA 的职责分离,使得 CA 能够以离线方式工作,避免遭受外部攻击。

(2) 密钥对产生。

密钥对可以在终端实体注册过程之前或终端实体注册过程中直接产生。密钥的产生主要利用噪声源技术。噪声源的功能是产生二进制随机序列或与之对应的随机数,它是密钥产生设备的核心部件。噪声源的另一个主要用途是在物理层加密的环境下进行信息填充,使网络具有防止流量分析的目的。物理噪声源基本上有三类:基于力学噪声源的密钥产生技术、基于电子学噪声源的密钥产生技术和基于混沌理论的密钥产生技术。

终端实体(用户)的密钥对有两种可能的产生方式。

① 用户自己生成密钥对,然后将公钥以安全的方式(如物理方式)传送给 CA,该方法

的优点是,即使是 CA 也不知道用户的私钥,尤其是用户的签名私钥只能用户自己知道,所以安全性高;缺点是,由于条件的限制,用户产生的密钥对的安全强度可能不是非常高。这种方式一般用于用浏览器产生普通用户的证书和测试证书的情况下,不适于比较重要的安全网络交易。

② 由 RA 或 CA 产生密钥资料。CA 替用户生成密钥对,然后以安全的方式将用户私钥传递给用户。这种方式的优缺点和上一种正好相反,此时 CA 必须具有高度的可信性,且必须在事后有效地销毁自己保存的用户私钥。这种方式一般用于产生比较重要的证书,如商家证书和服务器证书等,适于重要的应用场合。

在实际使用中,每个终端实体会拥有两个密钥对,可以被用来支持不同的服务。例如,一个密钥对可以被用作支持不可否认性服务而另一个密钥对可以被用作支持机密性服务,这就是所谓的"双密钥对模型":签名私钥/验证公钥对和加密公钥/解密私钥对。在许多 PKI 系统中,由 CA 为用户产生加密公钥/解密私钥对,而签名私钥/验证公钥对由用户自己产生,签名私钥不存在存档问题,因此无须传送给 CA。而且由于签名私钥不能备份和存档,所以一般不建议由 CA 为用户产生不可否认性密钥对。值得注意的是,两对密钥在管理上是互相冲突的,双密钥对模型中密钥管理上的区别如表 9.2 所示。

表 9.2 双密钥对模型中密钥管理的区别

用户数	两个密钥对	产生方式	本人使用的私钥管理	他人使用的公钥管理
一个用户	签名私钥/验证公钥对(生存期长)	用户产生	签名私钥不能备份和存档	验证公钥需备份和存档(即密钥档案)
	加密公钥/解密私钥对(生存期短)	CA 产生	解密私钥需备份和存档(即密钥历史)	加密公钥不需备份和存档

(3) 证书创建。

无论密钥对在哪里产生,创建数字证书的职责都将单独地落在被授权的 CA 上。如果公钥是终端实体而不是 CA 所产生的,那么该公钥必须被安全地传送到 CA,以便其能够被放入数字证书。一旦密钥资料和相关的数字证书已经被产生,它们必须被适当分发。所有要与该用户进行安全通信的其他用户都会向 CA 请求获得该用户的证书。

(4) 证书分发。

有一种或多种将一个实体的公钥证书分发给该用户和另一个实体的方法。

① 带外分发。

② 在一个公共的资料库或数据库中公布,以使查询和在线检索简便。

③ 带内协议分发,例如,包括带有安全 E-mail 报文的适用的验证证书。

目前使用最成熟的证书分发方法是证书的使用者查询网上的证书库,以得到某个用户的证书。注意,与该用户进行通信的对方必须容易获得该用户的用于机密性目的的证书和用于数字签名目的的证书。

(5) 密钥备份和托管。

一定比例的解密私钥会因为许多原因(如忘记用于保护解密私钥的口令、磁盘被破坏、失常的智能卡或雇员被解雇)使这些密钥的所有者无法访问,这就需要事先进行密钥备份。密钥备份发生在用户申请证书阶段,如果注册时声明公钥/私钥对是用于数据加密/解密,那么 CA 即可对该用户的解密私钥进行备份。

密钥托管是指用户把自己的解密私钥交由第三方保管,允许他监听某些通信和解密有关密文,这样做的问题是哪些密钥应委托保管以及谁是可以信任的第三方。如果由政府担任可信任第三方,这种被托管的密钥就叫作 GAK(Government Access Key,政府访问密钥)。换句话说,除通常解密方法之外,GAK 为政府提供访问加密数据的其他方法。

2. 颁布阶段

(1) 证书检索。

证书检索与访问一个终端实体证书的能力有关。有两种不同的情况需要检索一个终端实体证书。

① 将数据加密发给其他实体的需求(即保证数据的机密性)。

② 验证从另一个实体收到的数字签名的需求(即实现对数字签名的验证)。

(2) 证书验证。

证书验证与评估一个给定证书的合法性和证书颁发者的可信赖性有关。证书验证工作主要对证书进行如下验证。

① 证书的完整性验证。

② 保证证书是由一个可信的 CA 颁发的(包括证书路径验证)。

③ 证书的有效期是适当的。

④ 证书被按照任何预期的策略限制(如用于加密还是用于数字签名)来使用。

(3) 密钥恢复。

密钥恢复是指当一个密钥由于某种原因被破坏了,并且没有被泄露出去时,从它的一个备份重新得到该密钥的过程。密钥管理生命周期包括从远程备份设施(如可信密钥恢复中心或 CA)中恢复解密私钥的能力。解密私钥的恢复要使 PKI 管理员和终端用户的负担减至最小,这个过程则必须尽可能最大程度自动化。CA 可以根据用户的密钥历史对解密私钥进行恢复。

(4) 密钥更新。

当证书被颁发时,其被赋予一个固定的生存期。当证书"接近"过期时,或者私钥泄露时,必须颁发一个新的公钥私钥对和相关证书,这称为密钥更新。应该允许一个合理的转变时间让使用方获得新的证书,从而避免与过期证书所有有关的服务中断。这个过程应该是到时间自动进行的,并对终端用户完全透明,而无须用户的干预。

3. 取消阶段

(1) 证书过期。

证书在颁布时被赋予一个固定的生存期,在其被建立的有效期结束后,证书将会过期。当一个证书过期后,与该证书有关的终端实体可能会做如下三件事之一。

① 没有活动:终端实体不再参加 PKI。

② 证书恢复:相同的公钥被加入具有新有效期的新证书(当与最初证书的颁布有关

的环境没有变化时使用,并且仍然认为密钥对和证书是可靠的)。

③ 证书更新:一个新的公钥私钥对被产生,并且一个新的证书被颁发。

(2)证书撤销。

在证书自然过期之前对给定证书的即时取消(如由于 CA 签名私钥的泄露、用户的身份改变、遗失用于保护签名私钥的口令、用户私钥可能被盗、作业状态的变化或者雇用终止等引起),警告其他用户不要再使用这个公钥。一个终端用户个人可以亲自初始化自己的证书撤销(例如由于相应私钥的可疑被盗)。RA 可以代表终端用户初始化证书撤销,经授权的管理者也可以有能力撤销终端实体的证书,并将已撤销的证书放入作废证书列表(CRL)中,或者使用在线证书状态协议(OCSP)支持用户对证书是否被撤销进行在线查询。OCSP 比 CRL 处理快得多,并避免了令人头疼的逻辑问题和处理开销。因此,许多最常见的 Web 浏览器的新版本中使用了 OCSP 这一轻量级的协议。一个证书撤销的实例方案如图 9.9 所示。

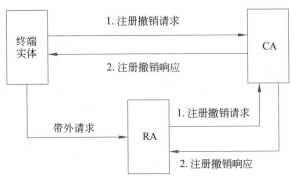

图 9.9　证书撤销实例方案

(3)密钥销毁。

没有加密密钥能无限期地使用,它应当和护照、许可证一样能够自动失效,否则会带来无法预料的结果。

① 密钥使用时间越长,它泄露的机会就越大,因为对用同一密钥加密的多个密文进行密码分析一般比较容易。

② 如果密钥已泄露,那么密钥使用越久,损失就越大。

③ 密钥使用越久,破译者就愿意花费更多的精力去破译它,甚至使用穷举攻击的方法。

所以密钥必须定期更换,更换密钥后,原来的密钥必须销毁。当密钥的所有副本都被删除,重新生成该密钥所需的信息也被全部删除时,该密钥的生命周期就终止了。

(4)密钥历史。

由于保证机密性的用户公钥最后总要过期,因此安全可靠地存储用作解密的用户私钥是必须的,这被称作"密钥历史",否则其他用户使用该用户已经过期的公钥发送过来的加密消息,该用户则无法恢复出明文。

(5)密钥档案。

密钥档案与密钥历史不同,主要用于审计和出现交易争端时使用。一个用户应该可靠地保存已经过期的用于验证其他用户数字签名的该用户公钥,以便再次对历史文档中的他人的数字签名进行验证,防止其他用户对曾经发送的带数字签名消息的否认。最好由 PKI 自动完成密钥历史和密钥档案的管理工作。

9.3.2 对 PKI 的性能要求

1. 透明性和易用性

这是对 PKI 的最基本要求,PKI 必须尽可能地向上层应用屏蔽密码服务的实现细节,向用户屏蔽复杂的安全解决方案,使安全服务对用户而言简单易用。

2. 可扩展性

证书库和 CRL 必须具有良好的可扩展性。

3. 互操作性

不同单位的 PKI 实现可能是不同的,这就提出了互操作性要求。要保证 PKI 的互操作性,PKI 必须建立在标准之上,包括加密标准、数字签名标准、Hash 标准、密钥管理标准、证书格式、目录标准、文件信封格式、安全会话格式、安全应用程序接口规范等。

4. 支持多应用

PKI 应该面向广泛的网络应用,提供文件传送安全、文件存储安全、电子邮件安全、电子表单安全、Web 应用安全等保护。

5. 支持多平台

PKI 应该支持目前广泛使用的操作系统平台,如 Windows、Mactonish、Linux、UNIX 等。

9.4 PKI 的优缺点

PKI 有如下优点。

(1) PKI 能提供 Kerberos 所不能提供的服务——不可否认性。

(2) 相对 Kerberos 来说,PKI 从开始设计就是一个容易管理和使用的体制,PKI 的设计就是为了让单位和个人容易使用数字证书和公开密钥。

(3) PKI 提供了密钥管理的所有功能,在这方面它远远超过了 Kerberos 和其他的解决方案,所以这些功能都让用户很容易进行密钥管理。

(4) PKI 利用证书库进行数字证书和公钥的安全发布,CA 和证书库都不会像 Kerberos 中的 KDC 那样可能形成瓶颈。

PKI 也有如下缺点。

（1）PKI 还是一个正在发展的标准，而且它的实现需要一套完整的标准。

（2）实现 PKI 的代价可能过于昂贵，如果实现 PKI 失败，最主要的原因可能是代价高昂。

（3）在 PKI 中，每个人都必须看管好自己的数字身份证——用户私钥，这也不是一个简单的工作。

但总的来看，PKI 的市场需求非常巨大。基于 PKI 的应用很多，如 Web 通信、安全电子邮件、Internet 上的信用卡交换和虚拟专用网等。因此，PKI 具有非常广阔的市场应用前景。目前在我国，重要的 CA 有中国金融 CA（CFCA）、中国电信 CA（CTCA）、外经贸 CA 和上海 CA。其中中国金融 CA 是国家级 CA，由中国人民银行牵头，13 家商业银行参加联合共建的。它是目前具有国际先进水平的 PKI 系统，能为电子商务、网上银行提供一整套 PKI 安全服务支持，已为网上银行 B2B 业务发放几十万张高级证书。它几经改进，目前已具有空前的稳定性和安全性，将会为中国的电子商务起到越来越大的作用。

习题

1. 为什么说在 PKI 中采用公钥技术的关键是如何确认某个人真正的公钥？如何确认？

2. 什么是数字证书？如何申请和使用数字证书？数字证书遵循什么标准？

3. 目前有哪 4 种常用的信任模型？在这些信任模型中哪些通过建立信任树进行认证？哪些通过建立信任网进行认证？信任树和信任网的最根本区别是什么？

4. 简述信任模型中的 Web 模型的特点和安全问题。

5. PGP 中采用的信任机制与 PKI 中采用的其他信任机制本质上有何不同？

6. 两个不同 CA 域的用户如何对对方进行相互认证？

7. 以用户为中心的信任模型是怎样建立信任关系的？哪个实用系统是使用这种模型的？

8. 现有的公开密钥分配方案中，我们常用的是在公开密钥管理机构方式下，用 CA 颁发数字证书的方案。为什么说这个方案中 CA 相对 KDC 来说不容易形成瓶颈？

9. 在使用 PKI 时，生成用户的公/私钥对有哪两种具体的方式？简述它们的主要区别和优缺点。

10. 为什么在实际使用 PKI 技术时，每个用户需要生成两个公钥/私钥对？这两对密钥各有什么功能？举例说明在管理这些密钥（如其中的两个私钥）时有什么主要区别？

11. 构造证书库的最佳方法是什么？证书库主要用于存储什么信息？如何保证证书库所存储信息的完整性？

12. 什么是 CRL？要提高使用 CRL 的有效性要注意什么问题？

13. PKI 主要能完成哪几项功能？

14. 结合密钥和证书的生命周期来简述 PKI 系统的工作流程。

15. 什么是 RA？它与 CA 在逻辑上有什么关系？与 CA 在功能上有什么联系与

区别?

16. 什么情况下密钥需要备份?什么情况下密钥需要恢复?备份和恢复都是针对哪种密钥进行的?

17. 什么情况下需要执行证书撤销操作?有哪两种主要的发布已撤销证书的方法?

18. 为什么密钥需要定期更换?也就是说,为什么原来的密钥必须执行销毁操作?

第 10 章　虚拟专用网和 IPSec 协议

10.1　虚拟专用网概述

虚拟专用网(Virtual Private Network,VPN)是在两台计算机之间建立一条专用连接,通过附加的隧道技术、加密和密钥管理、用户认证和访问控制等技术实现与专用网类似的安全性能,从而达到在公共网络上安全传输机密数据的目的。

当用户数据需要跨越多个运营商的网络时,在连接两个独立网络的节点,该用户的数据分组需要被解封装和再次封装,可能会造成数据泄露,这也需要用到加密技术和密钥管理技术。对于支持远程接入或动态建立隧道的 VPN,在隧道建立之前需要确认访问者身份,是否可以建立要求的隧道,若可以,系统还需根据访问者身份实施资源访问控制。这需要访问者与设备的身份认证技术和访问控制技术。

整个 VPN 网络任意两个节点之间的连接并没有端到端的物理链路,而是架构在公共网络平台(如 Internet 等)之上的逻辑网络。VPN 能够提供互联网上端到端数据安全传输,所以和防火墙、入侵检测系统、主机加固等一样,已成为网络安全防御体系中的重要环节。

一个 VPN 可抽象为一个没有自环的连通图,每个顶点代表一个 VPN 端点(用户数据进入或离开 VPN 的设备端口),相邻顶点之间的边表示连接这两个对应端点的逻辑通道,即隧道。隧道(封装)技术是构建 VPN 的核心技术,也是目前区分不同 VPN 业务的基本方式,隧道以叠加在 IP 主干网上的方式运行。数据包不是直接在公共网络平台上传输的,而是首先进行加密和鉴别以确保安全,然后由 VPN 封装成 IP 包的形式,通过隧道在公共网络平台上安全传输,离开隧道后,要进行解封装,之后数据便不再被保护。

随着 Internet 可靠性和可用性的增强,它可以提供最廉价和普遍的广域网通信。然而与专用网相比,Internet 不能提供相同的安全性、带宽及服务质量(QoS)保证,于是,一种具有两者优点且运行在 Internet 之上的新 VPN 技术——IP VPN 成为近年来兴起的 VPN 技术。相比较而言,四类用户适合采用 IP VPN:位置众多,特别是单个用户和远程办公室站点多;用户/站点分布范围广,特别是遍布全球各地;带宽和时延要求相对适中;对机密性和可用性有一定要求。

VPN 有如下优点。

(1) 降低成本:通过互联网来建立 VPN 可以节省大量的组网和通信费用,也不需要投入大量的人力和物力来安装和维护远程访问设备。

(2) 安全性好:VPN 可以保证用户身份认证、数据传输的机密性和完整性。

(3) 连接方便易扩展:一个用户想与其合作伙伴联网,只需要使用 VPN 配置安全连接即可,而且方便企业增加远程用户。

(4) 良好的控制:用户可以只使用 ISP 提供的基本网络服务,而对于其他的安全设置可由自己来管理,这样用户仍然可以良好地控制自己的网络。在企业内部也可以自己建立 VPN。

(5) 简化网络设计:使用 VPN 将对远程链路进行安装、配置和管理的任务减少到最小,简化与远程用户认证、授权和记账相关的设备和处理。

10.2 常见 VPN 技术

10.2.1 IPSec 技术

IPSec(IP Security)是一个由 IETF IPSec 工作组设计的端到端的确保 IP 层通信安全的协议集,它是 IPv6 的安全标准,也可应用于目前的 IPv4,包括安全协议部分和密钥协商部分。安全协议部分有封装安全载荷(Encapsulation Security Payload,ESP)和鉴别头(Authentication Header,AH)两种协议。其中,AH 提供了数据源鉴别、数据完整性和抗重放机制,ESP 实现了 AH 的所有功能,同时还为通信提供机密性。密钥协商部分使用 IKE(Internet Key Exchange)协议实现安全协议的自动安全参数(加密及鉴别算法、加密及鉴别密钥、通信的保护模式、密钥的生存期等)的协商。

IPSec 可保障主机之间、安全网关之间(如路由器或防火墙)或主机与安全网关之间的数据包的安全。IPSec 通过在 IP 层提供安全保护,对应用层透明,任何应用程序无须修改就可以充分利用其安全特性。IPSec 比高层安全协议的性能好,比底层安全协议更能适应通信介质的多样性。IPSec 是最安全的 IP 协议,已经成为新一代的 Internet 安全标准。但是 IPSec 不支持 TCP/IP 以外的其他网络协议,而且提供的访问控制方法也仅限于包过滤技术。并且它使用 IP 地址作为其认证算法的一部分,这比高层 VPN 中实现的针对单个用户的认证方式的安全性差一些。

FreeS/WAN 是 Linux 环境下开放源代码的一种常用的基于 IPSec 协议的 VPN 产品,它具有安全性好、低时延和抖动小的特征,适合于实时应用。

10.2.2 SSL 技术

随着 Web 的出现和具有安全套接层(SSL)加密功能的浏览器盛行,用户不再需要利用复杂的客户端建立跨越 Internet 的安全通道(如 IPSec VPN)。只要使用支持 HTTPS(以 SSL 为基础的 HTTP)的 Web 浏览器,就可以方便地建立安全通道访问远程应用,这种基于 SSL 协议、可通过浏览器访问的 VPN 就是 SSL VPN。SSL VPN 与 IPSec VPN 的最大不同是无客户端。SSL VPN 利用 Web 浏览器,将 VPN 从客户端/服务器模式转换为浏览器/服务器模式,大幅度减轻 VPN 系统管理员负担,提高企业效率。SSL VPN 不需要购买和维护客户端软件,然而无客户端这一特性也使 SSL VPN 易于受到键盘记录软件和特洛伊木马的攻击。

SSL VPN 与 IPSec VPN 的比较如表 10.1 所示。

表 10.1 SSL VPN 与 IPSec VPN 的比较

比 较 项	SSL VPN	IPSec VPN
身份验证	单向身份验证、双向身份验证、数字证书	双向身份验证、数字证书
加密	强加密、基于 Web 浏览器	强加密、依靠执行
全程安全性	端到端安全,从客户到服务器全程安全	网络边缘到客户端,仅对从客户到 VPN 网关之间的通道加密
可访问性	适合于任何时间、任何地点访问	适用于受控用户的访问
费用	低(不需要任何附加客户端软件)	高(需要管理客户端软件)
安装	即插即用安装,不需要任何附加软硬件安装	配置时间长,需要专门的客户端软硬件
易用性	使用熟悉的 Web 界面,不需要培训终端用户	对没有相应技术的用户比较困难,需要培训
支持的应用	基于 Web 的应用、文件共享、E-mail	所有基于 IP 的服务
用户	客户、合作伙伴用户、远程用户、供应商等	更适合企业内部使用
可伸缩性	容易配置和扩展	在服务器端容易实现自由伸缩,在客户端比较困难

SSL VPN 的目标是确保用户随时随地安全存取企业信息,是一种低成本、高安全性、能够穿越 NAT、简便易用的远程访问 VPN 的解决方案,非常适合以 Web 应用为主,有大量客户端的应用。但是它也有不足之处:只能为访问资源提供有限安全保障,因为 SSL VPN 只对通信双方的某个应用通道进行加密,而不是对在通信双方的主机之间整个通道进行加密。

SSL VPN 最适合下述情况:企业需要通过 Web 远程接入互联网;客户端与目标服务器之间有防火墙或需要进行网络地址转换,允许 HTTPS 数据包通过,但不允许 IKE 或 IPSec 包通过;企业无法在远程计算机上安装软件以提供远程访问;需要细粒度访问控制能力。我们建议的方案是:以 IPSec VPN 作为分支机构网络与机构内部网络连接起来的一般方案,而 SSL VPN 作为访问 Web 服务的远程接入方案,这样既比较安全又能降低成本。当前的一个研究方向是如何让 IPSec VPN 兼容 SSL VPN,增强易用性和扩展性。

10.2.3 SSH 技术

SSH(Secure Shell)是一种介于传输层和应用层之间的加密隧道协议,具有客户端/服务器的体系结构。SSH 可以在本地主机和远程服务器之间设置"加密隧道",此"加密隧道"可以跟常见的 Telnet、rlogin、FTP、POP3、X11 应用程序相结合,目的是在非安全的网络上提供安全的远程登录和相应的网络安全服务,这就形成了一种应用层的特定 VPN——SSH VPN。

SSH 协议既可以提供主机认证,又提供用户认证,同时还提供数据压缩、数据机密性和完整性保护。通过使用 SSH,能够防止中间人攻击及 IP 欺骗和 DNS 欺骗。SSH 的不足之处在于它使用的是手工分发并预配置公钥而非基于证书的密钥管理。与 SSL 和 TLS 相比，这是 SSH 的主要缺陷。但从 SSH 2.0 协议开始，允许同时使用 PKI 证书和密钥，这样可以降低密钥管理的负担并提供更强大的安全保障。虽然 SSH 还有不足之处，但相对于其他 VPN 的复杂性和费用来说，也不失为一种可行的网络安全解决方案，尤其适合中小企业部署 VPN 应用。

10.2.4　PPTP 和 L2TP 技术

PPTP 和 L2TP 是目前主要的构建远程接入 VPN 的隧道协议，它们属于第二层隧道协议。根据隧道的端点是客户端计算机还是拨号接入服务器，隧道可以分为以下两种。

（1）自愿隧道：客户端计算机可以通过发送 VPN 请求来配置一条自愿隧道，客户端计算机作为隧道的一个端点，它必须安装隧道客户软件，并创建到目标隧道服务器的虚拟连接。

（2）强制隧道：由支持 VPN 的拨号接入服务器来配置和创建。位于客户端计算机和隧道服务器之间的拨号接入服务器作为隧道客户端，成为隧道的一个端点。

自愿隧道技术为每个客户创建独立的隧道，而强制隧道中拨号接入服务器和隧道服务器之间建立的隧道可以被多个拨号客户共享，只有最后一个隧道用户断开连接之后才能终止整个隧道。

第二层隧道协议主要有如下 3 种。

1. PPTP 协议——实现自愿隧道

PPTP 是 PPP 的扩展，该协议将 PPP 数据包封装在 IP 数据包内通过 IP 网络进行传送。PPTP 是微软、Ascend、3COM 等公司支持的隧道协议，它的应用较为简单，由它构建的 VPN 与路由环境、认证过程等多方面完全兼容。将 PPTP 用于远程访问很容易，用来在基于 TCP/IP 的网络上发送多协议的数据包。用户可以自行建立 PPTP 隧道，但需要在其用户计算机上配置 PPTP，且它只支持 IP 作为传输协议。PPTP 是一个为中小企业提供的 VPN 解决方案，但它在实现上存在重大安全隐患（安全性甚至比 PPP 还弱）。

2. L2F 协议——实现强制隧道

L2F 协议是由 Cisco、北方电信提出的隧道技术，可以支持多种传输协议，如 IP/ATM/ FR/X.25/UDP。首先远端用户通过任何拨号方式接入公共 IP 网络，建立 PPP 连接，然后 NAS 根据用户名等信息，连接到企业的 L2F 网关服务器，它把数据包解包后发送到内部网。

隧道建立对用户完全透明，没有确定客户方，只在强制隧道中有效，没有为被封装的数据报文定义加密方法。

3. L2TP 协议——实现两种隧道

L2TP 协议是由 IETF 起草，微软、Cisco、3COM 等公司共同制定的，目前它是 IETF 的标准，结合 L2F 和 PPTP 的优点，可以让用户从客户端或拨号接入服务器发起 VPN 连接。L2TP 协议特别适合于组建远程接入式的 VPN,已经成为第二层隧道协议事实上的工业标准。L2TP 对传输中的数据并不加密,如果需要安全的 VPN,仍然需要结合使用 IPSec。L2TP 客户端/服务器是使用 L2TP 隧道协议和 IPSec 安全协议的 VPN 客户端/服务器。

第三层隧道协议和第二层隧道协议主要有如下两点不同。

(1) 第三层隧道协议用包作为数据交换单位,将 IP 包封装在附加的 IP 包头中通过 IP 网络传送。第三层隧道如 IPSec,由于是 IP in IP,其可靠性、可扩展性和安全性等方面均优于第二层隧道,特别适宜 LAN to LAN 互连。

(2) 第二层隧道协议用数据帧作为数据交换单位,是将多种网络数据封装在 PPP 数据帧中,再把整个数据包封装进第二层隧道协议中。第二层隧道目前主要基于虚拟 PPP 连接,如 PPTP/L2F/L2TP 等。其主要优点是协议简单,易于加密,特别适宜为远程用户拨号接入 IP VPN 提供 PPP 连接。但用户网关或 RAS 服务器需要维护大量的 PPP 会话连接状态,造成 PPP 会话超时等问题,影响传输效率和系统扩展。PPTP、L2TP 与 IPSec 协议的比较如表 10.2 所示。

表 10.2　3 种隧道协议的比较

比　较　项	PPTP	L2TP	IPSec
工作方式	客户端-服务器	客户端-服务器	主机-主机、LAN-LAN
用途	远程接入	远程接入	Intranet、Extranet
OSI 层次	第二层	第二层	第三层
隧道服务	单点隧道	单点隧道	多点隧道
所封装协议	IP/IPX/NetBEUI	IP/IPX/NetBEUI	IP
包认证	无	使用 IPSec	使用 AH
包加密	厂商指定	使用 IPSec	使用 ESP
数据压缩	基于 PPP 的 MPPC	正在开发	正在开发
密钥管理	基于 PPP 的 MPPE	使用 IPSec	ISAKMP/OAKLEY
具有 NAT 功能	支持	正在开发	正在开发

10.3　VPN 使用现状

目前使用比较多的是,结合使用 L2TP 协议(远程隧道访问)和 IPSec 协议(封装和加密)两者的优点来进行身份认证、机密性保护、完整性检查和抗重放。这使得 L2TP 协议已经基本上取代了 PPTP 的使用,Windows 2000 后就有内置的 L2TP/IPSec 组合,可以对 IP 报文嵌套封装,经 L2TP/IPSec 嵌套封装的报文如图 10.1 所示。基于 L2TP 协议的"加密"使用在 IPSec 身份认证过程中生成的密钥,利用 IPSec 加密机制加密 L2TP 消息。

通过上述分析,纵观各种 VPN 技术的发展过程和趋势,我们认为具有良好发展前景

图 10.1 经 L2TP/IPSec 嵌套封装的报文

的几种 VPN 技术是 IPSec(最安全、适用面最广的 IP)、SSL(实现 VPN 的新兴技术,具有高层安全协议的优势)、L2TP(最好的实现远程接入 VPN 的技术)。因为无线信道的开放性造成它的传输安全隐患,而 VPN 是解决这一技术难题的最好办法,所以无线领域的 VPN 技术将会出现一个新的发展趋势。除了上述技术的各自发展和应用外,各种现有 VPN 技术的相互结合、取长补短更是未来 VPN 研究的发展方向,以适应于各种复杂的网络环境,如 IPSec 与 SSL、IPSec 与 L2TP 技术的结合等。

VPN 的缺点是:需要为数据加密增加处理开销;需要添加报文头而可能导致报文分片,引起延迟而降低吞吐量;VPN 在具体实现时也存在如能否穿越 NAT 等问题;同时使用 VPN 设备与防火墙的相互配合和兼容问题;对 VPN 进行故障诊断很困难;连接的 VPN 用户也会有安全性问题等。

10.4 IPSec 安全体系结构

10.4.1 IPSec 概述

互联网的攻击者们充分利用了 IP 的如下脆弱性进行攻击。

(1) 基于 IP 地址的数据源鉴别机制:互联网上传输数据包的源 IP 地址的真实性是得不到保证的,即数据包声称的发送者可能不是事实上的发送者。因此,需要某种机制为 IP 层的通信提供数据源的鉴别。

(2) IP 没有为数据提供强的完整性机制:IP 通过 IP 头为分组提供了一定程度的完整性保护,但这种保护对一个蓄意攻击者而言是微不足道的。因此,应该在 IP 层为分组提供一种强的完整性保护。

(3) IP 没有为数据提供任何形式的机密性保护,这成为了应用日益增多的电子商务的瓶颈问题。在网上传输的任何信息都可被他人阅读,因此,对 IP 层的通信数据进行机密性保护将势在必行。

IPSec 是由 IETF IPSec 工作组设计的一种端到端的确保 IP 层通信安全的机制,它不是一个单独的协议,而是一组协议。IPSec 随着 IPv6 的制定而产生,是 IPv6 设计的一个子集,后来增加了对 IPv4 的支持。在前者中是必需的,在后者中可选。目前 IPSec 最主要的应用是构造虚拟专用网(VPN),它作为一个第三层隧道协议实现了 VPN 通信,可以为 IP 网络通信提供透明的安全服务,保证数据的完整性和机密性,有效抵御网络攻击。定义 IPSec 协议族的 RFC 如表 10.3 所示。

　　IPSec 众多的 RFC 通过关系图组织在一起,IPSec 各组件的关系图如图 10.2 所示。它包含了 3 个最重要的协议:鉴别头 AH、封装安全载荷 ESP、密钥管理协议 IKE,注意这些协议的使用均可独立于具体的加密算法。

表 10.3　定义 IPSec 协议族的 RFC

RFC	内　　　容
2401	IPSec 体系结构
2402	AH 协议
2403	HMAC-MD5-96 在 AH 和 ESP 中的应用
2404	HMAC-SHA-1-96 在 AH 和 ESP 中的应用
2405	DES-CBC 在 ESP 中的应用
2406	ESP 协议
2407	IPSec DOI
2408	ISAKMP 协议
2409	IKE 协议
2410	NULL 加密算法及其在 IPSec 中的应用
2411	IPSec 文档路线图
2412	OAKLEY 协议

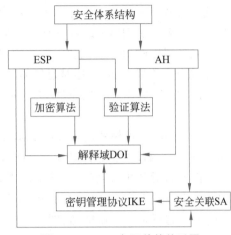

图 10.2　IPSec 各组件的关系图

　　(1) AH 为 IP 数据包提供 3 种服务(统称验证):数据完整性验证,通过使用 Hash 函数(如 MD5)产生的验证码来实现;数据源鉴别,通过在计算验证码时加入一个共享会话密钥来实现;防重放攻击,在 AH 报头中加入序列号可以防止重放攻击。

　　(2) ESP 除了为 IP 数据包提供 AH 上述的 3 种服务外,还提供数据包加密和数据流加密。数据包加密是指对一个 IP 包进行加密(整个 IP 包或其载荷部分),一般用于客户端计算机;数据流加密一般用于支持 IPSec 的路由器,源端路由器并不关心 IP 包的内容,对整个 IP 包进行加密后传输,目的端路由器将该包解密后将原始数据包继续转发。

　　在创建一个基于 IPSec 的 VPN 时,可以嵌套使用这两种协议。可以在两台主机之间、两台安全网关(防火墙/路由器)之间,或者主机与安全网关之间使用这两种协议。

　　(3) IKE 负责密钥管理,定义了通信实体间进行身份认证、协商加密算法以及生成共享会话密钥的方法。IKE 将密钥协商的结果保留在安全关联(SA)中,供 AH 和 ESP 以后通信时使用。通信双方必须保持对通信消息相同的解释规则,即应持有相同的解释域(Interpretation of Domain,DoI)。解释域为使用 IKE 进行协商 SA 的协议统一分配标识符。当需要在 IPSec 中加入新的加密算法或验证算法时,可以通过扩展 DOI,以及在协商时修改相应算法字段的取值,即可达到目的。

　　IPSec 有以下两种运行模式。

1. 传输模式

　　传输模式下要保护的是 IP 包的载荷,可能是 TCP/UDP/ICMP,也可能是 AH/ESP 协议。传输模式只为上层协议提供安全保护,通常情况下它只能提供两台主机之间的安全通信，所以需要在每台主机上安装软件，工作量巨大，而且它不能隐藏主机的 IP 地址。启用 IPSec 传输模式后，IPSec 会在传输层包的前面增加 AH/ESP 头部或同时增加两种头部，构成一个 AH/ESP 数据包，然后添加 IP 头部组成 IP 包。

2. 隧道模式

隧道模式保护的是整个原始 IP 包，为 IP 本身而不只是上层协议提供安全保护。通常情况下只要使用 IPSec 的双方有一方是安全网关，就必须使用隧道模式，隧道模式的一个优点是可以隐藏内部主机和服务器的 IP 地址。大部分 VPN 都使用隧道模式，因为它不仅对整个原始报文加密，还对通信的源地址和目的地址进行部分和全部加密。只需要在安全网关，而不需要在内部主机上安装 VPN 软件，由前者负责数据的加密和解密工作。

启用 IPSec 隧道模式后，IPSec 将原始 IP 包看作一个整体作为要保护的内容，前面加上 AH/ESP 头部，再加上新 IP 头部组成新 IP 包。隧道模式的数据包有两个 IP 头：内部头由路由器背后的主机创建，是通信终点；外部头由提供 IPSec 的设备（如路由器）创建，是 IPSec 终点。事实上，IPSec 的传输模式和隧道模式分别类似于其他隧道协议（如 L2TP）的自愿隧道和强制隧道，即一个是由用户实施，另一个是由网络设备实施。

10.4.2　安全关联和安全策略

AH 和 ESP 都使用安全关联（Security Associate，SA）来保护通信，而 IKE 的主要功能就是在通信之前，在通信双方之间协商 SA，SA 是构成 IPSec 的基础。所谓安全关联就是指在安全服务与它服务的载体之间的一个安全“连接”，IPSec 通过使用这个概念在无连接的 IP 服务中引入一些面向连接的特性，即为特定的通信活动提供安全服务的上下文。

SA 是在两个 IPSec 实体（主机/安全网关）之间经过协商建立起来的一种协定，决定保护什么、如何保护以及谁来保护。内容包括采用何种 IPSec 协议、运行模式、验证算法、加密算法、加密密钥、密钥生存期、抗重放窗口、计数器。

SA 是单向的，每个通信方必须有两个 SA（进入/外出 SA），这两个 SA 构成一个 SA 束（bundle）。一个 SA 对 IP 数据包也不能同时提供 AH 和 ESP 保护，当需要对 SA 进行组合时，组合结果也成为一个 SA 束。SA 有两种管理方式。

（1）手工管理：由管理员手工维护，VPN 规模大时容易出错，且无生存期限制，除非手工删除，否则有安全隐患。

（2）IKE 自动管理：SA 的建立和动态维护是通过 IKE 进行的，IPSec 的 SA 就使用这种动态管理方式，其中的密钥可以快速更新。如果安全策略要求建立安全、保密的连接，但又不存在与该连接相应的 SA，IPSec 的内核会立刻启动 IKE 来协商 SA。使用 IKE 的优点是可以自动产生需要的 SA，并且 SA 的生存期非常短，使得破译更加困难。

每个 SA 由三元组＜SPI，源/目的 IP 地址，IPSec＞唯一标识，这 3 项的含义如下。

① SPI（安全参数索引）：32 位，标识同一个目的地的 SA，用于唯一标识这个报文所属的安全关联。

② 源/目的 IP 地址：表示对方 IP 地址，对于外出数据包，是指目的 IP 地址；对于进入数据包，是指源 IP 地址。

③ IPSec 协议：采用 AH 还是 ESP。

SAD(安全关联数据库)是将所有的 SA 以某种数据结构集中存储的一个列表。IPSec 对报文的处理过程如下。

(1) 对于外出的流量：如果需要使用 IPSec 处理，而通过查找 SAD 发现相应的 SA 不存在，则 IPSec 将启动 IKE 来协商一个 SA，并存储到 SAD 中。

(2) 对于进入的流量：如果需要使用 IPSec 处理，IPSec 将从 IP 包中得到三元组，并利用这个三元组中的 SPI 在 SAD 中查找一个 SA，以决定如何对报文处理。

SP(安全策略)指示对 IP 数据包提供何种保护，并以何种方式实施保护。SP 主要根据源 IP 地址、目的 IP 地址、入数据还是出数据等来标识。

SPD(安全策略数据库)是将所有的 SP 以某种数据结构集中存储的一个列表。当要将 IP 包发送出去时，或者接收到 IP 包时，首先要查找 SPD 来决定如何进行处理。存在 3 种可能的处理方式。

(1) 丢弃：流量不能离开主机或者发送到应用程序，也不能进行转发。

(2) 不用 IPSec：将流量作普通流量处理，不需要额外的 IPSec 保护。

(3) 使用 IPSec：对流量应用 IPSec 保护，此时这条安全策略要到 SAD 中查找一个 SA。

从这个角度上说，IPSec 的工作原理类似于包过滤防火墙，当然对 IP 数据包的处理方法，除了包过滤防火墙中的丢弃和直接转发外，IPSec 还可以对数据包进行 IPSec 处理。

10.5　IPSec 安全协议——AH

10.5.1　AH 概述

AH 协议提供数据完整性验证和数据源鉴别，使用的是 HMAC 算法。HMAC 算法和 Hash 算法非常相似，一般是由 Hash 算法演变而来，也就是将输入报文和双方事先已经共享的对称密钥结合然后应用 Hash 算法。只有采用相同 HMAC 算法并共享密钥的通信双方才能产生相同的验证数据。所有的 IPSec 必须实现两个算法：HMAC-MD5 和 HMAC-SHA1。

AH 和 ESP 的最大区别有两个：一个是 AH 不提供加密服务；另一个是它们验证的范围不同，ESP 不验证 IP 报头，而 AH 同时验证部分报头，所以需要结合使用 AH 和 ESP 才能保证 IP 报头的机密性和完整性。AH 为 IP 包提供尽可能多的验证保护，验证失败的包将被丢弃，不交给上层协议解密，这种操作模式可以减少拒绝服务攻击成功的机会。

10.5.2　AH 头部格式

AH 协议是被 IP 封装的协议之一，如果 IP 头部的"下一个头"字段是 51，则 IP 包的载荷就是 AH 协议，在 IP 包头后面跟的就是 AH 协议头部。AH 报文头部如图 10.3

所示。

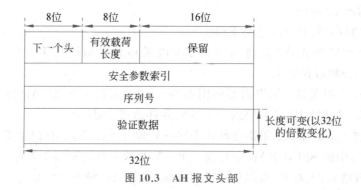

图 10.3 AH 报文头部

（1）下一个头：表示紧跟在 AH 头部后面的协议类型。在传输模式下，该字段是处于保护中的传输层协议的值，如 6(TCP)、17(UDP)或 50(ESP)。在隧道模式下，AH 保护整个 IP 包，该值是 4，表示是 IP-in-IP 协议。

（2）有效载荷长度：其值是以 32 位(4 字节)为单位的整个 AH 数据(包括头部和变长验证数据)的长度再减 2。

（3）保留：准备将来对 AH 协议扩展时使用。

（4）安全系数索引：值为$[256,2^{32}-1]$。实际上它是用来标识发送方在处理 IP 数据包时使用了哪些安全策略，当接收方看到这个字段后就知道如何处理收到的 IPSec 包。

（5）序列号：一个单调递增的计数器，为每个 AH 包赋予一个序号。当通信双方建立 SA 时，初始化为 0。SA 是单向的，每发送/接收一个包，外出/进入 SA 的计数器增 1。该字段可用于抗重放攻击。

（6）验证数据：可变长部分，包含完整性验证码，也就是 HMAC 算法的结果，称为 ICV，它的生成算法由 SA 指定。

10.5.3 AH 运行模式

1. AH 传输模式

AH 头部插入 IP 头部之后，传输层协议或者其他 IPSec 协议之前。被 AH 验证的区域是整个 IP 包(可变字段除外)，包括 IP 头部，因此 IP 包的源/目的 IP 地址不能修改。如果该包在传送过程中经过网络地址转换(NAT)网关，其源/目的 IP 地址必然将被改变，也会造成完整性验证失败，但这种验证失败不是数据本身被修改造成的。因此，AH 在传输模式下和 NAT 是冲突的，不能同时使用，或者说 AH 不能穿越 NAT。传输模式的 AH 实现如图 10.4 所示。

AH 传输模式有如下优点。

（1）即使内网中的其他用户，也不能理解或篡改主机 11 和主机 21 之间传输的数据内容。

（2）分担了 IPSec 处理负荷，避免了 IPSec 处理的瓶颈问题。

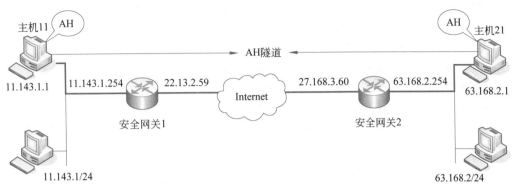

图 10.4   传输模式的 AH 实现

AH 传输模式也有如下缺点。

（1）每个希望实现传输模式的主机都必须安装 IPSec 协议，因此不能实现对端用户的透明服务。用户为获得 IPSec 提供的安全服务，必须付出内存、处理时间等方面的代价。

（2）不能使用私有 IP 地址，必须使用公有 IP 地址资源。

（3）暴露了子网内部拓扑。

2. AH 隧道模式

AH 头部插入原始 IP 头部之前，需要在 AH 之前增加一个新 IP 头部，隧道模式的 AH 实现如图 10.5 所示。

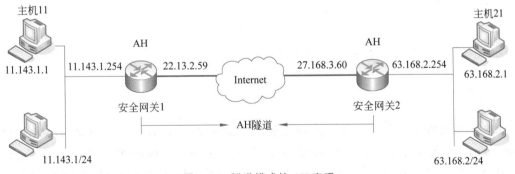

图 10.5   隧道模式的 AH 实现

AH 的验证范围也是整个 IP 包，同样此时 AH 也不能穿越 NAT。数据完整性验证过程如下：在发送方，整个 IP 包和验证密钥作为输入，经过 HMAC 算法计算后得到的结果被填充到 AH 头部的"验证数据"字段中；在接收方，整个 IP 包和验证密钥也作为输入，经过 HMAC 算法计算的结果和 AH 头部的"验证数据"进行比较，如果一致说明该数据包没有被篡改，内容是真实可信的。

AH 隧道模式有如下优点。

（1）保护子网中的所有用户都可以透明地享受由安全网关提供的安全保护。

(2) 子网内部可以使用私有 IP 地址,不需要公有 IP 地址资源。

(3) 保护子网内部的拓扑结构。

AH 隧道模式也有如下缺点。

(1) 增大了网关的处理负荷,容易形成通信瓶颈。

(2) 对内部的诸多安全问题(如篡改等)将不可控。

AH 传输模式和隧道模式报文的格式如图 10.6 所示。

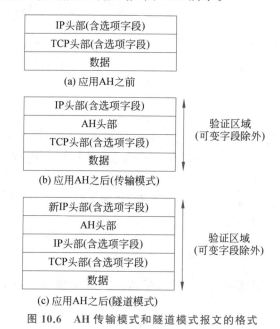

图 10.6　AH 传输模式和隧道模式报文的格式

10.6　IPSec 安全协议——ESP

10.6.1　ESP 概述

ESP 协议提供数据完整性验证和数据源鉴别的原理与 AH 一样,只是与 AH 相比 ESP 的验证范围要小些。ESP 协议规定了所有 IPSec 系统必须实现的验证算法: HMAC-MD5、HMAC-SHA1、NULL。与 L2TP、GRE、AH 等其他隧道技术相比,ESP 具有特有的安全机制——加密,而且可以和其他隧道协议结合使用,为用户的远程通信提供更强大的安全支持。ESP 加密采用的则是对称加密算法,它规定了所有 IPSec 系统必须实现的加密算法是 DES-CBC 和 NULL,使用 NULL 是指实际上不进行加密或验证。ESP 的验证或加密都是可选的,但是两者不能同时为 NULL。

10.6.2　ESP 头部格式

ESP 协议是被 IP 封装的协议之一。如果 IP 头部的"下一个头"字段是 50,IP 包的载荷就是 ESP 协议,在 IP 包头后面跟的就是 ESP 协议头部。ESP 报文头部如图 10.7 所示,其中 ESP 头部包含安全参数索引和序列号字段,ESP 尾部包含填充项、填充长度和下一个头字段。

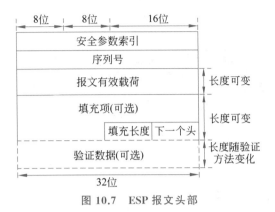

图 10.7　ESP 报文头部

(1) 安全系数索引:值为 $[256, 2^{32}-1]$。

(2) 序列号:是一个单调递增的计数器,为每个 ESP 包赋予一个序号。当通信双方建立 SA 时,初始化为 0。SA 是单向的,每发送/接收一个包,外出/进入 SA 的计数器增 1。该字段可用于抗重放攻击。

(3) 报文有效载荷:是变长的字段,如果 SA 采用加密,该部分是加密后的密文;如果没有加密,该部分就是明文。

(4) 填充项:是可选的字段,为了对齐待加密数据而根据需要将其填充到 4 字节边界。

(5) 填充长度:以字节为单位指示填充项长度,范围为 $[0, 255]$。

(6) 下一个头:表示紧跟在 ESP 头部后面的协议,其中值为 6 表示后面封装的是 TCP。

(7) 验证数据:是变长的字段,只有选择了验证服务时才需要有该字段。

10.6.3　ESP 运行模式

1. ESP 传输模式

要保护的是 IP 包的载荷,例如 TCP/UDP/ICMP 等,或者是其他 IPSec 协议。ESP 头部插入 IP 头部后,任何被封装的协议之前。传输模式的 ESP 实现如图 10.8 所示。

(1) 如果使用了加密方式,SPI 和序列号字段不能被加密。

① 在接收端,SPI 字段用于和源 IP 地址、IPSec 协议一起组成一个三元组来唯一确定一个 SA,利用该 SA 进行验证、解密等后续处理。如果 SPI 被加密了,要解密就必须找到 SA,而查找 SA 又需要 SPI,这样一来也就根本无法解密数据包。

② 序列号字段用于判断包是否重复,从而可以防止重放攻击。序列号字段不会泄露明文中的信息,所以没有必要加密。序列号字段不加密也使得一个包不需要经过烦琐的解密过程就可以判断包是否重复,如果重复则丢弃它,节约时间和资源。

(2) 如果要使用验证,验证数据也不会被加密,因为如果 SA 需要 ESP 的验证服务,

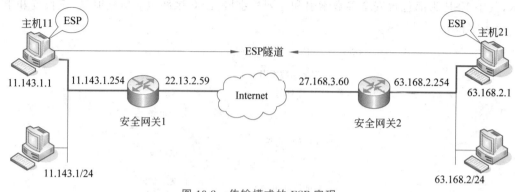

图 10.8　传输模式的 ESP 实现

那么接收端会在进行任何后续处理之前先进行验证。ESP 的验证不会对整个 IP 包进行验证，如 IP 包头部（含选项字段）不需要被验证。

　　ESP 传输模式的验证服务要比 AH 传输模式弱一点，如果需要更强的验证服务并且通信双方都是公有 IP 地址，且注重网络传输的性能时，应该采用 AH 来验证。

　　2. ESP 隧道模式

　　要保护的是整个 IP 包，对整个 IP 包进行加密。ESP 头部插入原 IP 头部（含选项字段）之前，在 ESP 之前再插入新的 IP 头部。隧道模式的 ESP 实现如图 10.9 所示，在隧道模式下，新的 IP 报文中有两个 IP 头部。

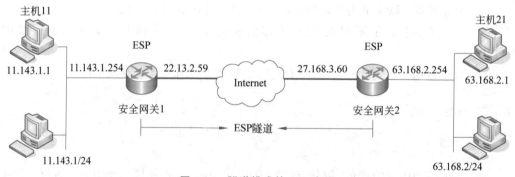

图 10.9　隧道模式的 ESP 实现

　　（1）里面的 IP 头部是原始的 IP 头部，含有真实的源 IP 地址、最终的目的 IP 地址。
　　（2）外面的 IP 头部的 IP 地址是安全网关的 IP 地址，这样两个子网中的主机可以利用 ESP 进行安全通信。

　　外部 IP 头部既不被加密也不被验证：不被加密是因为路由器需要这些信息来寻找路由；不被验证是为了能适用于 NAT 的情况。所以 ESP 不存在像 AH 那样和 NAT 模式冲突的问题，即使通信的任何一方具有私有地址或者在安全网关背后，双方的通信仍然可以用 ESP 来保护其安全。因为 IP 头部中的源/目的 IP 地址和其他字段不需要被验证，可以被 NAT 网关或安全网关修改，所以实现 IPSec VPN 时更多的是使用 ESP 协议的隧道模式。

ESP 隧道模式的验证和加密能够提供比 ESP 传输模式更强大的安全功能。因为隧道模式下对整个原始 IP 包进行验证和加密,可以提供数据流加密服务;ESP 在传输模式下只能提供数据包加密服务,因为源/目的地址不被加密。但隧道模式将占用更多的带宽,如果带宽利用率是关键问题,则用传输模式更适合。ESP 传输模式和隧道模式报文的格式如图 10.10 所示。

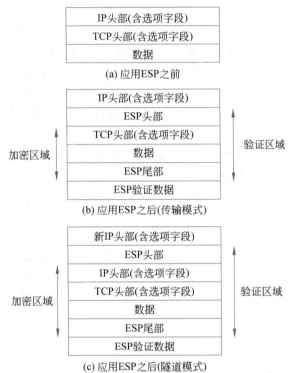

图 10.10　ESP 传输模式和隧道模式报文的格式

嵌套使用 AH 和 ESP 时,应该先用 ESP 对原始报文进行加密,再用 AH 进行完整性计算,即将 AH 头插入 IP 头和 ESP 头之间,将 ESP 头插入 AH 头和被保护数据包的头部之间。那么接收方解封装时,就会先对发送过来的数据进行完整性验证,只有通过验证的数据包对其进行解密才有意义,因为相对来说解密是非常耗时的工作。这种操作模式可以减少拒绝服务攻击成功的机会。

表 10.4 概括并比较了 AH 和 ESP 在传输模式和隧道模式中的功能。

表 10.4　传输模式和隧道模式中 AH 和 ESP 功能的比较

认证服务方式	传 输 模 式	隧 道 模 式
AH	认证 IP 载荷和 IP 头中的一部分	认证整个内部 IP 包和外部 IP 包头一部分
不带认证的 ESP	加密 IP 载荷	加密内部 IP 包
带认证的 ESP	加密 IP 载荷,认证 IP 载荷	加密内部 IP 包,认证内部 IP 包

10.7 IPSec 密钥管理协议——IKE

在 IPSec 保护一个包之前,需要先建立一个安全关联 SA。SA 可以手工建立,也可以自动建立,当用户数量不多,而且密钥的更新频率不高时,可以用手工建立 SA。但当用户较多,网络规模较大时,就应该使用自动方式。

IKE(Internet 密钥交换)协议就是 IPSec 目前唯一确定的用于密钥管理的协议,它可以自动管理 SA 的建立、协商、修改和删除等。IKE 是一个混合型的协议,它使用 ISAKMP 的通用框架、OAKLEY 的密钥交换模式以及 SKEME 的共享和密钥更新技术,定义出自己独一无二的验证加密材料生成技术以及协商共享策略。

ISAKMP(安全关联密钥管理协议)虽然定义了协商、建立、修改和删除 SA 的过程和包格式,但它只为 SA 的属性和使用 SA 的方法提供了一个通用的框架,并没有定义具体的 SA 格式。ISAKMP 没有定义任何密钥交换协议的细节,也没有定义任何具体的加密算法、密钥生成技术或者认证机制。这个通用的框架是与密钥交换独立的,ISAKMP 在协议栈中的位置如图 10.11 所示。

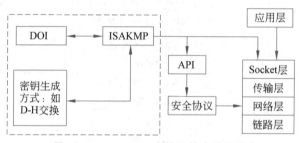

图 10.11　ISAKMP 在协议栈中的位置

IKE 与 ISAKMP 不同之处在于:IKE 在 ISAKMP 框架中真正定义了一个使用 OAKLEY 算法进行密钥交换的过程,而 ISAKMP 只是定义了一个通用的可被任何密钥交换协议使用的框架。从这个角度来说,IKE 是 ISAKMP 的实例化。

IKE 的特点就是它永远不在不安全的网络上直接传送密钥,而是通过一系列数据的交换,最终计算出双方共享的密钥,并且即使第三方截获了双方用于计算密钥的所有交换数据,也不足以计算出真正的密钥。

IKE 协议为 IPSec 通信双方提供密钥材料,这个材料用于生成加密密钥和验证密钥;它还负责 IPSec 的认证和协商,可以保证和指定设备进行加密通信的主机合法,然后对使用的加密算法类型进行协商。在密钥协商过程中用到了带 Cookie 交换机制的 Diffie-Hellman 密钥交换算法,同时 IKE 也可以提供给其他协议作为密钥交换的手段。

IKE 使用两阶段协议预先在通信实体之间建立一个安全关联:第一阶段,协商并创建一个通信信道(IKE SA),对该信道进行验证,为双方进一步的 IKE 通信提供机密性、完整性以及数据源验证服务;第二阶段,使用已建立的 IKE SA 来建立 IPSec SA。

需要指出,在第一阶段的交互中,交互双方可以验证对方的公钥证书。然后可以选用主模式或野蛮模式建立 IKE SA,其中主模式需要 3 次交互共 6 次通信,而野蛮模式仅仅需要 3 次通信,后者虽然效率较高,但安全性相对较低。在第二阶段,两个对等实体在前面协商的 IKE SA 的保护下,进行所谓的快速模式交换,协商建立用于 IPSec 协议的 SA。

总之,IKE 可以动态地建立安全关联和共享密钥。IKE 建立安全关联的实现非常复杂。从一方面看,它是 IPSec 协议实现的核心;从另一方面看,它也很可能成为整个系统的瓶颈。如何进一步优化 IKE 程序和密码算法是实现 IPSec 的核心问题之一。

10.8　IPSec 的安全问题

与其他安全产品和安全协议一样,IPSec 也可能被攻击和受到危害。即使 IPSec 所使用的密钥有足够的强度,但主动攻击仍能打破系统的安全性。

(1)远程攻击者可以利用 IPSec 的 ESP 中的漏洞进行拒绝服务攻击。在 ESP 的实现中存在一个错误,其没有检查 ESP 头部是否真正提供了验证数据,或者提供得是否充分或正确。结果导致了可以伪造非常短的 ESP 包,发给 IPSec 处理时使内核出错。

(2)针对 IPSec 最多的攻击可能是"实现方式攻击"。通信的双方通过安全关联(SA)建立新的通信,但当一方建议使用一种加密/验证算法,而另一方建议使用另一种加密/验证算法时,则由厂商决定如何进行选择,但这种强制性选择会降低安全性。

(3)在 IKE 的说明中,任何一方都可以终止会话,但另一方没有办法知道会话已被终止,发送端还会发送数据,此时如何阻止接收端接收这些数据,还有如何避免使用弱密钥,都是抵抗密钥管理攻击的关键问题。

(4)ISAKMP 协议并没有说明一个特定的数字签名算法,也没有指出采用何种类型的证书管理机构,没有说明证书类型的标识和证书交换。如果接收端使用了一个不安全的 CA,或者把自己作为 CA,同时攻击者破坏了该 CA,将来所有的通信都很脆弱。

Bruce Schneier 和 Counterpane Internet Security 公司的 Niels Ferguson 对 IPSec 协议提出了批评:"我们认为,IPSec 本身过于复杂,因此无法保证其安全性。"但他们同时也承认,尽管 IPSec 还存在不少问题,仍然比现有的其他 IP 安全协议更好一些。

10.9　IPSec 的使用现状

1. IPSec 的优点

IPSec 是由安全体系结构、AH、ESP、IKE 以及用于鉴别和封装载荷的若干算法标准等构成的一个体系。IPSec 为 IP 安全提供了统一的和切实可行的解决方案,它对所有应用程序和终端用户都是透明的。开发商可以根据各自产品的特点,采用相应算法在 Internet 协议安全框架内实现 IPSec。

使用 IPSec 的主要优点是可以在 IP 层加密和(或)认证所有流量,使得终端系统和应用程序不需要任何改变就可以利用其强有力的安全性保障用户的网络内部结构,并且因为加密报文结构类似于普通的 IP 报文,所以可以很容易通过任意 IP 网络,而无须改变中间的网络设备,大大减少了实现与管理的开销。由于 IPSec 的实现位于网络层上,实现 IPSec 的设备仍可进行正常的 IP 通信,可以实现设备的远程监控和配置。

通过对 IPSec 安全性的研究我们认为:相对于其他 IP 安全协议来说,IPSec 协议的设计和实现都有其独特的优越性,尽管 IPSec 本身过于复杂,也有一些安全漏洞被发现,但总的来说,IPSec 仍是目前最好、最安全和使用最广泛的 VPN 隧道协议,比在应用层采用认证和加密机制的隧道协议的兼容性和互通性好得多,而且不需要修改客户端程序。在目前的 IPv4 中,IPSec 作为可选项出现,而在将来的 IPv6 中,IPSec 是其中必需的组成部分,所以 IPSec 将能更好地与 TCP/IP 协议族结合。

2. IPSec 性能和安全考虑

由于使用 IPSec 必须修改和扩展 IP 栈,并需要在内存存储各种程序和数据,此外完成各种完整性验证数据的计算、加密和解密、密钥管理、公开密钥的计算都会导致系统性能的下降,而且这种情况在 SA 建立时会更加严重,因此 IPSec 的使用存在性能问题。由于软件加密系统的性能有限,因此在必要情况下安全网关和部分主机可以使用硬件加密设备。

使用 IPSec 会增加带宽开销,因此会导致传输、交换和路由等 Internet 基础设施的负载上升。产生这个问题的原因是增加 AH 和 ESP 报头会增加整个的报头长度,如果使用隧道方式将再增加一次报头长度;另一个原因是密钥管理协议的运行也需要网络带宽。不过这种带宽的增加并不会明显影响 Internet 的基础设施,可以考虑在加密之前进行压缩,以减轻带宽压力;还可以通过限制需要被 VPN 封装的 IP 报文的大小,使其小于 MTU 与任何可能的封装开销的差值,从而尽量减少分片。另外,由于 IPSec 本身就是考虑安全问题,因此一旦出现错误的情况,需要进行记录和审计。

3. IPSec 的使用现状

IPSec 的本意是希望在 IP 层统一解决 TCP/IP 协议族所有的安全问题,而不需要在上层再考虑。但在 IPSec 提出多年之后,它似乎不是非常成功,SSL、SSH 等安全协议似乎应用更广泛,即使用于组建 VPN 也是如此。这其中的原因有:一是 IPSec 的使用,加重了路由器的负担,所以 IPSec 安全协议很难得到将吞吐率放在首位的网络运营商的支持,而 SSL/SSH 在这方面有优势;二是 IPSec 的复杂也给自己的使用增加了障碍,使得 IPSec 的应用出现很多问题;三是 IPSec 需要已知范围的 IP 地址或固定范围的 IP 地址,因此,在动态分配 IP 地址时不太合适 IPSec。最后 IPSec 的最大缺点是微软公司对它的支持不够。

目前要让 IPSec 得到更广泛的应用,所要攻克的关键技术主要有 IPSec 的互操作性、桌面和浏览器的支持、IPSec 的 QoS 保证、IPSec 支持多协议通信问题、IPSec 支持动态分配 IP 地址问题、IPSec VPN 穿越 NAT 的问题、IPSec 涉及的数据包分片和 ICMP 问题、动态密钥交换 IKE、密码算法的优化实现、高性能随机数生成机制等。

习题

1. 什么是虚拟专用网？它主要使用了哪几种技术实现的？

2. 什么是 VPN 的隧道（封装）技术？

3. 不同的 VPN 技术可在不同的 OSI 协议层实现，简述每一种 VPN 的实现技术。

4. SSL VPN 和 IPSec VPN 有哪些主要不同（可从应用范围、功能和成本等方面进行比较）？哪些情况下适合使用 SSL VPN？如何与 IPSec VPN 结合使用？

5. 什么是第二层隧道协议和第三层隧道协议？两者有什么不同？

6. 在 L2F、PPTP 和 L2TP 3 种第二层隧道协议中，哪种更有优越性？L2TP 和其他两种有什么关系？

7. 现在人们一般如何结合使用 L2TP 和 IPSec 协议来创建一个更加安全的 VPN隧道？

8. IPSec 包含哪 3 个最重要的协议？

9. 什么是 SA？SA 有哪两种管理方式？管理上有什么区别？

10. AH 协议为 IP 数据包提供哪几种安全服务？简述它们的实现过程。

11. ESP 协议为 IP 数据包提供哪几种安全服务？简述它们的实现过程。

12. 比较 AH 协议和 ESP 协议不同，各有什么优缺点？适用场合有什么不同？

13. AH 主要为 IP 数据包提供验证功能，ESP 在提供验证功能的同时还为数据包提供加密功能，那么 ESP 协议是否能从根本上取代 AH 协议？为什么？

14. IPSec 有哪两种运行模式？它们分别适用于什么样的安全通信场合？画出示意图说明：在两种模式下，IPSec 协议分别对原有的 IP 数据包进行怎样修改来实现安全通信的？

15. IKE 协议的作用是什么？它与 AH 和 ESP 协议有什么关系？

16. IKE 和 ISAKMP、OAKLEY、SKEME 有什么关系？IKE 和 ISAKMP 有什么不同？

17. IKE 为通信实体建立安全关联需要经过哪两个阶段？各完成什么功能？

第11章 电子邮件安全

11.1 电子邮件的安全威胁

电子邮件是使用最广泛的网络应用,也是在异构环境下唯一跨平台、通用的分布式系统。用户希望并能够直接或间接地给通过互联网相连的其他人发邮件,而不论双方使用的是何种操作系统或通信协议。但是从安全角度考虑,首先电子邮件中的内容就像明信片后面的信息一样是公开的和可获取的;其次电子邮件的传递过程是邮件在网络上反复复制的过程,其网络传输路径不确定,很容易遭到不明身份者的窃取、篡改、冒用,甚至恶意破坏,给收发双方带来麻烦。

基于 SMTP 等协议的电子邮件系统本身不具备任何安全措施:邮件的发送和接收没有经过鉴别和确认,邮件内容容易被篡改,不怀好意的人甚至可以冒名发信而被害者却丝毫不知……显然,传统的电子邮件不利于重要信息的传递。电子邮件主要有如下一些具体的安全问题。

(1) 垃圾邮件,包括广告邮件、骚扰邮件、连锁邮件、违法邮件等。垃圾邮件会增加网络的负荷,影响网络传输的速度,占用邮件服务器的空间。针对垃圾邮件的发送者,不少国家或者邮件服务提供者都有相应的措施和惩罚规定。一部分邮件服务提供者还在对外接口处设置了邮件过滤器。

(2) 诈骗邮件,通常是那些带有恶意的诈骗性邮件。利用电子邮件的快速、便宜,发信人能迅速让大量受害者上当。

(3) 邮件炸弹,指在短时间内向同一信箱发送大量电子邮件的行为。在有限的空间里装入过多的邮件,当信箱不能承受时,自然就会崩溃。

(4) 通过电子邮件传播的病毒通常用 VBScript 编写,且大多数采用附件的形式夹带在电子邮件中。当收信人打开附件后,病毒会查询他的通讯簿,给其上的所有或部分人发信,以此方式继续传播扩散。由于借助 Internet,这类病毒传播速度非常快。用户可以安装防火墙型的杀毒软件,并及时更新病毒特征文件,来防范这类病毒。

(5) 此外还有电子邮件欺骗,利用电子邮件附件还可以进行网络蠕虫的传播,电子邮件本身也可以被用作钓鱼式攻击等。

电子邮件的安全需求应包括如下 4 方面。

(1) 机密性:保证只有真正的接收方能够阅读邮件,在 Internet 上传递的电子邮件不会被人窃取,即使发错邮件,接收者也无法看到邮件内容。

(2) 完整性:保证传递的电子邮件信息在传输过程中不被修改。

(3) 认证性:保证信息的发送者不是冒名顶替的,它同信息完整性一起可防止伪造。

(4) 不可否认性:确保发信人无法否认发过电子邮件。

随着电子邮件的爆炸式增长,其安全性的需求也日益增长。目前解决电子邮件的安全可以有多种方案,因为邮件的单向性和非实时性,不能通过建立隧道保证它的安全,所以本章主要讨论对邮件本身加密,以保证邮件从发送到接收的整个过程的安全。

11.2 安全电子邮件标准

要解决上述这些问题,可以使用端到端的安全电子邮件技术,保证邮件从被发出到被接收的整个过程中,内容保密、无法修改,并且不可否认。这种技术一般只对信体进行加密和签名,而信头则由于邮件传输中寻址和路由的需要,必须保证原封不动。

目前端到端的安全电子邮件标准和协议主要有 PEM、PGP 和 S/MIME 等,这些协议和标准提供了多种选择,但是同时也造成使用不同方案的邮件缺乏互操作性。这主要是因为目前还没有一个电子邮件安全的国际标准。

1. PEM(Privacy Enhanced Mail,增强型邮件保密)标准

PEM 标准是由美国的 RSA 实验室基于 RSA 和 DES 算法而开发的安全电子邮件的早期标准。PEM 是在电子邮件的标准格式上增加了加密、认证和密钥管理的功能。由于 PEM 在 MIME 之前出现,所以它不支持 MIME。PEM 依赖于一个完全可操作的 PKI,而建立一个符合 PEM 规范的 PKI 需要很长的过程,这大大限制了 PEM 的发展。PEM 在应用层上实现端对端服务,适用于各种软件或硬件平台上实现,具有机密性、数据源鉴别、消息完整性和不可抵赖性。PEM 与 PGP 相比,前者像一个 OSI 的标准,后者则像一个 Internet 的软件包。

2. PGP(Pretty Good Privacy,高质量保密)标准

PGP 既是一个特定的安全电子邮件应用,也是一个安全电子邮件标准。PGP 符合 PEM 的绝大多数规范,但不要求 PKI 的存在。它创造性地把公钥体系的方便和对称加密体系的高速度结合起来,并且在数字签名和密钥管理机制上有非常巧妙的设计。它不仅功能强大,速度很快,而且源代码公开。

3. S/MIME(Secure/Multipurpose Internet Mail Extensions,安全/多用途因特网邮件扩展)标准

S/MIME 是在 PEM 的基础上建立起来的,S/MIME 已成为产业界广泛认可的协议,如 Microsoft 公司等都支持该协议。S/MIME 并不是只能用在邮件传输上,任何支持 MIME 数据的传输机制都可以使用它,如 HTTP。S/MIME 还能用在专用网络上,但是它对 Internet 电子邮件最有效。因为 Internet 电子邮件要实现安全的通道是不可能的,所以就必须保证消息本身是安全的。

S/MIME 与 PGP 有如下不同:首先,它的认证机制依赖于层次结构的证书认证机构,所有下一级的组织和个人的证书由上一级的组织负责认证,整个信任关系基本是树状结构,即 Tree of Trust;其次,S/MIME 将信件内容加密签名后作为特殊的附件传送，其证书格式采用 X.509 规范，但与 SSL 证书有一定差异，支持的厂商也比较少。

11.3　PGP 标准

自从 Philip Zimmermann 在 1991 年发布了 PGP 1.0 以来，PGP 取得了长足发展。PGP 可以在各种平台（DOS/Windows、UNIX、Macintosh 等）上免费运行，并且所采用的算法经过检验和审查后被证实为是非常安全的，如公钥加密算法 RSA、DSS 和 Diffie-Hellman，对称加密算法 IDEA、3DES 和 CAST-128 以及散列算法 SHA-1 等。PGP 的出现与应用很好地解决了电子邮件的安全传输问题，它将对称加密与公钥加密结合起来，结合了两者的优点。PGP 特点是：使用单向散列算法对邮件内容进行签名，以保证信件内容无法被篡改；使用公钥和对称加密技术保证邮件内容机密且不可否认；公钥本身的权威性由发信人和收信人所熟悉或信任的第三方进行签名认证；它还可以提供一种安全的通信方式，事先并不需要任何保密的渠道来传递对称的会话密钥。另外，需要强调的是，PGP 加密系统不仅可以用于邮件的加密，也可用于普通文件的加密，还可以用于军事目的，完全能够实现电子邮件的安全性。

在 PGP 体系中，“信任”或是双方之间的直接关系，或是通过第三者、第四者之间的间接关系。但无论哪种，任意两方之间都是对等的，整个信任关系构成网状结构，就是所谓的 Web of Trust。PGP 不像 PEM 有严格的 CA 管理机构，不进入这个机构就无法使用 PEM。而 PGP 没有外部约束，每个人自行决定信任谁。如果用户比较小心谨慎，把使用 PGP 的用户限制在一定范围，则 PGP 应比 PEM 更安全，因为信任链是由用户自己维护控制的。

PGP 的特点是速度快、效率高，而且具有可移植性，可在多种操作系统平台上运行，是一个不可多得的集优秀密钥算法、理想设计、综合软件处理、充分兼容于一体的开源密码系统。后来 Zimmermann 组建了 OpenPGP 联盟（http://www.openpgp.org），以促进 PGP 标准的规范化。另外，Linux 下还有 PGP 的开源版本 GnuPG，简称 GPG，可以从 http://www.gnupg.org 上下载。

11.3.1　PGP 的功能

PGP 的主要功能如下：完整性鉴别、数字签名、压缩、机密性、电子邮件的兼容性以及分段和重装。具体工作原理如图 11.1 所示。

（1）完整性鉴别：用 MD5 算法对输入的任意长度报文进行散列，以 512 比特的分组进行处理，产生一个 128 位长度的报文摘要。报文摘要唯一地对应原始报文，如果原始报文改变并再次进行散列，将生成不同的报文摘要。运行相同散列算法的邮件接收者收到的报文摘要应该与对收到的邮件明文进行散列得到的散列值相匹配；否则，报文是不完整的。因此，散列函数能用来检测报文的完整性，保证报文从建立开始到收到始终没有被破坏和改变。

（2）数字签名：PGP 中的数字签名是由 RSA 算法实现的。发送方 A 要传送文件给

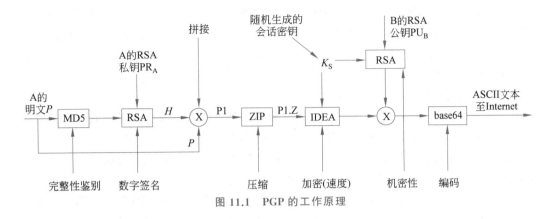

图 11.1　PGP 的工作原理

接收方 B,他们互相知道对方的公钥。A 就用 B 的公钥加密文件后发送,B 收到后就可以用自己的私钥解密得出 A 发送的明文。由于没有别人知道 B 的私钥,所以即使是 A 本人也无法解密发送的明文,这就解决了文件机密性的问题。

另一方面由于每个人都知道 B 的公钥,他们都可以给 B 发送文件,那么 B 就无法确信是不是 A 发送过来的文件。这时可以用发送方 A 的 RSA 私钥 PR_A 对要发送明文的散列进行加密,即使用所谓的数字签名技术,接收方只能用发送方的公钥才能解开,实现了发送方对所发送报文的不可否认性,还保证了数据的完整性,同时实现签名的速度还比较快。利用数字签名在一定程度上也认证了发送方的身份。

(3) 压缩:在 PGP 中,是对未压缩的消息签名,然后压缩以便将来验证时使用。如果是将压缩的消息进行签名,那么在后来的验证中就要对验证签名得出的结果进行动态解压缩,因为算法很不稳定,现有的 PGP 解密操作就变得很困难。

PGP 内核使用 PKZIP 算法对加密前的明文进行压缩。这种预处理,一方面减少了网络传输时间和磁盘空间;另一方面,明文经过压缩实际上是经过一次变换,使信息更加杂乱无章,对攻击的抵御能力更强。此外,若先加密后压缩,压缩效果较差。

(4) 机密性:用接收方 B 的公开密钥 PU_B 对随机生成的对称的会话密钥 K_S 进行加密,同时以 K_S 作为密钥用 IDEA 算法对压缩后的明文进行加密,从而实现了电子邮件的机密性。这种链式加密方式(数字信封)既有 RSA 算法的保密性,又有 IDEA 算法的快捷性。从而既保证了消息自身的安全性,又安全地传递了 IDEA 密钥,可谓是一举两得。同时 K_S 是发送方随机产生的,不需要和接收方协商;而且 K_S 的偶然泄露不影响其他次密文传递的安全。

用接收方 B 的公钥 PU_B 对随机生成的密钥 K_S 进行加密保证了只有接收方 B 才能得到密钥 K_S,解决了对称加密算法中安全传递密钥比较困难的问题。这里使用了公开加密算法 RSA,虽然 RSA 算法较慢,但这里只是对较短的密钥 K_S 加密,并不影响整个 PGP 加密的速度。同时用随机生成的密钥 K_S 对拼接压缩后的明文用 IDEA 算法进行加密,这里之所以选择对称加密算法 IDEA 进行加密是出于速度上的考虑,如果用 RSA 算法加密,一旦待加密的数据 P1.Z 比较长,RSA 加密的时间就会很长,从而影响整个 PGP 系统执行的速度。

（5）电子邮件的兼容性：为了提供文件应用的透明性，加密的报文可以使用 base64 算法转换成 ASCII 字符串。当使用 PGP 时，至少传输报文的一部分需要加密，因此部分或全部的结果报文由任意 8 比特的数据流组成。但由于很多的文件系统只允许使用 ASCII 字符组成的报文，所以 PGP 提供了 base64 转换方案，将原始二进制流转化为可打印的 ASCII 文本，即实现了电子邮件的兼容性。

在实际中，使用 base64 转换将导致消息大小增加 33％。但是，前期压缩的效果不仅可以补偿 base64 转换导致的膨胀，还可以大大减小占有的空间。

（6）分段和重装：文件设施经常受限于最大报文长度（50 000 字节）的限制。为了满足最大报文长度的限制，PGP 需要完成报文的分段和重新装配。分段是在所有其他的处理（包括 base64 转换）完成后才进行的，因此，会话密钥部分和签名部分只在第一个报文段的开始位置出现一次。在接收端，PGP 必须剥掉所有的电子邮件首部，才能重新装配成原来的完整分组。

11.3.2 PGP 消息格式及收发过程

根据 PGP 的工作原理，可以进一步讨论 PGP 传递的消息格式，如图 11.2 所示。消息由报文部分、签名（可选）和会话密钥（可选）3 部分组成。

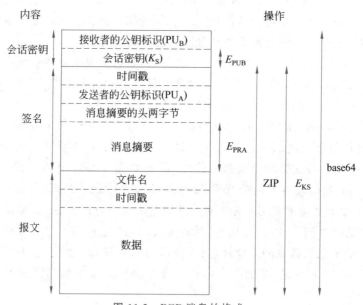

图 11.2　PGP 消息的格式

（1）报文包括实际存储或传输的数据以及文件名、消息产生的时间戳等。

（2）签名部分包括产生签名的时间戳、消息摘要、作为消息的 16 位校验序列的消息摘要的头两字节、发送者的公钥标识（从而标识了加密消息摘要的私钥）。

报文和可选的签名可以使用 ZIP 压缩后再用会话密钥加密。

（3）会话密钥部分包括会话密钥本身和标识发送方加密会话密钥时所使用的接收方

的公钥标识。

整个消息使用 base64 转换编码。

使用 PGP 系统对电子邮件进行加密和解密的过程：当发送者利用 PGP 加密一段明文时，PGP 首先算出明文的散列值；然后进行数字签名，并压缩明文与数字签名拼接的报文；然后 PGP 生成一个随机的会话密钥，采用对称加密算法（例如 DES、IDEA、AES 等）加密刚才压缩后的明文，产生密文；然后用接收者的公钥加密刚才的会话密钥，并与密文拼接，经过编码后传输给接收方；接收方首先用自己的私钥解密，获得会话密钥；最后用这个密钥解密密文，再通过匹配消息的散列值分析消息是否具有完整性。从而保证了电子邮件的机密性、完整性、认证性和不可否认性。

11.3.3 PGP 密钥的发布和管理

PGP 的创意有一半是在链式加密上，另一半则在 PGP 的密钥管理上。一个成熟的加密体系必然要有一个配套、成熟的密钥管理机制。公钥加密体制的提出就是为了解决对称加密体制中密钥分配难以保密的缺点。在 PGP 中公钥的发布不存在泄露的问题，但是仍然存在其他安全性问题，例如公钥被篡改（公钥加密体制中最大的漏洞）。

例如，甲要给乙发送一份电子邮件，甲从 BBS 上下载了乙的公钥，并用它加密邮件发送给了乙。遗憾的是，甲和乙都不知道，另一个叫丙的用户潜入 BBS，用自己的公钥替换了乙的公钥。于是丙就可以截获邮件，并用他手中的私钥来解密甲发送给乙的信，甚至它还可以用乙真正的公钥来转发甲给乙的信，这样谁都不会起疑心。他如果想改动甲给乙的信也没问题。更有甚者，丙还可以伪造乙的签名给甲或其他人发信，因为大家手中乙的公钥是伪造的，所以会以为真的是乙的来信。这样丙就成功地对甲和乙实施了中间人攻击。

所以公钥加密体制有效的前提条件是：用户必须有办法确信他所拿到的公钥属于它看上去属于的那个人。防止伪造公钥这种情况出现的最好办法是避免让任何人篡改公钥，PGP 采用了公钥介绍机制——经过介绍人私钥签名的用户公钥（即该用户的数字证书）可以上传到网上供人使用，没人可以篡改它而不被发现。那么如何能安全地得到介绍人的公钥呢？因为介绍人的公钥也可能是假的，但就要求作假者参与这整个过程，还要策划很久，一般不可能。

例如，A 想得到另一个用户 C 的公开密钥，于是 A 从某些渠道（如 FTP 服务器）获得了该密钥。但是 A 如何知道这个 C 的公钥不是别人假冒的呢？A 可以直接去问本人（例如通过电话），但 A 可能根本就不认识 C，无法询问。如果这个公钥具有介绍人 B 的签名，则 A 可以确信它的真实性。因为 B 向 A 保证这个公钥是属于 C 的，而 A 对 B 及其担保是信任的。

在公开加密体制中，利用"介绍人"所做的公钥验证提供的就是信任的传递关系。但是在 PGP 中信任是不可以完全传递的。A 信任 B、B 信任 C，并不代表 A 也要信任 C。于是 PGP 定义了信任的传递方式，例如一个不太被信任的人对一个公钥进行了签名，该公钥就可能具有更低的信任级别。

为了防止出现介绍人的公钥被假冒的情况，PGP 也支持使用认证权威 CA（由一个被普遍信任的、非个人控制的组织或政府机构担当)作为"介绍人",每个由他签名的公钥都被认为是真实的,大家只要有 CA 公钥即可。认证这个人的公钥方便,因为他的公钥流传广泛,要假冒他的公钥很困难,这就解决了"先有鸡还是先有蛋"的问题。

实际使用时,PGP 更赞成使用私人方式的公钥介绍机制,因为这样的非官方方式更能反映人们自然的社会交往,而且人们也能自由地选择信任的人来介绍。

另一方面,私钥不存在被篡改的问题,但存在泄露的问题。RSA 的私钥是一个很长的数字,用户不可能将它记住。PGP 的办法是让用户为随机生成的 RSA 私钥指定一个口令,只有用户给出口令才能将私钥释放出来使用。私钥的安全性问题实际上首先要对用户口令保密,当然私钥文件本身失密也很危险。

在计算机系统中具体实现时,当用户生成私钥时,PGP 会要求用户输入一个口令,然后使用散列算法生成口令的一个摘要,把这个摘要作为 IDEA 算法的密钥加密用户的私钥,然后存放在文件中。

每当用户需要使用私钥时,PGP 会再次要求用户输入口令,由口令重新生成 IDEA 的密钥,再解出文件中用户的私钥。在每次用完口令后,PGP 会立即删除关于口令的各种信息。通过这种方法,系统中就再不需要保存关键性的 IDEA 密钥。

11.3.4　PGP 的安全性分析

PGP 本身就是一个安全产品,它会有什么安全性问题呢?但正如 PGP 的作者 Philip Zimmermann 在 PGP 文档中说道:"没有哪个数据安全系统是牢不可破的,PGP 也不例外"。我们研究它的安全漏洞就是为了让大家知道哪些因素会降低 PGP 的安全性,以及如何预防。

PGP 存在的漏洞有口令或私钥的泄密、公钥被篡改、删除的文件被人恢复、病毒和特洛伊木马、物理安全受到侵犯、暴露于多用户系统中、信息量分析,甚至会有可能被直接从密码分析的角度被解密(这当然是可能性最小的了)。另外,密钥作废是 PGP 最薄弱的环节,很难确保没有人使用一个已损坏的密钥。

下面先分别看一下 PGP 加密系统 4 个关键部分的安全性问题。PGP 是个杂合算法,所谓"杂合",体现在它包含一个对称加密算法(IDEA)、一个公开加密算法(RSA)、一个单向散列函数(MD5)以及一个随机数产生器(从用户击键频率产生伪随机数序列的种子)。每种算法都是 PGP 不可分割的组成部分,对它们各有不同的攻击方式。

1. IDEA 安全性分析

IDEA 是 PGP 密文实际上的加密算法,对于采用直接攻击法的解密者来说,IDEA 是 PGP 密文的第一道防线。IDEA 比同时代的算法都要坚固,直到目前没有任何关于 IDEA 的密码学分析攻击法的成果发表,所以还没有办法对 IDEA 进行密码学分析。因此,对 IDEA 的攻击方法就只有"穷举攻击"这一种方法了。

IDEA 的密钥长度是 128 位,用十进制表示所有可能的密钥个数将是一个天文数字。为了试探出一个特定的密钥,平均要试探一半数量的可能密钥。即使你用了十亿台每秒能够试探十亿个密钥的计算机,所需的时间也比目前所知的宇宙的年龄还要长,况且现在制造出每秒试探十亿个密钥的计算机还是不可能的。因此，对 IDEA 进行穷举攻击也是不可能的，更何况从 PGP 的原理看一个 IDEA 的密钥失密只会泄露一次加密的信息，对用户最重要的密钥——RSA 密钥对的保密性没有什么影响。

那么看来 IDEA 是没有什么问题了，因为你既不能从算法中找到漏洞又没法穷举攻击。但是漏洞还是有的，Netscape 的安全性风波就是因为忽视了密钥随机生成的问题，使得随机密钥生成算法生成的密钥很有"规律"，而且远远没有均布到整个密钥空间去。这个漏洞就是本来应该随机产生的 IDEA 密钥没办法真正随机。

2. RSA 安全性分析

RSA 有可能存在一些密码学方面的缺陷，随着数论的发展也许会找到一种耗时以多项式方式增长的分解算法。不过目前这还只是展望，甚至连发展的方向都还没有找到。有 3 种事物的发展会威胁 RSA 的安全性：分解技术、计算机能力的提高和计算机造价的降低。特别是第一条对 RSA 的威胁最大，因为只要大数分解的问题不解决，做乘法总是比分解因数快得多，计算机能力强大了可以通过加长密钥来防御，因为那时加密也会快得多。

对 RSA 算法的攻击有计时攻击、公共模数攻击、小指数攻击、选择密文攻击等。此外，由于公钥环的重要性和对它的依赖性，PGP 也受到许多针对公钥环的攻击。

在 PGP 中，每个公钥都由一个可信任的第三方签名过后，才认为是可信的，且每个公钥环在加入新的公钥时都必须经 PGP 公钥环检查，然后标记它们是可信的。那么对密钥环的攻击可有如下几方面。

（1）公钥环签名的攻击：攻击者通过修改公钥环中的签名并标记它是已检查过的，使系统不再去检查它。

（2）改密钥有效位：由于 PGP 对密钥设置一个有效位，当到达一个密钥的新签名时，PGP 计算该密钥的有效位，然后在公钥环中缓存这个有效位。一个攻击者可能在公钥环中修改这一位，从而使用户相信一个无效的密钥是有效的。

（3）修改可信任的第三方：由于可信任的第三方的公钥也缓存在公钥环中，如果可信任的第三方为一个无效的密钥签名就可能使 PGP 相信这个密钥的有效性。如果一个密钥被修改为完全受托的介绍人，那么用这个密钥签名的任何密钥都将被信任为有效的。因此，攻击者如果用一个修改过的密钥为另一个密钥签名，就会使用户相信他是有效的。

公钥环中这些位不仅在公钥中缓存，而且没有任何保护。任何读过 PGP 源代码而且能够访问公钥环的人都可以使用一个二进制文件编辑器修改其中的任何一位，而密钥环所有者却无法意识到这个改变。现在的 PGP 中也提供了一种可以重新检查公钥环中的密钥的方法，但这样也并不能完全杜绝其中的篡改问题。

3. MD5 安全性分析

MD5 是一种在 PGP 中被用来单向变换用户口令和对消息签名的单向散列算法。对单向散列算法的直接攻击可以分为普通直接攻击和生日攻击。

1）对 MD5 的普通直接攻击

所谓直接攻击又叫穷举攻击。攻击者为了找到一份和原始明文 m 散列值结果相同的明文 m'，就是 $H(m') = H(m)$。穷举攻击，顾名思义就是穷举可能的明文去产生一个和 $H(m)$ 相同的散列结果。对 MD5 来说散列结果为 128 比特，也就是说，如果攻击者有一台每秒尝试 1 000 000 000 条明文的机器需要算约 10^{22} 年，兴许会同时发现 m 本身。

2）对 MD5 的生日攻击

生日攻击实际上只是为了找到两条能产生同样散列结果的明文。所谓生日攻击实际上只是用概率来指导散列冲突的发现，对于 MD5 来说，如果尝试 2^{64} 条明文，那么它们之间至少有一对发生冲突的概率就是 50%。仅此而已，从当今的科技能力来说，它也是不大可能的。一台上面谈到的机器平均需要运行 585 年才能找到一对，而且并不能马上变成实际的攻击成果。

MD5 曾一度被认为是非常安全的，但是我国王小云教授发现的散列值碰撞方法可以很快地找到不同明文的相同 MD5 值，使得两个文件可以产生相同的"数字指纹"。

但是，PGP 中的 MD5 算法可以用其他更安全的散列算法如 SHA-2 来替换，而且 PGP 的安全性主要取决于外层的 IDEA 和 RSA 算法，而不是散列算法。

4. 随机数发生器安全性分析

众所周知，计算机是无法产生真正的随机数的。PGP 使用了两个伪随机数发生器，一个是 ANSI X9.17 发生器，另一个是从用户击键的时间和序列中计算出具有高熵值的随机数，输入的熵越大，输出的随机数的熵也就越大。ANSI X9.17 使用三重 DES 来产生随机数种子，RANDSEED.BIN 文件存放利用用户击键信息产生的随机数种子。

RANDSEED.BIN 文件采用了和待加密文件一样的加密算法加密，用来防止他人从此文件中分析出实际的加密密钥，因此对 RANDSEED.BIN 文件的保护和对公钥和私钥环的保护一样是非常重要的，因为一旦攻击者得到了加密密钥就很可能较容易地计算出待加密文件。

此外，在 PGP 加密体系中，除了上面 4 个具体的加密算法存在安全性问题外，在系统的具体实现中还会存在如下安全问题。

（1）公开密钥的冒充。PGP 中的公钥是永久有效的，这虽然简化了管理，也增加了冒充的可能性。由于缺乏有效的 CRL 机制，公钥在各个用户之间的同步性较差，容易给攻击者造成机会。因此，PGP 主要适用于信任用户之间的安全通信。

（2）猜测口令。对于 PGP 而言，使用字典攻击用户口令的可能性还是较大的：首先，对于公开加密机制，攻击者很容易获得明文/密文对，可以对它们进行破解试图得到用户口令；其次因为 PGP 的源码是公开的，所以攻击者可以使用自己编写的对私钥破解的程序以加快连续攻击的速度；最后，用户常常使用容易记忆的口令，这使字典攻击的成功率大增。

（3）改变主机时间。改变主机时间对于破解 PGP 本身并无帮助，但是可以使某些恶意用户对他们的行为进行否认。PGP 的签名可以使签名者不能否认，但是 PGP 不能保证用户不会改变自己主机的时间，以便否认签名的时间。

（4）多用户系统中的安全问题。PGP 的实现中已经考虑到非常具体的安全问题：PGP 使用过的每一个内存区，都会把该区清零；PGP 使用过的每一个临时文件，都会全部清零以后再删除。如果在多用户系统中，PGP 也无法防止其他用户访问临时文件，获得加密的私钥文件。而且在多用户系统中，键盘和 CPU 之间的链路很可能是不安全的。

11.4 实验：电子邮件加解密

1. 实验环境

PGP 是电子邮件安全的经典工具，但它在商业软件中不能自由使用。所以，自由软件基金会决定，开发一个 PGP 的替代品并取名为 GnuPG，因此 GPG 就诞生了。GPG 是 GNU Privacy Guard 的缩写，是自由软件基金会 GNU 计划的一部分。

GPG 项目是一套命令行程序，而且是为 Linux 等开源操作系统设计的。在 Windows 平台下可以使用 Gpg4win，是 Windows 平台 GPG 及图形前端的集合安装包，有多个组件。可以到官方网站下载并安装，网址为 http://www.gpg4win.org/，如图 11.3 所示。

图 11.3 GPG 的下载页面

2. 实验步骤

(1) 打开 Kleopatra,首先需要生成一对公钥和私钥,单击 File→New Key Pair 命令,如图 11.4 所示。

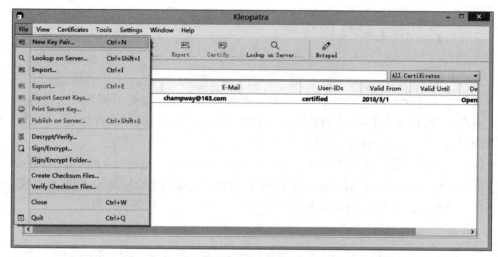

图 11.4 生成一对新的公钥和私钥

(2) 选择第一个选项,生成个人 OpenPGP 密钥对即可,如图 11.5 所示。

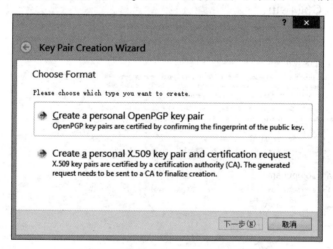

图 11.5 选择生成个人 OpenPGP 密钥对

(3) 单击"下一步"按钮,进入图 11.6,会提示输入用户口令(Passphrase),注意这并不是会话密钥(session key)、公钥(public key)、私钥(private key),这只是方便用户记忆的口令,为了保护用户能安全地从私钥环中提取私钥。

(4) 生成密钥需要一点时间,之后有 3 个选项:1 是备份自己的密钥;2 是通过 E-mail 把密钥发送给自己的联系人;3 是把自己的公钥上传目录服务器,方便别人查询下载,如图 11.7 所示。

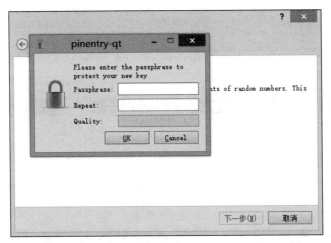

图 11.6　输入用户口令

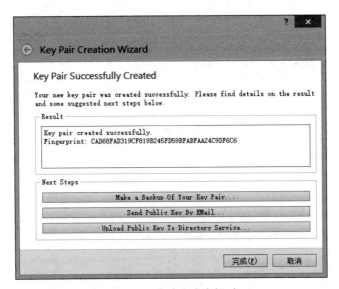

图 11.7　成功生成密钥对

（5）生成好的密钥对列表会显示在界面中，可以单击 Sign/Encrypt 对文件进行加密，如图 11.8 所示。

（6）在弹出的对话框中，可以选择一个文件进行签名和加密，例如 test.txt，可以事先编辑一下文本。注意，签名使用自己的私钥进行操作，对邮件内容加密会则使用对方（收件人）的公钥进行操作，两个不一样，如图 11.9 所示。

（7）加密后，多出一个新文件，如图 11.10 所示，可以放心地把该密文发送给对方。

（8）如果用文本编辑器打开，可以发现都是密文，如图 11.11 所示。

（9）单击 Decrypt/Verify 实现解密，如果之前加密时使用了签名，还可以进行签名验证。例如图 11.12 中显示，签名显示该文件是 champway@163.com 用户签名的。

（10）从这里开始一个新的实验任务：使用 GPG 加解密邮件。GPG 可以对任意剪贴

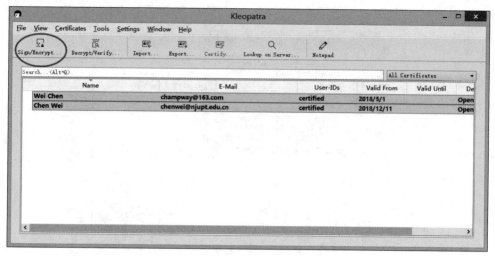

图 11.8　界面显示已有的密钥对

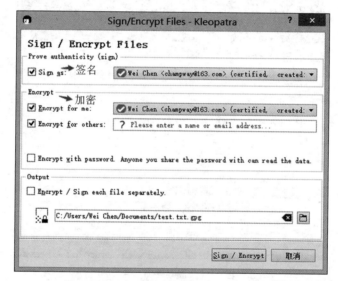

图 11.9　选择合适的密钥进行签名和加密

板（ClipBoard）里面的文本进行加密。

　　注：剪贴板是内存中的一块区域，是 Windows 等操作系统内置的一个非常有用的工具，通过小小的剪贴板，架起了一座彩桥，使得在各种应用程序之间传递和共享信息成为可能。然而美中不足的是，剪贴板只能保留一份数据，每当新的数据传入，旧的便会被覆盖。举一个简单的例子，选定一段文字，单击"复制"按钮，这段文字就在剪贴板里面了。

　　（11）写好一封邮件后，选择邮件内容，然后单击"复制"按钮，如图 11.13 所示。

　　（12）在 Kleopatra 主界面的 Clipboard 里面，单击 Encrypt，如图 11.14 所示。

　　（13）弹出对话框询问给哪一个收件人发信，单击左下角的 Add Recipient 按钮选择收件人，如图 11.15 所示。选择一个收信人后，就会使用对方证书中的公钥信息进行处

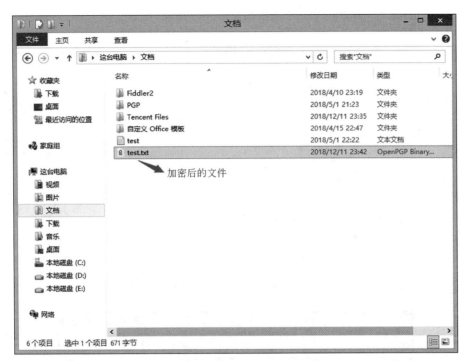

图 11.10 得到加密后的文件

图 11.11 加密后的文件显示效果

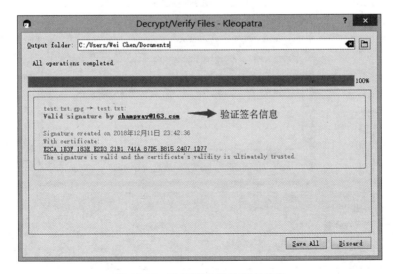

图 11.12 验证发送者的签名信息

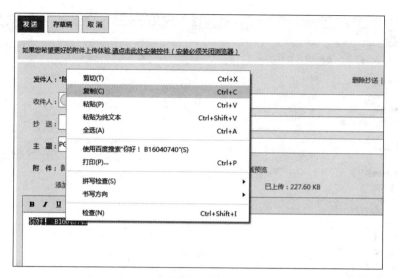

图 11.13　复制待加密的文本到剪贴板

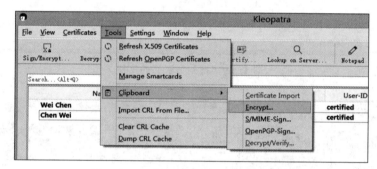

图 11.14　对剪贴板中的明文进行加密

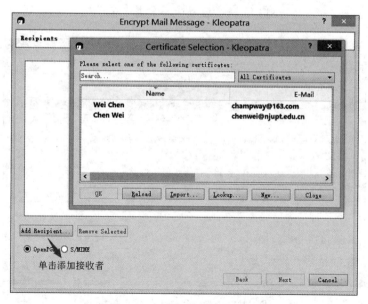

图 11.15　选择收件人的证书

理，通过生成会话密钥、加密等一系列的处理，生成密文，存储在剪贴板中。

（14）回到邮件发送解密，选择"粘贴"命令，替换原来的明文，就发现使用 PGP 格式的加密消息，建议发送邮件时，选择"纯文本"模式，如图 11.16 所示。

图 11.16　把 GPG 加密后的密文粘贴到邮件系统中

（15）切换到收件人的角色，打开邮箱，可以看到发送来的密文邮件，如图 11.17 所示。

图 11.17　收到密文邮件

（16）选择全部密文，右击选择"复制"命令，如图 11.18 所示。

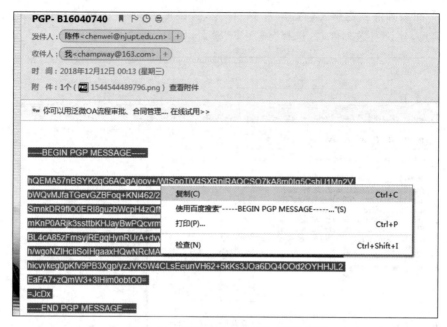

图 11.18 复制邮件中的密文到剪贴板

（17）打开 Kleopatra 主界面，单击 Tools→Clipboard→Decrypt/Verify 命令，如图 11.19 所示。

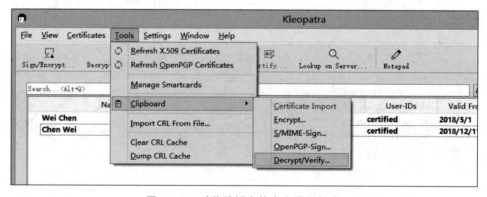

图 11.19 对剪贴板中的密文进行解密

注：有些 Web 邮箱使用了富文本编辑插件（例如 QQ 邮箱），发出去的邮件存在一些格式信息或 HTML 标记，在收到邮件后，由于这些标记的干扰，复制的内容可能无法进行解密（Decrypt/Verify 按钮为灰色），建议发送邮件时，选择纯文本方式。

（18）这时系统会需要输入用户口令（Passphrase），该口令用于提取用户私钥，如图 11.20 所示。

（19）如果口令正确，可以正确解密，使用 Kleopatra 中的 Notepad 或者打开记事本新建一个空白文档，然后右击选择"粘贴"命令后，可以看到解密后的明文，如图 11.21 所示。

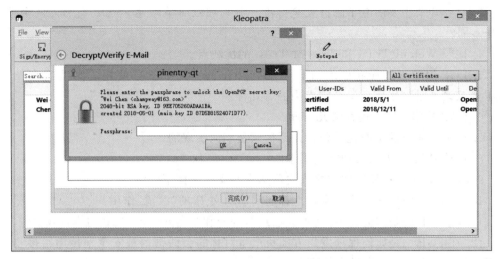

图 11.20　输入用户口令用于提取用户私钥

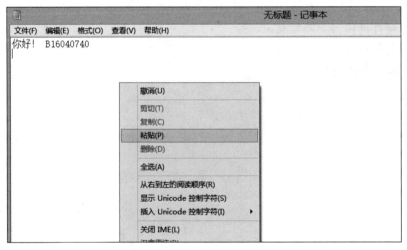

图 11.21　成功解密邮件

3. 实验探索

现在需要给自己的好友小明写一封加密邮件,小明将他的公钥发给你之后,尝试导入他的公钥,并给他发送一封带有你签名的加密邮件。

再思考一下,如何确保小明发给你的公钥是真实的。

习题

1. 电子邮件主要有哪些具体的安全问题?

2. 叙述电子邮件的安全需求包含的 4 方面。

3. 有哪 3 个主要的电子邮件安全标准？分别加以简单阐述。PGP 与另外两个标准有何不同？

4. 比较 Web of Trust 和 Tree of Trust 的优缺点。

5. PGP 的加密过程和解密过程是如何工作的？其中各自使用了哪些安全技术？PGP 能实现 6 种网络信息安全需求中的哪几种？

6. PGP 的创造性体现在哪几方面？

7. 以一个简单的实例说明公钥介绍机制是如何实现的。

8. 讨论 PGP 是如何实现密钥管理的。

9. 为什么 PGP 在加密明文之前先压缩它？反之有何不好？

10. 在 PGP 中哪几个算法实际上都起到对明文 P 的"混淆"作用？

11. 在 PGP 中是如何使用 RSA 算法进行加密和签名并保证 PGP 的执行效率？

12. 在 PGP 中是如何保证发送方随机产生对称的会话密钥被安全地传递给接收方，从而接收方用它来解密发送来的密文？

13. 从网上下载并安装免费的 PGP 软件，生成属于自己的密钥对，并且实现以下 3 个功能。

（1）对邮件进行加密和签名。

（2）对邮件只签名而不加密。

（3）对邮件只进行加密。

第 12 章　Web 安全

12.1　Web 安全威胁

随着 Internet 的日益普及,人们对其的依赖性也越来越强,Internet 已逐渐成为人们生活中不可缺少的一部分。但是,Internet 是一个面向大众的开放系统,对于信息的保密和系统安全的考虑并不完备。这主要由如下几方面原因引起:Web 服务是动态交互的;Web 服务使用广泛而且信誉非常重要;Web 服务器难以配置,底层软件异乎寻常的复杂,会隐藏众多安全漏洞;编写和使用 Web 服务的用户安全意识相对薄弱。所以 Internet 上的攻击与破坏事件层出不穷,人们越来越意识到这种情况,因此安全 Web 服务应运而生。

表 12.1 总结了在使用 Web 时要面临的一些安全威胁与对策。Web 安全威胁存在着不同的分类方法,一种分类方式是将它们分成主动攻击与被动攻击。

表 12.1　Web 安全威胁与对策

比 较 项	威 胁	后 果	对 策
完整性	修改用户数据 特洛伊木马 内存修改 修改传输的信息	信息丢失 机器暴露 易受其他威胁的攻击	数据的校验和 完整性校验码
机密性	网络监听 窃取服务器数据 窃取浏览器数据 窃取网络配置信息	信息暴露 泄露机密信息	加密算法,Web 代理
拒绝服务	中断用户连接 伪造请求淹没服务器 占满硬盘或耗尽内存 攻击 DNS 服务器	中断 干扰 阻止用户正常工作	难以防范
认证鉴别	冒充合法用户 伪造数据	非法用户进入系统 相信虚假信息	加密和身份认证技术

另一种分类方式是依照 Web 访问的结构,可以将 Web 安全威胁分为 3 类:对 Web 服务器的安全威胁、对 Web 浏览器的安全威胁和对通信信道的安全威胁。服务器和浏览器的安全问题是计算机系统自身的安全性问题,通信信道的安全性则是本章讨论的重点。

12.1.1　对 Web 服务器的安全威胁

对企图破坏或非法获取信息的人来说,Web 服务器、数据库服务器等都可能存在漏洞,有很多弱点可被利用。Web 服务内容越丰富,功能越强大,包含错误代码的概率就越高,有安全漏洞的概率就越高。

大多数系统上所运行的 Web 服务可以设置在不同的权限下运行：高权限下提供了更大的灵活性，允许程序执行所有指令，并可不受限制地访问系统的各个部分（包括高敏感的特权区域）；低权限下在所运行程序的周围设置了一层逻辑栅栏，只允许它运行部分指令和访问系统中不很敏感的数据区。在大多数情况下，Web 服务只需要运行在低权限下。

Web 服务器的数据库中会保存一些有价值的信息或隐私信息，如果被更改或泄露会造成无法弥补的损失：如果有人得到数据库用户认证信息，他就能伪装成合法的用户来下载数据库中保密的信息；隐藏在数据库系统里的特洛伊木马程序还可通过将数据权限降级来泄露信息。

Web 服务器上最敏感的文件之一就是存储用户账户的文件。如果此文件被破解，任何人就都能以高权限用户的身份进入敏感区域。大多数 Web 服务器都会把用户认证信息存储在普通用户访问不到的安全区里。

在 Web 服务器中，通常存在一些示例脚本，并且其中一些已知是不安全的。如果没有安全加固处理，应该删除这些脚本。Web 服务器一个常见的配置错误就是服务器对所有文件都拥有执行权限。这样攻击者就可以利用某些软件或脚本漏洞，对这些文件进行修改。大量的 Web 攻击就是由这些不安全的配置导致的。通过确保服务器对大多数文件只能读、不能写，可以有效降低出现这种攻击的风险。仅对那些需要修改的文件，如日志信息文件等，给予其写权限，并且仅将这种权限给予负责维护这类信息的用户。

12.1.2　对 Web 浏览器的安全威胁

最早的 Web 页面是静态的，它是采用 HTML 编制的，其作用只是显示页面内容并提供到其他页面的链接。当用户对页面中的活动内容的需求越来越多，单纯用 HTML 编制的静态页面显然不能满足要求。

活动内容是指在静态页面中嵌入的对用户透明的程序，它可完成一些动作：显示动态图像、下载和播放音乐等。它扩展了 HTML 的功能，使页面更为活泼，将原来要在服务器上完成的某些辅助功能转交给空闲的浏览器来完成。

用户使用浏览器查看一个带有活动内容的页面时，这些小应用程序就会自动下载并开始在浏览器上启动运行。由于活动内容模块是嵌入在页面里的，它对用户透明。企图破坏浏览器的人可将破坏性的活动内容放进表面看起来完全无害的页面中。

12.1.3　对通信信道的安全威胁

对通信信道的安全威胁主要包括被动攻击，如监听程序会威胁通信信道中所传输信息的机密性；主动攻击，如伪造、篡改、重放会威胁通信信道中所传输信息的完整性；缺乏身份认证机制，使得冒充他人身份就能进行中间人攻击；缺乏数字签名机制使得通信双方相互攻击，否认曾经发送或接收过的信息；拒绝服务攻击使得通信信道不能保证可用性。所以保证通信信道的安全是 Web 安全服务的重点和难点之一。

12.2　Web 安全的实现方法

对于一个连接到 Internet 上的计算机系统而言,最危险的事件之一就是从网上任意下载程序并在本机上运行它,因为这就相当于要接受相应的程序开发者的控制。没有一个操作系统能控制一个已经开始执行的程序的权限。很多程序的一个小故障都可能导致整个计算机系统的崩溃,也有一些专门的恶意程序会清除硬盘上的数据并窃取机密数据等。

具体来说,现在已有许多提供 Web 安全的方法,这些方法的作用机理是类似的,只是各自的应用范围以及在 TCP/IP 协议栈中的相对位置不同。

1. 网络层

建立在应用层的安全机制不能保证 IP 包本身的安全,如被修改、伪造和重放等。IPSec 提供基于端到端的安全机制,可在网络层上对数据包进行安全处理,是一个通用的解决方案。各种应用程序不需要修改就可以享用 IPSec 提供的安全机制,也降低了产生安全漏洞的可能。基于网络层实现的 Web 安全模型如图 12.1 所示。

2. 传输层

在传输层之上实现数据的安全传输是 Web 服务的另一种安全解决方案,SSL 或 TLS 可以作为基础协议栈的组成部分,对应用透明;也可以直接将其嵌入应用软件中使用,例如,在大部分流行的浏览器中都采用这种嵌入的实现方式。SSL 协议在应用层协议通信之前就已经完成加密算法、通信密钥的协商以及服务器认证。在此以后传送的应用层数据都会被加密,从而保证通信的安全。基于传输层实现的 Web 安全模型如图 12.2 所示。

SMTP	HTTP	FTP
TCP		
IP/IPSec		

图 12.1　基于网络层实现的 Web 安全模型

SMTP	HTTP	FTP
SSL或TLS		
TCP		
IP		

图 12.2　基于传输层实现的 Web 安全模型

3. 应用层

特定安全服务为特定应用定制体现,将安全服务直接嵌入在应用程序中,从而在应用层实现通信安全。在应用层提供安全能针对特定的应用程序,比较灵活但对应用不透明:要求应用程序参与安全的建立,处理特殊的情况和错误,并需要提供相关证书和密钥的证明。S/MIME、PGP 是用于电子邮件安全的协议,它们都可以为相应的应用提供机密性、完整性和不可否认性。基于应用层实现的 Web 安全模型如图 12.3 所示。

根据上面的分析,我们认为未来的通信安全解决方案应当是一部分依赖于应用层的

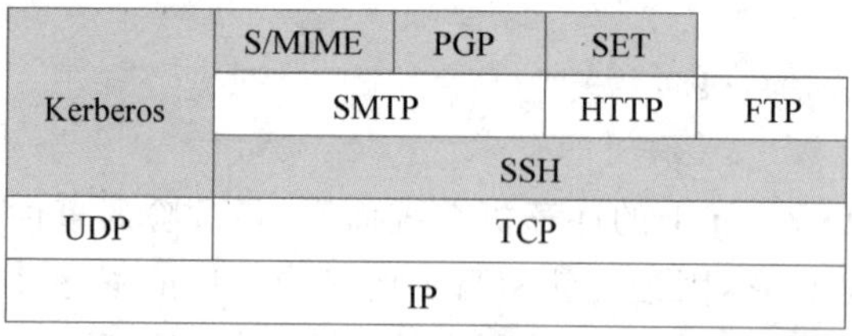

Kerberos	S/MIME	PGP	SET	
	SMTP		HTTP	FTP
	SSH			
UDP	TCP			
IP				

图 12.3　基于应用层实现的 Web 安全模型

安全,一部分依赖于网络层的安全,并将它们有机地结合起来。

在网络层主要实现数据的加密操作,它与操作系统紧密结合,执行效率高。而且更方便用硬件实现,以进一步提高执行速度。

在应用层中,可以着重考虑对具体用户使用身份认证、访问控制等安全策略,从而实现更细粒度的安全保护机制。从而对不同应用程序和用户的特殊安全需要,采用不同的安全策略。

12.3　SSL 协议

12.3.1　SSL 概述

SSL(Secure Socket Layer)协议即安全套接层协议,是 PKI 体系中的网络安全标准协议。SSL 协议隶属于会话层,最早是网景公司(Netscape)推出的基于 Web 应用的安全协议。

1994 年,Netscape 公司为了保证 Web 通信协议的安全,开发了 SSL 协议。该协议第一个成熟的版本是 SSL v2,被集成到 Netscape 公司的 Internet 产品中,包括 Navigator 浏览器和 Web 服务器产品等。SSL v2 协议基本上解决了 Web 通信协议的安全问题。1996 年,Netscape 公司发布了 SSL v3,该版本增加了对更多算法的支持和一些新的安全特性,并且修改了前一个版本中存在的安全缺陷,与 SSL v2 相比,更加成熟和稳定,因此很快成为事实上的工业标准。

SSL 协议指定了一种在应用层协议(如 HTTP、FTP 和 Telnet 等)和 TCP/IP 之间提供数据安全性的机制,它为 TCP/IP 连接提供数据机密性、数据完整性、服务器认证以及可选的客户机认证,主要用于实现 Web 服务器和 Web 浏览器之间的安全通信。

SSL 是一个介于 HTTP 与 TCP 之间的一个可选层,这使它可以独立于应用层,从而使绝大多数应用层协议可以直接建立在 SSL 之上。SSL 假定其下层数据包发送的机制是可靠的,数据将依照顺序发送给另一端的程序,不会出现丢包或者重复发送的情况。SSL 协议的目标就是在通信双方之间利用加密的 SSL 信道建立安全连接,它不是一个单独的协议,而是两层协议。SSL 协议栈如图 12.4 所示。

SSL 记录协议为应用层协议提供了基本的安全服务,通常 HTTP 可以在 SSL 记录协议的上层实现。SSL 另外还有 3 个高层协议:握手协议、更改密码规格协议和警告协议。记录协议和握手协议是 SSL 协议体系中两个主要的协议;握手协议用于在客户机和

图 12.4 SSL 协议栈

服务器之间建立起安全连接前,建立一个连接双方的安全通道,并能够通过特定的加密算法相互鉴别;记录协议则用来封装高层的协议,执行数据的安全传输。

SSL 结合使用对称密码技术和公开密码技术,前者比后者速度快,但是后者可以更加方便地实现双方的认证。为了综合利用这两种算法的优点,SSL 握手协议中使用公开加密算法使服务器端身份在客户端得到验证,并传递客户端产生的预主密钥,该预主密钥可以用于在两端分别生成共享的会话密钥。然后 SSL 记录协议再用会话密钥来加密、解密数据。SSL 协议可以实现如下 3 个安全服务。

(1) 机密性:SSL 客户机和服务器之间传送的数据都经过了加密处理,网络中的非法窃听者所获取的信息都将是密文信息。

(2) 完整性:SSL 利用密码算法和散列函数,通过对传输信息特征值的提取来保证信息的完整性,确保要传输的信息正确到达目的地,可以避免服务器和客户机之间的信息受到破坏。

(3) 认证性:利用数字证书技术和可信第三方认证,可以让客户机和服务器相互识别对方的身份。为了验证证书持有者是合法用户(而不是冒名用户),SSL 要求证书持有者在握手时相互交换数字证书,通过验证证书来保证对方身份的合法性。

Web 客户机连接到一个支持 SSL 的服务器,将启动一次 SSL 会话。支持 SSL 典型的 Web 服务器在 443 端口上接收 Web 客户机的 SSL 连接请求。当客户机连接到这个端口上时,它将启动一次建立 SSL 会话的握手。当握手完成之后,通信内容被加密,并且执行消息完整性检查,直到 SSL 会话过期。

在实际使用时,SSL 协议可以将基于证书的认证方法和基于口令的认证方法完美结合起来。在 SSL 握手协议中,服务器认证是必需的(使用数字证书进行认证),但是 SSL 的执行过程并不需要 CA 的实时参与,也不需要查询证书库,所以不会使 CA 形成瓶颈。但客户机认证是可选的,因为用户浏览器端用提交口令的方式向 Web 服务器证明自己的身份。如果要强制支持客户机认证,就得要求数目众多的客户端都有自己的数字证书和公开密钥,从而每个客户端都要内置相应的组件,代价比较高。当然,现在对客户机认证的支持也越来越广泛。

因为不强制客户端必须有公私钥对,所以 SSL 不能对应用程序的消息进行数字签名,因此不能提供消息的不可否认性,这是 SSL 用在电子商务中的最大不足。鉴于此,Netscape 公司在从 Communicator 4.04 版开始的所有浏览器中,引入了一种称作“表单签名”(form signing)的功能。在电子商务中,可利用这一功能来对包含购买者的订购信息和付款指令的表单进行数字签名,从而保证交易的不可否认性。

12.3.2　更改密码规格协议

更改密码规格协议(Change Cipher Spec Protocol)是位于 SSL 记录协议之上的较简单的一个协议,具有以下特性。

(1) 位于 SSL 记录协议之上。

(2) ContentType=20。

(3) 协议只包含一条消息,且该消息只包含一个值为 1 的字节。

其作用是:把未决状态设置为当前状态,更新当前连接的密钥组,这标志着加密策略的改变。

12.3.3　警告协议

警告协议(Alert Protocol)位于 SSL 记录协议之上,Alert 消息的作用是当握手过程或数据加密等操作出错或发生异常情况时,用来为对等实体传递 SSL 的相关警告或终止当前连接,它具有以下特性。

(1) 位于 SSL 记录协议之上。

(2) ContentType=21。

(3) 协议数据包有两字节:

① 第一字节为警告级别,分为 Warning 和 Fatal 两种情况。

② 第二字节为警告代码。

Fatal 类型的警告消息导致连接立即终止,此时,对应该会话的其他连接可以继续,但是会话标志符无效,以免有人利用此失败的连接来建立新的连接。

12.3.4　SSL 记录协议

SSL 记录协议(Record Protocol)用来描述 SSL 信息交换过程中的记录格式,它提供了数据加密、数据完整性等功能。在 SSL 中,所有数据都被封装在记录中,一个记录由两部分组成:记录头和非零长度的数据。SSL 握手协议的报文必须放在一个 SSL 记录层的记录里,但应用层协议的报文允许占用多个 SSL 记录来传送。

图 12.5 描述了 SSL 记录协议的操作步骤:将数据分段成可以操作的数据块,对分块数据进行数据压缩,计算 MAC 值,对压缩数据及 MAC 值进行加密,最后加入 SSL 记录头,在 TCP 中传输结果单元。接收端对接收到的数据经过解密、验证、解压、重组,然后提交给上层应用。SSL 记录头如图 12.6 所示,具有以下特性。

(1) 内容类型(Content Type):8 位,用于处理分段的上层协议类型,可以是以下协议之一:更改密码规格协议、警告协议和握手协议等。

(2) 协议版本(Protocol Version):16 位,标明 SSL 版本号,其中高 8 位代表主版本,低 8 位代表次版本。对 SSL v3,主版本号为 3,次版本号为 0。

(3) 压缩长度(Length):原文分段长度,如果经过压缩,该长度即为压缩分段长度。

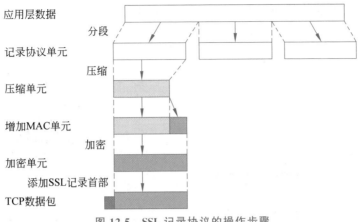

图 12.5　SSL 记录协议的操作步骤

内容类型	主版本	次版本	压缩长度
经过加密的明文(可压缩)			
MAC值(0,16或20比特)			

图 12.6　SSL 记录头

12.3.5　SSL 握手协议

SSL 握手协议(Handshake Protocol)是 SSL 中最复杂的部分,它协商的结果是 SSL 记录协议处理的基础,ContentType 为 22。协议头分为以下 3 部分。

表 12.2　SSL 握手消息及参数

消 息 类 型	参　数
hello_request	Null
client_hello	版本,随机数,会话 ID,密码参数,压缩方法
server_hello	
certificate	X.509 v3 证书链
server_key_exchange	参数,签名
certificate_request	类型,CA
server_done	Null
certificate_verify	签名
client_key_exchange	参数,签名
Finished	Hash 值

(1) 消息类型(1B),如表 12.2 所示。

(2) 消息长度(3B)。

(3) 内容(大于或等于1B):与该消息有关的参数,如表 12.2 所示。

在应用层协议通信之前,SSL 客户端和服务器先进行通信,它们首先使用 SSL 握手协议在一个协议版本上达成一致,并交换版本号,协商加密算法、相关密钥、MAC 算法,以及进行身份认证。最后双方由主密钥计算出相同的会话密钥。在此之后应用层协议所传送的数据都会被会话密钥加密,这样就可弥补 HTTP 安全性差的弱点。

SSL v3.0 的握手过程用到 3 种协议:握

手协议、更改密码规格协议和警告协议。SSL 的握手过程如图 12.7 所示。

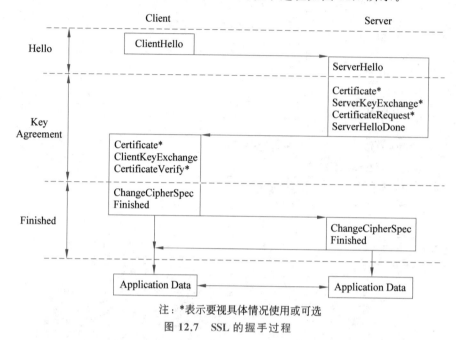

注：*表示要视具体情况使用或可选

图 12.7 SSL 的握手过程

SSL 握手协议可分为以下 3 个阶段。

（1）第一阶段（Hello 阶段）：主要工作是协商协议版本、会话 ID、密码组、压缩算法、交换随机数等。

① ClientHello 消息：为了在客户端和服务器之间开始通信，客户端必须初始化一个 ClientHello 消息。该消息包含两边的基本连接信息如客户端版本号、随机数、会话 ID、所支持的密码算法组合和压缩算法，将这些发给服务器供其选择，用来建立安全的通信信道。

② ServerHello 消息：服务器处理 ClientHello 消息之后，可以用一个握手失败警告或者一个 ServerHello 消息来响应。ServerHello 消息的内容与 ClientHello 消息的内容相似，区别在于：ClientHello 消息用于列出客户端的能力，而 ServerHello 消息则用于做出决定，并将该决定传回客户端。该消息中包含服务器版本号、会话 ID、由服务器产生的不同于客户端的随机数、服务器选择采用的密码算法组合和压缩算法。

（2）第二阶段（Key Agreement 阶段）：主要工作是发送服务器证书，并请求客户端证书（可选），如果被要求证书，客户端就发送该证书。

① Certificate 消息：服务器发送自己的证书给客户端，供客户端认证服务器的身份。客户端收到后要检查上面的发证机关签名是否正确、证书是否在有效期之内。该消息可以使客户端得到服务器的公钥。

② ServerHelloDone 消息：服务器向客户端发送 ServerHelloDone 消息，以表明 ServerHello 的结束，发送完这个消息后，服务器将等待客户端的响应。

③ ClientKeyExchange 消息：ClientKeyExchange 消息允许客户端向服务器发送密

钥消息,该消息根据当前会话状态指定的密钥交换算法选择相应的记录结构,然后用服务器的公钥加密预主密钥发送给服务器,以便双方协商会话密钥。具体过程如下:如果客户端在服务器证书上没有发现问题,客户端会生成一个预主密钥(pre_master_secret),并用服务器的公钥加密后传给服务器。服务器收到 ClientKeyExchange 消息后,用自己的私钥解开预主密钥。客户端和服务器各自用相同的公式,根据预主密钥来计算主密钥,生成所用的会话密钥。

(3) 第三阶段(Finished 阶段):主要工作是改变密码组,完成握手。

① ChangeCipherSpec 消息:ChangeCipherSpec 消息有着特殊的用途,它表示记录加密及认证的改变。一旦握手商定了一组新的密钥,就发送 ChangeCipherSpec 来指示此刻将启用新的密钥。

② Finished 消息:此时握手协议完成,双方可以安全地传输应用数据。如果客户端验证收到的 Finished 消息正确无误,则表明服务器已经准确地用与服务器证书相对应的私钥解开了 pre_master_secret,并最终生成正确的会话密钥。可以同时确认服务器的身份并证明会话密钥交换已成功。至此,握手成功,开始进入密文传输。

握手协议结束后,SSL 所要做的工作就是根据握手协商的结果,在通信链路上使用 SSL 记录协议对应用层数据进行安全传输。另外,在 SSL 通信结束之前,客户端和服务器必须共享如下知识:该连接将结束。这个知识就是 SSL 定义的一个特殊消息 ClosureAlert,用来报告数据已经完全发送,可以结束连接了。通信双方都必须相互发送 ClosureAlert 才能结束连接,这种安排可以防止可能的截断攻击。

一次典型的 SSL 会话的执行过程如下。

(1) Web 客户机请求连接到一个支持 SSL 的服务器,启动一次 SSL 会话。

(2) 支持 SSL 的 Web 服务器在一个与标准的 HTTP 请求不同的端口(443)上接受 SSL 连接请求。

(3) 当客户机连接到这个端口时,它将启动一次建立 SSL 会话的握手,完成通信方的认证和加密算法的协商。

(4) 当握手完成之后,就开始使用记录协议封装应用层的协议,通信内容被加密,并且执行消息完整性检查,直到 SSL 会话过期。

12.3.6 SSL 协议的安全性分析

1. SSL 协议的安全性隐患

(1) 握手协议安全性是 SSL 协议安全性的基础,在握手协议中产生主密钥,将主密钥用 KDF(密钥导出函数)处理,从而产生将要在本次会话中使用的会话密钥,所以只要获得主密钥,就能计算出 SSL 会话中的会话密钥。图 12.8 描述了会话密钥的生成过程。由于客户端随机数和服务器端随机数是在主密钥生成之前生成的,是明文传输,只要入侵者得到预主密钥,就能算出主密钥,从而得到 SSL 的会话密钥。因此,SSL 协议的安全隐患之一是如何确保预主密钥的安全性。

(2) 根据握手协议,所有密钥均是基于随机数产生的。随机数的质量越高,生成的密

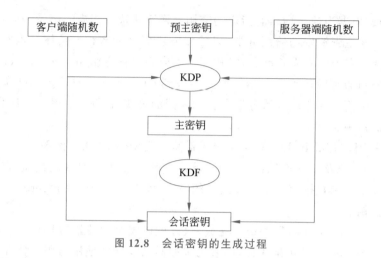

图 12.8　会话密钥的生成过程

钥越安全。因此，能不能保证随机数的质量，也是 SSL 的安全性隐患。

（3）在 SSL 协议中，证书用来证明通信双方的身份，客户端和服务器建立新的 SSL 会话时，它们使用数字证书来确认对方的身份、交换密钥材料。客户端利用服务器的公钥对密钥材料进行加密，一旦收到加密后的材料，服务器就用相应的私钥进行解密。而黑客可能窃取有效的证书及相应的私钥，伪装成该服务器进行解密操作，成功地处理握手协议。这也是 SSL 协议另一个至关重要的安全隐患——有可能遭受中间人攻击。

（4）利用 SSL 的攻击无法被 IDS 检测到。典型的 IDS 监视网络通信，并将其与保存在数据中的已知"攻击特征"比较，如果网络通信是加密的，IDS 无法监视其行为，这反而可能会使攻击更为隐蔽。加密的网络通信也会在一定程度上影响防火墙的过滤功能。

（5）SSL 使用复杂的数学公式进行数据加密和解密，高强度的计算会使多数服务器停顿，并导致性能下降。多数 Web 服务器在执行 SSL 相关任务时，吞吐量会显著下降。

（6）SSL 也不能保证 Web 浏览器和服务器自身的安全。

2. 增强 SSL 协议安全性方法

为了加强 SSL 协议的安全性，可以从软件和硬件两方面解决 SSL 协议的安全隐患。

1）增强预主密钥的保密性

有两种方法增强预主密钥的安全性：一种是采用口令加密的方法；另一种是硬件加密的方法。其中，口令生成密钥加密预主密钥方法是比较普遍的方法；而硬件加密的方法是一种包含供私钥使用的持续性存储器和能够执行加密计算的设备，整个密钥的产生过程都在这个设备中，设备本身也设有一个密码，可以对使用者起到身份认证的作用。

2）提高随机数的质量

目前有两种产生随机数的方法：一种是软件方法；另一种是硬件方法。其中，软件方法 PRNG 需要一个随机数作为种子，种子的质量则直接影响生成随机数的质量；硬件方法使用硬件来产生随机数，此方法得到的随机数质量比较高，但总是出现在一个范围之内。提高随机数质量的有效方法是用硬件随机数发生器产生的随机数作为 PRNG 的种子,通过高强度的 PRNG 的处理,来产生高质量的随机数。

3) 提高证书 CA 的可靠性

在 SSL 协议中,证书是用来证明通信双方身份用的,因此验证证书的真实性和有效性是至关重要的。要有一个可靠的 CA,在服务器的认证阶段,所有证书的颁发和有效性判断,都是靠 CA 来控制的。如果没有一个可靠的 CA,就无法判断出连接的合法性。

总的来讲,SSL 协议的安全性能不错,而且随着协议的不断改进,更多的安全性好的加密算法被采用,逻辑上的缺陷被弥补,它的安全性会不断增强。但 SSL 的安全性不是完美的,它只是网络安全协议的一种,必须与其他安全协议和工具结合使用。

12.3.7　TLS 协议

1996 年,IETF 组织了一个传输层安全工作组。这个工作组的目标是在现有的 SSL v3 的基础上,给 Internet 编写标准的传输层安全协议。编写传输层安全协议的目的是不要再出现新的协议,避免造成混淆,并希望能够提供可扩展性和兼容性。编写的这个协议就是传输层安全(Transport Layer Security,TLS)协议。在传输层上,TLS 协议在源和目的实体间建立了一条安全通道,提供基于证书的认证、数据完整性和数据机密性。在 TLS v1 和 SSL v3 之间的差别非常小,但使用的加密算法等存在显著差别,造成两者不能兼容,即不能相互操作。

尽管 TLS 1.0 继承了 SSL v3 规范的大部分内容,但为了使得协议更规范,安全性更高,TLS 1.0 进行了一些修订。目前 TLS 的最新版本是 TLS 1.3。但由于习惯上的原因,互联网上很多场合仍然使用 SSL 这一称呼,或者合并使用 SSL/TLS。

TLS 的目标如下(根据优先级排列)。

(1) 数据安全:TLS 能够被用于在两方之间建立安全连接。

(2) 互操作性:不依赖于应用程序的开发,此外 TLS 的一方可以在不知道另一方代码的情况下成功地交换加密信息。

(3) 可扩展性:TLS 试图提供一种框架可以使用新的两种加密机制的方法进行交互。这个目标有两个子目标:避免重建一种全新的协议;避免重新实现一个全新的安全库。

(4) 系统效率:加密操作非常耗费 CPU 资源,尤其是公开加密算法的计算。因此,TLS 协议使用了缓存机制以减少需要建立的连接数。此外 TLS 协议还非常注意减少网络流量。

12.3.8　OpenSSL 简介

前面介绍了 SSL 协议,与所有的协议一样,都只是一些规则而已,要做到真正应用,必须将所有的协议规则转换成代码,对于任何个人和组织来说,这都是一个艰巨的任务,尤其是 SSL 协议这样一种涉及诸多专业知识的协议。目前,主流的 Web 服务器和浏览器都支持 SSL 协议,但由于这些商业产品的源代码不是开放的,使得对这些商业产品的研究大大落后,信任度也不高。

OpenSSL(http://www.openssl.org)是唯一一个免费且具有完整功能的 SSL 实现,它使用 C 语言开发,能够在各种主流平台工作,包括所有的 UNIX 系统和所有常用版本的 Windows 系统。OpenSSL 项目最早由加拿大人 Eric A. Yang 和 Tim J. Hudson 开发,现在由 OpenSSL 项目小组负责改进和开发。OpenSSL 项目通过共同合作来发展一个健壮、商业级、完整的开放源码工具包,来实现安全套接层协议(SSL v2/SSL v3)和传输层安全协议(TLS v1),以及一个强大通用的密码库。

OpenSSL 最早的版本在 1995 年发布,1998 年后开始由 OpenSSL 项目组维护和开发,完全实现了对 SSL v1、SSL v2、SSL v3 和 TLS v1 的支持。OpenSSL 的源代码库可以自由下载,并可以免费用于任何商业或非商业的目的。目前,OpenSSL 已经得到了广泛的应用,许多类型软件中的安全部分都使用了 OpenSSL 的库。

除了 OpenSSL 之外,技术开发人员还有其他的一些密码算法库或 SSL 函数库可选。Crypto++就是著名的开放源代码算法库之一,该库使用 C++ 语言作为开发语言,但是该库仅仅实现了一些常用的密码算法,而没有实现诸如 X.509 标准和 SSL 协议,其功能仅仅是 OpenSSL 的一个子集,而且没有文档。此外,Microsoft 也提供了一个密码库 CryptoAPI,跟几乎大部分的 Microsoft 产品一样,CryptoAPI 不是开放源代码,并且它只能在 Windows 平台使用。

与其他的一些同类型密码库相比,OpenSSL 具有以下优点。

(1) 采用 C 语言开发,支持多种操作系统,可移植性好,功能全面,支持大部分主流密码算法、相关标准协议和 SSL 协议。

(2) 开放源代码,可信任,能够根据自己的需要进行修改,有借鉴和研究的价值。

(3) 具备应用程序,既能直接使用,也可以方便进行二次开发。

(4) 免费使用,能够用于商业和非商业目的。

当然,OpenSSL 也有如下一些缺点。

(1) 采用非面向对象的 C 语言开发,对于初学者有一定的困难,也不利于代码的剥离。

(2) 文档不全面,增加了使用的困难性。

总的来说,OpenSSL 是一个非常优秀的软件包,很值得安全技术人员研究和使用。

但是 OpenSSL 也有一些安全性方面的问题被利用。2014 年爆出的心脏出血 (HeartBleed)OpenSSL 漏洞,是对其中的心跳协议(Heartbeat Protocol)实现过程中没有正确检查二进制输入值的有效性造成的。因为一个未能对请求中期望返回的数据量和实际提供的数据量进行检查的编程错误,使得攻击者有了访问临近内存地址的机会,其中可能存储着如用户名、密码、私钥和其他一些敏感信息。这些漏洞潜在地威胁了很多的服务器和它们的用户。

除了使用基于 SSL 的 HTTP 实现 Web 通信安全之外,现在也开发出 HTTP/2(原名 HTTP/2.0)即超文本传输协议 2.0。这是下一代 HTTP,是由互联网工程任务组 (IETF)的 Hypertext Transfer Protocol Bis (httpbis)工作小组进行开发的。在互联网上 HTTP/2 将只用于 https://网址,而 http://网址将继续使用 HTTP/1,目的是在开放互联网上增加使用加密技术,以提供强有力的保护去遏制主动攻击。

习题

1. 简述主动攻击与被动攻击的特点,并列举主动攻击与被动攻击的方法。

2. Web 服务有哪些主要的安全隐患?

3. 分别阐述在网络层、传输层和应用层实现 Web 安全的方法,它们各有哪些优缺点。

4. 最初设计 SSL 时,主要是保证哪个应用的安全性? 它能实现哪些安全性? 它为什么不能实现发送端的不可否认?

5. SSL 主要包括哪几个子协议? 其中哪两个是主要的? 它们分别完成什么功能?

6. SSL 是如何结合使用对称加密算法和公开加密算法的?

7. 结合图形简单阐述 SSL 记录协议的操作步骤。

8. SSL 握手协议分为哪 3 个阶段? 每一阶段各实现什么功能? 每一阶段都使用了哪些消息完成相应的功能?

9. 假设甲需要发送一份机密文件(如 Secret.txt)给乙,简述甲乙双方采用 SSL 协议来安全发送和接收文件的主要封装过程。

第 13 章 防火墙技术

13.1 防火墙的基本概念

13.1.1 定义

防火墙是一种装置,它由软件、硬件设备组合而成,通常处于企业的内部局域网与 Internet 之间,限制 Internet 用户对内部网络的访问以及管理内部用户访问 Internet 的权限。换言之,一个防火墙在一个被认为是安全和可信的内部网络和一个被认为是不那么安全和可信的外部网络(通常是 Internet)之间提供隔离功能,是一个网络边界安全系统。

主要有如下几种类型的防火墙:操作系统自带的过滤规则、个人防火墙、网络防火墙、硬件防火墙、专用软件防火墙。许多网络设备也含有简单的防火墙功能,如路由器、调制解调器、无线基站、IP 交换机等。防火墙在网络中的位置如图 13.1 所示。

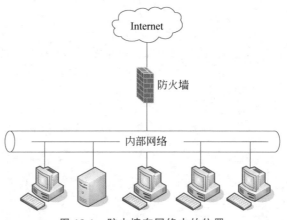

图 13.1 防火墙在网络中的位置

如果没有防火墙,则整个内部网络的安全性完全依赖于每个主机。因此,所有的主机都必须达到一致的高度安全水平,这在实际操作时非常困难。而防火墙被设计为只运行专用的访问控制软件的设备,没有其他普通主机运行的服务(如 rlogin 等)。因此,也就意味着相对少一些缺陷和安全漏洞,这就使得安全管理变得更为方便,易于控制,也会使内部网络更加安全。注意,那些与防火墙功能不相关但又可能给防火墙自身带来安全威胁的网络服务和应用程序,都不应该运行在防火墙上。

防火墙所遵循的原则是在保证网络畅通的情况下,尽可能保证内部网络的安全。它是一种被动的技术,是一种静态安全部件。虽然防火墙的设计不可能做到万无一失,它也可能存在安全漏洞,但是在抵御攻击方面,防火墙具有不可替代的优势。

13.1.2　防火墙应满足的条件

作为网络间实施网间访问控制的一组组件的集合,防火墙应满足的基本条件如下。

(1) 内部网络和外部网络之间的所有数据流必须经过防火墙。所以对于不通过防火墙的流量,防火墙无法监控。例如,防火墙不能处理通过拨号、3G/4G/5G 蜂窝网络连接互联网而发动的攻击,也不能处理内部攻击。

(2) 只有符合安全策略的数据流才能通过防火墙。

(3) 防火墙自身具有高可靠性,应对渗透(penetration)免疫,即它本身是不可被侵入的,否则黑客就相当于进入内网。

根据安全策略,防火墙对数据流的处理方式有 3 种。

(1) 允许数据流通过。

(2) 拒绝数据流通过。

(3) 将这些数据流丢弃。

当数据流被拒绝时,防火墙要向发送者回复一条消息,提示发送者该数据流已被拒绝。当数据流被丢弃时,防火墙不会对这些数据包进行任何处理,也不会向发送者发送任何提示信息。从安全角度考虑,防火墙应该采用丢弃数据包的做法而不是拒绝数据包。因为丢弃数据包的做法增加了网络扫描所花费的时间,发送者只能等待回应,直至通信超时。

13.1.3　防火墙的功能

防火墙的功能主要包括下面 6 方面。

(1) 隔离不同的网络,限制安全问题的扩散,对安全集中管理,简化安全管理的复杂程度。相对于内部网络的普通用户来说,网络管理员关注的是整个网络的安全,所以他可以通过对防火墙进行精心配置,使整个网络获得较高的安全性。

(2) 防火墙可以方便地记录网络上的各种非法活动(尤其是经过防火墙的数据包),监视网络的安全性,遇到紧急情况报警。

(3) 防火墙可以作为部署网络地址转换(Network Address Translation,NAT)的地点,利用 NAT 技术,将有限的公有 IP 地址动态或静态地与内部的私有 IP 地址对应起来,用来缓解地址空间短缺的问题或者隐藏内部网络的结构。

(4) 防火墙是审计和记录 Internet 使用费用的一个最佳地点。

(5) 防火墙也可以作为 IPSec 的平台。

(6) 内容控制功能。根据数据内容进行控制,例如,防火墙可以从电子邮件中过滤掉垃圾邮件,还可以过滤掉内部用户访问外部服务的图片信息。只有代理服务器和先进的过滤在理解高层协议内容的情况下,才能实现这种功能。

13.1.4　防火墙的局限性

（1）网络上有些攻击可以绕过防火墙，如拨号攻击可以绕过防火墙，造成一个潜在的攻击渠道。而且黑客通过拨号进入网络后，还可以更进一步从网络内部对防火墙和内部主机发动攻击。

（2）防火墙不能防范来自内部网络的攻击，因为这种攻击没有经过防火墙，所以防火墙无法阻止。

（3）内部用户可能会过于信任和依赖防火墙，而忽视增强自身系统的安全性。因此，在采用防火墙将内部网络与外部网络加以隔离的同时，还应确保内部网络中的关键主机具有足够的安全性。

（4）防火墙不能完全防止后门攻击。某些基于网络隐蔽通道的后门能绕过防火墙的检测，如 HTTP tunnel 等。

（5）防火墙不能对被病毒感染的程序和文件的传输提供保护，还要在每台主机上安装病毒防杀工具。即使让防火墙同时具有病毒查杀的功能，它也会因此成为网络通信的瓶颈。

（6）防火墙的过滤规则是静态的，是在已知的攻击模式下制定的，因此不能防范全新的网络威胁。

（7）当使用端到端的加密时，防火墙的作用会受到很大的限制，即与虚拟专用网的结合使用存在问题。

（8）防火墙对用户不完全透明，可能带来传输延迟、在高速网络中存在瓶颈以及单点失效（如被拒绝服务攻击而降级为普通路由器）等问题。

（9）防火墙不能防止数据驱动式攻击。有些表面无害的数据通过电子邮件（一般是邮件附件）或缓冲区溢出攻击等方式发送到主机上，一旦被执行就形成攻击。而基于主机的入侵检测系统就能检测出数据驱动式攻击。

13.2　防火墙的类型与技术

13.2.1　包过滤防火墙

包过滤防火墙也称分组过滤路由器，又叫网络层防火墙，因为它是工作在网络层。路由器便是一个网络层防火墙，因为包过滤是路由器的固有属性。包过滤是最基本、最早期的防火墙技术，诞生于 1989 年。Cisco 公司的 IOS 防火墙也是一种包过滤防火墙。它一般不检查数据包的数据内容，只检查数据包包头中的地址、协议、端口等信息来决定是否允许此数据包通过，有静态和动态两种过滤方式。

静态包过滤防火墙将内外网之间传输数据包的内容与事先设定的规则表进行比较，在规则表中定义了各种过滤规则来表明是否允许或拒绝包的通过。这种防火墙同时过滤从内网到外网和从外网到内网两个方向上的数据包。一般来说，过滤规则设置的默认原则可以是如下两种之一。

（1）默认拒绝：只有规则允许的数据包才可以通过防火墙，其他都不能通过。这是一种非常实用的方法，也更加安全，但用户所能使用的服务范围受到严格限制。

（2）默认允许：只有规则拒绝的数据包才不可通过防火墙，其他都可以通过。这种方法构成了一种更为灵活的应用环境，可为用户提供更多的服务，但很难提供可靠的安全保护。

包过滤防火墙按照顺序检查每一条规则，直至发现包中的信息与某规则匹配才允许数据包通过。如果没有一条规则能符合，防火墙就会使用默认规则（一般是丢弃该包）。在制定数据包过滤规则时，一定要注意数据包是双向的。

例如，想允许某个主机访问 Telnet 服务器，但是设置过滤规则时若只允许 Telnet 的命令请求能通过，而没有允许返回的数据包通过，这样还是不能实现访问的。同样当想禁止某个用户访问 Telnet 服务器时，设置单向禁止规则也是没有用的，入侵有时也还是有可能得逞的。

静态包过滤的判断依据如下。

（1）数据包协议类型 TCP、UDP、ICMP、IGMP 等。

（2）源/目的 IP 地址。

（3）源/目的端口 FTP、HTTP、DNS 等。

（4）IP 选项：源路由、记录路由等。

（5）TCP 选项 SYN、ACK、FIN、RST 等。

（6）其他协议选项 ICMP ECHO、ICMP REPLY 等。

（7）数据包流向 in 或 out。

（8）数据包流经网络接口 eth0、eth1。

静态包过滤防火墙有如下缺陷。

（1）通常不能对付某些类型的拒绝服务攻击。当今 Internet 上流行的许多拒绝服务攻击都是基于包损坏、SYN Flood 或产生其他基于 TCP/IP 的异常，而静态包过滤防火墙不是为处理这类攻击设计的。

（2）静态包过滤防火墙不能跟踪会话的状态数据。为了正确地处理 TCP 会话和会话协商，管理员被迫开放所有 1024 以上的端口。虽然理论上这不是一个巨大的安全隐患，但是把不使用的端口对外开放毕竟不是个好习惯。

（3）支持极繁忙网络的包过滤防火墙会引起网络性能降级和更高的 CPU 负载。但是对较低端路由器上的大多数低速连接来说，正常的包过滤不会给路由器造成严重的负担。

13.2.2　状态检测防火墙

状态检测（stateful inspection）又称动态包过滤，所以状态检测防火墙又称动态防火墙。状态检测最早由 CheckPoint 公司提出，是在静态包过滤上的功能扩展。CheckPoint 公司的 Firewall-Ⅱ、Cisco 公司的 PIX 等都是状态检测防火墙。

静态包过滤由于缺少"状态感知"（state aware）能力而无法识别连接请求的主动方和被动方在访问行为上的差别，因此在遇到利用动态端口的协议时会发生困难，如 FTP，防火墙事先无法知道哪些端口需要打开,就需要将所有可能用到的端口打开,会给安全带来不必要的隐患。

而状态检测通过检查应用程序信息(如 FTP 的 PORT 和 PASV 命令),来判断此端口是否需要临时打开,而当传输结束时,端口又马上恢复为关闭状态。

状态检测是一种相当于 4、5 层的过滤技术,相对于包过滤来说可以收集并检查许多状态信息,从而增加了过滤的准确性。它不仅提供了比包过滤防火墙更高的安全性和更灵活的处理,几乎支持所有服务,也避免了应用层网关的速度降低问题。

要实现状态检测防火墙,最重要的是实现"连接"的跟踪功能,并且根据需要可"动态"地在过滤规则中增加或更新条目。防火墙应当包含关于数据包最近通过它的"状态信息",以决定是否让来自 Internet 的包通过或丢弃。

状态检测技术采用的是一种基于连接的状态检测机制,将属于同一个连接的所有包作为一个数据流的整体看待。状态检测在防火墙的核心部分建立数据包的连接状态表,对在内外网之间传输的数据包从会话角度进行监测,利用状态表跟踪每一个会话状态,记录有用的信息以帮助识别不同的会话。

例如,对内部主机到外部主机的连接请求,状态检测防火墙会加以标注,允许从外部响应此请求的数据包以及随后两台主机间传输的数据包直接通过,直到此连接中断为止。而对由外部发起的企图连接内部主机的数据包则全部丢弃,因此状态检测防火墙提供了完整的对传输层的控制能力。

下面以对 SYN+ACK 扫描包的过滤为例说明状态检测防火墙相对静态包过滤防火墙的优越性。

(1) 静态包过滤防火墙不能判断 SYN+ACK 包是对内部向外请求(往往请求 80 端口)的应答,还只是外部扫描内部的一个单独数据包。所以为了保证通信的畅通,它会让这个数据包通过,也就是该扫描数据包能通过静态包过滤防火墙。

(2) 状态检测防火墙能记住在此数据包进入之前,内部用户是否发送过对该外部主机 80 端口的一个 TCP SYN 连接请求,如果事先有请求则允许该 SYN+ACK 应答包进入;对于现在的这种扫描行为,因为事先内部主机没有相应请求,则不允许该 SYN+ACK 包进入。

相对静态包过滤防火墙来说,状态检测防火墙对每一个会话的记录、分析工作可能会造成网络速度变慢,当存在大量的过滤规则时尤为明显,但采用硬件实现方式可有效改善这方面的缺陷。同时从另一个角度来说,状态检测防火墙对属于同一合法连接请求的后续的所有数据包不再进行过滤检查,在一定程度上提高了过滤的性能,弥补了速度的不足。

包过滤防火墙和状态检测防火墙都属于网络层防火墙,网络层防火墙的优点是实现比较简单、速度快、费用低,甚至不需要购买专门设备,并且对用户透明、应用广泛。但它也有不少缺点。

(1) 过滤规则制定起来比较复杂,容易出现因配置不当带来问题:如果过滤规则简单,则安全性差;如果过滤规则复杂,则管理困难。

(2) 它只检查地址和端口,允许数据包直接通过,而源地址和源端口是可以伪造的。

(3) 不能彻底防止地址欺骗攻击、微小分片攻击。

(4) 容易造成数据驱动式攻击、隐藏通道攻击的潜在危险。

（5）不能理解特定服务的内容，也只能进行主机级认证。

（6）有些协议不适合使用包过滤，如 FTP。

但是现在已经有一些在网络层重组应用层数据的技术，从而可以对应用层数据进行检查，可以辨认一些入侵活动，达到很好的防护效果。

13.2.3　应用层网关

应用层网关主要工作在应用层，又称为应用层防火墙。它检查进出的数据包，通过自身复制传递数据，防止在受信主机与非受信主机间直接建立联系。它的基本工作过程是：当客户机需要使用服务器上的数据时，首先将数据请求发给代理服务器，代理服务器再根据这一请求向服务器索取数据，然后由代理服务器将来自服务器的数据返回给客户机。在这个过程中，应用层网关上运行的代理程序会对数据包的内容进行逐个检查和过滤。

常用的应用层网关已有相应的代理服务软件，如 HTTP、SMTP、FTP、Telnet 等。但是对于新开发的应用，尚没有相应的代理服务，它们只能使用网络层防火墙和一般的代理服务（如位于会话层的 Socks v5）。

应用层网关能够检查的数据更多，因此有较好的访问控制能力，是目前最安全的防火墙技术。它能够理解应用层的协议，易于记录并控制所有的进出通信。应用层网关具有很强的日志、统计和报告功能，有很好的审计功能。它还能够提供内容过滤、用户认证、页面缓存和网络地址转换等功能。总之，它能够在很大程度上避免网络层防火墙的许多缺点，如降低了遭受隐藏通道攻击、恶意代码攻击所带来的风险。

但应用层网关的实现麻烦，而且有的应用层网关缺乏“透明度”。应用层网关的每一种协议需要相应的代理软件，这样新的应用就无法使用已有的代理软件。使用时工作量大，维护比较困难，效率明显不如网络层防火墙。在复杂的、内网用户很多的网络环境中，应用层网关显得不太实用，并且可能超负荷运行，以致不能正常工作。如果应用层网关的实现依赖于操作系统的 Inetd 守护进程，则其最大并发连接数目将受到严重限制，甚至能造成过滤速度缓慢或死机。

13.2.4　代理服务器

代理服务技术的原理是在应用网关上运行专门的应用代理程序，一方面代替服务器与客户程序建立连接；另一方面代替客户程序与服务器建立连接，使得用户可以通过应用网关安全地使用 Internet 服务，而对非法用户的请求将不予理睬。代理服务器将内网和 Internet 隔离，从 Internet 中只能看到该代理服务器，而无法获得任何内部网络的信息。

NAI 公司的 Gauntlet、Axent 公司的 Raptor 都是基于代理的防火墙。TIS 的 Firewall Toolkit(FWTK)是一个比较流行的应用层防火墙，它包括了能满足常用网络服务协议的代理服务器，如 Telnet 网关、FTP 网关、rlogin 网关和 SSL 网关等。

代理服务技术的优点是：缓解公有 IP 地址空间短缺问题；隐蔽内部网络拓扑信息；理解应用协议，可以实施更细粒度的访问控制；较强的数据流监控、记录和报告功能；应用层网关和代理服务器能实现用户级（应用层）认证，而网络层防火墙只能实现主机级（网络层）认证。

代理服务技术的缺点是对每一类应用都需要一个专门的代理，灵活性不够；每一种网络应用服务的安全问题各不相同，分析困难，因此实现困难而且速度慢，而且还可能存在单点失效的风险。

各种类型的防火墙各有其优缺点。当前的防火墙产品已不是单一的包过滤型或代理服务器型防火墙，而是将各种防火墙安全技术结合起来，形成一个混合的多级防火墙，以提高防火墙的灵活性和安全性。一些对于实时性要求高、使用不频繁的协议（如 Telnet、SMTP）最好采用包过滤机制，而另一些使用较为频繁、信息共享性高的协议（如 FTP、Gopher、WWW）可以采用应用层代理。

13.3　防火墙的体系结构

在各种防火墙的体系结构中都会涉及一种主机——堡垒主机。堡垒主机（bastion host）的硬件是一台普通的主机（操作系统要求可靠性好、可配置性好），它使用软件配置应用网关和服务代理程序，从而具有强大而完备的功能。只有那些被网络管理员认为是基本的服务才可以安装在堡垒主机上。基本服务包括 DNS、FTP、HTTP、SMTP。它是内部网络和 Internet 之间的通信桥梁，它中继（关闭"IP 转发"功能，不允许转发）所有的网络通信服务，并具有认证、访问控制、日志记录、审计监控等功能。

堡垒主机位于内部网络的最外层，是网络上最容易遭受非法入侵的设备。它作为内部网络上外界唯一可以访问的点，在整个防火墙系统中起着重要的作用，是整个系统安全的关键点。

13.3.1　双宿/多宿主机模式

双宿主机模式是最简单的一种防火墙体系结构，该模式是围绕着至少具有两个网络接口的堡垒主机构成的。双宿主机内外的网络均可与双宿主机实施通信，但内外网络之间不可直接通信（不能直接路由转发）。两个网络之间的通信是通过双宿主机提供的应用层代理服务的方法实现的。双宿主机可以通过代理或让用户直接到其上注册来提供很高程度的网络控制。双宿主机模式防火墙如图 13.2 所示。

由于双宿主机直接暴露在外部网络中，如果入侵者得到了双宿主机的访问权，使其成为一个路由器，内部网络就会被入侵。所以为了保证内部网的安全，双宿主机首先要禁止网络层的路由转发功能，还应具有强大的身份认证系统，尽量少安装应用程序和服务，尽量减少防火墙上用户的账户数，这样才能减少外部非法登录的可能性。

在 UNIX 环境中运行的网络对双宿主机的安全性非常敏感。在一些 UNIX 操作系统（如著名的 Berkeley UNIX）中，默认路由能力是有效的。因此，在 UNIX 系统中建立防火墙时，必须验证防火墙所使用的操作系统的路由功能是被禁止的，否则必须重建双宿主机核心以重新配置双宿主机。

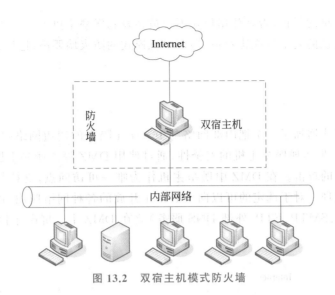

图 13.2　双宿主机模式防火墙

13.3.2　屏蔽主机模式

屏蔽主机模式中的过滤路由器为保护堡垒主机的安全建立了一道屏障。它将所有进入的信息先送往堡垒主机，并且只接受来自堡垒主机的数据作为发出的数据。屏蔽主机防火墙强迫所有外部网络到内部网络的连接通过此过滤路由器和堡垒主机，而不会直接连接到内部网络，反之亦然。堡垒主机是 Internet 上的主机能连接到的唯一的内部网络上的系统。屏蔽主机模式防火墙如图 13.3 所示。

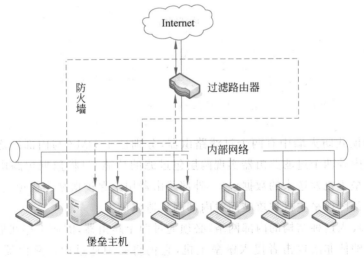

图 13.3　屏蔽主机模式防火墙

这种结构的安全性依赖于过滤路由器和堡垒主机，只要有一个失败，整个网络的安全将受到威胁。过滤路由器是否正确配置是这种防火墙安全与否的关键，过滤路由器的路由表应当受到严格的保护,否则数据包就不会被转发到堡垒主机上(而直接进入内部网)。该防火墙系统提供的安全等级比双宿/多宿主机模式的防火墙要高,这样也就具有更好的可用性。

13.3.3 屏蔽子网模式

屏蔽子网模式增加了一个把内部网络与 Internet 隔离的周边网络(也称为非军事区 DMZ),从而进一步实现堡垒主机的安全性,通过使用 DMZ 隔离堡垒主机能够削弱外部网络对堡垒主机的攻击。在 DMZ 中堡垒主机作为唯一可访问点,支持与终端的交互或作为应用网关代理。对于选定的可以向 Internet 开放的各种网络应用,也可以将该应用服务器(如 Web、SMTP、FTP、外部 DNS 服务)放在 DMZ 上。屏蔽子网模式防火墙如图 13.4所示。

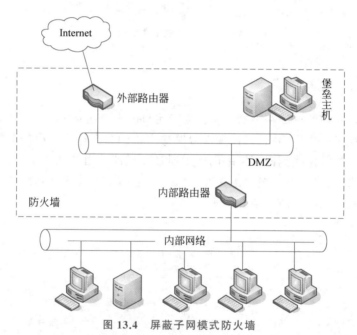

图 13.4　屏蔽子网模式防火墙

屏蔽子网模式防火墙中有两个过滤路由器,分别位于 DMZ 与内部网之间、DMZ 与外部网之间。内外两个过滤路由器实现两层包过滤的功能(只将数据包路由到堡垒主机和只接受从堡垒主机发送来的数据包)。外部路由器用来保护堡垒主机免受侵害,而内部路由器用来防备因堡垒主机被攻破而对内部网络造成危害。

攻击者要攻入这种结构的内部网络,必须通过两个路由器,因而不存在危害内部网的单一入口点。即使非法攻击者侵入堡垒主机,它仍将必须通过内部路由器。由于 DMZ 的存在,它仍可消除对内部网络的威胁。这种结构安全性好,只有当 3 个安全单元都被破坏,内部网络才会暴露。

为了使过滤路由器的安全保护更有层次性,选择/配置内外过滤路由器的原则如下。

(1) 最好用不同厂商的路由器。

（2）如果不行，最好用同一厂商不同型号的路由器。

（3）即使使用同一型号的产品，也设置不同的过滤规则。

防火墙除了有上述 3 种主要的体系结构外，还有如下一些体系结构。

（1）使用多堡垒主机，合并内部/外部路由器。

（2）合并堡垒主机与外部路由器（内部路由器）。

（3）使用多台内部路由器，使用多台外部路由器。

（4）使用多个周边网络，使用双宿主机与屏蔽子网。

实际在部署防火墙功能时，可以将一般性的包过滤功能集成在三层交换机内，通过硬件的访问控制表来过滤数据包，速度快而且支持大量端口。同时可以将传统防火墙的非军事区上的各种服务连接到网络中心核心交换机的不同端口上，并分别设置针对性的过滤规则，这比将它们集中到非军事区要灵活得多，效率也高。

现在的趋势是三层交换机负责一般性的包过滤，独立防火墙负责专门性的包过滤，两者相互配合，分担负载以达到最佳保护效果。

13.4 防火墙技术的几个新方向

13.4.1 透明接入技术

一般来说，不透明的堡垒主机的接入需要修改网络拓扑结构，内部子网用户要更改网关，路由器要更改路由配置等。而且路由器和子网用户都需要知道堡垒主机的 IP 地址，一旦整个子网的 IP 地址改动，针对堡垒主机的改动则非常麻烦。

而透明接入技术的实现完全克服了以上缺陷，具有透明代理功能的堡垒主机对路由器和子网用户而言是完全透明的。也就是说，他们根本感觉不到防火墙的存在，犹如网桥一样。一种典型的透明接入技术包括 ARP 代理和路由转发。

13.4.2 分布式防火墙技术

1. 边界防火墙的缺陷

（1）结构性限制：随着企业业务规模的扩大，数据信息的增长，使得企业网的边界已成为一个逻辑边界的概念，物理的边界日趋模糊，因此边界防火墙的应用受到越来越多的结构性限制。

（2）内部威胁：当攻击来自信任的地带时，边界防火墙自然无法抵御，被攻击在所难免。

（3）效率和故障：边界防火墙把检查机制集中在网络边界处的单点上，一旦被攻克，整个内部网络将完全暴露在外部攻击者面前。

2. 分布式防火墙的产生及其优势

分布式防火墙是由三部分组成的立体防护系统。

（1）网络防火墙（network firewall）：它承担着传统边界防火墙看守大门的职责。

（2）主机防火墙（host firewall）：它解决了边界防火墙不能很好解决的问题（如来自内部的攻击和结构限制等）。

（3）集中管理（central management）：它解决了由分布技术而带来的管理问题。

分布式防火墙的优势如下。

（1）保证系统的安全性。分布式防火墙技术增加了针对主机的入侵检测和防护功能，加强了对来自内部攻击的防范，对用户网络环境可以实施全方位的安全策略，并提供了多层次立体的防范体系。

（2）保证系统性能稳定高效。消除了结构性瓶颈问题，提高了系统整体安全性能。

（3）保证系统的扩展性。伴随网络系统扩充，分布式防火墙技术可为安全防护提供强大的扩充能力。

13.4.3　以防火墙为核心的网络安全体系

如果防火墙能和入侵检测系统、病毒检测等相关安全系统联合起来，充分发挥各自的长处，协同配合，就能共同建立一个有效的安全防范体系。具体的解决办法如下。

（1）把入侵检测系统、病毒监测部分"做"到防火墙中，使防火墙具有简单的入侵检测和病毒检测的功能。

（2）各个产品分离，但是通过某种通信方式形成一个整体，即专业检测系统专职于某一类安全事件的检测，一旦发现安全事件，则立即通知防火墙，由防火墙完成过滤和报告。

13.4.4　防火墙的发展趋势

（1）未来的防火墙要求是高安全性和高效率，所以使用专门的芯片负责访问控制功能，设计新的防火墙的技术架构是未来防火墙的方向。

（2）防火墙与带有数据加密功能的虚拟专用网技术结合使用，使合法的访问更安全。未来的防火墙甚至可以结合入侵检测系统的功能，防火墙在安全系统中扮演的角色将越来越多，地位会更加重要。

（3）混合使用包过滤技术、代理服务技术和其他一些新技术。

（4）目前人们正在逐步实施推广 IPv6，IP 的变化将对防火墙的建立与运行产生深刻的影响。

（5）对数据包同时进行全方位的检查，不仅包括数据包头的信息，而且包括数据包的内容信息，查出恶意行为，阻止其通过。

Trust 信息系统公司的 Gauntlet 3.0 产品从外部向内看像是代理服务（任何外部服务请求都来自于同一主机），而由内部向外看像一个包过滤系统（内部用户认为他们直接与外部网交互）。Karl Bridge/Karl Brouter 产品拓展了包过滤的范围，它对应用层上的包过滤和授权进行了扩展，这比传统的包过滤要精细得多。

近年来，在商业应用防火墙中出现了一种革命性的技术——自适应代理技术（adaptive proxy），它可以结合代理防火墙的安全性和包过滤防火墙的高速度的优点，在不影响安全性的基础上将代理防火墙的性能提高 10 倍以上。

习题

1. 什么是防火墙？防火墙的主要功能有哪些？
2. 防火墙可分为哪几种类型？它们分别是如何工作的？
3. 防火墙有哪几种常见的体系结构？分别介绍它们的工作原理。
4. DMZ 区域在防火墙中的作用是什么？
5. 什么是防火墙的代理技术？
6. 静态包过滤与动态包过滤有什么不同？
7. 简述应用层网关防火墙的工作原理。

第 14 章　入侵检测系统和网络诱骗系统

当人们讨论网络安全时,很多人就会想起黑客入侵的故事,本章将介绍入侵检测的基本概念和相关技术。入侵(intrusion)被定义为所有企图危及资源的机密性、完整性和可用性的行为。入侵行为企图暗中破坏系统的安全措施以达到访问非法信息、改变系统行为和破坏系统可用性的目的。入侵是个广义的概念,不仅包括发起攻击的人(如恶意的黑客)取得超出合法范围的系统控制权,也包括收集漏洞信息,造成拒绝访问等对计算机系统造成危害的行为。

传统的信息安全技术主要有身份认证、访问控制、加密技术和防火墙技术等。这些技术都集中在系统自身的加固和防护上。随着网络应用的深入,网络入侵越来越频繁地发生,仅仅依赖被动防御已经不足以抵抗恶意入侵行为,我们需要一种能主动监视网络的安全措施,应运而生的就是入侵检测技术。入侵检测作为一种积极主动的安全技术,已成为维护网络安全的重要手段之一,并在网络安全中发挥着越来越重要的作用。本章主要介绍入侵检测的基本概念、组成、体系结构、检测技术、标准化问题和发展方向等。

14.1　入侵检测概述

入侵检测技术作为 20 世纪 80 年代出现的一种积极主动的网络安全技术,是 PPDR 模型的一个重要组成部分。与传统的加密和访问控制等常用的安全方法相比,入侵检测系统(Intrusion Detection System,IDS)是全新的计算机安全措施,它不仅可以检测来自网络外部的入侵行为,同时也可以检测来自网络内部用户的未授权活动和误操作,有效地弥补了防火墙的不足,被称为防火墙之后的第二道安全闸门。此外,它在必要时还可以采取措施阻止入侵行为的进一步发生和破坏。因此,从网络安全立体纵深、多层次防御的角度出发,入侵检测理应受到人们的高度重视。

14.1.1　入侵检测的概念

防火墙可以看作网络安全的第一道防线,实际上防火墙也存在着一些局限性,现今流行的防火墙技术的局限性主要表现在:第一,入侵者可寻找防火墙背后可能敞开的后门;第二,不能阻止内部攻击;第三,通常不能提供实时的入侵检测能力;第四,不能主动跟踪入侵者;第五,不能对病毒进行有效防护。所以需要入侵检测系统作为防火墙的有效补充,共同构建网络安全保障体系。

假如说防火墙是一幢大楼的大门门锁,那么入侵检测系统就是这幢大楼里的监控系统。门锁可以防止大部分小偷进入大楼,但有些小偷可以利用大楼的漏洞(如通过没关好的窗户)进入大楼内部,同时不能防止大楼内部个别人员的不良企图,对于这些情况门锁就没有任何作用了。网络系统中的入侵检测系统恰恰类似于大楼内的监控系统和报警装置,即使有人混进了大楼内部,只要有监控系统就可以检测到大部分非法行为。入侵检测分为实时入侵检测和非实时入侵检测,实时入侵检测类似于小偷一开始偷东西,就能及时发现;非实时的入侵检测通常无法在第一时间报警,主要用于事后分析,类似于发现有东西被盗窃了,警察调取监控资料寻找犯罪嫌疑人。

入侵检测系统是进行入侵检测的软件与硬件的组合,它从计算机网络或计算机系统中的若干关键点搜集信息并对其进行分析,从中发现网络或系统中是否有违反安全策略的行为和遭到袭击的迹象,并根据监视结果采取不同的安全措施,最大限度地降低可能的入侵危害。与其他安全产品不同的是,入侵检测系统需要更多的智能,它必须可以将得到的数据进行分析,并得出有用的结果。一个合格的入侵检测系统能大大地简化管理员的工作,保证网络安全的运行。因为入侵行为不仅可以来自外部,同时也可来自内部用户的未授权活动,所以一个有效的入侵检测系统应当能够检测两种类型的入侵:来自外部世界的闯入者和来自内部的攻击者。

入侵检测系统就像一个有着多年经验、熟悉各种入侵方式的安全管理员,通过对数据包流的分析,可以从数据流中过滤出可疑数据包,通过与已知的入侵方式或正常使用方式进行比较,来确定入侵是否发生和入侵的类型并进行报警。安全管理员根据这些警报就可以确切地知道所受到的攻击并采取相应的措施。因此,可以说入侵检测系统是安全管理员经验积累的一种体现,它极大地减轻了安全管理员的负担,降低了对安全管理员的技术要求,提高了网络安全管理的效率和准确性。

14.1.2　入侵检测的历史

对入侵检测的研究最早可以追溯到 20 世纪 80 年代。1980 年,James Anderson 在其著名的技术报告 *Computer Security Threat Monitoring and Surveillance*(计算机安全威胁监控与监视)中首先提出了入侵检测的概念,他将入侵检测划分为外部闯入、内部授权用户的越权使用和滥用 3 种类型,并提出用审计追踪来监视入侵威胁。然而,这一设想在当时并没有引起人们的注意,入侵检测真正受到重视和快速发展还是在 Internet 兴起之后。

1986 年,Denning 提出了一个经典的入侵检测模型(Intrusion Detection Expert System,IDES),被认为是入侵检测系统的开山之作,如图 14.1 所示。她首次将入侵检测的概念作为一种计算机系统的安全防御措施提出。该模型由 6 部分组成,包括活动主体、对象、审计记录、轮廓特征、异常记录、活动规则,它独立于特定的系统平台、应用环境系统弱点以及入侵类型,为构建入侵检测系统提供了一个通用的框架。在 Denning 的经典入侵检测模型中,提出了误用检测(misuse detection)和异常检测(anomaly detection)的方法,这两类方法至今还在入侵检测系统、恶意软件检测等技术中使用。

1990 年,加州大学戴维斯分校的 L. T. Heberlein 等开发出了网络安全监视器(Network Security Monitor,NSM),至此,入侵检测系统被分为两个基本类型:基于网络的 IDS 和基于主机的 IDS。

自从 1988 年的莫里斯蠕虫事件发生之后,美国一些研究机构开始对分布式入侵检测系统(Distributed Intrusion Detection System,DIDS)进行研究,将基于主机和基于网络的检测方法集成在一起,使得 DIDS 成了分布式入侵检测系统历史上的一个里程碑式的产品。

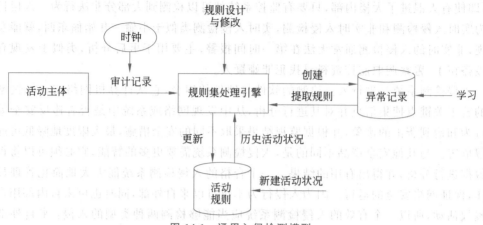

图 14.1　通用入侵检测模型

从 20 世纪 90 年代到现在，入侵检测系统的研发呈现出百家争鸣的繁荣局面，并在智能化和分布式两方面取得了长足的进步。

1994 年，Mark Crosbie 和 Eugene Spafford 首次建议使用自治代理（autonomous agents）来提高 IDS 的可伸缩、可维护性、效率和容错性。

1996 年出现了基于图形的入侵检测系统（Graph-based Intrusion Detection System，GrIDS），它的设计和实现使得对大规模自动或协同攻击的检测更为便利。

同年，Forrest 等首次将免疫原理运用到分布式的入侵检测领域。此后，在 IDS 中还出现了遗传算法、遗传编程的运用。

1997 年，Ross Anderson 和 Abida Khattak 将信息检索技术引进到了入侵检测领域。

1998 年，Wenke Lee 首次提出了运用数据挖掘技术对审计数据进行处理。

1999 年，Steven Cheung 等又提出了入侵容忍（intrusion tolerance）的概念，在 IDS 中引入了容错技术。

2000 年，Timm Bass 提出了数据融合（data fusion）的概念，将分布式入侵检测理解为在层次化模型下对多感应器的数据综合问题。

近年来，入侵检测系统发展很快，如 ISS、Cisco、Axent、NSW、NFR 等公司和组织都发布了它们的产品，这些产品各有自己的优势。由于通用标准的缺乏，不同的入侵检测系统之间还不能有效地进行互操作。

2000 年之后，在 IDS 的基础上还出现了 IPS 的概念和产品。IPS 从名称上来看，英文全名是 Intrusion Prevention System，即入侵防御系统，相对入侵检测系统来说，除了具有检测能力外，还具有一定的防御攻击的能力。IPS 一旦发现隐藏于其中网络攻击，可以根据该攻击的威胁级别立即采取抵御措施。Network ICE 公司在 2000 年 9 月 18 日推出了业界第一款 IPS 产品，2005 年 9 月绿盟科技，2007 年启明星辰、天融信等国内安全公司分别发布各自的 IPS 产品。

2013 年开始 MITRE 提出并完善了 ATT&CK（Adversarial Tactics，Techniques，and Common Knowledge）框架。这并不是一个入侵检测系统，而是一个关于入侵行为知

识库和模型,主要应用于评估攻防能力覆盖、APT 情报分析、威胁狩猎及攻击模拟等领域,以应对日益复杂的入侵行为。ATT&CK 的第一个模型正式发布于 2015 年 5 月,面向使用微软 Windows 系统的企业网,包含了 9 种攻击战术,涉及 96 种通用攻击技术。ATT&CK 模型的核心内容是 ATT&CK 矩阵,有兴趣的读者可以网上搜索相关资料。

14.1.3 入侵检测系统的功能

入侵检测系统包括 3 个功能部件:信息源、分析引擎和响应部件。

(1) 信息源指收集事件记录流,包括网络数据包、操作系统日志等。

(2) 分析引擎是入侵检测系统的核心,指通过分析信息源发现入侵迹象的分析技术。

(3) 响应部件指基于分析引擎的结果产生响应的部件,通常包括报警、切断网络连接等处理方法。

因此,入侵检测系统可以看作这样的管理工具:它从计算机网络的各个关键点收集各种系统和网络资源的信息,然后分析有入侵和误用迹象的信息,并识别这些行为和活动。在某些情况下,它可以自动地对检测到的活动进行响应,报告检测过程的结果,从而帮助计算机系统对付攻击。入侵检测系统也可以包括一个所谓的"蜜罐"(Honeypot),人为留下一些明显的安全漏洞,以引诱攻击者对这些漏洞进行入侵,从而为研究入侵行为提供信息。

入侵检测系统的主要功能如下。

(1) 监视用户和系统的活动,查找非法用户和合法用户的越权操作。

(2) 审计系统配置的正确性和安全漏洞,并提示管理员修补漏洞。

(3) 对用户的非正常活动进行统计分析,发现入侵行为的规律。

(4) 检查系统程序的完整性。

(5) 能够实时地对检测到的入侵行为进行反应。

(6) 操作系统的审计跟踪管理。

对一个成功的入侵检测系统而言,它不但可使系统管理员时刻了解网络系统(包括程序、文件和硬件设备等)的任何变更,还能为网络安全策略的制定提供指南。更为重要的一点是,它应该管理配置简单,从而使非专业人员也能非常容易地利用它对网络实施安全保护。入侵检测的规模还应根据网络威胁、系统构造和安全需求的改变而改变。在发现入侵后,应能及时做出响应,包括切断网络连接、记录事件和报警等。

14.1.4 入侵检测系统的优点与局限性

1. 优点

(1) IDS 是网络管理员经验积累的一种体现,它极大地减轻了网络管理员的负担,降低了对网络管理员的技术要求,提高了网络安全管理的效率和准确性。

(2) 某些攻击在初期就可以表现出较为明显的特征,IDS 可以在攻击的前期准备时期或是在攻击刚刚开始时进行确认并发出警报。

(3) IDS 一般采用旁路侦听机制,因此不会产生对网络带宽的大量占用,系统的使用对用户来说是透明的，不会有任何影响。

（4）IDS 的单独使用不能起到保护网络的作用，也不能独立防止任何一种攻击，但它是整个网络安全系统的重要组成部分，弥补了防火墙在高层的不足。

2. 局限性

（1）IDS 无法主动弥补安全防御系统的缺陷和漏洞，报警信息只有通过人为的补救才有意义。

（2）对于高负载的网络或主机，基于网络的 IDS 容易造成较大的漏报警率。

（3）基于误用（特征）的 IDS 很难检测到未知的攻击行为，而基于异常（行为）的 IDS 能在一定程度上检测到新的攻击行为，但一般很难给新的攻击定性。

（4）目前的 IDS 在实质性安全防御方面，还要以人为修正为主，即使是对可确定入侵的自动阻断行为，建议也要经过人为干预，防止可能的过敏防御。

入侵检测系统都可能会出现检测和报警不准确的问题，主要有如下两种。

（1）不是入侵的异常活动被标识为入侵，称为误报（false positives），造成假警报。

（2）真正的入侵活动被标识为正常活动，称为漏报（false negatives），造成漏判。

如果对入侵者行为的定义过于宽松，虽然能够发现更多的入侵者，但是也容易导致大量的误报，即将合法用户误认为是入侵者；相反，如果为了减少误报而对入侵行为的定义过于严格，这将导致漏报，可能漏过真正的入侵者。

因此，入侵检测系统的配置是一门折中和权衡的艺术，但是一个入侵检测系统想要同时减少漏报率和误报率是很难的。

14.1.5 入侵检测系统的分类

入侵检测系统可以从不同的角度进行分类，目前主要有以下几种分类方法。

1. 按照信息源的来源

按照采集器的信息来源，入侵检测系统可分为两种：基于主机的 IDS 和基于网络的 IDS。

（1）基于主机的 IDS（Host-based Intrusion Detection System，HIDS）：通过监视和分析所在主机的审计记录检测入侵。优点是可精确判断入侵事件，并及时进行反应，不受网络加密的影响；缺点是会占用宝贵的主机资源。另外，不能保证及时采集到审计记录也是这种系统的弱点之一，因为入侵者会将主机审计子系统作为攻击目标。典型的系统主要有 Computer Watch、Discovery、Haystack、IDES、ISOA、MIDAS 以及 Los Alamos 国家实验室开发的异常检测系统 W&S。

（2）基于网络的 IDS（Network-based Intrusion Detection System，NIDS）：通过在共享网段上对主机之间的通信数据进行侦听，分析可疑现象。这类系统不需要主机通过严格的审计，主机资源消耗少，可提供对网络通用的保护而无须顾及异构主机的不同架构。但它只能监视经过本网段的活动，且精度较差，防欺骗能力也较差。随着互联网技术的发展，对于基于网络的 IDS，出现两个比较大的挑战：一是网络上出现了大量对数据进行加密的网络应用,影响了 NIDS 的数据包检测;二是随着网络速度的提高,NIDS 难以处理高速网络上的海量数据。典型的 NIDS 系统有:为 Los Alamos 国家实验室的集成计算机网络设计的网络异常检测和入侵检测报告 NADIR,这是一个自动专家系统;加利福尼亚大学的 NSM 系统,它通过广播 LAN 上的信息流量来检测入侵行为;分布式入侵检测系统 DIDS 等。

当然,以上两种入侵检测系统都具有自己的优点和不足,可互相作为补充。通常,一个完备的入侵检测系统一定是基于主机和基于网络两种方式兼备的分布式系统。事实上,现在的商用产品也很少是基于一种数据源、使用单一技术的入侵检测系统。不同的体系结构、不同的技术途径实现的入侵检测系统都有不同的特点,它们分别适用于某种特定的环境。

2. 按照分析引擎的分析方式

按照分析引擎所采用的数据分析方式,入侵检测系统可分为异常检测系统、误用检测系统和混合检测系统。

(1) 异常检测(anomaly detection)系统:假定所有的入侵行为都与正常行为不同,建立正常活动的描述,当主体活动违反其统计规律时,则将其视为可疑行为。该技术的关键是异常阈值和正常特征的选择。其优点是可以发现新型的未知入侵行为,缺点是容易产生误报。

(2) 误用检测(misuse detection)系统:假定所有入侵行为和手段(及其变种)都能够表达为一种模式或特征,系统的目标就是检测主体活动是否符合这些模式,如果符合则视为可疑行为。该技术的关键是如何表达入侵的模式,把真正的入侵行为与正常行为区分开来,因此,入侵模式表达的好坏直接影响入侵检测的能力。其优点是误报少,缺点是只能发现攻击库中已知的攻击,无法检测攻击库中没有的未知新攻击,且其复杂性将随着攻击数量的增加而增加。

(3) 混合检测(hybrid detection)系统:同时使用以上两种方法,从而获得二者的优点而避免其缺点,如何协同两种方法同时工作是其主要研究的问题。

目前,主流的入侵检测系统还主要以误用检测技术为主,并结合异常检测技术。但异常检测的优势也逐渐被人们所重视,例如当前的杀毒软件中,通常使用主动防御技术,其实就是借鉴了异常检测的思想,对于未知的病毒,即使不知道它的特征码,如果发现其有异常行为,如修改注册表敏感项、更改浏览器默认主页等就发出警告。

3. 按照分析引擎的部署方式

按照分析引擎的部署方式,IDS 可分为集中式和分布式两类。

(1) 集中式 IDS:集中式 IDS 的数据分析在一个固定的位置上,独立于受监视主机。这里不考虑数据收集的位置,只考虑数据分析的位置。例如,实时的入侵检测专家系统 IDES,应用 Petri 网的入侵检测 IDIOT,检测网络入侵和误用的自动系统 NARIR。

(2) 分布式 IDS:分布式 IDS 的数据分析在很多位置进行,和被监视主机的数量成比例。这里只考虑数据分析部件的位置和数量,而不考虑数据收集部件。如分布式入侵检测系统 DIDS、基于图形的入侵检测系统 GrIDS、入侵检测自治代理 AAFID。分布式 IDS 的视野更广泛,但不同数据源之间难以有效地交换与共享,不同组件间的协同分析也存在较多的挑战。

4. 其他分类方法

根据响应方式，入侵检测系统可分为主动响应和被动响应。主动响应对发现的入侵行为主动进行处理以阻止攻击；被动响应仅仅对发现的入侵行为进行告警和写入日志。

根据系统的工作方式，可分为离线检测和在线检测。离线检测在事后分析审计事件，从中检查入侵活动，是一种非实时工作的系统；在线检测包括对实时网络数据包分析、对实时主机审计分析，是一种实时联机的检测系统。

另外，根据系统检测频率，可分为实时连续入侵检测系统和周期性入侵检测系统。

值得注意的是，以上这些分类方法并不相斥，一个系统可以属于某几类。

当然，入侵攻击和入侵检测是矛与盾的关系，各种不同机制的入侵检测系统之间并没有绝对的优劣之分。在当前，由于对计算机系统各部分存在漏洞的情况、入侵者的攻击行为、漏洞与攻击行为之间的关系都没有（也不可能）用数学语言明确描述，无法建立完全可靠的数学描述模型，因而无法通过数学和其他逻辑方法从理论上证明某一个入侵检测模型的有效性，而只能对于一个已经建立起来的原型系统进行攻防比较测试，通过实验的方法在实践中检验系统的有效性。

14.1.6　入侵检测系统的体系结构

一般来说，入侵检测系统主要有集中式、分布式和分层式 3 种结构。

1. 集中式结构

入侵检测系统发展的初期，IDS 大都采用单一的体系结构，即所有的工作包括数据的采集、分析都是由单一主机上的单一程序来完成，如图 14.2(a)所示。目前，一些所谓的分布式入侵检测系统只是在数据采集上实现了分布式，数据的分析、入侵的发现和识别还是由单一程序来完成，如图 14.2(b)所示。因此，这种入侵检测系统实际上还是集中式的。

这种结构的优点是：数据的集中处理可以更加准确地分析可能的入侵行为。缺点如下。

（1）可扩展性差。在单一主机上处理所有的信息限制了受监视网络的规模；分布式的数据收集常会引起网络数据过载的问题。

（2）难于重新配置和添加新功能。要使新的设置和功能生效，通常要重新启动。

（3）中央分析器是个单一失效点。如果中央分析器受到入侵者的破坏，那么整个网络会失去保护。

2. 分布式结构

随着入侵检测产品在规模庞大的企业中应用，分布式技术也开始融入入侵检测产品中。这种分布式结构采用多个代理在网络各部分分别进行入侵检测，并协同处理可能的入侵行为，其优点是能够较好地实现数据的监听，可以检测内部和外部的入侵行为。但是这种技术不能完全解决集中式入侵检测的缺点。因为当前的网络普遍是分层的结构，而纯分布式的入侵检测要求代理分布在同一个层次，若代理所处的层次太低，则无法检测针

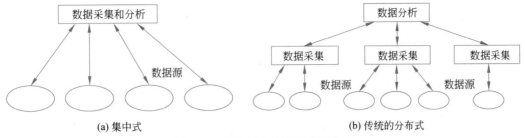

图 14.2　两种 IDS 体系结构的比较

对网络上层的入侵,若代理所处的层次太高,则无法检测针对网络下层的入侵。同时由于每个代理都没有对网络数据的整体认识,所以无法准确地判断跨一定时间和空间的攻击。

3. 分层式结构

由于单个主机资源的限制和攻击信息的分布,在针对高层次攻击(如协同攻击)上,需要多个检测单元进行协同处理,而检测单元通常是智能代理。因此,考虑采用分层的结构来检测越来越复杂的入侵是比较好的选择,如图 14.3 所示。

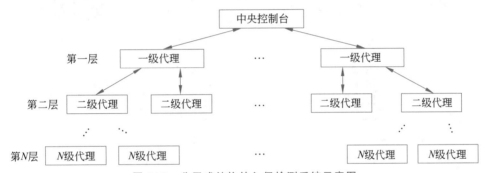

图 14.3　分层式结构的入侵检测系统示意图

在树状分层体系中,最底层的代理负责收集所有的基本信息,然后对这些信息进行简单的处理,并完成简单的判断和检测。其特点是所处理的数据量大、速度快、效率高,但它只能检测到某些简单的攻击。

中间层代理起承上启下的作用,一方面可以接受并处理下层节点处理后的数据;另一方面可以进行较高层次的关联分析、判断和结果输出,并向高层节点进行报告。中间节点减轻了中央控制台的负担,增强了系统的伸缩性。

最高层节点主要负责在整体上对各级节点进行管理和协调,此外,它还可根据环境的需求动态调整节点层次关系图,实现系统的动态配置。

网络中攻击与防护的对抗是一个长期复杂的过程。从长远的安全角度考虑,一个好的体系结构将提高整个安全系统的自适应性和进化能力。然而,目前由于通用标准的缺乏,入侵检测系统内部各部件缺乏有效的信息共享和协同机制,限制了攻击的检测能力,并且入侵检测系统之间也难以交换信息和协同工作,降低了检测效率。

14.2　入侵检测技术

入侵检测方法有多种,按照它们对数据进行分析的角度,可将它们分为两大类,即异常检测技术和误用检测技术。

14.2.1　异常检测技术

异常检测(anomaly detection)也称基于行为的检测,是指根据使用者的行为或资源使用情况来判断是否发生了入侵,而不依赖于具体入侵是否出现来检测。该技术首先假设网络攻击行为是不常见的或是异常的,区别于所有正常行为。如果能够为用户和系统的所有正常行为总结活动规律并建立行为模型,那么入侵检测系统可以将当前捕获到的网络行为与行为模型相对比,若入侵行为偏离了正常的行为轨迹,就可以被检测出来。例如,系统把用户早 6:00 点到晚 8:00 点登录公司服务器定义为正常行为,若发现有用户在晚 8:00 点到早 6:00 点(如凌晨 1:00 点)登录公司服务器,则把该行为标识为异常行为。异常检测试图用定量方式描述常规的或可接受的行为,从而区别非常规的、潜在的攻击行为。异常检测技术的原理如图 14.4 所示。

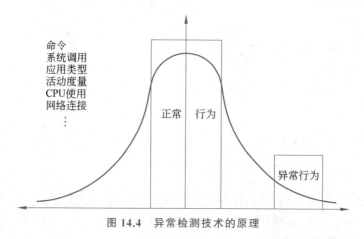

图 14.4　异常检测技术的原理

该技术的前提条件是入侵活动是异常活动的一个子集,理想的情况是:异常活动集与入侵活动集相等。但事实上,二者并不总是相等的,所以这也是支持异常检测和反对异常检测所经常争论的地方,如图 14.5 所示,所有行为共分为 4 种:入侵但非异常、非入侵但表现异常、正常行为、入侵行为。容易争论的地方是图 14.5 中两个圆形区域的交集究竟有多大,也就是说表面上正常,但实际是入侵活动的行为究竟多不多。

异常检测技术主要包括以下 3 种方法。

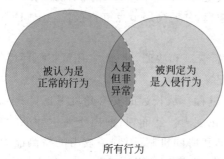

图 14.5　异常行为与入侵活动

1. 用户行为概率统计模型

这种方法是产品化的入侵检测系统中常用的方法,它是基于对用户历史行为建模以及在早期的证据或模型的基础上,审计被检测用户对系统的使用情况,然后根据系统内部保存的用户行为概率统计模型进行检测,并将那些与正常活动之间存在较大统计偏差的活动标识为异常活动。它能够学习主体的日常行为,根据每个用户以前的历史行为,生成每个用户的历史行为记录库,当用户行为与历史行为习惯不一致时,就会被视为异常。

在统计方法中,需要解决以下 4 个问题。

(1) 选取有效的统计数据测量点,生成能够反映主体特征的会话向量。

(2) 根据主体活动产生的审计记录,不断更新当前主体活动的会话向量。

(3) 采用统计方法分析数据,判断当前活动是否符合主体的历史行为特征。

(4) 随着时间变化,学习主体的行为特征,更新历史记录。

2. 预测模型

它基于这样的假设:审计事件的序列不是随机的,而是符合可识别模式的。与纯粹的统计方法相比,它增加了对事件顺序与相互关系的分析,从而能检测出统计方法所不能检测的异常事件。这一方法首先根据已有的事件集合按时间顺序归纳出一系列规则,在归纳过程中,随着新事件的加入,它可以不断改变规则集合,最终得到的规则能够准确地预测下一步要发生的事件。

3. 神经网络

通过训练神经网络,使之能够在给定前 n 个动作或命令的前提下预测出用户下一动作或命令。神经网络经过用户常用的命令集的训练,一段时间后,便可根据网络中已存在的用户特征文件,来匹配真实的命令。任何不匹配的预测事件或命令,都将被视为异常行为而被检测出来。该方法的好处是:能够很好地处理噪声数据,并不依赖于对所处理的数据统计假设,不用考虑如何选择特征向量的问题,容易适应新的用户群。缺点是:命令窗口的选择不当容易造成误报和漏报;神经网络的结构不易确定;入侵者能够训练该网络来适应入侵。

异常检测的优点是与系统相对无关,通用性较强。它甚至有可能检测出以前未出现过的攻击方法,不像误用检测那样受已有的入侵方法的限制。

异常检测的缺点有是:首先,它不可能对整个系统内所有用户行为进行全面描述,况且每个用户的行为是经常改变的,所以它的误报率很高。其次,入侵者如果知道入侵检测系统正在运行,他们能慢慢地训练检测系统,以致于最初认为是异常的行为,经一段时间训练后也认为是正常的了。

14.2.2　误用检测技术

误用检测(misuse detection)也称基于知识的检测,它是指运用已知攻击方法,根据已定义好的入侵模式,通过判断这些入侵模式是否出现来检测。它通过分析入侵过程的特征、条件、排列以及事件间的关系来描述入侵行为的迹象。误用检测技术首先要定义违背安全策略事件的特征,判别所搜集到的数据特征是否在所搜集到的入侵模式库中出现。这种方法与大部分杀毒软件采用的特征码匹配原理类似,其原理如图 14.6 所示。

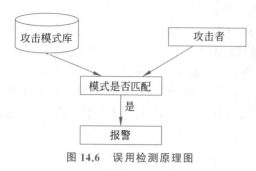

图 14.6　误用检测原理图

该技术的前提是假设所有的网络攻击行为和方法都具有一定的模式或特征,如果把以往发现的所有网络攻击的特征总结出来并建立一个入侵信息库,那么将当前捕获到的网络行为特征与入侵信息库中的特征信息相比较,如果匹配,当前行为就被认定为入侵行为。

该技术主要包括以下方法。

1. 专家系统

用专家系统对入侵进行检测,经常是针对有特征的入侵行为。该技术根据安全专家对可疑行为的分析经验来形成一套推理规则,然后在此基础上建立相应的专家系统,由此专家系统自动对入侵行为进行分析。所谓的规则,即知识,专家系统的建立依赖于知识库的完备性,知识库的完备性又取决于审计记录的完备性与实时性。因此,该方法应当能够随着经验的积累而利用其自学能力进行规则的扩充和修正。

2. 模型推理

入侵者在攻击一个系统时往往采用一定的行为序列,如猜测口令的行为序列。这种行为序列构成了具有一定行为特征的模型。该技术根据入侵者在进行入侵时所执行的某些行为序列的特征,建立一种入侵行为模型,并根据这种模型所代表的入侵意图的行为特征,来判断用户执行的操作是否属于入侵行为。该方法也是建立在对当前入侵行为已知的基础上,对未知的入侵方法所执行的行为程序的模型识别需要进一步地学习和扩展。与专家系统通常放弃处理那些不确定的中间结论的缺点相比,这一方法的优点在于它基于完善的不确定性推理的数学理论。

3. 状态转换分析

状态转换法将入侵过程看作一个行为序列,这个行为序列导致系统从初始状态转入被入侵状态。该方法首先针对每一种入侵方法确定系统的初始状态和被入侵状态,以及导致状态转换的条件,即导致系统进入被入侵状态必须执行的操作(特征事件)。然后用状态转换图来表示每一个状态和特征事件。当分析审计事件时,若根据对应的条件布尔表达式系统从安全状态转移到不安全的状态,则把该事件标记为入侵事件。系统通过对事件序列进行分析来判断入侵是否发生。

误用检测的优点是它依据具体特征库进行判断,所以检测准确度很高,并且因为能具体识别出是哪种入侵,为系统管理员做出相应措施提供了方便。

误用检测的缺点是它只能发现已知的攻击,对未知的攻击无能为力。太依赖具体系统,不但系统移植性不好,维护工作量大,而且将具体入侵手段抽象成特征也很困难。尤其是难以检测出内部人员的入侵行为,因为这些入侵行为可能并没有利用系统脆弱性。

14.2.3 其他入侵检测技术

近年来,随着网络及其安全技术的飞速发展,一些新的入侵检测技术相继出现,主要如下。

1. 软计算方法

软计算方法包含神经网络、遗传算法与模糊技术。运用神经网络进行入侵检测有助于解决具有非线性特征的攻击活动,而用于入侵检测的神经网络运用模糊技术确定神经网络权重,可加快神经网络的训练速度,提高神经网络的容错和外拓能力。神经网络方法的运用是提高检测系统的准确性和效率的重要手段。近年来,还有人运用遗传算法、遗传编程及模糊理论进行入侵检测。然而,这些方法还不成熟,目前还没有出现较为完善的产品。

2. 计算机免疫学

计算机免疫学是一个较新的领域,最初由美国新墨西哥大学的 Forrest 等提出。该项技术建立网络服务正常操作的行为模型,它首先收集一些参考审计记录构成一个参考表,表明正确的行为模式,并实时检测进程系统的调用序列是否符合正常模式。如果参考表足够详尽,则误报率将很低。但不足的是它不能对付利用配置错误进行的攻击,以及攻击者以合法操作进行的非授权访问等。

3. 数据挖掘

1998 年当时还在哥伦比亚大学读博士的 Wenke Lee 将数据挖掘技术用于入侵检测。该技术可以自动地通过数据挖掘程序处理收集到的审计数据,为各种入侵行为和正常操作建立精确的行为模式,而不需要人工分析和编码入侵行为,且系统适应性好,即相同的算法可用于多种证据数据。其关键在于算法的选取和建立一个正确的体系结构。据评估,运用了这种技术的 IDS 在性能上优于基于"知识"的 IDS。

4. 智能代理

代理具有如智能性、平台无关性、分布的灵活性、低网络数据流量和多代理合作等特性,特别适合做分布式大规模信息收集和动态处理。在 IDS 的信息采集和处理中采用代理,既能充分发挥代理的特长,又能大大提高入侵检测系统的性能和整体功能。这方面的研究包括 Purdue 大学的 AAFID(Autonomous Agents for Intrusion Detection)、SRI International 公司的 EMERALD、日本 IPA(信息技术促进机构)的 IDA。

当然,以上入侵检测技术单独使用并不一定能保证准确地检测出变化多端的入侵行为。在网络安全防护中应该充分权衡各种方法的利弊,综合运用这些方法,这样才能更为有效地检测出入侵者的非法行为。

14.3　开源入侵检测系统

本节介绍 3 种开源入侵检测系统,这 3 种系统都是基于误用检测技术的网络入侵检测系统,这些系统可以通过添加插件或编写脚本的方式扩展检测模式,例如加入异常检测插件,添加图形管理界面等。这些开源入侵检测系统可以让初学者直接去使用、体验、研究、扩展入侵检测系统,相关学习资料也比较多,是很好的学习工具。

1. Snort

Snort 是一个用 C 语言编写的符合通用公共许可证 GPL 规范的开放源码软件,是一个功能强大、跨平台、轻量级的网络入侵检测工具。所谓的轻量级是指它在检测时尽可能低地影响网络的正常操作,且没有复杂的事件后处理功能和高级的用户图形界面。它具备跨系统平台操作,对系统影响最小等特征,并且能够让管理员在短时间内通过修改配置实现实时的安全响应。Snort 具有以下特征:可以在大多数网络节点(主机、服务器和路由器)轻松地部署;使用少量的内存和处理器时间就可以进行高效操作;系统管理员可以很容易地进行配置,能在短时间内实现特定的安全解决方案。

Snort 有如下优点。

(1)可以运行在多种操作系统平台上,例如 Linux 和 Windows(需要 Npcap 的支持),与很多商业产品相比,它对操作系统的依赖性比较低。

(2)用户可以根据自己的需要及时在短时间内调整检测策略。

(3)Snort 有数十类上千条检测规则,其中包括缓冲区溢出、拒绝服务攻击、端口扫描、越权访问等。

(4)Snort 集成了多种告警机制来提供实时报警功能。

(5)Snort 的现实意义在于作为开源软件填补了只有商业 IDS 的空白,可以帮助中小网络的系统管理员有效地监视网络流量和检测入侵行为。

Snort 实际上是一个 NIDS,其工作原理为在基于共享网络上检测原始的网络传输数据,通过分析捕获的数据包使用的各层协议,匹配入侵行为的特征或者从网络活动的角度检测异常行为,进而采取入侵的预警或记录。

Snort 是一种基于误用检测的入侵检测工具,即针对每一种入侵行为,都提取出它的特征值并按照一定的语法写成检测规则,从而形成一个入侵特征库。然后将捕获到的数据包与库里的特征逐一匹配,若匹配成功,则判断该行为是入侵。

Snort 的结构主要分为 3 部分:数据包捕获和解析子系统、事件检测引擎、日志和报警子系统。Snort 有 3 种工作模式:嗅探器、数据包记录器、网络入侵检测系统。嗅探器模式仅仅是从网络上读取数据包并作为连续不断地显示在终端上。数据包记录器模式把数据包记录到硬盘上。网络入侵检测模式是最复杂的,而且是可配置和定制扩展的。

我们可以让 Snort 分析网络数据流以匹配用户定义的一些规则，并根据检测结果采取一定的动作。

Snort 通过在网络 TCP/IP 的数据链路层进行抓取网络数据包，再根据所定义的规则进行响应及处理。Snort 通过对获取的数据包，进行各规则的分析后，根据规则链，可采取 Activation（报警并启动另外一个动态规则链）、Dynamic（由其他的规则包调用）、Alert（报警）、Pass（忽略）、Log（不报警但记录网络流量）5 种响应的机制。

Snort 的检测规则表达十分简单和灵活，可以迅速地对新的入侵行为做出反应，可以在安全漏洞公布几个小时的时间内就有相应的 Snort 规则发布出来，用以迅速填补网络中潜在的安全漏洞。网络安全管理员也可以根据自己的网络情况，编写自己的检测规则，具有很好的扩展性。下面是一条 Snort 的规则：

```
alert tcp $ HOME_NET 2589 -> $ EXTERNAL_NET any ( msg:"MALWARE-BACKDOOR -
Dagger_1.4.0"; flow:to_client,established; content:"2|00 00 00 06 00 00 00|
Drives|24 00|",depth 16; metadata:ruleset community; classtype:misc-activity;
sid:105; rev:14; )
```

alert 表示采取的动作是报警；tcp $ HOME_NET 2589 -> $ EXTERNAL_NET any 代表网络五元组，tcp 表示针对 TCP 协议，$ HOME_NET 和 $ EXTERNAL_NET 是在配置文件里面定义好的变量，分别代表内网地址和外网地址，2589 是源端口，any 是目的端口，any 表示任意值；flow 表示网络流，这里表示是流向客户端且完成三次握手建立连接的网络流；content 指数据包内容，是这个检测规则的最核心内容，如果数据包里面包含"2|00 00 00 06 00 00 00|Drives|24 00|"，就会通过 msg 报告这是"MALWARE-BACKDOOR -Dagger_1.4.0"后门恶意代码。depth 告诉 Snort 对数据包载荷的检查深度，这里表示检查数据包载荷的前 16 字节。metadata 是元数据，这里表示是社区规则库，classtype 表示规则类型，misc-activity 表示杂项活动，sid 和 rev 分别表示索引 id 和版本。

图 14.7 显示 Snort 官方网站的截图，通过网址 https://www.snort.org，可以下载软件和免费的规则库，有一部分规则库是收费的，收费规则库可以提供更好的检测效果。

Snort Inline 是 Snort 的改进版，它增强了 Snort 作为入侵防御系统（Intrusion Prevention System）的功能。Snort Inline 中加入了 3 种新的规则来提供入侵防御功能。

（1）简单丢弃：Snort 拒绝一个数据包，但是并不记录它。

（2）丢弃：Snort 依据定义的规则拒绝数据包，并将结果记录下来。

（3）拒绝：Snort 拒绝一个数据包并且记录结果，另外还返回一个错误信息。如果是 TCP 包，返回一个 TCP RST 消息；如果是 UDP 包，会返回一个 ICMP 端口不可达消息。

Snort Inline 包含一个选项，允许 Snort Inline 的用户修改数据包而不是丢弃它们。这个特点有助于实现蜜罐系统。蜜罐系统是通过修改数据包的内容使攻击失败，而不是阻止检测到的攻击。攻击者可以发觉失败但是不知道失败的原因。

图 14.7　Snort 的官方网站

2. Suricata

Suricata 是 Snort 之后新出现的一个开源网络入侵检测系统，Suricata 的诞生来自 Snort 阵营的分裂和美国政府的担忧。Snort 虽然是一个开源 IDS，但其发布者成立了商业公司，希望通过 Snort 系统或者规则来进行盈利，并最终通过规则库的发表来影响 Snort 的用户，这也导致了 BleedingSnort 作为一个分裂阵营的产生。另一方面美国国防部也希望有一个政府能够控制的入侵检测系统以保证美国在相应技术上的领先，最终 BleedingSnort 阵营得到了政府资助的机会开始开发 Suricata 作为 Snort 的竞争者。

Suricata 引擎和 Snort 类似，也是基于误用检测技术的网络入侵检测系统，它在 Snort 的基础上，除了可以进行入侵检测（IDS），还加强了入侵预防（IPS）、网络安全监控（NSM）和离线 pcap 处理的功能。Suricata 使用和 Snort 类似的检测规则，同时支持 LUA 脚本语言，具有强大的扩展性。入侵检测系统中最耗时的是规则中字符串的匹配过程，Suricata 采用了多种方法来提高匹配效率，例如 Suricata 采用了高性能的正则表达式匹配库 Hyperscan，这是 Intel 公司开发的专为网络报文内容匹配设计的正则表达式匹配库，提供了块模式（block mode）和流模式（streaming mode）两种模式。其中块模式为常见的正则匹配引擎使用模式，即对一段完整数据进行特征匹配，匹配结束即返回结果。流模式是 Hyperscan 为网络场景下跨报文匹配设计的特殊匹配模式，即被匹配数据是会分散在多报文中的。若有数据在尚未到达的报文中时，传统块模式将失效，而在流模式下会保存当前数据匹配的状态，并以其作为接收到新数据时的初始匹配状态。这样不论数据分散在多少个报文中，Hyperscan 都可以成功匹配。

Suricata 的输出文件支持现在更流行的 YAML 或 JSON 格式，方便与其他数据库或安全数据分析平台集成。Suricata 的输出内容也要比 Snort 丰富，除了传统的警报文件

（fast.log），还提供连接信息（eve.jason）和一些应用协议，如 HTTP（http.log）的协议日志以及证书文件信息（cert）。

图 14.8 显示 Suricata 官方网站的截图，通过网址 https://suricata.io，可以免费下载 Suricata 软件。

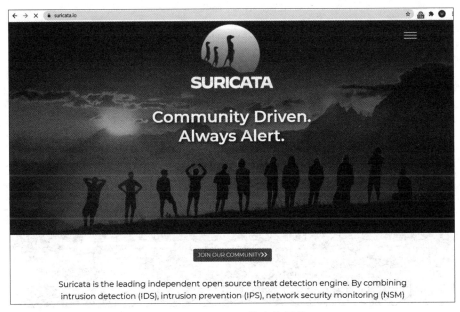

图 14.8　Suricata 的官方网站

3. Zeek（Bro）

Zeek 的前身称为 Bro，是由美国加州大学伯克利分校的 Vern Paxson 教授从 1996 年开始研制的一个面向应用层协议的开源网络入侵检测系统，2018 年 Vern Paxson 和该项目的领导团队将 Bro 更名为 Zeek，以庆祝其扩张和持续发展。与一般的网络 IDS 相比，Zeek 还支持在基本安全功能之外的各种流量分析任务，包括性能测量和故障排除支持。现在很多基于机器学习的入侵检测方法，也会利用 Zeek 做前期的数据预处理，进行数据的初步统计和分析。

按照 Zeek 团队的说法，Zeek 的定位并不是主动安全设备，不同于现有的防火墙或入侵防御系统；相反，Zeek 可以被看作是一个"传感器"，它可以是一个硬件、软件、虚拟或云平台，可以安静地、不引人注目地观察网络流量。Zeek 解释其所见并创建紧凑、高保真事务日志、文件内容和完全自定义的输出，是一种对分析人员更友好的分析工具，后期分析人员可以在安全和信息事件管理系统（SIEM）进行手动审查。Zeek 并不是要告诉安全管理员什么是坏的流量，而是告诉管理员目前网络上正在发生什么。

Zeek 的最基本任务是进行应用层协议解析，它提供多种协议类型的日志文件，存储经过协议解析后的协议语义数据来记录网络的活动。这些日志不仅包括在线上看到的每个连接（Connection）的记录，还包括了应用层数据，例如 HTTP 日志包含所有 HTTP 会话及其请求的 URI，MIME 类型和服务器响应；DNS 协议日志包含 DNS 请求及其回复；SSL 协议日志记录、SSL 证书的各个字段；SMTP 日志记录邮件发送会话的关键内容等。

图 14.9 显示 Zeek 官方网站的截图，通过网址 https://zeek.org，可以免费下载 Zeek 软件。

图 14.9　Zeek 的官方网站

14.4　IDS 的标准化

标准化的工作对于一项技术的发展至关重要。在某一个技术领域，如果没有相应的标准，那么该领域的发展将会是无序的。令人遗憾的是，尽管 IDS 经历了 30 多年的发展，近几年又成为网络与信息安全领域的一个研究热点，但到目前为止，没有一个相关的国际标准出现，国内也没有 IDS 方面的标准。因此，IDS 的标准化工作应引起业界的广泛重视。

14.4.1　IDS 标准化进展现状

入侵检测系统的市场发展较快，但是由于缺乏相应的通用标准，不同系统之间缺乏互操作性和互用性，大大阻碍了入侵检测系统的发展。为了解决不同 IDS 之间的互操作和共存问题，1997 年 3 月，美国国防部高级研究计划局（DARPA）开始着手公共入侵检测框架（Common Intrusion Detection Framework，CIDF）标准的制定，试图提供一个允许入侵检测、分析和响应系统、部件共享信息的基础结构。加州大学 Davis 分校的安全实验室完成了 CIDF 标准，Internet 工程任务组（Internet Engineering Task Force，IETF）成立了入侵检测工作组（Intrusion Detection Working Group，IDWG）负责建立入侵检测数据交换格式（Intrusion Detection Exchange Format，IDEF）标准，并提供支持该标准的工具,以便更高效率地开发 IDS 系统。

该框架的主要目的是：IDS 构件共享,即一个 IDS 的构件可以被另一个 IDS 构件用;数据共享,即通过提供标准的数据格式,使得 IDS 中的各类数据可以在不同系统之间传递并共享;完善互用性标准并建立一套开发接口和支持工具,以提供独立开发部分构件的能力。

14.4.2 入侵检测工作组

为了有效地开发入侵检测系统,IETF 的 IDWG 专门负责定义入侵检测系统组件之间,以及不同厂商的入侵检测系统之间的通信格式。但目前只有相关的草案(Draft),还未形成正式的 RFC 文档。IDWG 文档如下。

(1) 入侵警报协议(Intrusion Alarm Protocol,IAP)：该协议是用于交换入侵警报信息,是位于 TCP 之上的应用层协议,也是最早设计的入侵检测系统通信协议。

(2) 入侵检测交换协议(Intrusion Detection Exchange Protocol,IDXP)：该应用层协议是在入侵检测实体间交换数据,提供入侵检测报文交换格式(Intrusion Detection Message Exchange Format,IDMEF),实现无结构的文本、二进制数据的交换。

14.4.3 公共入侵检测框架

为了解决不同入侵检测系统之间的互操作性和共存性,DARPA 和加州大学 Davis 分校的安全实验室在 1998 年提出了公共入侵检测框架 CIDF 标准,其目的是为入侵检测系统定义一个通用的基础框架,使得不同部件(包括数据收集、分析和响应)能够共享信息。此外,还定义了通用入侵规范语言(Common Intrusion Specification Language,CISL),用于规范入侵的描述。

CIDF 阐述的是一个入侵检测系统的通用模型。按功能,它把一个入侵检测系统分为 4 个组件,如图 14.10 所示。

(1) 事件产生器(event generators)：从整个计算环境中获得事件,并向系统的其他部分提供此事件。

(2) 事件分析器(event analyzers)：分析得到的数据,并产生分析结果。

(3) 响应单元(response units)：对分析结果做出反应的功能单元,它可以做出切断连接、改变文件属性等强烈反应,也可以只是简单的报警。

(4) 事件数据库(event databases)：是存储各种中间和最终数据地方的统称,它可以是复杂的数据库,也可以是简单的文本文件。

CIDF 将 IDS 需要分析的数据统称为

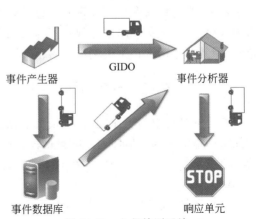

图 14.10 入侵检测系统

事件，事件可以是网络中的数据包，也可以是从系统日志等其他途径得到的信息。在这个模型中，前三者以程序的形式出现，而最后一个则往往是文件或数据流的形式。以上4类组件以通用入侵检测对象（Generalized Intrusion Detection Object，GIDO）的形式交换数据，而GIDO通过一种用CISL定义的标准通用格式来表示。

14.5　入侵检测的发展

入侵检测技术发展至今虽然取得了很大进步，但仍不能够成熟和完善，还有很大的研究、发展空间，而现存的问题很可能是今后入侵检测技术的主要研究方向。目前存在的问题如下。

（1）误警误报率高。入侵检测系统可能出现的错误类型有两种：误警和漏报。误警是指入侵检测系统将一个合法的行为判断为一个异常或入侵行为；漏报是指当一个真正的入侵活动出现时，IDS把它当成一个合法的活动允许它通过。误警太多会降低入侵检测的效率，而且会增加安全管理员的负担，因为安全管理员必须调查每一个被报警的事件。然而降低误警的调节方案可能会增加漏报，因为表面上看起来是误警的几个异常行为，综合起来可能就是一个真正的入侵行为。漏报会给人造成安全的错觉，其实系统可能正遭受严重的入侵。

（2）检测速度慢。目前大多数IDS产品的检测速度比较慢，不适应检测高于1Gb/s速度的网络。入侵检测系统通常需要对数据包进行深度检测，但是深度检测对于高速网络上海量数据来说代价太大，目前在小型局域网中还可以使用千兆网卡对数据进行捕获分析，但对于大型网络或骨干网络，是难以用入侵检测系统对所有可疑数据包进行深度检测。因此，为了适应不断快速增长的网络速度，应用于网络入侵实时检测上的算法必须足够快，至少应能匹配目前一般的网络速度，从而提高检测率、降低漏报率。

（3）扩充性弱。从实用的角度看，检测算法应当易于扩充，使得新的攻击方法出现时，能够方便迅速地更新检测手段，从而检测到新的或未知形式的攻击。目前，入侵检测系统在检测算法的扩充性上还有待研究。

（4）无法破解加密的入侵命令。现在有多种恶意软件和入侵工具使用加密技术传送入侵命令，当这些命令使用加密技术进行处理后，基于网络的入侵检测系统无法判断其是否为入侵行为，无法使用已有规则库与其匹配。解决这类问题，主要依赖于在主机端对其监控，因其命令通常在主机端进行解密，基于主机的入侵检测系统有机会发现可疑行为。

14.5.1　入侵检测技术的发展方向

随着网络技术的飞速发展，入侵技术也在日新月异地发展。交换技术的发展以及通过加密信道的数据通信使通过共享网段侦听的网络数据采集方法显得有些不足，而巨大的通信量对数据分析也提出了新的要求。总的来看，入侵检测技术的发展方向主要有以下6个。

（1）分布式通用入侵检测架构：传统的IDS局限于单一的主机或网络架构，对异构系统及大规模的网络检测明显不足，并且不同的IDS系统之间不能协同工作。因此，有必要发展分布式通用入侵检测架构。

（2）应用层入侵检测：许多入侵检测的语义只有在应用层才能理解，而目前的 IDS 仅能检测如 Web 类的通用协议，而不能处理如数据库系统等其他应用系统。

（3）智能入侵检测：入侵方法越来越多样化与综合化，尽管已经有人工智能、神经网络与遗传算法应用于入侵检测领域，但这只是一些尝试性的研究工作，仍需对智能化的 IDS 进一步的研究以解决其自学习与自适应能力的问题。

（4）入侵检测系统的自身保护：一旦入侵检测系统被入侵者控制，整个系统的安全将面临崩溃的危险。因此，如何防止入侵者对入侵检测系统功能的削弱乃至破坏的研究将在很长时间内持续下去。

（5）入侵检测评测方法：用户需对众多的 IDS 进行评价，评价指标包括 IDS 检测范围、系统资源占用和 IDS 自身的可靠性。设计通用的入侵检测测试与评估的方法与平台，实现对多种 IDS 系统的检测已成为当前 IDS 的另一个重要研究与发展领域。

（6）与其他网络安全技术相结合：如结合防火墙、安全感知等新的网络安全技术，提供完整的网络安全保障。

目前，国外一些研究机构已经开发出应用于不同操作系统的几种典型的入侵检测系统，它们通常采用静态的异常模型和基于规则的误用模型来检测入侵。早期的 IDS 模型设计用来监控单一服务器，主要是基于主机的入侵检测系统；然而近期的更多模型则集中用于监控通过网络互连的多服务器，是基于网络的入侵检测系统。对于入侵检测的研究，从早期的审计跟踪数据分析，到实时入侵检测系统，到目前应用于大型网络的分布式系统，基本上已发展成具有一定规模和相应理论的研究领域。

入侵检测系统作为现阶段网络安全技术中研究与开发的热点，它正朝着高性能、高可靠性、实时、高智能的方向发展。分布式协同处理、多代理、实时的入侵检测系统集中体现了入侵检测系统的发展趋势。随着计算机网络技术的飞速发展，新的攻击手段也层出不穷。现有入侵检测系统只有不断更新和改进，才能适应瞬息万变的网络环境的需求。尽管现在入侵检测系统在技术上仍有许多未克服的问题，但正如攻击技术是不断发展一样，入侵检测技术也会不断地更新、成熟。当然，网络安全需要纵深的、多样的防护，即使拥有当前最强大的入侵检测系统，如果不及时修补网络中的安全漏洞，那么安全也将无从谈起。

14.5.2 从 IDS 到 IPS 和 IMS

随着技术的不断完善和更新，IDS 正呈现出新的发展态势，IPS（Intrusion Prevention System，入侵防御系统）和 IMS（Intrusion Management System，入侵管理系统）就是在 IDS 的基础上发展起来的新技术。

总的来说，网络入侵检测技术发展到现在大致经历了以下 3 个阶段。

第一阶段：入侵检测系统。IDS 能够帮助网络系统快速发现网络攻击的发生，扩展了系统管理员的安全管理能力（包括安全审计、监视、进攻识别和响应），提高了信息安全基础结构的完整性。它能在不影响网络性能的情况下对网络进行监听，从而提供对内部攻击、外部攻击和误操作的实时保护。但是 IDS 只能被动地检测攻击，而不能主动地把变化莫测的威胁阻止在网络之外。

第二阶段：入侵防御系统(IPS)。IPS 近年来得到了较大的发展,多个安全公司推出了 IPS 系统,该技术综合了防火墙、IDS、漏洞扫描与评估等安全技术,可以主动、积极地防范、阻止系统入侵,它部署在网络的进出口处,当它检测到攻击企图后,会自动地将攻击包丢掉或采取措施将攻击源阻断,这样攻击包将无法到达目标,从而可以从根本上避免攻击。

IPS 是针对 IDS 的不足而提出的,因此从概念上就优于 IDS。IPS 相对于 IDS 的进步具体如下。

(1) 在 IDS 阻断功能的基础上增加了必要的防御功能,以减轻检测系统的压力。

(2) 增加了更多的管理功能,如处理大量信息和可疑事件,确认攻击行为,组织防御措施等。

(3) 在 IDS 监测的功能上增加了主动响应的功能,一旦发现有攻击行为,立即响应,主动切断连接。

(4) IPS 以串联的方式取代 IDS 的并联方式接入网络中,通过直接嵌入网络流量中提供主动防护,预先对入侵活动和攻击性网络流量进行拦截。

虽然 IPS 的优势明显,但是它与 IDS 一样,需要解决网络性能、安全精度和安全效率问题。首先,IPS 系统需要考虑性能,即需要考虑发现入侵和做出响应的时间。IPS 设备以在线方式直接部署在网络中,无疑会给网络增加负荷,给数据传输带来延时。为避免成为性能瓶颈,IPS 系统必须具有限速处理数据的能力,能够提供与二层或者三层交换机相同的速度,而这一点取决于 IPS 的软件和硬件加速装置。除了网络性能之外,IPS 还需要考虑安全性,尽可能多地过滤掉恶意攻击,这就同样面临误警和漏报问题。在提高准确性方面,面临的压力更大。一旦 IPS 做出错误判断,IPS 就会放过真正的攻击而阻断合法的事务处理,从而变相地形成拒绝服务攻击,造成一定的损失。另外 IPS 还存在一些其他弊端：比较适合阻止大范围的、针对性不是很强的攻击,但对单独目标的攻击阻截有可能失效,自动预防系统也无法阻止专门的恶意攻击者的操作；还不具备足够智能以识别所有对数据库应用的攻击。

第三阶段：入侵管理系统(IMS)。IMS 技术实际上包含 IDS、IPS 的功能,并通过一个统一的平台进行统一管理,从系统的层次来防范入侵行为。网络安全不是目标而是过程,而其本质是风险管理。IMS 概念的提出与相应的产品与服务出现,可以帮助用户建立一个动态的纵深防御体系,把握整体网络安全全局。

IMS 技术是一个过程,在行为未发生前要考虑网络中有什么漏洞,判断有可能会形成什么攻击行为和面临的入侵危险；在行为发生时或即将发生时,不仅要检测出入侵行为,还要主动阻断,终止入侵行为；在入侵行为发生后,还要深层次分析入侵行为,通过关联分析,来判断是否还会出现下一个攻击行为。IMS 具有大规模部署、入侵预警、精确定位以及监管结合四大典型特征,这些特征本身具有一个明确的层次关系。

(1) 大规模部署是实施入侵管理的基础条件,一个有组织的完整系统通过规模部署的作用,要远远大于单点系统简单的叠加,IMS 对于网络安全监控有着同样的效用,可以实现从宏观的安全趋势分析到微观的事件控制。

（2）入侵预警。检测和预警的最终目标就是一个"快"字，要和攻击者比速度。只有减小这个时间差，才能使损失降低到最小。要实现这个"快"字，入侵预警必须具有全面的检测途径，并以先进的检测技术来实现高准确度和高性能。入侵预警是 IMS 进行规模部署的直接作用，也是升华 IMS 的一个非常重要的功能。

（3）精确定位。入侵预警之后就需要进行精确定位，这是从发现问题到解决问题的必然途径。精确定位的可视化可以帮助管理人员及时定位问题区域，良好的定位还可以通过接口和其他安全设备进行合作抑制攻击的继续。IMS 要求做到对外定位到边界，对内定位到设备。

（4）监管结合。监管结合就是把检测提升到管理，形成自我改善的全面保障体系。监管结合最重要的是落实到对资产安全的管理，通过 IMS 可以实现对资产风险的评估和管理。监管结合要通过人来实现，但并不意味着大量的人力投入，IMS 具备良好的集中管理手段来保证人员的高效，同时具备全面的知识库和培训服务，能够有效提高管理人员的知识和经验，保证应急体系的高效执行。

网络安全防护技术发展到 IMS 阶段，已经不再局限于某类简单的产品了，它是一个网络整体动态防御的体系，对于入侵行为的管理体现在检测、防御、协调、管理等各方面；通过技术整合，可以实现"可视＋可控＋可管"，形成综合的入侵管理系统。

从 IPS 到 IMS，增加了管理的概念，这也正是网络安全的发展方向。在这个网络安全问题越来越严重的时代，网络安全需要多层次、多系统的管理，网络安全的目标是保护核心资产完整性，将可能发生的损失减到最小，投资回报率最大化，确保业务的连续运行。现在所说的安全已经不是单独一个产品所能解决的问题，需要多种安全工具的协同合作，IMS 概念的提出与相应产品及服务的出现，可以帮助用户建立一个动态的纵深防御体系，从整体上把握网络安全。

14.6　网络诱骗系统

网络诱骗系统，通常又称为"蜜罐"（Honeypot），是一种主动防御技术，专门为吸引并诱骗那些试图非法闯入他人计算机系统的人设计的。蜜罐能对攻击者的刺探活动给予"诱骗"反应，使其相信被攻击的系统是一个破绽百出的系统，从而主动对攻击者造成一定的威胁和损害，网络防御者就可以掌握安全的控制权。因此，它目前已成为网络安全研究热点。网络诱骗系统可消耗攻击者拥有的资源、增加攻击者的工作量、迷惑攻击者以延缓对真正目标的攻击，甚至可以掌握攻击者的行为、跟踪攻击者，并有效制止攻击者的破坏行为，形成威慑攻击者的力量。

蜜罐的目的就是用被攻击系统特有的特征吸引攻击者，同时对攻击者的各种攻击行为进行分析，并找到有效的对付方法。网络安全专家通常还在蜜罐上通过开启一些通常被黑客窥探的危险端口服务，完全模拟一个有漏洞系统，并故意留下一些安全后门来吸引攻击者上钩，或者放置一些网络攻击者希望得到的敏感信息（其实都是虚假的）。当攻击者正为攻入目标系统而沾沾自喜时，他的所有行为都已经被蜜罐所记录和跟踪。

蜜罐最早的一个应用是 AT&T 贝尔实验室 Bill Cheswwick 教授设计的一个蜜罐系

统,1991 年 1 月 7 日,一个入侵者进入该系统后以为发现了一个 Sendmail Debug 漏洞,想借此获取 password 文件,结果误入 Bill Cheswwick 等设计的"诱饵"机的一个虚拟文件系统。该设计小组监视了入侵者获取最高访问权限并删除所有文件的全过程,并发现入侵者攻击源头看似在 Stanford 大学,但实际身处 Netherlands 的事实。

网络诱骗系统具有如下一些特点。

（1）蜜罐通过模拟一个或多个易受攻击的主机,给攻击者提供一个容易攻击的目标。由于它并没有向外界提供真正有价值的服务,因此系统的合法用户无法访问,所有试图与其进行连接的行为均是可疑的。任何与 Honeypot 通信的尝试都可能是一个探测、扫描或攻击。

（2）蜜罐是试图将攻击者从关键系统引诱开的诱骗系统,对关键系统是一种保护。而且蜜罐主机的防范不严密,看上去就像一台真实的服务器,非常容易吸引黑客来攻击。因为任何针对 Honeypot 的攻击在攻击者看来都是成功的,所以管理员有时间来记录并跟踪攻击者而不会暴露关键系统。

（3）蜜罐是一种资源,它的价值是被攻击或攻陷。这就意味着,蜜罐是用来被探测、被攻击和最后被攻陷的。攻击者在蜜罐系统中的时间越长,所使用的技术就会暴露越多,这样蜜罐就可以利用捕获的黑客攻击手段来发现新型攻击或新型攻击工具。

（4）蜜罐不会直接提高计算机网络安全,也不能代替其他的网络防御系统,但它却是其他安全策略所不可替代的一种主动防御技术,可以和其他安全机制结合使用。目前网络诱骗系统已成为一种非常有效而实用的网络防御方法。

一个典型的蜜罐配置如图 14.11 所示,在具体实施网络诱骗系统时要注意如下 6 点。

（1）应该将它与任何真实系统相隔离,并尽量将蜜罐放置在离 Internet 最近的位置,所以一般可将它放置在屏蔽子网防火墙的 DMZ 上。

（2）蜜罐与提供 Web、DNS 网络服务的作为代理服务器的堡垒主机不同,它不对外公开自己的 IP 地址和提供网络服务的端口号,因此对蜜罐主机的所有访问都有可能是攻击。

（3）因为蜜罐所捕获数据的针对性强,所以这种网络诱骗系统可以在一定程度上克服入侵检测系统的一个不足:误报率高。此外,蜜罐还可以捕捉到会被入侵检测系统漏报的新的网络攻击方式。

（4）可以将多种网络防御系统相互结合以防范网络攻击,如对于被防火墙拦截或过滤掉的访问请求,都可以将其自动路由转发到蜜罐主机,因为这种访问请求是攻击包的可能性比较大。让该请求的发送者在不知情的情况下直接去访问蜜罐,从而将他的攻击行为和攻击技术记录下来。

（5）蜜罐还能为入侵取证提供重要信息和有用线索,但要注意的是蜜罐的日志记录系统应在物理上独立于蜜罐本身。

（6）不应该限制访问蜜罐的数据包的类型,这就使得它看起来更真实。但从保证内网安全的角度分析,防火墙应该阻止蜜罐与内网中其他系统自由通信,而允许它与 Internet 上的主机自由通信,如对外发出自己的连接,就可以极大地迷惑入侵者,使它认为蜜罐就是一个真实的系统。当然,为了进一步防止蜜罐有可能成为分布式拒绝服务攻击中用于攻击内部网络和外部网络的跳板,应该限制蜜罐主机对一台主机同时发起的连

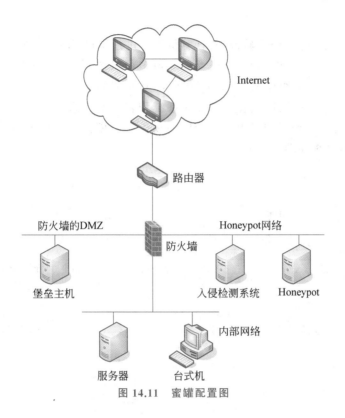

图 14.11 蜜罐配置图

接数。

蜜罐技术的一个发展是使用蜂蜜文件,它用真实且诱人的名字和可能的内容来模拟合法的文件。这个文件不可能被系统的合法用户访问,却成了引诱入侵者探测系统的诱饵。针对它们的任何访问都被认为是可疑的。如何适当生成、配置和监测蜂蜜文件是目前研究的一个领域。

14.6.1 网络诱骗技术

1. 蜜罐主机技术

1)空系统

空系统是标准的机器,运行着真实完整的操作系统及应用程序。在空系统中可以找到真实系统中存在的各种漏洞,它与真实系统没有实质区别,没有刻意模拟某种环境或者故意使系统不安全。任何欺骗系统做得再逼真,也绝不可能与原系统完全一样,所以利用空系统作蜜罐是一种简单的选择。

2)镜像系统

攻击者往往要攻击那些对外提供服务的主机,当攻击者被诱导到空系统或模拟系统时,会很快发现这些系统并不是期望攻击的目标。更有效的做法是建立一些提供网络服务的服务器镜像系统(与真实服务器基本一致)。镜像系统对攻击者有更强的欺骗性,通过分析攻击者对镜像系统所采用的攻击方法,有利于管理员加强真实系统的安全。

3）虚拟系统

在真实物理机上运行仿真软件，对计算机硬件进行模拟，使得在仿真平台上可以运行多个不同的操作系统，这样一台真实机器就变成多台机器(称为虚拟机)。通常将真实机器的操作系统称为宿主操作系统，在仿真平台上安装的操作系统称为客户操作系统。VMware 是典型的仿真软件，它在宿主操作系统和客户操作系统之间建立了一个虚拟的硬件仿真平台，客户操作系统可以基于相同的硬件平台模拟出多台虚拟主机。基于同一硬件平台的虚拟系统如图 14.12 所示。

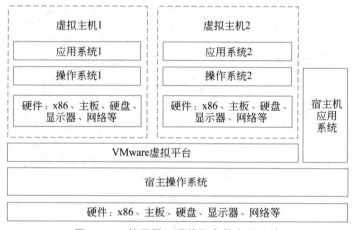

图 14.12　基于同一硬件平台的虚拟系统

除了普通的硬件设备模拟之外，VMware 还支持网卡模拟：每个虚拟机都拥有独立的 IP 地址，即可以让一台真实机器模拟出连接在网上的多台主机，形成一个虚拟局域网，这样各个相互独立的虚拟机可以通过 TCP/IP 进行通信。运用 VMware 这些功能，可以快速构建多个蜜罐主机。这些虚拟系统不但逼真，而且成本较低，部署和维护容易，资源利用率高。

除了以模拟主机为基础的蜜罐主机技术外，还有以模拟网络为基础的陷阱网络技术，陷阱网络实现的蜜罐系统有时又称为 Honeynet(蜜网)，它由多个蜜罐主机、路由器、防火墙、入侵检测系统、审计系统等组成，为攻击者制造一个被攻击环境，供防御者研究攻击行为。陷阱网络一般需要实现蜜罐系统、数据控制、数据捕获、数据记录、数据分析、数据管理等功能。陷阱网络技术目前已发展到第三代，第三代陷阱网络体系结构如图 14.13 所示。

第三代陷阱网络使用多台蜜罐主机构成网络，并通过一个以桥接模式部署的网关 HoneyWall 与外部网络连接。HoneyWall 上的连外网的 eth0 接口和连陷阱网络的 eth1 接口以桥接方式连接，都没有 IP 地址和 MAC 地址，同时也不对转发的网络数据包进行 TTL 递减和网络路由，从而使得攻击者很难发现 HoneyWall。eth2 接口连接的是与蜜罐主机物理上相对独立的日志服务器，可以对它记录的信息进一步研究。日志服务器一般使用内部 IP 地址，防范非常严格，一定要避免在蜜罐主机被攻陷的同时日志服务器也被攻陷。

最新开发的虚拟陷阱网络(Virtual Honeynet)与以前的陷阱网络技术不同的是，它

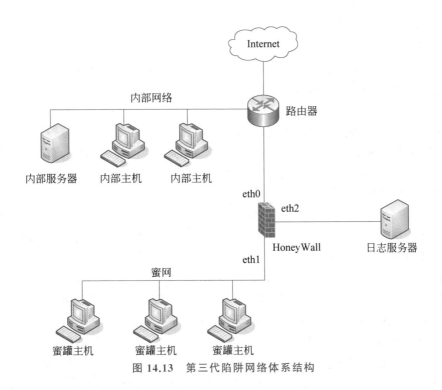

图 14.13　第三代陷阱网络体系结构

将陷阱网络所需功能集中到一个物理设备中运行。

2. 蜜罐诱导技术

蜜罐中诱导技术的作用是将攻击者引入蜜罐系统,目前主要有以下两种技术。

1) 基于网络地址转换技术的诱导

利用网络地址转换(NAT)技术,把攻击者对目标主机的攻击引向事先设定好的诱骗主机。这一方法的优点是设置比较简单,转换速度较快,转换成功率较高。目前大多数防火墙都支持 NAT 技术,比较常见的有 Linux 中的 IPfilter 和 IPtable。

2) 基于代理技术的诱导

欺骗系统设计得再逼真,防火墙规则设计得再完备,地址转换措施再有效,还是不能完全避免攻击者发现真正的目标主机,也不能绝对防止真实的目标不被攻击。面对攻击的到来,目标主机除使用 Tcpwrapper 等检测系统完整性的软件外,还可以使用类似代理的技术将攻击数据流转向蜜罐主机,使攻击者实际攻击的是蜜罐主机,目标主机则变成攻击者和蜜罐主机之间的桥梁。

3. 蜜罐欺骗信息设计

蜜罐使用的欺骗信息设计技术主要如下。

1) 端口扫描欺骗信息设计

端口扫描欺骗系统截获黑客发送的 TCP 扫描包后,如果被扫描的地址是策略保护范围内的地址,则该欺骗系统不是直接将这些扫描命令过滤掉,而是发回与实际情况相反的虚假数据包以欺骗攻击者,让它对端口状态(监听或关闭)的判断上出现失误。

2) 主机操作系统欺骗信息设计

(1) 修改系统提示信息:为了解决主机主动向外提供自己敏感信息的问题,将这些应用程序提供的主机信息删除或修改成虚假的信息,使攻击者很难收集到关于主机的真正信息。

(2) 用修改堆栈指纹库欺骗协议栈指纹鉴别技术:欺骗程序使用与扫描程序相同的指纹库,对截获的各种扫描测试包,一一对应地发出符合条件的、虚假的、包含被扫描操作系统类型信息的响应数据包,这将使欺骗的成功率大幅度提高。

3) 口令欺骗信息设计

口令欺骗系统由伪装口令产生器和口令过滤器两部分组成。

(1) 伪装口令产生器用于构造一些虚假口令信息,这些复杂口令会消耗攻击者的计算能力并欺骗攻击者,减少攻击者在口令的生存时间内可猜测到的总口令个数。即使攻击者破解出复杂口令,但是这些口令都是伪装的,攻击者不能直接使用这些口令。即使攻击者知道口令是伪装的,但需要判断口令的真伪,这也降低了攻击者的效率。

(2) 口令过滤器则负责避免用户选择伪装口令产生器产生的口令。

4) 其他欺骗信息设计技术

后门欺骗信息方法是在受保护目标系统中,用 Netcat 构造开放虚假的后门服务端口,欺骗网络攻击者。Web 扫描欺骗方法是在受保护的目标系统中,构造一个虚假的返回状态代码(如经过管理员修改的 HTTP 200 和 HTTP 400 返回代码)给攻击者,造成误判。

14.6.2 蜜罐的分类

1. 低交互度蜜罐(产品型蜜罐)

低交互度蜜罐的目的只是为了减轻受保护网络将受到的攻击威胁,所要做的工作是检测并对付恶意攻击者,它极大地提高了检测非法入侵行为的成功率。低交互度蜜罐只提供一些特殊的虚假服务,所有进入数据流易被识别和存储,但不能获取复杂协议传输的数据。这种方式的一个缺点是不能观察攻击者和操作系统之间的交互信息,只能监听但不会发送响应信息。低交互度蜜罐最大的特点是模拟,可以获得的攻击信息非常有限。它只能对攻击者进行简单的回答,如果攻击者与它进行更多的交互,就会发现事实的"真相"。但它是最安全的蜜罐类型,引入系统的风险最小。

2. 中交互度蜜罐

中交互度蜜罐提供更多交互信息,更复杂攻击手段就可被记录和分析,但它还没提供一个真实操作系统。在这个模拟真正的操作系统行为的系统中,用户可以进行各种随心所欲的配置,看起来和一个真正的操作系统没有区别。中交互度蜜罐与攻击者之间的交互非常接近真正的交互,所以可以从攻击者的行为中获得较多信息。中交互度蜜罐是一个经过修改的操作系统,所以要经常检测蜜罐状态,查看整个系统是否被入侵。相对来说,这种蜜罐比较少。

3. 高交互度蜜罐(研究型蜜罐)

高交互度蜜罐专门以研究和获取攻击信息为目的而设计,一般来说,只有那些需要进行研究的组织,才使用这种类型的蜜罐,它的最终目的是找到保护相关系统的方法。高交互度蜜罐具有一个真实的操作系统,它收集信息的可能性、吸引攻击者来攻击的程度大大提高,但危险性也增大。

黑客攻入系统的目的之一就是获取 root 权限,一个高交互度蜜罐就提供了这样的环境。攻击者只有攻入系统、获得权限,日志记录系统才能记录他的所有攻击行为并用于进一步研究,但这时候蜜罐系统也不再是安全的。

这类蜜罐最大的特点是真实,典型例子是 Honeynet;最大的缺点是被入侵的可能性很高,攻击成功后,这种蜜罐可以作为攻击其他系统的跳板,所以要采取措施防止它成为攻击跳板。

历史上最有名的一个 Honeynet 项目是 Honeynet Project,它所使用的蜜罐就是一种高交互度蜜罐,这也是研究型蜜罐最有名的一次应用,这个应用在很大程度上说明了网络诱骗系统存在的真正价值。Honeynet Project 还能提供性能优良的取证工具,用于分析攻击者入侵时系统所收集的攻击数据。

这个项目由许多富有经验的网络安全专家组织的,他们设置了一个很好的模拟系统(对这种研究型蜜罐来说,这其实就是完全真实的漏洞系统),跟踪并及时报道最新发现的攻击行为,发布详细的统计信息,以了解黑客的所作所为。这个监控环境可以将 Honeynet 和入侵检测系统整合在一起,有效识别蠕虫。如 2000 年左右就利用研究型蜜罐发现了几个当时最新的蠕虫,研究型蜜罐技术目前同样是安全专家以及安全组织获取攻击者行为和攻击者信息的最主要来源之一。

14.6.3　常见的网络诱骗工具及产品

基于 Windows 平台的 Honeypot 有 Winetd、NFR 和 Spector,基于 UNIX 平台的典型则是 DTK。

1. DTK

DTK"允许"黑客对它自己实施诸如端口扫描、口令破解以及其他许多常用黑客手段,并实时记录。

DTK 设计思路:如果网络上有很多主机安装了 DTK,黑客将频频遭遇这样的"陷阱",致使其屡屡碰壁而难于实现真正的攻击目的。久而久之,黑客就习惯于在攻击之前先辨别目标系统的真伪。因为安装 DTK 的主机上开放一个标志性端口(TCP 365),屡屡上当的黑客一看到开放这个端口的主机就会选择放弃(他认为这是一个安装 DTK 的诱骗系统)。许多并没安装 DTK 的系统也可以如法炮制,只需开放自己的 365 端口,让黑客误认为这又是一个"蜜罐"系统而就此罢手。这就是一个典型的网络攻击者和安全专家利用蜜罐技术和心理学原理进行较量的实例。

DTK 用 C 语言和 Perl 脚本语言写成,能在支持 C 语言和 Perl 的系统上运行。监听 HTTP、Telnet、FTP 等端口,模拟标准应用服务器对接收到的请求做出响应,给攻击者带来系统并不安全的错觉,并记录攻击者的所有行为。还能模拟许多常见系统漏洞(如 Sendmail 漏洞),以及送出虚假的口令文件,使攻击者花费大量的时间去破译那些毫无价值的文件。它的缺点是对各种服务的模拟不逼真,无法欺骗有经验的攻击者,而且仅限于对已知漏洞的模拟。

2. Spector

Spector 是一种商业 Honeypot 产品,可以装在 Windows 平台上,也是一种低交互度蜜罐。但它比(Back Orifice Friendly,BOF)蜜罐具备的功能大得多,不仅可模拟更多服务,而且可模拟不同的操作系统的漏洞,具有大量预警和日志功能。因为作为一个低交互度蜜罐,Spector 只模拟具有有限交互的服务,与攻击者进行交互的并不是真实的操作系统,所以 Spector 很容易部署和维护,使用风险也很低,但缺点是它所能收集到的信息有限,也比较容易被发现。

例如,Spector 可以模拟用户选择的操作系统的 Web 服务或者远程登录服务,当攻击者进行连接时,Spector 就会激活一个 HTTP 头或登录标识。接下来攻击者就会尝试获得 Web 网页或者登录到系统中,这些行为会被 Spector 捕获和记录。到此为止,攻击者就不能再有其他的行为,这是因为事实上并没有真正的应用程序与攻击者进行交互,Spector 完成的仅仅是一些有限的模拟功能。Spector 的价值在于检测,它可以快速并轻松地判断出谁在做什么。

3. Honeyd

Honeyd 是一种很强大的开放源代码的低交互度蜜罐,运行在 UNIX 平台上,安装和配置都相对简单,主要依赖于一种命令行形式的接口。它能对可疑活动进行检测、捕获和预警,并不只对单个 IP 地址进行监视,而是对网络进行监视。当 Honeyd 检测到对不存在系统的探测时,会动态承担受害系统的角色,与攻击者进行交互,这就指数级地增加了蜜罐检测和捕获攻击的能力。

Honeyd 是一个专用的蜜罐系统构建软件,它可以同时模拟上千台不同的主机,分别具有上千个不同的 IP 地址。在这些虚拟主机上,可配置运行不同的服务和操作系统,甚至可以同时在应用层和网络层模拟数百个操作系统,也就是说,如果蜜罐接收到访问请求,它模拟的各种服务和 TCP/IP 栈都会模拟操作系统做出各种响应,使攻击者看起来更真实。

4. ManTrap

ManTrap 是一种商用 Honeypot,具有较高的交互度。ManTrap 是运行在 Solaris 上的商业产品,可以在一台主机上模拟其他几个操作系统的特点,其独特之处在于没有模拟任何服务,而在一个操作系统基础之上创建多达 4 种虚拟操作系统(通常称为 jail)。管理员的数据控制和捕获能力更强,可对一些产品的应用程序进行测试,如 DNS 服务器、Web

服务器和数据库等,具有和标准的产品系统相同的交互性和功能。

ManTrap 不仅可检测到扫描和未授权连接,还可捕获到 Rootkit、应用层攻击、黑客 IRC 聊天对话、未知攻击和新的漏洞。ManTrap 的缺点是所能模拟的操作系统十分有限,而且它不能限制攻击者的活动能力,有可能被攻击者利用,作为攻击其他系统的跳板。这种蜜罐可以作为产品型蜜罐用于对入侵进行检测和响应,也可以作为研究型蜜罐对各种威胁进行研究。

5. Honeynet

Honeynet 不是一个单独的系统,而是由多个系统和多个攻击检测应用组成的网络,它是研究型蜜罐的典型代表,是高交互度蜜罐的极限。Honeynet 在高受控网络上部署的大量标准系统(如包含 Solaris、Linux、Windows、Cisco 路由器和 Alteon 交换机的网络环境),在 Honeynet 中发现的漏洞和弱点就是网络系统真实存在的所需改进的地方。受控网络会捕获发生在 Honeynet 所有活动,用户可以从中获得更多的信息。Honeynet 对几乎所有现有平台具有最大级别信息捕获的能力,它能捕获 Internet 上当前各种威胁的信息,尤其是新的攻击方式和攻击工具。

Honeynet 与其他蜜罐的不同之处是它不进行模拟,使用的都是标准的产品系统,对真实的系统不进行任何修改或改动很小。这样的 Honeynet 让攻击者可以对所有的系统、应用程序和功能进行攻击。通过 Honeynet 可以获得的信息包括攻击者的攻击工具、攻击策略、攻击动机和攻击者通信的方法。Honeynet 的复杂性在于对往来于 Honeynet 的所有活动进行控制又加以捕获的控制网络的构建,相对其他蜜罐来说,Honeynet 最难部署和维护,风险最高,必须保证 Honeynet 不会成为被入侵时攻击者用于攻击他人的跳板。

14.6.4 蜜罐的优缺点

蜜罐有如下优点。

(1) 使用简单。蜜罐并不涉及任何特殊的计算,不需要保存特征数据库,也不需要配置规则库。所有蜜罐都只有一个简单的前提:如果有人连接到蜜罐,就将他检测并记录下来。越简单的技术有时往往就越可靠。

(2) 占用资源少。许多安全工具都可能被大量网络流量淹没。而蜜罐仅捕获进入蜜罐的数据,只对那些尝试与自己建立连接的行为进行记录和响应,所以不会出现资源耗尽的情况,并且很多蜜罐都是模拟服务,不会为攻击者留下可乘之机,成为攻击者进行其他攻击的跳板。

(3) 数据价值高。网络安全防御工具中最难解决的问题之一是如何从大量的网络数据中寻找出自己所需要的数据。使用蜜罐系统,用户可以快速轻松地找到自己所需的确切信息。这些数据都具有很高的研究价值,用户不仅可以获知各种网络行为,还可以完全了解进入系统的攻击者究竟做了哪些动作。利用蜜罐可以大大降低误报率和漏报率,也简化了检测的过程。

蜜罐的缺点如下。

（1）数据收集面狭窄。如果没人攻击蜜罐,它们就变得毫无用处。也就是说,蜜罐最大的缺点就是它仅仅可以检测到那些对它进行攻击的行为。如果攻击者闯入蜜罐所在的网络并攻击了某些非蜜罐系统,蜜罐就会对这些行为一无所知。

（2）指纹识别。指纹识别是蜜罐面临的一个主要问题,所谓指纹识别是指蜜罐具备一些预定的特征和行为,因而能够被攻击者识别出其真实身份的情况。如果攻击者辨别出某系统为蜜罐,他就会避免与该系统进行交互并在蜜罐没有发觉情况下潜入用户所在网络。

（3）给使用者带来风险。蜜罐一旦被攻陷,就可以用于攻击、潜入和危害其他的系统。蜜罐越简单,所带来的风险就越小。从具体形式来说,仅进行服务模拟的蜜罐就很难被入侵。而具有真实操作系统的蜜罐,因为具有很多真实系统的特性,就很容易被入侵并成为入侵者攻击其他机器的跳板。

在黑客技术不断改进的情况下,蜜罐的上述缺点会越来越严重,所以蜜罐技术要继续保持目前所具有的功能,就必须在下面几方面不断地发展和更新:增加蜜罐可以模拟黑客感兴趣的服务类型,以获得更多的黑客信息;使大部分蜜罐能够跨操作系统平台工作,增加蜜罐的使用范围;在尽量降低风险的情况下,提高蜜罐与入侵者的交互程度;降低高交互型蜜罐引入的安全风险;蜜罐还要更进一步记录攻击者在攻陷一台机器后的所作所为,而这本身就是蜜罐技术中的一个难点,也是对蜜罐技术的一个挑战。

14.7 实验:搭建 Snort 入侵检测系统

1. 实验环境

本实验通过经典开源入侵检测系统 Snort,掌握轻量级入侵检测系统的安装和使用。到 2021 年 8 月,Snort 已经发布 3.1.10 版本,Snort 3 相比 Snort 2,主要使用 C++ 语言重新改写,功能和性能都有所提高,目前主要是在 Linux 上使用,因为版本比较新,学习资料相对较少。Snort 2 版本比较成熟,各类学习资料比较丰富,对于初学者来说,Snort 2 或许是更适合的版本。

如果有读者想尝试 Snort 3,推荐使用官方提供的 Docker 镜像版本,下载地址为 https://hub.docker.com/r/ciscotalos/snort3,这个镜像版本结合 Cisco Talos Snort3 进行教学,学习编写规则和检测策略。

本实验使用 Snort 2.9 版本进行实验,Snort 支持多个操作系统平台,所以在常见的 Windows 和 Linux 操作系统下都可以使用,读者可以根据自己的操作系统选择合适的版本,下载地址为 https://www.snort.org/downloads,一般下载编译好的二进制安装文件即可(Binary),如图 14.14 所示。

2. 实验步骤

（1）安装网络数据包捕获工具。Snort 是一个基于网络的入侵检测系统,所以需要捕获网络数据包,Snort 2.9 版本使用 Npcap 抓包函数库,可以去 https://nmap.org/npcap/

图 14.14　根据操作系统选择合适的安装文件

下载。早期的 Snort 版本使用 Libpcap 抓包函数库，目前大部分的网络工具都已经改用 Npcap 作为底层抓包函数库。

（2）安装 Snort 软件，在 Windows 中只要按照向导进行安装即可，在 Linux 中可以使用 apt 安装命令安装。以 Windows 为例，默认安装在 C:\Snort 目录下，建议使用默认安装目录。

（3）下载 Snort 的规则库，这些规则库都是以文件形式存在，文件名通常包含 rules。下载规则库后，把这些文件解压，并放入 Snort 的规则库目录中，以 Windows 为例，规则库文件一般放在 C:\Snort\rules 目录下。

（4）修改配置文件。配置文件都在\etc 目录下，以 Windows 为例，配置文件在 C:\Snort\etc 目录下，其中最主要的配置文件是 snort.conf，这个配置文件里面有详细的注释，可以根据自己的系统情况进行修改。需要注意的是，默认 snort.conf 文件是针对 Linux 系统的，所以如果在 Windows 下面使用，需要较多修改，运行错误时，系统都会有提示，这里需要一点耐心。以图 14.15 为例，预处理引擎的动态连接库默认都是 Linux 的路径和文件，需要手工改为 Windows 下面的路径和文件。

（5）进入 Snort 安装目录，找到\bin 目录并运行 Snort。在 Windows 环境下需要在"命令提示符"里面打开，在 Linux 环境下需要在"终端"里面打开。具体使用方法，可以参考"Snort 使用手册"或者从互联网上寻找更多资料。最常用的参数：使用-i 选项，以选择正确的网卡；使用-l 选项，选择正确的日志记录目录；使用-c 选项，指定所用的配置文件。例如在 Windows 环境下，在"命令提示符"中输入下面命令：

```
##################################################
# Step #4: Configure dynamic loaded libraries.
# For more information, see Snort Manual, Configuring Snort - Dynamic
Modules
##################################################

# path to dynamic preprocessor libraries
#dynamicpreprocessor directory /usr/local/lib/snort_dynamicpreprocessor/
dynamicpreprocessor directory c:\Snort\lib\snort_dynamicpreprocessor

# path to base preprocessor engine
#dynamicengine /usr/local/lib/snort_dynamicengine/libsf_engine.so
dynamicengine c:\Snort\lib\snort_dynamicengine\sf_engine.dll
```

图 14.15   预处理引擎的动态连接库

```
C:\snort\bin>snort -i 2 -c ../etc/snort.conf -l ../log/
```

-i 2 表示系统里面的第 2 块网卡,根据自己的计算机网卡情况决定,可以使用 snort -W 显示网卡接口。运行成功后,可以看到下面的界面,其中有 Snort 的 logo——一只小猪,如图 14.16 所示。如需停止 Snort,使用 Ctrl＋C 组合键。

```
        --== Initializing Snort ==--
Initializing Output Plugins!
pcap DAQ configured to passive.
The DAQ version does not support reload.
Acquiring network traffic from "\Device\NPF_{A980EAEA-BB7F-40E9-B7AC-F639D2C44536}".
Decoding Ethernet

        --== Initialization Complete ==--

        -*> Snort! <*-
o"  )~  Version 2.9.18-WIN64 GRE (Build 169)
        By Martin Roesch & The Snort Team: http://www.snort.org/contact#team
        Copyright (C) 2014-2021 Cisco and/or its affiliates. All rights reserved.
        Copyright (C) 1998-2013 Sourcefire, Inc., et al.
        Using PCRE version: 8.10 2010-06-25
        Using ZLIB version: 1.2.11
```

图 14.16   显示网卡接口

(6) 为了验证 Snort 的工作状态与检测性能,可以使用另外一台计算机发起一次端口扫描攻击。下载扫描工具(如 nmap 等),对安装 Snort 的计算机进行一次端口扫描。在指定的日志目录,例如 C:\Snort\log 目录下查看 Snort 的检测结果,如果没有检测到端口扫描,对 Snort 的配置及规则库进行检查与调整,使其能检测到端口扫描攻击。

3. 实验探索

Snort 支持将日志输出到数据库,可以尝试使用数据库存储 log 日志。Snort 也支持用户自定义规则,可以尝试编写自己的检测规则。

Snort 这类开源软件需要用户在安装后,使用命令行模式对软件进行一定的配置,配置不当可能无法正确运行,需要用户耐心阅读报错信息并针对性修改。对于初学者来说,还推荐使用 Security Onion(https://securityonionsolutions.com/),Security Onion 是用于入侵检测、网络安全监控和日志管理的 Linux 发行版。它基于 Ubuntu,包含 Snort、

Suricata、Zeek、OSSEC、Sguil、Squert、ELSA、Xplico、NetworkMiner 和许多其他安全工具。所以如果有空闲计算机或虚拟机,可以直接安装该版本的 Linux,在图形界面下简单配置就可以使用本章提到的 3 个开源入侵检测系统:Snort、Suricata 和 Zeek。

习题

1. 为什么说入侵检测系统是防火墙之后的第二道防线? 它对防火墙的补充功能体现在哪里?

2. 入侵检测系统可以从哪些角度进行分类?

3. 分析基于主机的入侵检测系统和基于网络的入侵检测系统各自的优缺点。

4. 异常检测的核心思想是什么? 主要有哪些技术?

5. 入侵检测系统中的误警率和漏报率指什么?

6. 介绍 IDS 向 IPS 和 IMS 发展的过程。

7. 什么是网络诱骗系统? 为什么说它是一种主动防御技术? 网络诱骗系统有哪些具体的诱骗攻击者的作用?

8. 试阐述 Honeypot 在网络中的位置以及这样放置的原因,这样放置所起的作用。

9. 什么是陷阱网络技术? 它与普通的 Honeypot 有何不同?

10. 简单阐述口令欺骗信息设计的两个组成部分的功能。

11. 举例说明为什么高交互度蜜罐也可以作为一种研究型蜜罐。

12. Honeynet 在结构和功能上有什么特点,与其他蜜罐有何不同?

13. 蜜罐有哪些主要的优点和缺点?

14. 用下载的 Honeypot 工具,构造一个简单的蜜罐系统。

第 15 章　无线网络安全

无线局域网(Wireless Local Area Network,WLAN)利用无线技术在空中传输数据、语音和视频信号。由于无线局域网具有方便、廉价、传输速率高等诸多优势,因此发展迅速,现在广泛地部署在商场、学校、办公室等公共场所。凡是在无线信号覆盖的地方,人们都可以通过笔记本计算机、智能手机等方便地访问 Internet。无线技术以其移动性的特点,彻底取代了旧式麻烦的双绞线,把人们从固定的有线网络环境中解放了出来。

IEEE 在 1997 年为无线局域网制定了第一个版本标准——IEEE 802.11。其中定义了媒体访问控制层(MAC 层)和物理层。物理层定义了工作在 2.4GHz 的 ISM 频段上的两种扩频调制方式和一种红外传输的方式,总数据传输速率设计为 2Mb/s。两个设备之间的通信可以以设备到设备(Ad hoc)的方式进行,也可以在基站(Base Station, BS)或者接入点(Access Point,AP)的协调下进行。为了在不同的通信环境下取得良好的通信质量,采用 CSMA/CA(Carrier Sense Multiple Access/Collision Avoidance)硬件沟通方式。

1999 年加上了两个补充版本:IEEE 802.11a 定义了一个在 5GHz ISM 频段上的数据传输速率可达 54Mb/s 的物理层,IEEE 802.11b 定义了一个在 2.4GHz 的 ISM 频段上数据传输速率达到 11Mb/s 的物理层。2.4GHz 的 ISM 频段为世界上绝大多数国家通用,因此,IEEE 802.11b 得到了最为广泛的应用,苹果公司把自己开发的 IEEE 802.11 标准起名叫 AirPort。1999 年工业界成立了 WiFi 联盟,致力解决符合 IEEE 802.11 标准的产品的生产和设备兼容性问题。后来 IEEE 802.11 又推出 IEEE 802.11g、IEEE 802.11i、IEEE 802.11n 等一系列的标准来完善无线局域网协议。

15.1　IEEE 802.11 无线局域网概述

IEEE 802 是一个制定了局域网一系列标准的委员会。1990 年,IEEE 802 委员会成立了一个新的工作组,IEEE 802.11 致力于无线局域网协议和传输规范的制定。此后,不同频率和速率的无线局域网被不断研究。与此同时,IEEE 802.11 工作组也制定了一系列的标准。表 15.1 简要定义了 IEEE 802.11 标准中用到的关键术语。

表 15.1　IEEE 802.11 术语

术　　语	说　　明
无线接入点(AP)	任何具有站点功能并且通过无线介质为相关联的站点提供到分配系统的接口的任何实体
基本服务单元(Basic Service Set, BSS)	由单一的协调职能控制的一系列站点
协调功能(coordination function)	决定什么时候一个与基本服务单元相互操作的站点允许传输或者能够接收数据单元的逻辑功能

术　　语	说　　明
分发系统(distribution system)	连接基本服务单元和综合局域网以产生扩展服务单元的系统
扩展服务单元(Extended Service Set,ESS)	一个或多个基本服务单元和综合局域网,在逻辑链路控制层的与任一基本服务单元关联的站点看成同一个单独的基本服务单元
MAC 协议数据单元	在两个 MAC 之间交换的物理层数据单元
MAC 服务数据单元	在 MAC 用户之间传输信息的单元
站点(station)	任何包含 IEEE 802.11 MAC 和物理层的设备

15.1.1　WiFi 联盟

第一个被工业界普遍接受的 IEEE 802.11 标准是 IEEE 802.11b。尽管 IEEE 802.11b 的产品都是基于同一标准,但是不同供应商的产品之间能否顺利连接还不能够保证。为了解决这一问题,1999 年成立了名为无线以太网兼容性联盟(Wireless Ethernet Compatibility Aliance,WECA)的工业团体。该组织也就是后来的 WiFi 联盟,制定了一套测试手段对 IEEE 802.11b 的产品进行互操作认证。用 WiFi 来表示认证过的 IEEE 802.11b 产品。现在 WiFi 认证已经扩展到 IEEE 802.11g、IEEE 802.11n 等产品,WiFi 联盟涉及无线局域网市场领域的一系列问题,包括企业、家庭等无线网络的部署问题。

IEEE 802.11 似乎是传统以太网的数据链路层和物理层的重新实现,它们的上层网络结构是相同的。比较特别的例子是在 Windows 系统中,无线网络数据包经过 Windows 操作系统的处理变成以太网的数据包格式。但是由于网络特殊的移动性,IEEE 802.11 在 MAC 中加入了许多额外的新功能,MAC 帧的格式比 IEEE 802.3 要复杂得多。同时,物理层需要比较复杂的 PHY 组件,分为物理层汇聚过程(PLCP)和物理媒体相关(PMD)。

目前用于无线网络加密的安全协议主要有两种: WEP 和 WPA。

(1) WEP 是 Wired Equivalent Privacy 的简称,有线等效保密(WEP)协议是对在两台设备间无线传输的数据进行加密的方式,用于防止非法用户窃听或侵入无线网络。WEP 的目标就是通过对无线电波里的数据加密提供安全性,如同端-端发送一样。WEP 使用了 RSA 数据安全性公司开发的 RC4 算法。WEP 有两种认证方式: 开放式系统认证(open system authentication)和共有键认证(shared key authentication)。但后来发现 WEP 在使用 RC4 时有明显的漏洞,现在有工具可以很快破解 WEP 密码。

(2) WPA 的全名为 WiFi Protected Access,有 WPA 和 WPA2 两个标准,是一种保护无线计算机网络安全的系统,它是解决前一代的有线等效加密(WEP)中几个严重的弱点而产生的。WPA 是一种基于标准的可互操作的 WLAN 安全性增强解决方案,可大大增强现有以及未来无线局域网系统的数据保护和访问控制水平。WPA 源于 IEEE 802.11i 标准并将与之保持前向兼容。如果部署适当,WPA 可保证 WLAN 用户的数据受到保护,并且只有授权的网络用户才可以访问 WLAN 网络。最新版本的 WPA 是 WPA3,整合了 IEEE 802.11i 无线局域网安全规范的各种特色。

15.1.2　IEEE 802 协议架构

这里先简单介绍 IEEE 802 协议架构。IEEE 802.11 标准是在一个分层协议的结构上定义的。该结构应用于所有的 IEEE 802 标准，如图 15.1 所示。

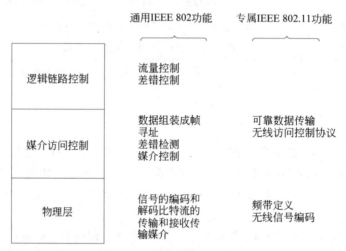

图 15.1　IEEE 802.11 协议栈

1. 物理层

IEEE 802 模型的最底层就是物理层，该层的功能包括信号的编码和解码，比特流的传输和接收。此外，物理层还包括传输介质的规范。而对于 IEEE 802.11，物理层还定义了频率的范围和天线特性。

2. 媒介访问控制（MAC）

所有的局域网都包含共享网络传输容量的设施。需要一些方法来控制传输介质的接口，以便使这些容量能够得到有序和高效的应用。这就是媒体访问控制层的功能。MAC 层从更高层（一般是逻辑链路控制）得到以数据块方式存在的数据，即 MAC 服务数据单元（MAC Service Data Unit，MSDU）。

总的来说，MAC 层主要有以下功能。

（1）传输时，将数据组装成帧，即 MAC 协议数据单元（MAC Protocol Data Unit，MPDU）、地址和错误检测域。

（2）接收时，将帧拆开，并进行地址确认和错误检测。

（3）控制到局域网传输介质的接口。

MAC 协议数据单元的具体格式因使用各种不同的 MAC 协议而稍有不同。但总体来说，所有的 MAC 协议数据单元都有类似于图 15.2 的格式。数据帧的不同域如下。

（1）MAC 控制：该部分包含了执行 MAC 协议功能的所有控制信息。

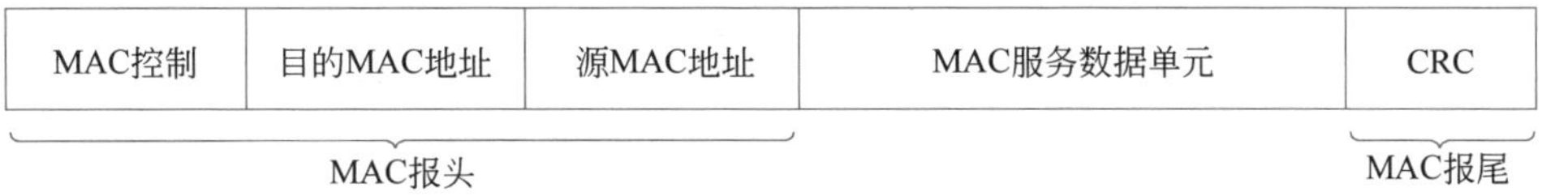

MAC控制	目的MAC地址	源MAC地址	MAC服务数据单元	CRC

MAC报头　　　　　　　　　　　　　　　　　　　　　　　MAC报尾

图 15.2　通用的 IEEE 802 MPDU 格式

（2）目的 MAC 地址：局域网上，MAC 协议数据单元的目的物理地址。

（3）源 MAC 地址：局域网上，MAC 协议数据单元的源物理地址。

（4）MAC 服务数据单元：来自于上层传递来的数据。

（5）循环冗余校验码（Cyclic Redundancy Check，CRC）：这是一个错误检测码，用于其他的数据链路控制协议。CRC 基于整个 MAC 协议数据单元上的比特流来进行计算。发送者计算 CRC，并将它加在数据帧中。接收者对来到的 MPDU 做相同的计算，并与到来的 MPDU 的 CRC 域中的计算结果进行比较。如果结果不同，那么传输过程中有一个或多个比特发生了改变。

MSDU 之前的域称为 MAC 头，MSDU 之后的域称为 MAC 尾。头和尾中包含伴随数据域的控制信息，而这些信息由 MAC 协议加以使用。

3. 逻辑链路控制（LLC）

在大多数的数据链路控制协议中，数据链路控制协议不仅利用 CRC 来进行错误检测，而且通过重传损坏的数据帧和利用这些 CRC 错误信息来进行恢复。在局域网协议框架中，这两个功能被分在 MAC 层和 LLC 层。MAC 层负责检测错误并丢弃包含错误的帧。LLC 层可选择地追踪成功接收的帧或者重传不成功的帧。

15.1.3　IEEE 802.11 网络组成与架构模型

图 15.3 显示了 IEEE 802.11 工作组设计的模型。一个无线局域网最小的组成块是基本服务单元（BSS），包含执行相同 MAC 协议和竞争同一无线介质接口的多个无线站点。一个 BSS 可能是独立的，也可能是通过无线接入点（AP）连接到分布式系统（DS）。无线接入点具有桥梁和中继作用。在一个基本服务单元中，同一基本服务单元中的用户站点不直接进行相互通信，来自初始站点的数据帧先发送到无线接入点，然后从无线接入点发送到目的站点。而从一个基本服务单元的站点到一个遥远站点发送帧，先由该站点到无线接入点，然后通过无线接入点中继到分配系统，最终到达目的站点。用户使用手机时，从蜂窝网络中的一个蜂窝切换到另外一个蜂窝是没有感觉的，可以正常使用，无线网络也希望达到这种效果。一个分布式系统可以看作运营商的蜂窝网络，基本服务单元 BSS 可以看成蜂窝网络中一个蜂窝，而分配系统可以是交换机、有线网络，也可以是无线网络。

当一个基本服务单元 BSS 中的站点都是移动站点，并且相互之间能够通信而不用通过无线接入点，则该基本服务单元 BSS 称为独立基本服务单元（IBSS）。独立基本服务单元是一个典型的点对点模式的网络。在独立基本服务单元中，所有站点直接通信，没有无

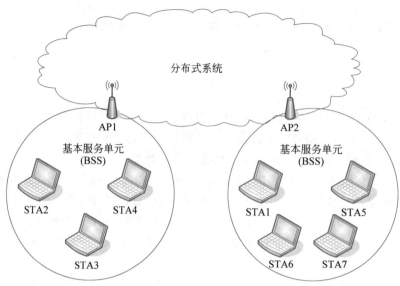

图 15.3　IEEE 802.11 扩展服务单元

线接入点涉入其中。

图 15.3 显示了一个普通的组态,其中每个站点只属于一个基本服务单元,也就是说,一个站点的无线范围内只有同一基本服务单元的其他站点。两个基本服务单元也可能重叠,因此一个站点能够属于多个基本服务单元。更进一步来说,一个站点和一个基本服务单元之间的联系是动态的。站点可以关闭、进入或离开一个基本服务单元的范围。

一个扩展服务单元(ESS)包含两个或多个由分配系统相连的基本服务单元。而对逻辑链路控制层来说,扩展服务单元对该逻辑链路控制层相当于一个单一的逻辑局域网。

在一个分布式系统中传递信息,分发服务必须知道目的站点的地址是否被寻到。尤其是,为了让信息能够到达目的站点,分布式系统必须知道信息需要发送的无线接入点的身份。为了达到这一要求,站点需要与当前基本服务单元的无线接入点保持连接。有 3 种服务与该要求相关。

(1) 连接:建立站点和无线接入点的初始连接。在一个站点能够通过无线局域网发送或接收数据帧之前,该站点的身份和地址需要确认。为了达到这一目的,站点必须与一个特殊的基本服务单元的无线接入点建立连接。特殊单元的无线接入点则将信息传输到扩展服务单元的其他无线接入点,以便能够确认顺序并传送加载地址的数据帧。

(2) 重连接:将已建立的连接从一个无线接入点转移到另一个无线接入点,并允许一个移动站点从一个基本服务单元移动到另外一个基本服务单元中。

(3) 取消连接:从站点或无线接入点发出的终止已存在连接的声明。站点在离开扩展服务单元或关闭之前必须发出声明。然而,MAC 管理设备阻止未发表声明的站点的消失。

15.2　IEEE 802.11i 无线局域网安全

有线局域网有两个特点未继承到无线局域网中。

（1）要通过有线局域网传递信息，站点必须与局域网实际连接起来。在有线局域网中有一种认证机制，需要一系列的操作将站点连接到一个有线局域网。而在无线局域网中，任意在局域网其他设备无线范围的站点均能传递信息。

（2）相似地，为了从一个有线局域网的站点接收信息，接收站点必须连接到该局域网。而在无线局域网中，任意在无线信号范围的站点均能接收信息。因此，有线局域网能够提供一定程度的私密性，只有有条件通过网线连接到局域网的站点才能够接收信息。一般来说，如果能用网线接入局域网，就意味着得到了管理员的许可，网络安全也就得到了一定程度的控制。

而有线局域网和无线局域网之间的这些不同点更显示出增强无线局域网安全服务和机制的紧迫性。最初的 IEEE 802.11 规范包含一些机密性和认证的措施，但效果一般。对于机密性，IEEE 802.11 定义了有线等效保密（Wired Equivalent Privacy，WEP）协议。IEEE 802.11 标准的机密性部分包含了严重的弱点。随着 WEP 的发展，IEEE 802.11i 已经发展了一系列的功能来解决无线局域网的安全问题。为了增强无线局域网的安全性，WiFi 联盟将 WiFi 网络安全存取（WiFi Protected Access，WPA）发布为 WiFi 标准。WPA 是一系列安全机制，能够消除大部分的 IEEE 802.11 安全问题，并且是基于现行的 IEEE 802.11i 标准。IEEE 802.11i 的最终形式被称为健壮安全网络（Robust Security Network，RSN）。WiFi 联盟确保依从 IEEE 802.11i 规范的供应商能够符合 WPA2 标准。

15.2.1　IEEE 802.11i 服务

IEEE 802.11i 的 RSN 安全规范定义了以下 3 种服务。

（1）认证：一种定义了用户和认证服务器之间交换的协议，能够相互认证，并产生暂时密钥适用于通过无线连接的用户和无线接入点之间的通信。

（2）访问控制：该功能迫使认证功能的使用，合理安排信息，帮助密钥交换。能够在一系列的认证协议下工作。

（3）信号完整性加密：MAC 层数据（例如，LLC 协议数据单元）与信号完整性字段一起加密，以确保数据没有被篡改。

IEEE 802.11i 的组成如图 15.4 所示。

15.2.2　IEEE 802.11i 操作阶段

IEEE 802.11i 健壮安全网络的操作可以分成 5 个不同阶段。阶段的确切性质依赖于通信的端点和结构。可能操作如下（参考图 15.3）。

（1）同一基本服务单元的两个无线站点通过该单元的无线接入点进行通信。

（2）同一独立基本服务单元的两个无线站点直接进行通信。

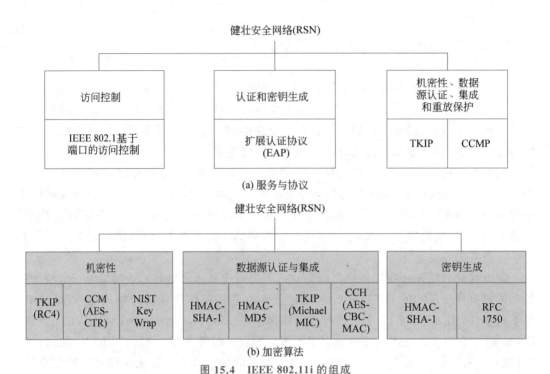

图 15.4　IEEE 802.11i 的组成

（3）不同基本服务单元的两个无线站点通过各自单元的无线接入点进行通信，无线接入点通过分布式系统连接。

（4）一个无线站点通过无线接入点和分布式系统与有线网络的站点进行通信。

IEEE 802.11i 只关心站点及其无线接入点之间的通信安全。在上述情况（1）中，如果每个站点和无线接入点之间建立安全通信就能确保通信的安全性。情况（2）类似，只是无线接入点相当于在站点中。对于情况（3），在 IEEE 802.11 的层次中，并不能保证通过分布式系统的安全，而只能保证各自基本服务单元中的安全。端到端的安全（如果需要）需要由更高层次来提供。同样，在情形（4）中，安全只能在站点及其无线接入点之间提供。

基于这些考虑，图 15.5 描述了一个健壮安全网络的 5 个操作阶段，并在图上标上了涉及的网络设备。其中有一种新设备认证服务器（AS）。矩形框表明 MAC 协议数据单元的交换。5 个操作阶段定义如下。

（1）发现：无线接入点（AP）使用信标（beacon）和探测响应信息来发布其 IEEE 802.11i 安全策略。站点（STA）则通过这些来确认希望进行通信的无线接入点的身份。站点连接无线接入点，当信标和探测响应提供选择时，选择加密套件和认证机制。

（2）认证：在本阶段，站点和认证服务器相互证明各自的身份。直到认证成功之前，无线接入点阻止站点和认证服务器之间尚未被认证的传输。无线接入点不参与认证，参与认证的是转发站点和认证服务器之间的数据传输。

（3）密钥的产生及配送：无线接入点和站点执行几种操作之后产生加密密钥，并配送到无线接入点和站点。数据帧只在无线接入点和站点之间进行交换。

（4）保密数据传输：数据帧在站点和终端站点之间通过无线接入点进行交换。如

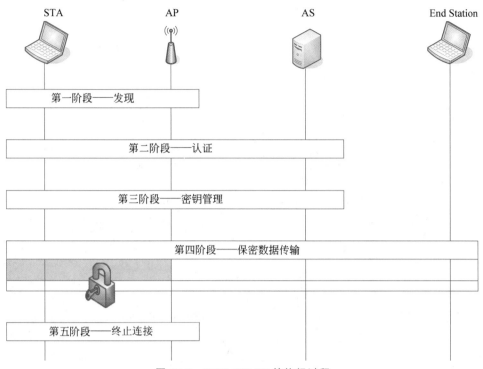

图 15.5　IEEE 802.11i 的执行过程

图 15.5 中阴影部分和加密模型图标所示,安全数据传输只发生在站点和无线接入点之间,而不能确保端到端的安全。

(5) 终止连接:无线接入点和站点交换数据帧。在本阶段,安全连接被解除,连接恢复到初始状态。

15.2.2.1　发现阶段

现在从发现阶段开始讨论健壮安全网络操作阶段的一些细节,如图 15.6 的上部分所示。该阶段的功能是站点和无线接入点相互确认身份,协商一系列安全策略,并建立连接以便将来进行通信。

1. 安全策略

在发现阶段中,站点和无线接入点确认下列区域的具体技术。

(1) 保护单播通信的机密性和 MAC 协议数据单元完整性的协议(只在该站点和无线接入点通信)。

(2) 认证方法。

(3) 管理密钥方法。

保护组播/广播通信的机密性和 MAC 协议数据单元完整性的协议由无线接入点支配,而组播中的站点必须使用相同的协议和明文。协议的规范加上密钥长度的选取(如果可以)就构成了加密套件。可供选择的机密性和完整性加密套件如下。

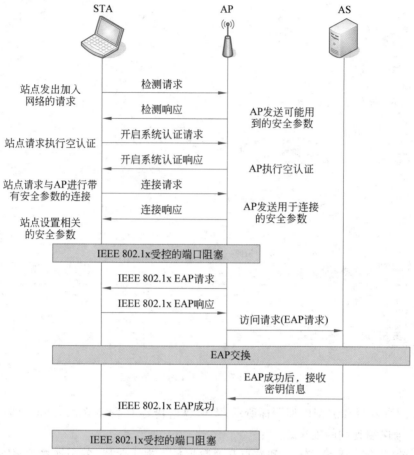

图 15.6　IEEE 802.11i 的执行过程：通道发现、认证与连接

（1）WEP(40 位或 104 位密钥，兼容旧版本的 IEEE 802.11 操作)。

（2）TKIP。

（3）CCMP。

（4）供应商特性方法。

2. MPDU 交换

发现阶段包含 3 个交换。

（1）网络和安全通道的发现：在该交换中，站点发现要进行通信网络的存在。

（2）开放系统认证：该帧序列并不保证安全，其目的只是为了与 IEEE 802.11 保持一定的兼容性。

（3）连接：该阶段的目的是协商要用到的一系列安全措施。站点发送连接请求帧到无线接入点。在该帧中，站点从无线接入点发布的安全策略中选中一套相匹配的策略(认证和密钥管理套件、成对加密套件和群组密钥加密套件)。如果站点和无线接入点之间没有相匹配的策略，无线接入点拒绝连接请求。

15.2.2.2 认证阶段

前面已经提及,认证阶段是实现站点和位于分布式系统中认证服务器之间的相互认证。在认证的设计中,只允许认证过的站点使用网络,并确保与站点通信的网络是合法的。

1. IEEE 802.1x 访问控制

IEEE 802.11i 使用了另一标准为局域网提供访问控制功能。该标准就是 IEEE 802.1x,是基于接口的网络访问控制。在认证中使用的扩展认证协议就是在 IEEE 802.1x 标准中进行定义的。IEEE 802.1x 中使用到的术语有接入者、认证者和认证服务器。在 IEEE 802.11 无线局域网的内容中,排在前两个的是无线站点和无线接入点。在有线网络中认证服务器是一个分离设备(如通过分布式系统接入),但也可以直接存在于认证者中。

在一个接入者被认证服务器通过某种认证协议认证之前,认证者只允许接入者和认证服务器之间传递控制和认证信息;IEEE 802.1x 控制通道开通,但 IEEE 802.11 数据通道被阻。一旦接入者被认证并分配密钥,认证者可以从接入者得到数据,但要遵从先前制定的接入者到网络的访问控制限制。在这些情形下,数据通道开通。

2. MPDU 交换

图 15.6 下半部分显示了 IEEE 802.11 认证阶段的 MAC 协议数据单元交换。可以将认证阶段分成 3 个小的阶段。

(1) 连接到认证服务器:站点发送要连接认证服务器的请求到其无线接入点(与其相连接的那个)。无线接入点接到该请求,并向认证服务器发送接入请求。

(2) EAP 交换:EAP 的全称是 Extensible Authentication Protocol,指扩展认证协议。该交换使站点和认证服务器相互认证。在此过程中,一系列的相互交换可能发生。

(3) 安全密钥传送:一旦认证建立,认证服务器会产生一个主会话密钥(MSK),也就是认证、授权和记账(AAA)密钥,并将之发送给站点。站点和无线接入点安全通信所需要的所有密钥均可由主会话密钥产生。IEEE 802.11i 并没有主会话密钥安全传送的方法,而 EAP 解决了该问题。不管用什么方法,都包含了从站点通过无线接入点,到认证服务器的 MPDU 的传送,并且 MPDU 中含有加密的主会话密钥。

3. EAP 交换

前面已经提及,在认证阶段有许多可能的 EAP 交换可用。在站点和无线接入点之间的信息流采用了基于局域网的扩展认证(EAPOL)协议,无线接入点和认证服务器之间的信息流则采用远程用户拨号认证系统(RADIUS)协议,尽管站点和无线接入点之间以及无线接入点和认证服务器之间的交换还有其他选择。

(1) EAP 交换先由无线接入点发送 EAP 请求/身份帧到站点。

(2) 无线接入点通过不受控制的接口来接收站点回复的 EAP 请求/身份帧。该数据包通过 EAP 封装到 RADIUS 中,并作为 RADIUS 接入请求包再发送到 RADIUS 认证服务器中。

（3）AAA 服务器回复 RADIUS 接入请求包,并作为 EAP 请求发送到站点。该请求包含认证类型和相关的请求信息。

（4）站点生成 EAP 回复信息,并将它发送到认证服务器。无线接入点将回复转换成 RADIUS 接入请求,并且将请求的回复作为数据域。根据所使用的 EAP 方法,步骤（3）和步骤（4）可能重复多次。

（5）AAA 服务器为 RADIUS 接入请求包提供接入。无线接入点则发布一个 EAP 成功的帧。可控接口被授权,并且用户可以接入网络。

从图 15.6 可知,无线接入点的可控接口仍然阻止一般用户传递信息。尽管认证已经成功,接口会保持阻止直到临时密钥在站点和无线接入点中得到使用,这将会在四次握手过程中发生。

15.2.2.3　密钥管理阶段

在密钥管理阶段,会产生一系列的密钥并分配到站点中。密钥分为两种类型:用于站点与无线接入点之间通信的成对密钥（pairwise key）和用于组播通信的群组密钥（group key）。表 15.2 定义了各自的密钥。

表 15.2　IEEE 802.11i 中数据机密性和完整性协议中的密钥

缩　写	名　　称	描述/目的	大小/b	类　　型
AAA 密钥	认证、授权、记账密钥	用于生成 PMK,与 IEEE 802.1x 认证和密钥管理方法一起使用,与 MMSK 相同	大于或等于 256	密钥生成密钥/根密钥
PSK	预共享密钥	在预共享密钥的情况下成为 PMK	256	密钥生成密钥/根密钥
PMK	成对主密钥	与其他输出一起,用于生成 PTK	256	密钥生成密钥
GMK	群组主密钥	与其他输入一起,用于生成 GTK	128	密钥生成密钥
PTK	成对临时密钥	由 PMK 生成,包含 EAPOL-KCK 和 MIC 密钥（对于 TKIP）	512(TKIP) 384(CCMP)	复合密钥
TK	临时密钥	与 TKIP 或 CCMP 一起,用于对单播用户传输提供机密性和消息完整性保护	256(TKIP) 128(CCMP)	交换密钥
GTK	群组临时密钥	由 GMK 生成,用于对组播/广播用户传输提供机密性和消息完整性保护	256(TKIP) 128(CCMP) 40,104	交换密钥
MIC 密钥	消息完整码密钥	由 TKIP 的 Michael MIC 来提供消息完整性保护	64	消息完整性密钥

续表

缩　写	名　　称	描述/目的	大小/b	类　　型
EAPOL-KCK	EAPOL 密钥-确认密钥	用于对 4 次握手中的密钥材料分发提供消息完整性保护	128	消息完整性密钥
EAPOL-KEK	EAPOL 密钥-加密密钥	用于对 4 次握手中 GTK 和其他密钥材料提供机密性保护	128	交换密钥/密钥加密密钥
WEP 密钥	有线等效保密密钥	与 WEP 一起使用	40,104	交换密钥

1. 成对密钥

成对密钥用于一对设备之间的通信,特别是站点和无线接入点之间。这些密钥形成了一个分层,分层从主密钥开始,而其他的密钥都是从主密钥中动态得到并且有一定的时限。

在分层的最上端有两种可能:预共享密钥(PSK)是无线接入点和站点之间事先共享的密钥,并在 IEEE 802.11i 范围外的一些方式下使用;另外一种是主会话密钥(MSK),也就是 AAA 密钥,前面已经描述过,该密钥在认证阶段由 IEEE 802.1x 协议产生。而产生密钥的实际方式取决于使用认证协议的细节。在任一情况下(预共享密钥或者主会话密钥),无线接入点和站点之间都共享唯一密钥,并用此密钥进行通信。所有由主密钥生成的其他密钥在无线接入点和站点之间也是唯一的。因此,如图 15.7(a)中的分层结构,每个站点在任何时候都有一套密钥,而无线接入点对应于每个站点都有相应的一套密钥。

2. 成对主密钥(PMK)

成对主密钥也是从主密钥中得来。如果用的是预共享密钥,则预共享密钥用来作为成对主密钥;如果用的是主会话密钥,则成对主密钥是主会话密钥截断(如果需要)所得。在 IEEE 802.1x EAP 成功信息(见图 15.6)出现后,认证阶段完成,无线接入点和站点均会有其共享的成对主密钥的一份副本。

成对主密钥用来生成成对临时密钥(PTK),成对临时密钥包括三组,用于站点和无线接入点相互认证之后的通信。成对临时密钥可以通过将 HMAC-SHA-1 函数作用到成对主密钥、站点和无线接入点的 MAC 地址以及随机数(如果需要)得来。在成对临时密钥的产生中,站点和无线接入点 MAC 地址的使用可以防止会话劫持和伪装;使用随机数则增加密钥产生的随机性。成对临时密钥的三部分如下。

(1) 基于局域网的扩展认证协议(EAP Over LAN,EAPOL)确认密钥(EAPOL-KCK):在健壮安全网络操作建立时,支持站点到无线接入点控制帧的完整性和数据源的可信赖性。能够执行接入控制功能:拥有证明成对主密钥 PMK。一个拥有成对主密钥的实体被授权使用连接。

(2) 基于局域网的扩展认证协议密钥加密密钥(EAPOL-KEK):在健壮安全网络连接进程中,保护密钥和其他数据的机密性。

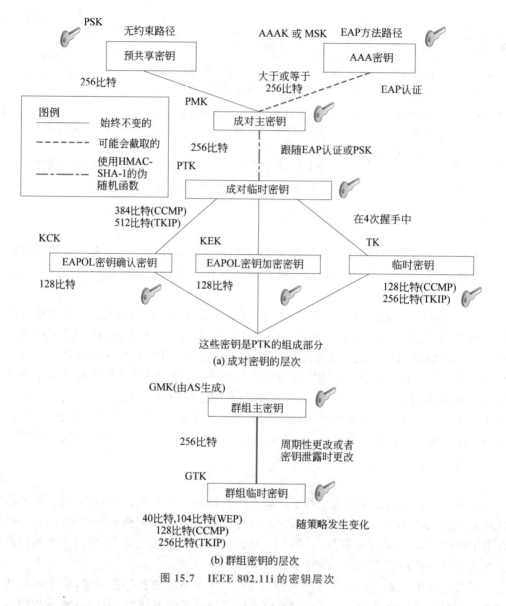

图 15.7   IEEE 802.11i 的密钥层次

（3）临时密钥（TK）：为用户通信提供实际保护。

3. 群组密钥

群组密钥用在一个站点向多个站点发送 MAC 协议数据单元时的组播通信。在群组密钥分层的最上面是群组主密钥（GMK），如图 15.7（b）所示。群组主密钥加上其他输入能够产生群组临时密钥（GTK）。成对临时密钥产生用到了无线接入点和站点两方面的内容，与此不同，群组临时密钥的产生只用到无线接入点，产生之后再发送到与无线接入点相连接的站点。具体群组临时密钥是怎样产生的并未予以定义。IEEE 802.11i 要求群组临时密钥的值是计算上随机的。群组临时密钥利用已经建立的成对密钥进行发布。每次一个设备离开网络时,群组临时密钥发生改变。

4. 成对密钥发布

图 15.8 的上部显示了为成对密钥发布而进行的 MAC 协议数据单元的交换,该交换被称为 4 次握手。站点和无线接入点利用这次握手来确认成对主密钥的存在,选择好加密套件并为接下来的数据通信加密。

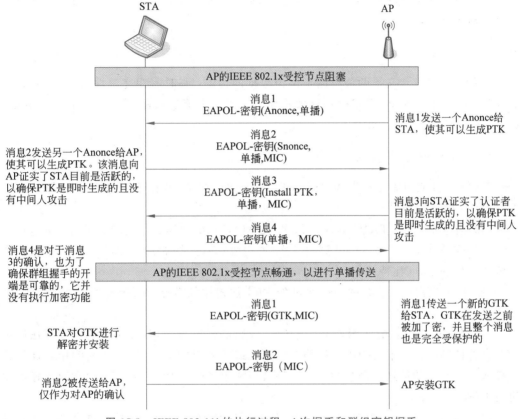

图 15.8　IEEE 802.11i 的执行过程:4 次握手和群组密钥握手

(1) 无线接入点(AP)→站点(STA):信息包括无线接入点的 MAC 地址和一个随机数 Anonce。

(2) 站点→无线接入点:站点产生自己的随机数 Snonce,并利用两个随机数和两个 MAC 地址,加上成对主密钥(PMK)来产生成对临时密钥(PTK)。站点发送包含自己的 MAC 地址和站点随机数的信息到无线接入点,并使无线接入点产生相同的成对临时密钥。该信息包含利用 HMAC-MD5 或者 HMAC-SHA-1-128 加密的信息完整性字段 (MIC)。用于信息完整性字段加密的密钥为 KCK。

(3) 无线接入点→站点:现在无线接入点能够产生成对临时密钥(PTK)。无线接入点发送信息到站点,信息包含第一次信息的相同内容,并包含信息完整性字段(MIC)。

(4) 站点→无线接入点:只是一个确认信息,仍由信息完整性字段(MIC)保护。

5. 群组密钥发布

对于群组密钥发布,无线接入点产生群组临时密钥(GTK),并发布到组播群组的每个站点中。与每个站点的两条信息交换如下。

(1) 无线接入点→站点:该信息包含由 RC4 或 AES 加密的群组临时密钥(GTK),用于加密的密钥为 KEK,信息中还附加有信息完整性字段值(GTK)。

(2) 站点→无线接入点:站点确认接收到群组临时密钥(GTK),该信息包含信息完整性字段值(GTK)。

15.2.2.4　保密数据传输阶段

IEEE 802.11i 定义了两种机制来保护数据的传输:临时密钥完整性协议(Temporal Key Integrity Protocol,TKIP)和计数器模式密码块链消息认证码协议(Counter Mode-CBC MAC Protocol,CCMP)。

1. 临时密钥完整性协议(TKIP)

TKIP 设计成只需要对支持旧版本无线局域网安全标准的设备进行软件升级即可。TKIP 提供以下两种服务。

(1) 信息完整性:TKIP 在 IEEE 802.11 MAC 帧的数据域之后增加了信息完整性字段。信息完整性字段由 Michael 算法产生,使用源和目的的 MAC 地址、数据域和密钥作为输入产生一个 64 比特的值。

(2) 数据机密性:数据机密性通过如 RC4 加密协议数据单元和信息完整性字段来获得。

256 比特临时密钥的使用如下:两个 64 比特的密钥通过 Michael 信息摘要算法产生信息完整性字段。一个密钥用来保护站点到无线接入点的信息,另一个密钥用来保护无线接入点到站点的信息。剩余的 128 比特被截断用来产生 RC4 的密钥,以便对传输数据进行加密。

对于增加的保护,一个单调增加的 TKIP 顺序计数器(TSC)分配到每个帧。该计数器有两个目的:一是计数器包含在每个 MAC 协议数据单元中并由信息完整性字段保护以防止重放攻击;二是计数器与临时会话密钥结合产生一个动态加密密钥,该动态密钥随每个协议数据单元而改变,使得密码分析更加困难。

2. 计数器模式密码块链消息认证码协议(CCMP)

CCMP 由新版本的硬件设备支持。同 TKIP 一样,CCMP 也提供了以下两种服务。

(1) 信息完整性:CCMP 使用计数器模式密码块链接消息认证码(CBC-MAC)来确保信息完整性。

(2) 数据机密性:CCMP 使用 AES 的 CTR 密码块模式进行加密。

128 位的 AES 密钥用来保证 CCMP 的完整性和机密性,该机制使用 48 比特的随机数来阻止重放攻击。

15.3　无线局域网中的安全问题

15.3.1　无线网络密码破解

随着无线上网的普及,越来越多的人开始选择无线网络来工作和娱乐,便携式的无线路由器进入千家万户。近年来一种打着可以免费上网旗号的"蹭网卡"应运而生,通过这张带有自动搜索邻家无线网络并破解密码的网卡,就能强行与他人共享无线网络。"蹭网卡"实质上是一种配备大功率天线的无线网卡,普通的无线网卡只能搜索十几米,而"蹭网卡"功率较强,可检测数百米甚至上千米范围内的无线网络信号,再配合使用无线密码破解工具,可以较快地破解一些无线密码。本节针对两种常用的无线加密方式 WEP 和 WPA 介绍破解的基本原理和方法。

1. WEP 相关基础知识

有线等效保密(Wired Equivalent Privacy,WEP)协议是对在两台设备间无线传输的数据进行加密的方式,用于防止非法用户窃听或侵入无线网络。WEP 被用来提供和有线 LAN 同级的安全性。LAN 天生比 WLAN 安全,因为 LAN 的物理结构对其有所保护,部分或全部网络埋在建筑物中也可以防止未授权的访问。WEP 的目标就是通过对无线电波中的数据加密提供安全性,如同端—端发送一样。

WEP 是 1999 年 9 月通过的 IEEE 802.11 标准的一部分,使用 RC4 流加密技术达到机密性,并使用 CRC-32 校验。标准的 64 比特 WEP 使用 40 比特的密钥接上 24 比特的初始向量(Initialization Vector,IV)成为 RC4 用的密钥。在起草原始的 WEP 标准的时候,美国政府在加密技术的输出限制中限制了密钥的长度,一旦这个限制放宽,所有的主要从业者都会用 104 比特的密钥。用户输入 128 比特的 WEP 密钥的方法一般都是用含有 26 个十六进制数(0～9 和 A～F)的字串来表示,每个字符代表密钥中的 4 比特,4×26＝104 比特,再加上 24 比特的 IV 就成了所谓的"128 比特 WEP 密钥"。有些厂商还提供 256 比特的 WEP 系统,就像上面讲的,24 比特是 IV,实际上剩下 232 比特作为保护之用,典型的做法是用 58 个十六进制数来输入,(58×4＝232 比特)＋24 个 IV 比特＝256 个 WEP 比特。

WEP 有两种认证方式:开放式系统认证(open system authentication)和共有键认证(shared key authentication)。开放式系统认证:顾名思义,就是开放型的认证方式,不需要认证信息可以直接关联接入点,WEP 密码用来加密后面的数据包;共享密钥认证:客户端需要使用 4 步骤的认证握手,其中接入点发送一个明文的挑战信息给客户端,然后客户端用 WEP 密码来加密这个明文挑战信息返回给接入点,以此认证。表面上看第二种认证方式比第一种安全,但事实却相反,第二种认证方式比第一种更不安全,因为第二种认证方式本身也是一种意义不大的认证方式,同时如果攻击者捕获明文挑战信息和用 WEP 密码加密后的密文,可以提供更多破解 WEP 密码的信息。

WEP 存在以下安全漏洞。

漏洞 1：认证机制过于简单，很容易通过异或的方式破解，而且一旦破解，由于使用的解密密钥与加密密钥是同一个，所以还会危及以后的加密部分。

漏洞 2：认证是单向的，AP 能认证客户端，但客户端无法认证 AP。为无线钓鱼攻击提供可能。

漏洞 3：初始向量 IV 太短，重用很快，为攻击者提供很大的方便。

漏洞 4：RC4 算法被发现有"弱密钥"（weak key）的问题，WEP 在使用 RC4 时没有采用避免措施。

漏洞 5：WEP 没有办法应付所谓的"重放攻击"（replay attack）。

漏洞 6：完整性检测值 ICV（Integrity Check Value）被发现有弱点，有可能传输数据被修改而不被检测到。

漏洞 7：没有密钥管理、更新、分发机制，完全要手工配置。因为不方便，用户往往常年不会去更换。

2. WEP 破解方法

由于 WEP 破解基于有效数据报文的积累，即初始向量 IV。当收集到足够数量的 IV 数据报文后，利用一些工具如 Aircrack-ng 就能够进行破解。单纯依靠时间的等待也能够抓取足够数量的报文，但如何提高数据报的获取速度从而提高破解速度也是需要考虑的问题。目前最为广泛的无线 WEP 攻击中，主要采用的就是通过回注数据报文来刺激 AP 做出响应，从而来达到增大捕获无线数据流量的目的。

首先，介绍有客户端环境和无客户端环境的区别，这里针对这一区别将 WEP 的破解分为两大类，即有客户端环境下的 WEP 破解和无客户端环境下的 WEP 破解。一般当前无线网络中存在活动的无线客户端，即有用户通过无线网络连接到 AP 上并正在进行上网等操作时，这样的环境称为有客户端的环境。而所谓无客户端环境指无线网络中没有活动的无线客户端，几乎处于没有网络流量的状态。

为了应对无客户端环境，加快积累 IV 以破解密码，可以采用在 IEEE 802.11 报文中插入预先定义好的内容来伪造数据流，迫使无线接入点产生大量的交互报文；或者发送攻击包来强制断开已连接的无线客户端，来达到伪造连接请求迫使无线接入点响应等目的。通常这需要网卡具有数据注入功能，有些网卡不提供数据注入功能，因此破解能力较低。

3. WPA 相关基础知识

WPA 的全名为 WiFi Protected Access，有 WPA 和 WPA2 两个标准，它是在前一代的有线等效加密（WEP）中找到几个严重的弱点后产生的。WPA 实现了大部分 IEEE 802.11i 的安全标准，是在 IEEE 802.11i 完备之前替代 WEP 的过渡方案。WPA 的设计可以用在所有的无线网卡上，但未必能用在第一代的无线接入点上。WPA2 实现了完整的标准，但不能用在某些早期的网卡上，所以有些无线网卡无法与使用 WPA2 协议的无线接入点建立连接。这两个都提供优良的安全保护能力，建议设置无线网络时使用 WPA/WPA2，而不推荐使用 WEP，现在市面上的无线路由器基本上都取消了 WEP 协议。

WPA 通过使用 TKIP 来解决 WEP 中的安全漏洞。使用的密钥与网络上每一台设备的 MAC 地址及一个更大的初始化向量合并，来确保每一个节点均使用一个不同的密钥流对其数据进行加密。随后 TKIP 会使用 RC4 加密算法对数据进行加密，但与 WEP 不同的是，TKIP 修改了常用的密钥，从而使网络更安全，不易遭到破坏。

WPA 也包括完整性检查功能以确信密钥尚未受到攻击，同时加强了用户认证功能，并包含对 IEEE 802.11x 和 EAP(扩展认证协议)的支持。这样 WPA 既可以通过外部 RADIUS(远程验证拨入用户服务)对无线用户进行认证，也可以在大规模网络中使用 RADIUS 协议自动更改和分配密钥。

WPA 可分为以下两类。

(1) 针对家庭及个人的 WPA-PSK：在小型网络或家庭环境中提供此种级别的安全性。它使用称为预共享密钥(PSK)的密码，此密码越长，无线网络的安全性就越强。其中，对于加密，WPA 使用 TKIP，这是一种建立动态密钥加密和互相验证的机制。PSK 是设计给负担不起 IEEE 802.1x 验证服务器的成本和复杂度的家庭和小型公司网络用的，每一个使用者必须输入预共享密钥 PSK 来使用无线网络，而 PSK 可以是 8～63 个 ASCII 字符，或是 64 个十六进制数字(256 位)。使用者可以自行斟酌要不要把 PSK 存在计算机中以省去重复输入的麻烦，但 PSK 一定要存在 WiFi 接入点中。

(2) 对于商业/企业的 WPA-Enterprise：在有 IEEE 802.1x RADIUS 服务器的企业网络上提供此种级别的安全性。其中，EAP 用于验证过程中的消息交换。它通过 RADIUS 服务器验证用户的身份，为无线网络提供企业级安全性。

WPA2 是经 WiFi 联盟验证过的 IEEE 802.11i 标准的认证形式。WPA2 实现了 IEEE 802.11i 的强制性元素，特别是 Michael 算法被公认彻底安全的 CCMP 所取代，而 RC4 也被 AES 取代。Windows XP 对 WPA2 的正式支持于 2005 年 5 月 1 日推出。苹果计算机在 2005 年 7 月 14 日后相关无线设备也都支持 WPA2。

4. WPA 密码破解的方法

由于 WPA 不像 WEP 有设计上的漏洞，目前针对 WPA/WPA2 的破解方法只能依赖于字典破解或暴力破解，所以破解策略基本上是提高字典效率或提高计算能力等。

WPA-PSK 的破解基于 WPA-PSK 握手验证报文数据的获取与识别，攻击者为了获取 WPA-PSK 握手报文会发送一种称为 Deauth 的数据包来将已经连接至无线路由器的合法无线客户端强制断开，此时，客户端就会自动重新连接无线路由器，攻击者就会有机会捕获包含 WPA-PSK 握手验证的完整数据包。攻击者只要能够获取到 WPA-PSK 握手数据报文，就可以使用一些攻击软件如 Aircrack-ng 配合 WPA 密码字典进行暴力破解。最早的 WPA 密码破解完全是基于 WPA 密码字典的破解方式，这种方式易于操作，也不需要特别复杂的程序实现。然而，随着无线局域网用户越来越重视密码的强健性，密码长度和复杂度也越来越大，这就导致 WPA 字典变大，密码破解的时间也越来越长，有时候，密码破解的时间甚至用年来计算。暴力破解的关键就在于时效性，如何提升破解速度是重点。目前，就提升破解速度的方法大致有这几类：建立 WPA-PSK Hash Tables 加速破解 WPA 密码；利用图形处理器 GPU 加速破解 WPA 密码；利用分布式计算破解

WPA 密码。

(1) 基于 Hash Tables 的方法。

可以说,长期进行密码学研究的人很多都知道这个。在很多年前,国外的黑客们就发现单纯地通过导入字典,采用和目标相同算法破解,其速度其实是非常缓慢的,就效率而言根本不能满足实战需要。之后通过大量的尝试和总结,黑客们发现如果能够实现直接建立出一个数据文件,里面事先记录了采用和目标同样算法计算后生成的 Hash 散列数值,在需要破解的时候直接调用这样的文件进行比对,破解效率就可以大幅度地提高,这样事先构造的 Hash 散列数据文件在安全界被称为 Hash Tables。

最出名的 Tables 是 Rainbow Tables,即安全界中常提及的彩虹表,最初它是以 Windows 的用户账户 LM/NTLM 散列为破解对象的。简单说明一下,在 Windows 2000/Windows XP/Windows 2003 系统下,账户密码并不是明文保存的,而是通过微软公司所定义的算法,保存为一种无法直接识别的文件,即通常所说的 SAM 文件,可以将其以散列的方式提取,以方便导入到专业工具破解。

2003 年 7 月瑞士洛桑联邦技术学院 Philippe Oechslin 公布了一些实验结果,它及其所属的安全及密码学实验室(LASEC)采用了时间内存替换的方法,使得密码破解的效率大大提高。作为一个例子,它们将一个常用操作系统的密码破解速度由 1 分 41 秒,提升到 13.6 秒。这一方法使用了大型查找表对加密的密码和由人输入的文本进行匹配,从而加速了解密所需要的计算。这种称作"内存-时间平衡"的方法意味着使用大量内存的黑客能够减少破解密码所需要的时间。

于是,一些受到启发的黑客们事先制作出包含几乎所有可能密码的字典,然后将其全部转换成 NTLM Hash 文件,这样,在实际破解时,就不需要再进行密码与 Hash 之间的转换,直接就可以通过文件中的 Hash 比对来破解 Windows 账户密码,节省了大量的系统资源,使得效率能够大幅度提升。当然,这只是简单的表述,采用的这个方法在国际上就被称为 Time-Memory Trade-Off,即刚才所说的"内存-时间平衡"法,有的地方也会翻译成"时间-内存交替运算法"。其原理可以理解为以空间换取时间。

在理解"内存-时间平衡"法和 Table 的存在意义后,让我们回到无线领域,破解 WPA-PSK 也可以用同样的思想。在 2006 年举行的 RECON 2006 安全会议上,一位来自 Openciphers 组织的名为 David Hulton 的安全人员详细演示了使用 WPA-PSK Hash Tables 破解的技术细节,给与会者极大的震动。

PTK 就是在 PMK 的基础上进行预运算产生的 WPA Hash,这个 Hash 将用来和 WPA 握手包中的值对照,若匹配即为密码。这种采用了类似 Rainbow Tables 原理,通过 Pre-Compute 即预运算的方式,来进行提前运算以生成 WPA-PSK 加密 Hash,从而建立的 WPA-PSK Hash Tables 可以有效地大幅度提升破解效率。一般来说,可以将以前的 100~300key/s 的普通单机破解速率,提升到 30 000~100 000key/s,提升了近 300~1000 倍。就一些地下组织而言,通过改进优化代码等方式使得破解速率突破了 150 000key/s,而且还有提升空间。

(2) 利用 GPU 破解 WPA 密码。

GPU 的英文全称为 Graphic Processing Unit,中文翻译为"图形处理器"。GPU 是相对于 CPU 的一个概念,由于在现代的计算机中(特别是图像处理系统、游戏发烧友计算机)图形处理变得越来越重要,需要一个专门的图形核心处理器。

GPU 是显示卡的"心脏",GPU 相当于专用于图像处理的 CPU,正因为它专业,所以它的图形处理能力、浮点运算能力强,在处理图像时它的工作效率远高于 CPU。利用 GPU 破解密码正是发挥了其浮点运算能力强的特点。

2009 年 1 月 15 日,俄罗斯的一家软件公司 ElcomSoft 推出了 Wireless Security Auditor 1.0,声称可以利用 GPU 的运算性能快速攻破无线网络 WPA-PSK 及 WPA2-PSK 密码,运算速度相比使用 CPU 可提高最多上百倍。

这款软件的工作方式很简单,就是利用词典去暴力破解无线 AP 上的 WPA 和 WPA2 密码,还支持字母大小写、数字替代、符号顺序变换、缩写、元音替换等 12 种变量设定,在 AMD 和 NVIDIA 显卡上均可使用。

在 Core 2 Duo E4500 和 Core 2 Quad Q6600 处理器上,该软件每秒钟可以试验 480 个和1100 个密码,换成 GeForce GTX 280、Radeon HD 4870、Radeon HD 4870 X2 这些显卡能大幅增至 11 800 个、15 750 个和 31 500 个,而当时最出色的是 NVIDIA 的视觉计算系统 Tesla S1070,每秒钟可达 52 400 个,相当于 E4500 的 110 倍。

(3) 利用分布式计算提高破解效率。

分布式计算是一种把需要进行大量计算的工程数据分割成小块,由多台计算机分别计算,再上传运算结果并将结果统一合并后得出数据结论的技术。

目前常见的分布式计算项目通常使用世界各地上千万志愿者计算机的闲置计算能力,通过互联网进行数据传输。如分析计算蛋白质的内部结构和相关药物的 Folding@home 项目,该项目结构庞大,需要惊人的计算量,由一台计算机计算是不可能完成的。即使现在有了计算能力超强的超级计算机,但是一些科研机构的经费却又十分有限。

在并行算法中,对资源的要求除了时间和空间之外,还包括计算机的数量。在并行系统中,更多的计算机会使得问题解决得更加快速。在分布式算法分析中,人们更加关注的是计算机间的通信而不是算法步骤。同步系统可能算是最简单的分布式系统了,因为它里面所有的节点步调一致。在每一轮通信中,所有节点并行:

① 从它们邻居节点接收最新消息。

② 执行任意的本地计算。

③ 给邻居节点发送信息。

比较流行的分布式计算方案是使用 MapReduce 分布式系统计算破解 WPA 密码。MapReduce 正式发表是在 2004 年,是在超大集群上进行高性能分布式计算的经典算法。MapReduce 是工作在分布式环境下的一种扩展灵活的算法,搜索引擎公司经常会处理大量的网页,计算网页的权值,例如统计一个网页的单词数量,都是在分布式计算环境下做的。

由此可以看出,MapReduce 分布式处理大数据流量游刃有余,如果用来破解 WPA 密码,可以同时分布处理很多密钥,这样大大加快了 WPA 破解的速度,但是这个破解方法成本太大,同样,破解速度也受到计算机运算速度的制约。

15.3.2　无线阻塞攻击

无线阻塞攻击通常指无线网络中的拒绝服务攻击,即攻击者利用网络协议中的缺陷或直接通过野蛮手段耗尽被攻击对象的资源,目的是让目标计算机或网络无法提供正常的服务或资源访问,或使目标系统的服务系统停止响应甚至崩溃。这些服务资源包括网络带宽、开放的进程或者允许的连接等。拒绝服务攻击通常会导致资源的匮乏,无论计算机的处理速度多快、内存容量多大、网络带宽的速度多高都无法避免这种攻击带来的后果,因为任何事物都有一个极限,所以总能找到一个方法使请求的值大于该极限值,最终导致整个网络性能严重下降。

这里提到的无线阻塞攻击主要是利用 IEEE 802.11 协议所特有的一些漏洞进行拒绝服务攻击。下面将分析几种较为常见的无线局域网络的拒绝服务攻击方法。

1. 物理层的阻塞攻击

由于无线局域网的物理层使用无线电信号,所以这些信号一旦受到干扰,就会遭受阻塞攻击,物理层的阻塞攻击主要有射频干扰攻击(RF Jamming Attack),该攻击通过发出干扰射频实现破坏无线通信的目的。IEEE 802.11 协议标准规定,WLAN 主要工作在 2.4GHz 和 5GHz 两个频段上,采用带冲突避免的载波感应多路访问(CSMA/CA)机制。该机制采用避免冲突检测,使用信道空闲评估(CCA)算法来决定信道是否空闲。当移动终端或 AP 接收到干扰信号或碰撞信号后就会有所响应,进入等待或重发状态。信道干扰攻击正是利用了该机制的原理,在 WLAN 工作的频段上施放大功率的信号,使移动终端或 AP 误以为是信道繁忙,从而放弃该次通信。如果攻击者长时间地实施攻击,则整个 WLAN 的吞吐量会大幅下降,从而达到了拒绝服务的目的。

目前主要的实现方式有全频道阻塞干扰和瞄准式阻塞干扰等。全频道阻塞干扰即大功率完全覆盖干扰,这种干扰完全覆盖目标区域的整个频段,如 2.4GHz,有效阻塞几乎所有正常信号传输,但干扰效果有距离限制。瞄准式干扰则只针对某一段频带进行干扰,如攻击方破解了对方的通信频带,发送干扰信息,而攻击方自己不会受到影响。现有的干扰方式主要通过高传输功率和频繁地注入干扰信号来中断通信,这样就加大了被检测到的风险。然而,攻击者可以间歇性地向介质中注入信号并且占用信道,干扰正常通信并以最小的干扰成本来中断 WLAN 业务。

还有一些针对 IEEE 802.11 速率自适应算法(RAA)的弹性智能干扰攻击,利用了 IEEE 802.11 MAC 层协议中的设计缺陷,如数据包传输速率的透明化,可预见性的速率选择机制,节点等概率传输和缺乏干扰分化。

2. 过载攻击

过载攻击(overloaded attack)类似于传统有线网络中的 DoS 攻击,它是通过大量发送非法数据帧,完全占用 AP 或者是客户端资源,使其拒绝新的合法用户的请求。这种攻击根据发送的数据帧不同主要分成以下几种。

1) 认证洪水攻击

认证洪水攻击(Authentication Flood Attack)是拒绝服务攻击的一种形式,该攻击从处于已连接/已认证状态(见图 15.9 状态 3)的关联客户端向 AP 发送大量伪造的身份认证请求帧(伪造的身份验证服务和状态代码)。当收到大量伪造的身份验证请求超过所能承载的能力时,AP 将断开其他无线服务连接。在一般情况下,为了进行认证洪水攻击,攻击者会先使用一些看似合法,但其实是随机生成的 MAC 地址来伪造正常的客户端,然后攻击者将这些伪造的认证数据帧大量发送给 AP,对 AP 发送持续并且猛烈的连接请求,最终导致 AP 连接列表出现错误。

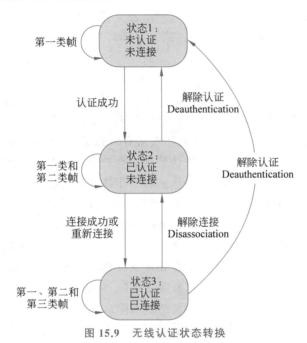

图 15.9 无线认证状态转换

2) 关联洪水攻击

关联洪水攻击(Association Flood Attack)原理和认证洪水攻击类似,不过攻击者通过大量伪造的无线客户的关联填充 AP 的客户端关联列表来使 AP 拒绝向其他合法的无线用户提供服务。在 IEEE 802.11 协议中,预共享密钥身份认证存在一定缺陷,其安全选项只是开放身份认证,即空身份认证,因此它依赖于更高级的身份认证方法,如 IEEE 802.1x。在一般情况下,开放身份认证允许客户端在通过身份验证后进行关联,利用这种漏洞可以在状态 3 的客户端模拟出很多伪造的客户端向 AP 发动洪水式的拒绝服务攻击。

3) Beacon 洪水攻击

Beacon 数据包用于定期向整个无线局域网络通告 AP 的信息,Beacon 洪水攻击(Beacon Flood Attack)就是攻击者利用 Beacon 数据包的特性,大量伪造不同 AP 的Beacon 数据包发往无线局域网络中,试图使无线网络中的正常用户的无线网络扫描器甚至是网卡驱动瘫痪。

随着无线网络硬件功能的不断加强,以上 3 种攻击已很难达到预想的效果。

3. 认证攻击

IEEE 802.11 定义了一种客户端状态机制，用于跟踪无线客户端身份验证和关联验证。无线终端和 AP 基于 IEEE 标准实现这种状态机制，如图 15.9 所示。成功关联的无线客户端停留在状态 3，才能进行无线通信。处于状态 1 和状态 2 的客户端在通过身份认证和关联前无法参与 WLAN 数据通信过程。

由于现有的安全协议不能对控制帧和管理帧提供保护和认证，因此攻击者可以通过伪造这两种帧来发起阻塞攻击。认证攻击（Authentication Attack）是利用 IEEE 802.11 协议中客户端和 AP 之间认证和关联过程中的漏洞进行攻击的方式，这类攻击往往具有很高的效率，并且可以实现 AP 对于特定或是全部客户端的完全拒绝服务。这类攻击主要分为以下几种。

1）解除认证攻击（Deauthentication Attack）

由于 IEEE 802.11 协议在 MAC 层通过 MAC 地址判断发送端的合法性，没有使用严格的认证机制来确保发送端的合法性，从而导致无法对解除认证帧的合法性进行判断。

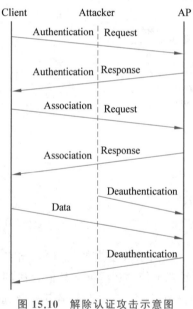

图 15.10 解除认证攻击示意图

因此，攻击者可以通过修改数据包的 MAC 源地址来伪装合法客户端或 AP 来发送解除认证帧，被解除认证的工作站发送的数据帧就不会再被 AP 所接收。该解除是单方面的，即一旦接收到解除认证帧就立即断开连接，如图 15.10 所示。一般来说，在攻击者发送另一个解除认证攻击之前，客户端会重新关联和认证以再次获得服务，如果攻击者频繁地发送解除认证帧，将导致客户端无法进行正常的通信，从而造成解除认证拒绝服务攻击。这种形式的攻击在断开客户端无线服务方面非常有效和快捷。

2）解除关联攻击（Disassociation Attack）

解除关联认证的攻击方式和解除认证攻击的方式很类似，但是发送的数据包类型却是不同的，它通过伪造从 AP 到客户端的单播取消关联数据帧来将客户端从已关联/已认证状态转换到未关联/已认证状态。攻击者还可以发送断开连接请求帧发动解除关联攻击，攻击者也可以发送大量的解除关联帧使 AP 忙于处理这些请求，从而不能正常通信，导致网络拒绝服务。相比之下，解除认证攻击具有更大的灵活性。一方面，发起这种攻击所需要的数据量比较少，而且它所要求的信道干扰时间也很少，隐蔽性较好；另一方面，由于可以针对某一个工作站发送解除认证数据，这样便可以阻止某个特定的工作站访问网络，攻击的针对性比较强。

3）虚假认证攻击（Failure Authentication Attack）

虚假认证攻击和解除认证攻击的结果是相同的，但是攻击手段有所不同。它通过向 AP 发送伪造的特定客户端的认证数据帧（含有一些 AP 无法解析的参数），使 AP 拒绝向该客户端提供服务。

以上 3 种攻击利用 IEEE 802.11 协议认证过程中存在的漏洞，在真实的环境里有很强的攻击效果。

4. 持续时间攻击

为了解决隐藏节点和大数据帧传输过程冲突等问题，IEEE 802.11 协议使用网络分配向量（Network Allocation Vector，NAV）实现了虚拟载波侦听（Virtual Carrier Sense）的技术，其数据帧时序如图 15.11 所示。

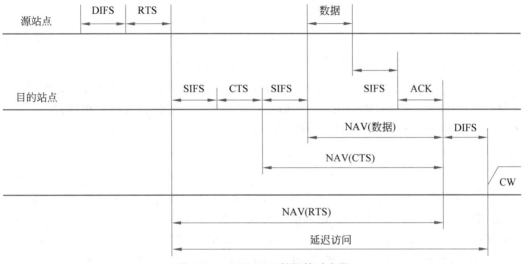

图 15.11 RTS/CTS 数据帧时序图

当一个无线网络节点准备发送的数据帧大于 RTS（Request to Send）门限时（大于 2347 字节）或是网络中存在隐藏节点时，它会首先单播发送 RTS 控制数据帧，其中的持续时间（duration）字段将被设置为一段时间（包括 3 个 SIFS 间隔、CTS 发送时间、数据发送时间和 ACK 发送时间），目的节点收到 RTS 后会以广播发送 CTS（Clear to Send）控制数据帧通知整个无线网络的节点，该 CTS 数据帧的持续时间字段包括两个 SIFS 间隔、数据发送时间和 ACK 发送时间。网络中的任何节点收到 RTS 或者是 CTS 后都将根据数据帧的持续时间字段设置自己的 NAV 时间。如果 NAV 为一个非零数值，那么节点就不能发送数据。很显然，利用 RTS/CTS 握手的方式可以有效地防止某些特殊情况下信道的冲突问题，但是，这一机制也很可能被别有用心的攻击者所利用，发动拒绝服务攻击。攻击者可以定期利用 RTS 控制数据帧或是 CTS 控制数据帧来达到占用整个信道的目的。RTS 或者 CTS 的持续时间字段的最大值为 32 767μs，约为 32ms，因此理论上来说，只要攻击者每秒发送 31 次含有最大持续时间的 RTS 或是 CTS 控制数据帧就能完全占用无线信道。

因为部分厂商生产的 802.11 产品并未完全实现 IEEE 802.11 协议标准的所有功能（例如 RTS/CTS 机制），所以这类持续时间攻击在实际环境中并不是一定可行的。

5. 节能攻击

节能攻击(power saving attack)利用了 AP 节能机制的漏洞。AP 为了节省能量,客户端往往会处于一个"休眠"状态,则 AP 本应该发往客户端的数据会暂存于 AP 的缓冲区中。当客户端恢复正常后,发送一个 PS-Poll(Power-Save Poll)帧通知 AP 将其暂存于缓冲区中的数据发送给它,发送完毕后清除缓冲区中的数据。攻击者可以先通过伪造处于休眠状态客户端的 MAC 地址,随后向 AP 发送 PS-Poll 帧,AP 会认为这个帧来自一个合法客户端,并将其缓冲区中的帧发送后清除,当合法客户端从休眠中恢复时,将永远无法接收到这些帧。

同样,我们也可以欺骗客户端,谎称 AP 没有缓存数据。缓存的数据包显示在一个定期广播的数据包中,叫作流量指示表或 TIM。如果 TIM 报文自身是伪造的,攻击者可以使客户端相信没有属于自己的数据包,并使客户端切换回睡眠状态。

最后,节能的方式依靠 AP 和客户端之间的时间同步,这样客户端就知道何时苏醒。关键的同步信息在发送过程中是不认证的并且是明文。通过伪造这些管理数据包,攻击者可以阻止客户端与 AP 同步和在合适的时间苏醒。

15.3.3　无线钓鱼攻击

无线钓鱼接入点攻击是指攻击者在公共场合架设一个伪装的无线接入点(Access Point,AP),设置与真实 AP 完全相同的服务集标识(Service Set Identifier,SSID),使得受害者误连上冒牌的无线接入点,可进一步开展窃取密码等攻击。国外有些学者称为 Evil Twin AP(邪恶双子 AP)或者 Rogue AP(流氓 AP),它具有与合法授权 AP 相同的 SSID,但事实上它是攻击者设置的用来窃听合法用户的无线通信。无线钓鱼 AP 被定义为不合法的接入点,它并不是由 WLAN 运营商或管理者部署的。这种攻击很难被跟踪发现,因为攻击者启动和关闭设备具有突然性和随机性,他们获取目标所持续的时间也很短。无线钓鱼 AP 攻击通常发生在一些有免费 AP 的地方,例如机场、咖啡店、宾馆和图书馆。在部署无线钓鱼 AP 后,攻击者可以发动被动攻击,如侦听敏感通信。攻击者还可以发动主动攻击,如采用"中间人"攻击方式,操纵 DNS 服务器,控制路由器等。防御无线钓鱼 AP 具有重要的安全意义,它可以从物理层面杜绝后续一系列的网络攻击。

1. 原理与实现

无线钓鱼 AP 攻击的基本原理很简单,通常无线钓鱼 AP 越靠近用户则越容易成功,这是因为根据 IEEE 802.11 协议标准,当周围存在多个配置相同的 AP 时,客户端总是会选择信号最强的一个连接,目前大部分无线客户端设备的操作系统,如个人计算机上的 Windows 操作系统,智能手机和平板计算机上的 iOS 和 Android 操作系统,都不会区分 SSID 相同的无线接入点,且默认的网络配置软件只显示信号强度最强的一个无线接入点,操作系统默认为"瘦"AP 模式,即使用多个同名无线网桥建立网络连接。当无线 AP 出现信号不好、数据丢包等情况,这些操作系统会自动切换到另一同名 AP 而不会给用户任何提示,以方便用户在无线局域网中漫游使用。因此,为了吸引用户连接,无线钓鱼

AP 的信号一般要比其他合法 AP 的信号强。无线钓鱼 AP 攻击的基本步骤是,首先攻击者挑选一个合法 AP,准备以此为目标进行复制;其次攻击者获取合法 AP 的 SSID 名称、无线频道、无线加密方式等配置信息;最后,攻击者按相同的配置设置部署好伪 AP 等待用户上当,或者攻击者主动发送欺骗报文给 AP,强制用户断开与合法授权 AP 的连接。无线钓鱼 AP 攻击原理图如图 15.12 所示。

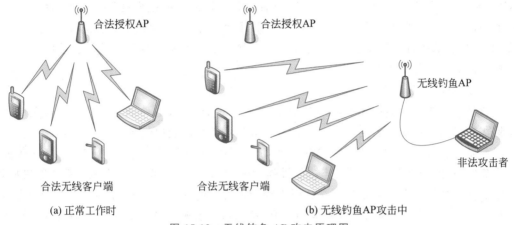

图 15.12　无线钓鱼 AP 攻击原理图

无线钓鱼 AP 攻击的目的主要有 3 个。

(1) 伪装成正常工作的基站,使得合法客户端连接至钓鱼 AP,转发客户端网络连接请求,以截获数据内容或进行数据流操控。

(2) 恶意创建大量虚假 AP 基站信号,达到干扰正常无线通信、破坏合法用户网络通信的目的,形成拒绝服务攻击。

(3) 由间谍或被收买的内部成员在内部有线网络设备上偷偷搭设非法 AP,以便从外部可以轻松渗透高强度安全环境,如采用内外网隔离的机构。这里主要分析第一类的无线钓鱼攻击,即诱使无线客户端访问虚假无线接入点的攻击方式。

目前,主要有两类无线钓鱼 AP 可以通过不同的设备进行配置。第一种类型是使用典型的无线路由器作无线钓鱼 AP。第二种类型是在一台便携式笔记本计算机上配置两块无线网卡,一块是使用 Client 模式用来连接真的 AP,以便将用户数据转发回 Internet,另一块网卡设置为 AP 模式,网卡本身配置成一个无线 AP,吸引其他用户接入,其中比较著名的无线钓鱼软件就是 AirSnarf。AirSnarf 是一个简单的恶意无线接入点设置使用程序,旨在展示一个无线钓鱼 AP 如何从公共无线热点窃取用户名和密码,AirSnarf 是一款跨平台软件,目前已经支持 Windows、Linux 操作系统,甚至可以作为固件刷入 Linksys WRT54G 系列的无线路由器中。同时 AirSnarf 还需要其他自动化应答工具辅助以形成完整的无线钓鱼 AP,如 DNS 域名解析服务、Web 应用服务、动态网站环境等。

2. 无线钓鱼 AP 攻击方式

无线钓鱼 AP 可以被动地等待客户来连接,也可以通过强制发送假冒的取消连接请求帧或取消认证帧来强制改变用户连接。因此,无线钓鱼 AP 攻击可以大致分为等待式攻击和强制式攻击。

1) 等待式攻击

目前大部分无线钓鱼 AP 攻击都属于等待式攻击,即攻击者通过设置与合法 AP 相同的 SSID、信道、加密方式的钓鱼 AP 后,被动等待受害者连接钓鱼 AP。通常因为合法 AP 信号不好、数据丢包、无线网络过载,或者钓鱼 AP 具有更强大的发射功率,用户会误连上钓鱼 AP。这种被动钓鱼的攻击效果有限,因为其依赖于用户是否会选择伪装 AP 连接,如果合法 AP 的信号强度更好,通常用户计算机的操作系统会默认连接合法的 AP,等待式钓鱼 AP 则失去作用。

2) 强制式攻击

强制式无线钓鱼 AP 攻击,即攻击者部署好钓鱼 AP 后,主动地通过前文所提到的无线阻塞攻击来切断受害者与合法 AP 的连接,此时受害者被迫选择与钓鱼 AP 连接。研究调查显示,目前基于 PC 终端的 Windows 操作系统和基于移动终端 Android、iOS 等操作系统中,不区分同名 AP,默认连接信号强度强的 AP。受害者与合法 AP 断开连接后,操作系统很容易自动切换至钓鱼 AP 而不给受害者任何提示,攻击者利用这一特点,进行强制式攻击,使得攻击效果得到极大的提升,从而可以实施后续相关攻击。强制式无线钓鱼 AP 攻击的原理图如图 15.13 所示。

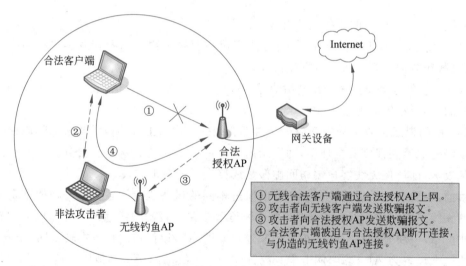

图 15.13　强制式无线钓鱼 AP 攻击原理图

强制式无线钓鱼 AP 攻击常常需要无线阻塞攻击的配合。在 WLAN 中,攻击者可以通过多种方式实施无线阻塞攻击,在前文中已经提到,如利用物理频率干扰方式阻止 WLAN 的接入,或者是通过发送大量的消息以耗尽网络带宽,或者是利用安全机制,使 AP 和无线客户端疲于应付数据安全性验证,以降低用户的接入速率等。另一种方式是向 AP 发送大量无效的关联信息,导致 AP 因信息量过载而瘫痪,不能提供正常的无线接入服务,影响其他合法无线客户端与 AP 间建立关联关系。

习题

1. 什么是 IEEE 802.11 WLAN 的基本构架模型?

2. 简要列出 IEEE 802.11 服务。

3. 简要描述 IEEE 802.11i 操作的 4 个阶段。

4. TKIP 和 CCMP 之间的区别是什么?

5. 为什么 WEP 比 WPA 更容易破解?

6. 目前破解 WPA 的策略有哪些?

7. 什么是无线阻塞攻击? 目前有哪几类的无线阻塞攻击?

8. 什么是无线钓鱼攻击? 如何防范无线钓鱼攻击?

第 16 章　恶 意 代 码

代码是指执行后可完成某种特定功能的计算机程序。但任何事物都有两面性，人类发明的所有工具既可给人类造福，也可起到破坏作用，这完全取决于使用工具的人。计算机程序也不例外，在软件工程师们编写大量有用的软件（操作系统、应用系统和数据库系统等）的同时，黑客们却编写着扰乱社会和他人，甚至起着破坏性作用的计算机程序。

16.1　恶意代码概述

在 Internet 安全事件中，恶意代码造成的经济损失占有很大的比例。恶意代码（Malicious Code）是一种被（往往是秘密地）植入系统中，损害受害者数据、应用程序或操作系统的机密性、完整性或可用性，抑或对用户实施骚扰或妨碍的代码。它能够通过存储介质或网络进行传播，未经授权认证访问或者破坏计算机系统。目前，恶意代码主要包括计算机病毒（Virus）、蠕虫（Worm）、木马程序（Trojan Horse）、后门程序（Backdoor）和逻辑炸弹（Logic Bomb）等。日益严重的恶意代码问题，不仅使企业及用户蒙受了巨大经济损失，而且使国家的安全面临着严重威胁。恶意代码已成为信息战、网络战的重要手段。

一个典型的例子是在电影《独立日》中，美国空军对外星飞船进行核轰炸没有效果，最后给敌人飞船系统注入恶意代码，使敌人飞船的保护层失效，从而拯救了地球。电影里面的这个情节显示了好莱坞编剧的想象力，但这里有明显的漏洞，因为在对敌人飞船软件系统不了解的情况下，是不可能编写出恶意代码的，不过这也说明对恶意代码进行研究的重要性。现实中一个有名的例子是震网（Stuxnet），这是一种 Windows 平台上的计算机蠕虫，2010 年 6 月首次被白俄罗斯安全公司 VirusBlokAda 发现，其名称是从代码中的关键字得来，它的传播是从 2009 年 6 月开始甚至更早，首次大范围报道的是 Brian Krebs 的安全博客。它是首个针对工业控制系统的蠕虫病毒，利用西门子公司控制系统（SIMATIC WinCC/Step7）存在的漏洞感染数据采集与监控系统（SCADA），能向可编程逻辑控制器（PLC）写入代码并将代码隐藏。这是有史以来第一个包含 PLC Rootkit 的计算机蠕虫，也是已知的第一个以关键工业基础设施为目标的蠕虫。此外，该蠕虫的可能目标为伊朗使用西门子控制系统的高价值基础设施。据报道，该蠕虫病毒可能已感染并破坏了伊朗纳坦兹的核设施，并最终使伊朗的布什尔核电站推迟启动。

恶意代码的特征包括 3 方面：它带有恶意的目的、它本身是计算机程序和它一般通过执行来发挥作用。通常，更多的人认为"病毒"代表了所有感染计算机并造成破坏的程序。事实上，恶意代码更为通用，病毒只是一种类型的恶意代码而已。

16.1.1　恶意代码的发展史

早在 1949 年,计算机的先驱者约翰·冯·诺依曼在他的论文《自我繁衍的自动机理论》中已把病毒的蓝图勾勒出来,当时,绝大部分的计算机专家还不太相信这种会自我繁殖的程序。然而短短十年之后,磁芯大战(core war)在贝尔实验室中诞生,使他的设想成为事实。磁芯大战就是汇编程序间的大战,程序在虚拟机中运行,并试图破坏其他程序,生存到最后即为胜者。程序用一种特殊的汇编语言(RedCode)完成,运行于叫作 MARS(Memory Array RedCode Simulator)的虚拟机中。它是 3 个年轻人在工作之余时的产物。他们是麦耀莱、维索斯基以及莫里斯。其中莫里斯就是后来制造了"莫里斯蠕虫"的罗伯特·莫里斯的父亲。当时 3 个人的年纪都只有二十多岁。

用于磁芯大战的游戏有多种,例如有个叫爬行者(Creeper)的程序,每一次执行都会自动生成一个副本,很快计算机中原有资料就会被这些爬行者侵蚀;"侏儒"(Dwarf)程序在记忆系统中行进,每到第五个"地址"(address)便把那里所储存的内容变为零,这会使原本的程序严重破坏;最奇特的就是一个叫"印普"(Imp)的战争程序了,它只有一行指令,那就是"MOV 0,1",其中 MOV 是 Move 的简写,即移动的意思。它把身处的地址中所下载的 0 写(移)到下一个地址中,当"印普"展开行动之后,计算机中原有的每一行指令都被改为"MOV 0,1",换句话说,荧光屏上留下一大堆"MOV 0,1"。

在那些日子里,计算机都没有联网,是互相独立的,因此病毒瘟疫很难传播。如果有某台计算机受到"感染",失去控制,工作人员只需把它关掉便可。但是当计算机连接到互联网逐渐成为社会结构的一部分之后,一个会自我复制的病毒程序便很可能带来无穷的祸害。例如,爬行者程序就能从一台计算机"爬"到另一台计算机中。因此,长久以来,懂得玩"磁芯大战"游戏的计算机工作者都严守一项不成文的规定:不对大众公开这些程序的内容。

第一次关于计算机病毒的报道发生在 1981 年,在计算机游戏中发现了 ELK Cloner 病毒。

1986 年,第一个 PC 病毒 Brain Virus 感染了 Microsoft 的 DOS 操作系统,当时主流的 DOS 系统和此后的 Windows 系统成为病毒和蠕虫攻击的主要目标。

1988 年,由 Robert Tappan Morris 编写的 Morris 蠕虫,顷刻之间使 6000 多台计算机(占当时 Internet 上计算机总数的 10％以上)瘫痪,造成了严重的后果,并因此引起了世界范围内的关注。

1990 年,第一个多态的计算机病毒出现,为了逃避反病毒系统,这种病毒在每次运行时都会变换自己的表现形式,从而揭开了多态病毒代码的序幕。

1992 年,病毒构造集(Virus Construction Set,VCS)发布,这是一个简单的工具包,用户可以用此工具自己定制恶意代码。

1995 年,首次发现宏病毒,宏病毒使用 Microsoft Office Word 的宏语言实现感染 Word 文件,此类技术很快波及其他程序中的宏语言。

1998 年,CIH 病毒造成数千万台计算机受到破坏,由于当时很多计算机主板 BIOS 支持软件升级,CIH 病毒可以破坏主板上的 BIOS 系统,对硬件主板进行破坏,打破了人们认为病毒只能破坏软件的观念。

　　1999 年，Happy 99、Melissa 病毒大爆发，Melissa 病毒通过 E-mail 附件快速传播而使 E-mail 服务器和网络负载过重，它还将敏感的文档在用户不知情的情况下按地址簿中的地址发出。

　　2000 年 5 月爆发的"爱虫"病毒及其以后出现的 50 多个变种病毒，仅一年时间就感染了 4000 多万台计算机，造成了大约 87 亿美元的经济损失。

　　2001 年 8 月，"红色代码"蠕虫利用 Microsoft Web 服务器 IIS 4.0 或 IIS 5.0 中 Index 服务的安全漏洞，攻破目标机器，并通过自动推送方式传播蠕虫，造成其在互联网上大规模泛滥。

　　2003 年，SQL Slammer 蠕虫在 10 分钟内导致 Internet 上 90% 的脆弱主机受到感染。同年 8 月，"冲击波"蠕虫爆发，8 天内导致全球计算机用户损失高达 20 亿美元以上。

　　2004 年至 2006 年，"振荡波"蠕虫、"爱情"后门、"波特"后门等恶意代码利用电子邮件和系统漏洞对网络主机进行疯狂传播，给人类社会造成了巨大的经济损失。

　　2007 年 1 月，"熊猫烧香"病毒爆发。该病毒不仅通过带毒网站感染用户，还会通过 QQ 漏洞、网络文件共享、默认共享、系统弱口令、U 盘及移动硬盘等多种途径传播，严重的会导致整个局域网内的所有计算机全部中毒。

　　2008 年 3 月"磁碟机"病毒迅速传播，该病毒主要通过 U 盘和局域网的 ARP 攻击传播。它会关闭一些安全工具和杀毒软件并阻止其运行，其造成的危害和损失是熊猫烧香病毒的 10 倍。

　　2009 年 2 月，"犇牛"出现，它采用劫持 DLL 文件的技术，在系统重装后仍能"复活"，计算机重装系统后仍不能自救。

　　2010 年 2 月，"极虎"病毒是一款集合了"磁碟机""AV 终结者""中华吸血鬼""猫癣"下载器为一体的混合病毒。由于该病毒可利用 IE 极光 0-day 漏洞进行传播，又是虎年的第一个重大恶性病毒，因此得名"极虎"。仅 2 月 7 日一天就有超过 10 万台计算机感染该病毒。

　　随着移动互联网的发展和智能手机的普及，针对手机的病毒也得到了快速发展，2009 年首个针对 Symbian 平台的移动僵尸程序 Symbian Yxes 出现。随后，出现了首个针对越狱版 iPhone 的 iKee.B 移动僵尸程序。2010 年，首个针对 Android 系统的移动僵尸程序 Geinimi 出现。

　　2017 年 5 月 12 日，一种名为 WannaCry 的勒索软件席卷全球，在短短三天中感染了至少 150 个国家的 230 000 台计算机，受害者数量达到了 20 万人，并造成了上亿美元的损失。不仅学校、政府机构还有大型企业，甚至个人都难以幸免。此次攻击的规模被欧洲刑警组织称为史无前例，是迄今为止造成后果最为严重的勒索软件攻击事件。

　　恶意代码经过几十年的发展，破坏性、种类和感染性都得到了增强，特别僵尸网络、木马威胁、高级可持续威胁（APT）、勒索软件非常严重，攻击者非法牟利的目的更加明确，行为更加嚣张，黑客地下产业链已形成。随着计算机的网络化程度逐步提高，通过网络传播的恶意代码对人们日常生活的影响越来越大。未来，在利益驱动下，网络安全事件将更加频繁、隐蔽和复杂。目前，恶意代码防护问题已成为信息安全领域迫在眉睫需要解决的安全问题之一。

16.1.2 恶意代码的分类

按照恶意代码是否需要宿主,可将其分为依附性恶意代码和独立性恶意代码;按照恶意代码能否自我复制,可分为不感染的恶意代码和可感染的恶意代码。主要存在的恶意代码主要有以下几类。

1. 特洛伊木马

在计算机领域,特洛伊木马是一段吸引人而不为人警惕的程序,但它们可以执行某些秘密任务。大多数安全专家统一认可的定义是:"特洛伊木马是一段能实现有用的或必需的功能的程序,但同时还完成一些不为人知的额外功能,这些额外功能往往是有害的"。

特洛伊木马一般没有自我复制的机制,所以不会自动复制自身。电子新闻组、电子邮件和恶意网站是特洛伊木马的主要传播途径,特洛伊木马的欺骗性是其得以传播的根本原因。特洛伊木马经常装成游戏软件、搞笑程序、屏保、非法软件和色情资料等,上传到电子新闻组或通过电子邮件直接传播,很容易被不知情的用户接收和继续传播。

完整的木马程序一般由两部分组成:一个是服务器程序;另一个是控制器程序。通常所说的"中了木马"就是指被安装了木马的服务器程序。若计算机被安装了服务器程序,则拥有控制器程序的人可以通过网络控制该计算机,计算机上的各种文件、程序,以及计算机上使用的账号、密码就无安全可言了。木马程序不能算是一种病毒,但越来越多的杀毒软件也可以查杀木马,所以也有不少人称木马程序为黑客病毒。

2. 病毒

计算机病毒是一段附着在其他程序上的可以进行自我繁殖的代码。由此可见,计算机病毒既有依附性,又有感染性。感染性是计算机病毒的最重要的特征,即自我复制性。详细介绍见16.2节。

3. 蠕虫

计算机蠕虫是一种具有自我复制和传播能力、可独立自动运行的恶意程序。它综合黑客技术和计算机病毒技术,通过利用系统中存在漏洞的主机,将蠕虫自身从一个节点传播到另一个节点。它是利用网络进行复制和传播的,传染途径是通过网络和电子邮件。最初的蠕虫病毒定义是因为在 DOS 环境下,病毒发作时会在屏幕上出现一条类似虫子的东西,胡乱吞吃屏幕上的字母并将其变形。蠕虫病毒是自包含的程序(或是一套程序),它能将自身功能的副本或自身的某些部分传播到其他的计算机系统中(通常是经过网络连接)。请注意,与一般病毒不同,蠕虫不需要将其自身附着到宿主程序。

例如,危害很大的"尼姆达"病毒就是蠕虫病毒的一种,2007 年 1 月流行的"熊猫烧香"以及其变种也是蠕虫病毒。这一病毒利用了 Windows 操作系统的漏洞,计算机感染这一病毒后,会不断自动拨号上网,并利用文件中的地址信息或者网络共享进行传播,最终破坏用户的大部分重要数据。

16.1.3 恶意代码的危害和发展趋势

恶意代码的危害非常大并且影响广泛，它可以删除配置文件，致使机器、网络瘫痪，甚至造成整个工厂、电网瘫痪；感染主机，并蔓延到其他主机；监视按键，使攻击者可以截获输入的所有内容；收集相关信息，包括上网习惯、访问站点、访问时间等；截获视频流、音频流及窃取私人和财政方面的敏感文件等；还可以把某台主机作为下一步攻击的跳板。

随着计算机技术的不断发展，恶意代码的发展也逐步强大起来。首先，恶意代码的危害性越来越大，隐蔽性却越来越强，并且逐渐拥有抗检测能力。其次，恶意代码的分类界限越来越模糊，很多恶意代码同时具有病毒、木马和蠕虫的特征。再次，恶意代码的传播和植入能力由被动向主动转变，攻击者对恶意代码具有更强的远程控制能力，攻击者内部有专业分工。最后，在攻击目标方面，恶意代码已经由单机环境向网络环境转变，由传统互联网向物联网、工业控制网转变，由 PC 终端向智能手机设备、物联网设备、工控设备等新型终端转变。

一个典型的例子是勒索软件，勒索软件是一种特殊的恶意软件，它主要利用各种技术对用户的设备和数据进行锁定和加密，并据此直接向用户进行敲诈勒索，2017 年以来，比特币等虚拟货币的流行使得勒索软件编写者可以匿名获取赎金，因此勒索软件的热度猛然上升。由于直接破解密钥几乎不可能，如果用户不支付赎金，将导致用户数据被永久破坏。2021 年美国石油管道公司被勒索软件敲诈 500 万美元，最终只能支付赎金来赎回重要数据，虽然最后在警方的帮助下追回部分赎金，但损失依然巨大。勒索软件体现了恶意代码的发展趋势。

（1）勒索软件隐蔽性强，有些勒索软件只针对有价值的特定目标，在一般环境下不会执行，具有一定的抗检测能力。

（2）勒索软件的分类界限模糊：锁定用户数据类似逻辑炸弹；捆绑传播方式类似木马；移动存储介质传播又像病毒；利用漏洞传播，与许多蠕虫病毒类似。

（3）勒索软件传播链本身也有专业分工，有人负责勒索软件开发，有人负责软件传播，有人负责勒索操作。

（4）勒索软件除了面向传统的 PC 终端，也针对工控网络中的设备，或利用物联网、工控网络中的漏洞进行传播。

虽然不断出现新型的恶意代码，但依然可以从它们身上找到病毒、木马和蠕虫的本质特征，后面 3 小节对病毒、木马和蠕虫的结构和特点进行讲解，让读者深入了解恶意代码。

16.2 计算机病毒

从概念上讲，计算机病毒只是恶意代码的一种。实际上，目前发现的恶意代码几乎都是混合型的计算机病毒，即除了具有纯粹意义上的病毒特征外，还带有其他类型恶意代码的特征。"病毒"一词非常形象且很具感染力，因此媒体、杂志，包括很多专业文章和书籍一般用"计算机病毒"来指学术上的恶意代码。在这个意义上讲，"计算机病毒"一词就不仅限于纯粹的计算机病毒，而是指混合型的计算机病毒。

16.2.1 计算机病毒的概念

美国计算机研究专家最早提出了"计算机病毒"的概念：计算机病毒是一段人为编制的计算机程序代码。这段代码一旦进入计算机并得以执行，它就会搜寻其他符合其传染条件的程序或存储介质，确定目标后再将自身代码插入其中，达到自我繁殖的目的。其特性在很多方面与生物病毒有着极其相似的地方。

1994 年 2 月 28 日，我国出台的《中华人民共和国计算机安全保护条例》对病毒的定义如下："计算机病毒是指编制或者在计算机程序中插入的、破坏数据、影响计算机使用，并能自我复制的一组计算机指令或者程序代码"。这只是计算机病毒的狭义定义，从广义而言，计算机病毒是指驻留于计算机内部（指掌握着系统的控制权），对系统原有功能进行非正确或用户未预计修改的程序。常见的广义上的计算机病毒包括蠕虫病毒、特洛伊木马和逻辑炸弹等。

16.2.2 计算机病毒的结构

计算机病毒主要由潜伏机制、传染机制和表现机制构成。若某程序被定义为计算机病毒，它只有传染机制是强制性的，潜伏机制和表现机制是非强制性的。

1. 潜伏机制

潜伏机制的功能包括初始化、隐藏和捕捉。潜伏机制模块随着感染的宿主程序的执行而进入内存。首先，初始化其运行环境使病毒相对独立于宿主程序，为传染机制做好准备。然后，利用各种可能的隐藏方式，躲避各种检测，欺骗系统，将自己隐蔽起来。最后，不停地捕捉感染目标交给传染机制，不停地捕捉触发条件交给表现机制。

2. 传染机制

传染机制的功能包括判断和感染。传染机制先是判断候选感染目标是否已被感染，可以通过感染标记来判断候选感染目标是否已被感染。感染标记是计算机系统可以识别的特定字符或字符串。一旦发现作为候选感染目标的宿主程序中没有感染标记，就对其进行感染，即被感染代码和感染标记放入宿主程序之中。早期的有些病毒是重复感染型的，它不进行感染检查，也没有感染标记，因此这种病毒可以再次感染自身。

一个非常典型的病毒代码结构如图 16.1 所示，病毒代码 V 通常被放到被感染的程序的最前面，该程序在被调用时，总是先执行这段病毒代码 V。受感染的程序与病毒代码工作的原理如下：第 2 行代码是跳转到主要的病毒程序。第 3 行是一个特殊的标记，病毒使用该标记 1234567 以确定是否已经感染了这个程序。当程序调用，控制立即转移到主要的病毒程序。病毒程序首先随机寻找一个可执行文件，看前面有没有特殊标记 1234567，如果有，说明已经被感染，则重复执行查找，一直到发现一个未感染的可执行文件，并使其感染。接着，病毒可能会执行一些动作，通常会损害系统。每次调用程序可以执行此操作，或者它可能是一个逻辑炸弹，只有在一定条件下触发。最后，病毒将跳转回到原来的程序。如果病毒的执行效率较高，用户不太可能发现已感染和未感染程序的区别。

```
    program V :=

{goto main;
    1234567;

    subroutine infect-executable :=
        {loop:
        file := get-random-executable-file;
        if (first-line-of-file = 1234567)
            then goto loop
            else prepend V to file; }

    subroutine do-damage :=
        {whatever damage is to be done}

    subroutine trigger-pulled :=
        {return true if some condition holds}

main:   main-program :=
        {infect-executable;
        if trigger-pulled then do-damage;
        goto next;}

next:

}
```

图 16.1 典型的病毒代码结构

3. 表现机制

表现机制的功能包括判断和表现。表现机制首先对触发条件进行判断，然后根据不同的条件决定什么时候表现、如何表现。表现内容多种多样，然而不管是炫耀、玩笑、恶作剧，还是故意破坏，或轻或重都具有破坏性。表现机制反映了病毒设计者的意图，是病毒间差异最大的部分。潜伏机制和传染机制是为表现机制服务的。

随着计算机病毒的发展，纯粹用于表现病毒制造者计算机水平的病毒越来越少，现在的计算机病毒受到强大的利益驱使，被用于非法牟利，如控制他人计算机盗取密码、发送垃圾邮件等，国内外已形成了相应的黑客产业链。从统计数据看，黑客产业链近年来进一步发展和完善，整个行业已形成一个完整的循环圈，大量的人才、技术和资金进入到这个黑色行业中。如今，这条"黑客产业链"每年的整体利润已高达数亿元。

16.2.3 计算机病毒的特点

1. 传染性

传染性指病毒通过各种渠道从已被感染的计算机扩散到未被感染的计算机。病毒程序一旦进入计算机并得以执行，就会寻找符合感染条件的目标，将其感染，达到自我繁殖目的；所谓"感染"，就是病毒将自身嵌入合法程序的指令序列中，致使执行合法程序的操作会导致病毒程序的共同执行或以病毒程序的执行取而代之。因此，只要一台计算机染上病毒，如不及时处理，那么病毒会在这台机器上迅速扩散，其中的大量文件（一般是可执行文件）就会被感染。而被感染的文件又成了新的传染源，再与其他机器进行数据交换或通过网络接触，病毒会继续通过各种可能的渠道，如可移动存储介质（如 U 盘）、计算机网络去传染其他计算机。传染性是病毒的基本特征。

2. 隐蔽性

病毒一般是具有很高编程技巧、短小精悍的一段代码,躲在合法程序中。如果不经过代码分析,病毒程序与正常程序是不容易区别开来的,这就是病毒程序的隐蔽性。在没有防护措施的情况下,病毒程序取得系统控制权后,可以在很短的时间里传染大量其他程序,而且计算机系统通常仍能正常运行,用户不会感到任何异常,好像在计算机内不曾发生过什么。这就是病毒传染的隐蔽性。

3. 潜伏性

病毒进入系统后一般不会马上发作,可以在几周或者几个月甚至几年内隐藏在合法程序中,默默地进行传染扩散而不被人发现,潜伏性越好,在系统中存在时间就会越长,传染范围也就会越大。病毒的内部有一种触发机制,不满足触发条件时,病毒除了传染外不进行什么破坏活动。一旦触发条件得到满足,病毒便开始表现,有的只是在屏幕上显示信息、图形或特殊标识,有的则执行破坏系统的操作,如格式化磁盘、删除文件、加密数据、封锁键盘、毁坏系统等。触发条件可能是预定时间或日期、特定数据出现、特定事件发生等。

4. 多态性

病毒试图在每一次感染时改变它的形态,使对它的检测变得更困难。一个多态病毒还是原来的病毒,但不能通过扫描特征字符串来发现。病毒代码的主要部分相同,但表达方式发生了变化,即同一程序由不同字节序列表示。

5. 破坏性

病毒一旦被触发而发作就会造成系统或数据的损伤甚至毁灭。病毒都是可执行程序,而且又必然要运行,因此所有的病毒都会降低计算机系统的工作效率,占用系统资源,其侵占程度取决于病毒程序自身。病毒的破坏程度主要取决于病毒设计者的目的,如果病毒设计者的目的在于彻底破坏系统及其数据,那么这种病毒对计算机系统进行攻击所造成的后果是难以想象的,它可以毁掉系统的部分或全部数据并使之无法恢复。虽然不是所有的病毒都对系统产生极其恶劣的破坏作用,但有时几种本没有多大破坏作用的病毒交叉感染,也会导致系统崩溃等重大后果。

16.2.4 计算机病毒的分类

按照计算机病毒的特点,计算机病毒的分类方法有许多种。因此,同一种病毒可能有多种不同的分类。

1. 按照计算机病毒攻击的操作系统分为以下几种

(1) 攻击 DOS 操作系统的病毒。最早大规模出现的病毒。

(2) 攻击 Windows 操作系统的病毒。由于 Windows 操作系统是当前主流的操作系统,因此,攻击 Windows 操作系统的病毒是当前的主流病毒。

（3）攻击 UNIX 操作系统的病毒。当前许多大型机一般采用 UNIX 作为其主要的操作系统，所以 UNIX 病毒的出现，对人类的信息处理也是一个严重的威胁。

（4）攻击 Linux 操作系统的病毒。在 Linux 系统里传播的病毒不多，从 1996 年至今，新的 Linux 病毒屈指可数，出现这种情况，除了其自身设计优秀外，Linux 用户较少也是其较少受到攻击的原因之一。

（5）攻击 Mactonish 系统的病毒。Mactonish 是苹果计算机使用的操作系统，随着近年来 Mac 计算机的热卖，针对 Mactonish 的病毒也逐年增加，特别是在美国，Mac 的用户很多，因此针对美国用户的 Mactonish 病毒也具有很大的威胁。

2. 按寄生方式分为引导型病毒、文件型病毒和混合型病毒

（1）引导型病毒是寄生在磁盘引导区的计算机病毒。由于系统引导时不对主引导区的内容正确与否进行判别，此类病毒在引导系统启动的过程中入侵系统，驻留内存，监视系统运行，伺机传染和破坏，如大麻病毒、2708 病毒、火炬病毒等。

（2）文件型病毒是指能够寄生在文件中的计算机病毒。这类病毒程序感染可执行文件或数据文件，如 1575/1591 病毒、848 病毒感染.com 和.exe 等可执行文件，Macro/Concept、Macro/Atoms 等宏病毒感染.doc 文件。

（3）混合型病毒是指具有引导型病毒和文件型病毒寄生方式的计算机病毒。这种病毒扩大了病毒程序的传染途径，它既感染磁盘的引导记录，又感染可执行文件。当染有此种病毒的磁盘用于引导系统或调用执行染毒文件时，病毒都会被激活。因此，在检测、清除混合型病毒时必须全面彻底地根除。如果只发现该病毒的一个特性，把它只当作引导型或文件型病毒进行清除，虽然好像是清除了它，但还留有隐患，这种经过消毒后的"洁净"系统更富有攻击性。这种病毒有 Flip 病毒、新世纪病毒、One-half 病毒等。

3. 按破坏性分为良性病毒和恶性病毒

（1）良性病毒是指那些只是为了表现自身，并不彻底破坏系统和数据，但会占用大量时间，增加系统开销，降低系统工作效率的一类计算机病毒。这种病毒多数是恶作剧者的产物，它们的目的不是为了破坏系统和数据，而是为了让使用染有病毒的计算机用户通过显示器或扬声器看到或听到病毒设计者的编程技术。这类病毒有小球病毒、1575/1591 病毒、救护车病毒、扬基病毒、Dabi 病毒等。还有一些人利用病毒的这些特点宣传自己的政治观点和主张，也有一些病毒设计者在其编制的病毒发作时进行人身攻击。

（2）恶性病毒是指那些一旦发作就会破坏系统或数据，造成计算机系统瘫痪的一类计算机病毒。这类病毒有 CIH、黑色星期五、火炬病毒等。这种病毒危害性极大，有些病毒发作后可以给用户造成不可挽回的损失。

16.2.5 计算机病毒的防范

客观地说，病毒防范并没有一种万全之策，在这个信息广泛流通的世界里，无法提出一套方案来保证在与别人充分共享信息的情况下，计算机绝对不会被病毒感染。人们能做的就是在平时的使用过程中尽量减少病毒感染的机会。

1. 养成良好的安全习惯

养成良好的安全习惯。首先,做到谨慎进行网络上的软件下载活动,程序的下载应该选择可靠的网站。其次,要警惕奇怪的电子邮件及附件,不要随便打开来历不明的邮件及附件,如果附件是程序更应直接删除。最后,要关闭或删除系统中不需要的服务,许多操作系统会安装一些辅助服务。如 FTP 客户端,这些服务为攻击提供了方便,而对用户又没有太大用处,如果删除它们就会减少被攻击的可能性。

2. 安装防火墙和专业的杀毒软件进行全面监控

安装较新版本的防火墙,并随系统启动一起加载,即可防止多数黑客的入侵。现在的操作系统基本上都自带防火墙,建议用户打开此项服务。同时使用专业的杀毒软件定期查杀计算机,将杀毒软件的各种防病毒监控始终打开(如邮件监控和网页监控等)可以很好地保障计算机的安全。及时更新杀毒软件的病毒库,现在病毒库升级频繁,用户应经常上网更新。现在的杀毒软件还提供了基于云计算技术的杀毒服务,当用户连接在互联网时,可以使用强大的云端对计算机进行病毒扫描。

3. 经常升级操作系统的安全补丁

据统计,有 80% 的网络病毒是通过系统安全漏洞进行传播的,像“红色代码”“冲击波”等病毒,所以定期进行操作系统安全补丁的升级可以防患于未然。

4. 迅速隔离受感染的计算机

当发现计算机病毒或异常时应立即中断网络,然后尽快采取有效的查杀病毒措施,以防止计算机受到更多的感染,也防止病毒感染其他更多的计算机。

5. 及时备份计算机中有价值的信息

如果计算机被病毒感染了,最后的希望就是系统里的重要信息最好不要丢失,因此需要做的就是在计算机没有被病毒感染之前做好重要信息的备份工作。

16.3　特洛伊木马

16.3.1　特洛伊木马概述

特洛伊木马的故事来自古希腊传说,特洛伊王子帕里斯来到希腊斯巴达王麦尼劳斯宫做客,受到了麦尼劳斯的盛情款待,但是,帕里斯却拐走了麦尼劳斯的妻子。麦尼劳斯和他的兄弟决定讨伐特洛伊,由于特洛伊城池牢固,易守难攻,攻战 10 年未能如愿。最后英雄奥德修斯献计,让迈锡尼士兵烧毁营帐,登上战船离开,造成撤退回国的假象,并故意在城外留下一具巨大的木马,特洛伊人把木马当作战胜品拖进城内,当晚正当特洛伊人酣歌畅饮欢庆胜利的时候,藏在木马中的迈锡尼士兵悄悄溜出,打开城门,放进早已埋伏在城外的希腊军队,结果一夜之间特洛伊化为废墟。

在信息安全领域,特洛伊木马是一种恶意代码,也称为木马,指那些表面上是有用的或必需的,而实际目的却是完成一些不为人知的功能,危害计算机安全并导致严重破坏的计算机程序,具有隐蔽性和非授权性的特点,因此和希腊传说的特洛伊木马很相似。其中,"有用的或必需的功能的程序"是诱饵;"不为人知的功能"定义了其欺骗性;"往往是有害的"定义了其恶意性;其恶意性包括试图访问未授权资源、试图阻止正常访问、试图更改或破坏数据和系统。

木马之所以泛滥成灾,主要有3方面原因:一是经济利益驱使,黑客编写一个木马程序非法牟利十几万元的事情并不少见;二是木马程序很容易改写更新,而杀毒软件采用的传统的特征码查毒属于静态识别技术,对于木马程序的不断更新其适应性不强;三是木马技术具有不可判定性,它经常伪装成正常程序进入用户计算机搞破坏或者盗取信息,技术界定难度较高。

近些年来,各类数字加密货币价格迎来暴涨,黑产团伙已闻风而动,纷纷加入了对主机计算资源的争夺。一个典型现象是有大量木马开始运行挖矿程序。2021年根据腾讯安全发布《2020挖矿木马年度报告》,2020年挖矿木马上升趋势十分明显,挖矿木马最容易被感知到的影响就是服务器性能会出现严重下降,从而影响服务器业务系统的正常运行,严重时可能出现业务系统中断或系统崩溃。失陷主机还可能造成信息泄露,攻击者入侵成功,很多情况下已获得服务器的完全权限,只要攻击者愿意,就可能盗取服务器数据,使受害企业面临信息泄露风险,攻击者也可能在服务器下载运行勒索病毒,随时可能给企业造成更加严重的破坏。

16.3.2 木马的结构和原理

木马程序一般包括控制端和服务端两部分,控制端程序用于攻击者远程控制木马,服务器端程序即木马程序,攻击者把木马的服务器端程序植入受害计算机中,进而通过木马攻击受控的计算机系统。

进行攻击时,第一步要进行特洛伊木马的植入,这是攻击目标最关键的一步,也是后续攻击的基础。特洛伊木马的植入方法可以分为两大类:被动植入和主动植入。被动植入是指通过人工干预的方式将木马程序安装到目标系统中,植入过程必须依赖于受害用户的手工操作,被动植入主要通过社会工程学的方法将木马程序伪装成合法程序,以达到降低受害用户警觉性,诱骗用户的目的。常用的方法有文件捆绑法、邮件附件和Web网页挂马。主动植入是指主动攻击方法,通过研究目标系统的脆弱性,利用其漏洞将木马程序通过程序自动安装到目标系统中,植入过程无须受害用户的操作。如"红色代码"就是利用IIS Server上Indexing Service的缓冲区溢出漏洞完成木马植入。无论采用哪种方式,植入木马需要获得计算机管理员权限进行木马程序的安装,所以用户提高防范意识,不随便安装可疑的应用程序,及时给操作系统和应用程序打上补丁,可以有效地防止木马的植入。

特洛伊木马自启动是指目标主机自动加载运行木马程序,而不被用户发现。当前,特洛伊木马自启动一般将木马程序放在系统的启动目录中。在系统中,木马的自启动设置在系统配置文件中,如win.ini、system.ini等,或修改注册表设置实现木马的自动启动,或把木马注册为系统服务,或把木马注入系统服务程序中。在 UNIX 系统中,木马的自启动设置在 init、inted、cron 等文件或目录中。

16.3.3　木马隐藏技术

木马采用的隐藏技术包括启动隐藏、进程隐藏、文件/目录隐藏、内核模块隐藏、原始分发隐藏和通信隐藏等。

1. 启动隐藏

启动隐藏是指目标机自动加载运行木马程序,而不被用户发现。在 Windows 系统中,比较典型的木马启动方式有修改系统"启动"项、修改注册表的相关键值、插入常见默认启动服务、修改系统配置文件(如 config.sys、win.ini 和 system.ini 等)等。

2. 进程隐藏

进程隐藏就是通过某种手段,使用户不能发现当前运行着的木马进程,或者当前木马程序不以进程或服务的形式存在。木马的进程隐藏包括两方面:伪隐藏和真隐藏。伪隐藏就是指木马程序的进程仍然存在,只不过是消失在进程列表里;真隐藏则是让木马程序彻底消失,不以一个进程或者服务的方式工作。

3. 文件/目录隐藏

文件/目录隐藏包括两种实现方式:一是通过伪装,达到迷惑用户的目的;二是隐藏木马文件和目录自身。对于前者,除了修改文件属性为"隐藏"之外,大多通过一些类似于系统文件的文件名来隐藏自己;对于后者,可以修改与文件系统操作有关的程序、挂钩文件系统相关函数、特殊区域存放(如对硬盘进行低级操作,将一些扇区标志为坏区,将木马文件隐藏在这些位置,或将文件存放在引导区中)等方式达到隐藏自身的目的。

4. 内核模块隐藏

内核模块隐藏指内核级木马对自身加载模块信息的隐藏。系统中,内核级木马一般采用设备驱动技术(VXD、KMD 和 WDM),编写虚拟设备驱动程序来实现。内核模块隐藏在这里是指防止木马使用的驱动程序模块信息被 Drivers、DeviceTree 等工具发现。Windows 系统中实现内核模块隐藏的木马有 hxdef、AFXRootkit 等。在 Linux 系统中,由于内核级木马一般使用 LKM 技术实现,内核模块隐藏也就是对 LKM 信息的隐藏。该信息存放在 4 个单链表中,删除链表中相应的木马信息,就可避过 lsmod 之类管理程序的检查。Linux 系统中实现内核模块隐藏的木马有 Adore、Lmark 和 Phide 等。

5. 原始分发隐藏

原始分发隐藏是指软件开发商可以在软件的原始分发中植入木马。如在 Linux 系统中,编译器木马就采用了原始分发隐藏技术,其主要思想如下。

(1) 修改编译器的源代码 A,植入木马,包括针对特定程序的木马(如 login 程序)和针对编译器的木马,经修改后的编译器源码成为 B。

(2) 用干净的编译器 C 对 B 进行编译得到被感染的编译器 D。

(3) 删除 B,保留 D 和 A,将 D 和 A 同时发布。以后,无论用户怎样修改源程序,使用 D 编译后的目标 login 程序都包含木马。更严重的是用户无法查出原因,因为被修改的编译器源码 B 已被删除,发布的是 A,用户无法从源程序中看出破绽,即使用户使用 D 对 A 重新进行编译,也无法清除隐藏在编译器二进制中的木马。

6. 通信隐藏

通信隐藏主要包括通信内容、状态和流量等方面的隐藏。通信内容隐藏方式比较简单,可以采用常见/自定义的加密、解密算法实现。变换数据包顺序也可以实现通信内容隐藏。对于传输 n 个对象的通信,可以有 $n!$ 种传输顺序,总共可以表示 $\log_2(n!)$ 比特的信息。但是该方法对网络传输质量要求较高,接收方应能按照数据包发送的顺序接收。这种通信隐藏方式具有不必修改数据包内容的优点。现在一般的木马都采用了通信内容的隐藏方式。

16.3.4 木马的分类

自木马程序诞生至今,出现了很多类型,从不同角度分,则有多种分类方法。但要想对木马进行完全的列举和说明不太现实,况且大多数木马的功能并不单一。按照木马完成的功能来分,可分为远程控制型木马、密码发送型木马、破坏型木马、键盘记录型木马、拒绝服务攻击木马、反弹端口型木马和代理木马等。

1. 远程控制型木马

远程控制型木马是目前数量最多、危害最大、应用最广泛的特洛伊木马,它可以让攻击者完全控制被感染的计算机,危害非常大。该种类型的木马往往集成了其他类型木马的功能,使其在被感染的机器上为所欲为,如访问任意文件、得到机主的私人信息甚至包括信用卡、银行账号等至关重要的信息。

2. 密码发送型木马

在信息安全日益重要的今天,密码无疑是通向重要信息时的一把极其有用的钥匙,只要掌握了对方的密码,就可以得到对方的很多信息。而密码发送型木马正是专门为了盗取被感染主机上的密码而编写的,木马一旦被执行,就会自动搜索内存、Cache、临时文件夹以及各种敏感的密码文件,一旦搜索到有用的密码,木马就会利用电子邮件服务将密码发送到指定的邮箱,从而达到获取密码的目的。

3. 破坏型木马

破坏型木马唯一的功能就是破坏被感染主机上的文件系统,使其遭受系统崩溃或者重要数据丢失的巨大损失。从这一点上来说,它和病毒很像。

4. 键盘记录型木马

键盘记录型木马非常简单,它只做一件事情,就是记录受害者的键盘敲击并且在 log 文件里查找密码。它有在线和离线记录两种选项,可以分别记录受害者在线和离线状态下敲击键盘时的按键情况,也就是说你按过什么按键,黑客从记录中都可以知道,这样可以很容易从中得到受害者的密码等有用信息。

5. 拒绝服务攻击木马

随着拒绝服务(DoS)攻击越来越广泛的使用,被用作 DoS 攻击的木马也越来越多。当黑客入侵一台主机并安装 DoS 攻击木马后,这台主机就成为黑客 DoS 攻击的傀儡机。黑客控制这样的傀儡越多,发动 DoS 攻击取得成功的概率就越大。

6. 反弹端口型木马

针对有防火墙保护的系统,防范策略设置时,对于接入的连接,防火墙往往会进行严格过滤,而对于接出的连接却疏于防范。木马开发者在分析防火墙的该特性后,开发了反弹端口型木马。与一般的木马相反,反弹端口型木马的服务端(被控制端)使用主动端口,客户端(控制端)使用被动端口。木马定时监测控制端的存在,发现控制端上线立即弹出端口主动连接控制端打开的被动端口。为了隐藏自己,控制端的被动端口一般使用 80 端口,因为大多数用户扫描检查自己的端口使用情况时,如果发现类似 TCP User IP:1026 ControllerIP:80 ESTALISHED 的情况,往往以为是自己在浏览网页。

7. 代理木马

黑客在入侵的同时掩盖自己的痕迹,谨防别人发现自己的身份是非常重要的。因此,给被控制的主机上安装代理木马,让其变为攻击者发动攻击的跳板是代理木马最重要的任务。通过代理木马,攻击者可以在匿名的情况下使用 Telnet、SSH、IRC 等程序,从而隐藏自己的踪迹。

16.3.5　木马植入手段

利用木马攻击的第一步是把木马程序植入目标系统中。攻击者常用的木马植入手段如下。

(1)下载植入木马。木马程序通常伪装成优秀的工具或游戏,引诱他人下载并执行,由于一般的木马执行程序非常小,大都是几千字节或几万字节,所以攻击者可以通过一定的方法把木马文件集成到上述文件中,一旦用户下载,在执行其他程序的同时木马也被植入系统。

(2)通过电子邮件来传播。木马程序作为电子邮件的附件发送到目标系统,一旦用户打开此附件(木马),木马就会植入目标系统中。以此为植入方式的木马常常会以 HTML、JPG、BMP、TXT、ZIP 等各种非可执行文件的图标显示在附件中,以诱使用户打开附件。

（3）木马程序隐藏在一些具有恶意目的的网站中，目标系统用户在浏览这些网页时，木马通过 Script、ActiveX 及 XML 等交互脚本植入。由于微软公司的 IE 浏览器在执行 Script 脚本时存在漏洞，攻击者把木马与含有这些交互脚本的网页联系在一起，利用这些漏洞通过交互脚本植入木马。

（4）利用系统的一些漏洞植入，如微软公司著名的 IIS 漏洞，通过相应的攻击程序使 IIS 服务器失效，同时在服务器上安装木马程序。

（5）攻击者成功入侵目标系统后，把木马植入目标系统。此种情况下木马攻击作为对目标系统攻击的一个环节，以便下次随时进入和控制目标系统。

16.3.6　木马的特点

人们通常将木马看成计算机病毒，其实它们之间存在很大的区别，从计算机病毒的定义及其特征可以看出，计算机病毒和木马最基本的区别在于病毒具有很强的传染性和寄生性，木马程序则不同。木马本身不能感染其他文件，其主要作用是服务端打开目标系统的门户，方便攻击者利用控制端能够访问目标系统，可以修改、毁坏和窃取目标系统的文件，甚至远程操控目标系统。为了提高系统的可生存性，木马会采用各种手段来伪装、隐藏，以使被感染的系统表现正常。但是，现在的木马技术和病毒的发展相互借鉴，也使得木马具有更好的传播性，病毒具有远程控制能力，这同样使得木马程序和病毒的区别日益模糊。

对于木马，其特点可以归纳如下。

（1）隐蔽性。隐蔽性是木马程序与远程控制程序的主要区别，也是影响木马能否长期存活的关键。木马通常利用各种手段隐藏痕迹，避免被发现或跟踪。常用的隐藏技术如下。

① 每次执行后自动变更文件名。

② 复制到其他文件夹中做备份。

③ 执行时不会在系统中显示出来。木马虽然在系统启动时会自动运行，但它不会在"任务栏"中产生对应的图标。

④ 进程插入。在 Windows 中，每个进程都有自己的私有内存地址空间。当访问内存时，一个进程无法访问另一个进程的内存地址空间。可以将木马程序插入其他进程中以达到隐身的目的。

⑤ 加壳。木马虽然狡猾，可是一旦被杀毒软件定义了特征码，在运行前就会被拦截。很多木马为躲避杀毒软件的追杀，在木马程序外面加壳，相当于给木马穿了件衣服，以逃避杀毒软件的查杀。

（2）欺骗性。为了达到隐蔽目的，木马常常使用和系统相关的一些文件名来隐蔽自身。经常使用的文件名或扩展名有 dll、win、sys、explorer 等字样，或者仿制一些不易被人区别的文件名，例如，木马最惯用的伎俩就是把本应是 Explorer 的名字变成它自己的程序名，名称几乎伪装成与原来的一样，例如把其中的字母 l 改为数字 1，或者把其中的字母 o 改为数字 0，这些改变如果不仔细留意是很难被人发现的。常常修改几个文件中的这些难以分辨的字符，更有甚者干脆就借用系统文件中已有的文件名，所不同的只是保存的路径不同。

（3）顽固性。很多木马的功能模块已不再是由单一的文件组成，而是具有多重备份，可以相互恢复。当木马被检查出来以后，仅仅删除木马程序并不能达到清除木马的目的，这些木马使用文件关联技术，当打开某种类型的文件时，该种木马又重新生成并运行。

（4）危害性。当木马被植入目标主机以后，攻击者可以通过客户端强大的控制和破坏力对主机进行操作。例如，可以窃取系统密码、控制系统的运行、进行有关文件的操作以及修改注册表等。目前常见的木马程序多为盗号木马，给用户带来的危害可能包括窃取、毁坏重要文件、盗取网银账户、窃取股票交易账户以及盗取游戏账号等。

（5）潜伏性。木马植入系统后一般不会马上发作，而是要等到与控制端连接之后才会接受指令而发作。因此，如果用户中了木马，通常不会立刻发现恶意影响。只有当用户通过端口扫描等安全工具去检查时，才会发现有莫名其妙的端口正在监听。

16.3.7　木马的防范技术

目前，病毒和木马有常见的两种感染方式：一是运行了被感染有病毒或木马的程序，二是浏览网页、邮件时利用浏览器漏洞，病毒和木马自动下载运行。因而防范的第一步首先是要提高警惕，不要轻易打开来历不明的可疑文件、网站、邮件等，并且要及时为系统打上补丁，安装上可靠的杀毒软件并及时升级病毒库。其他防范技术还有以下几种。

1. 利用工具查杀木马

目前用于检测木马的工具基本上分为两类：一是杀毒软件，它们利用升级病毒库特征查杀，如 Windows Defender、360 杀毒、金山毒霸等；二是专门针对木马的检测防范工具，比较著名的工具有 The Cleaner 和 Anti-Trojan 等。

1）杀毒软件检测

利用特征码匹配的原则进行查杀。首先对大量的木马病毒文件进行格式分析，在文件的代码段中找出一串特征字符串作为木马病毒的特征，建立特征库。然后，对磁盘文件、传入系统的比特串进行扫描匹配，如果发现有字符串与木马病毒特征匹配，就认为发现了木马病毒。

2）专用工具检测方法

专用工具通常采用动态监视网络连接和静态特征字扫描结合的方法。通过进行木马攻击模拟，分析木马打开的通信端口、木马文件中的特征字符串、木马在注册表和系统特殊文件中的具体加载启动方式、木马的进程名、木马文件的基本属性（如文件大小等），并把它们作为木马的特征和标识。对大量木马进行这方面的特征分析，建立木马特征库。对本地主机或远程主机的通信端口、进程列表、注册表的启动和关联项进行扫描，如果发现打开的通信端口有特征库中统计的木马端口，或木马进程名、注册项、启动项、文件关联项中有特征库中统计的木马加载启动方式，就判断有木马。对本地主机或远程主机的磁盘文件进行木马特征字符串匹配扫描，发现相符的字符串就判定为木马。

以上两种方式都可以查杀木马，但二者有一定的区别。后者针对性强，并且功能强大。例如，它们会带有监视特定端口的信息流量，一旦发现异常的端口开放或者异常的数据流动,就会以明文方式通知用户进行确认。这样可以有效地阻止木马的自动运行功能,从而达到防范木马的目的。有些木马专杀工具还可以先于系统启动,以达到清除内核级木马的目的,这也是前者无法做到的。

2. 查看系统注册表

注册表对于普通用户来说比较复杂,木马常常喜欢隐藏在这里。例如在 system.ini 文件中,在[BOOT]下面有个"shell=文件名"。正确的文件名应该是 explorer.exe,如果不是 explorer.exe,而是"shell=explorer.exe 程序名",那么后面跟着的那个程序就是木马程序。在注册表中的状况比较复杂,通过 regedit 命令打开注册表编辑器,再单击至"HKEY_LOCAL_MACHINE/Software/Microsoft/Windows/CurrentVersion/Run"目录下,查看键值中有没有自己不熟悉的扩展名为 exe 的自动启动文件。注意,有的木马程序生成的文件很像系统自身的文件,它试图通过伪装蒙混过关,如"Acid Battery v1.0 木马",它将注册表"HKEY_LOCAL_MACHINE/Software/Microsoft/Windows/CurrentVersion/Run"下的 Explorer 键值改为 Explorer="C:\Windowsexpiorer.exe"。木马程序与真正的程序之间只有 i 与 l 的差别。

3. 检查网络通信状态

由于不少木马会主动侦听端口,或者会连接特定的 IP 和端口,所以可以在没有正常程序连接网络的情况下,通过检查网络连接情况来发现木马的存在。可以用防火墙观察是哪些应用程序打开端口并与外界有了联系。可以随时完全监控计算机网络连接情况,一旦存在不熟悉的程序和特别的端口在运行,就可以马上发现它并及时关闭,也可以跟踪它,找到它的原文件位置。

4. 查看目前的运行任务

服务是很多木马用来保持自己在系统中永远能处于运行状态的方法之一。可以通过选择"开始"→"运行"命令,打开"运行"对话框,输入 cmd,单击"确定"按钮,在命令提示符后输入 net start,按 Enter 键来查看系统中究竟有什么服务正在开启,如果发现不是自己开放的服务,可以进入"管理工具"中的"服务",找到相应的服务,停止并禁用它。

5. 查看系统启动项

查看"启动"项目时一般包括 Windows 系统需要加载的程序,如注册表检查、系统托盘、能源保护、计划任务、输入法相关的启动项以及用户安装的需要在系统启动时加载的程序。木马很可能藏在这些地方。若在以上文件或项目中发现木马,则记下木马的文件名,将系统配置文件改回正常情况,重新启动计算机,在硬盘上找到记下的木马文件,删除即可。

6. 使用内存检测工具检查

因为黑客可以任意指定被绑定程序,木马在何时启动很难确定,所以在系统启动后及某个程序运行后都可利用内存监测工具(系统的任务管理器)查看内存中有无不是指定运行的进程在运行。如果有,很可能就是木马,先记下它的文件名,终止它的运行,再删除硬盘上的该文件。另外还必须找到被绑定程序,否则被绑定程序一旦运行,木马又会重新运行。有些木马采用双进程守护技术,木马被植入两个进程中,如果其中一个进程被查杀,另一个进程会迅速地对其进行恢复。

7. 用户安全意识策略

以上介绍的内容均为木马查杀方法,在木马防范的过程中,用户也需加强安全意识,杜绝木马心理欺骗层面上的入侵企图。

(1) 不随便下载软件,不执行任何来历不明的软件。

(2) 不随意在网站上散播个人电子邮箱地址,对邮箱的邮件过滤进行合理设置并确保电子邮箱防病毒功能处于开启状态,不打开陌生人发来的邮件及附件。

(3) 除对 IE 升级和及时安装补丁外,同时禁用浏览器的"ActiveX 控件和插件"以及"Java 脚本"功能,以防恶意站点网页木马的"全自动入侵"。

(4) 在可能的情况下采用代理上网,隐藏自己的地址,以防不良企图者获取用于入侵计算机的有关信息。

8. 纵深防御保护系统安全

木马不断采用新技术来逃避杀毒软件的查杀和穿越防火墙实现数据的"合法"传输,可见系统现有安全工具并不能百分之百地保证系统的安全运行。因此,应采用其他工具联合保护系统安全。较好的办法是对系统和网络的状态进行实时监控。

个人用户可以采用安全软件实现对系统和网络的监控。一些高级进程管理工具具备进程监控、进程查杀、启动监控等多种功能,能提供详细的进程信息,显示系统隐藏进程,对当前网络进程监视并提供协议、端口、远程 IP、状态、进程路径等信息。另外一些监视软件可对系统、设备、文件、注册表、网络、用户等进行全面监控,提供详细的时间、动作、状态等信息,并能将信息存为日志以备分析使用。采用此类工具对系统进行实时监控能及时发现系统中的可疑行为和可能的木马入侵,这样用户可及时发现异常情况并采取相应的措施将其消除在萌芽状态。运用此类系统监视工具与杀毒软件及防火墙相结合,能全方位实时保护系统安全。

16.3.8　僵尸网络

僵尸网络(Botnet)是由控制者通过命令与控制信道(Command & Control,一般简称C&C)控制僵尸节点(Bot)互联而构成的暗网络,其实每一个僵尸节点可以看作被木马感染的终端,可能是一台服务器,也可能是一台笔记本计算机,也可能是一个摄像头。僵尸网络有很长的发展过程,早在 20 世纪 90 年代,攻击者就使用 IRC 协议作为 C&C 信道构建僵尸网络,到 2016 年 10 月,Mirai 僵尸网络使用大量的网络摄像头对美国 DNS 服务商Dyn 发起大规模 DDoS,导致美国东部互联网瘫痪,预计僵尸网络还会在一段时间内继续威胁网络空间安全。

僵尸网络是互联网应用普及后,木马加上网络蠕虫在网络控制与功能智能化两个方面的扩展表现,僵尸网络具有以下特点。

(1) 攻击行为高度可控,攻击者可以同时控制成千上万的僵尸节点同步攻击,攻击规模明显提高。

(2) 传播能力强,隐蔽性高,僵尸程序可以通过 C&C 不断更新升级,具有一定的智能型。

(3) 僵尸节点分散,难以防御,需要多方合作。

僵尸网络的主要危害如下。

(1) 窃取个人隐私数据,从被控制的僵尸节点上窃取个人隐私数据,包括网站密码、银行账号、屏幕截图、个人隐私文件和图片等。

(2) 租赁僵尸网络服务,这些主机可以被用于提供不同的攻击服务,例如发送垃圾邮件,进行 DDoS 攻击,建立钓鱼网站等。

(3) 挖矿服务,利用僵尸节点的 CPU 和 GPU 计算资源来挖取比特币之类的虚拟货币,因为无须支付算力和电力成本,可以从中获取大量利润。

僵尸网络的典型结构如图 16.2 所示,自底向上存在 3 种不同角色。

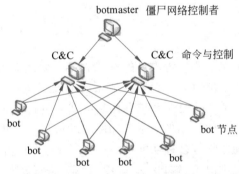

图 16.2　僵尸网络典型结构

(1) 僵尸节点(bot):在业界俗称"肉鸡",是被僵尸网络控制的设备,可以是 PC、手机、摄像头等。这些设备被植入了僵尸程序,处于等候命令的状态,只要收到命令随时进行扫描、DDoS、发送垃圾邮件等工作,类似于影视作品中的僵尸,也像任人宰割的肉鸡。

(2) 命令与控制服务器(C&C):是僵尸网络控制者的代理,负责僵尸网络的维护、更新、发布各种攻击命令等。C&C 服务器可以是专门搭建的服务器,也可以是在僵尸网络中被选择承担 C&C 服务的某些节点,一个 C&C 服务器甚至可以同时控制数千个僵尸节点,可以看作僵尸网络的中枢神经,如果能铲除 C&C 服务器,通常就可以摧毁一个大型的僵尸网络。

(3) 僵尸网络控制者(botmaster):是真正控制整个僵尸网络的人或组织,负责扩展和维护僵尸网络规模,更新僵尸程序功能,直接或间接组织网络攻击。僵尸网络控制者通常不直接登录 C&C 服务器,一般通过跳板设备访问 C&C 服务器,这样可以更好地隐藏自身。

16.4 蠕虫

16.4.1 蠕虫概述

蠕虫病毒是一种常见的计算机病毒。它的传染机理是利用网络进行复制和传播，传染途径是通过网络和电子邮件。最初的蠕虫病毒名称的由来是源在 DOS 环境下，病毒发作时会在屏幕上出现一条类似虫子的东西，胡乱吞吃屏幕上的字母并将其改形。计算机蠕虫是一种具有自我复制和传播能力、可独立自动运行的恶意程序。它综合黑客技术和计算机病毒技术，通过利用系统中存在漏洞的主机，将蠕虫自身从一个节点传播到另外一个节点。

蠕虫具有病毒的一些共性，如传染性、隐蔽性和破坏性等，蠕虫与病毒的区别在于"附着"。蠕虫不需要宿主，是一段完整的独立代码，蠕虫一般不采取利用 PE 格式插入文件的方法，而病毒需要成为宿主程序的一部分；蠕虫可以自主地利用网络传播，复制自身在互联网环境下进行传播，病毒的传染能力主要是针对计算机内的文件系统而言，而蠕虫病毒的传染目标是互联网内的所有计算机。局域网条件下的共享文件夹、电子邮件（E-mail）、网络中的恶意网页、大量存在着漏洞的服务器等都成为蠕虫传播的途径。网络的发展也使得蠕虫病毒可以在几小时内蔓延全球，而且蠕虫的主动攻击性和突然爆发性将使得人们手足无策。

这里列出一些影响比较严重的蠕虫病毒和它们所造成的损失情况。

（1）莫里斯蠕虫：1988 年，22 岁的康奈尔大学研究生莫里斯通过网络发送了一种专门攻击 UNIX 系统缺陷、名为莫里斯蠕虫的病毒。蠕虫造成了 6000 个系统瘫痪，直接经济损失达 9600 万美元。

（2）美丽杀手：1999 年，政府部门和一些大公司紧急关闭了网络服务器，经济损失超过 12 亿美元。

（3）爱虫病毒：2000 年 5 月，众多用户计算机被感染，损失超过 100 亿美元。

（4）红色代码：2001 年 7 月，网络瘫痪，直接经济损失很大。

（5）求职信：2001 年 12 月，大量病毒邮件堵塞服务器，损失达数百亿美元。

（6）SQL 蠕虫王：2003 年 1 月 26 日，一种名为"2003 蠕虫王"的蠕虫病毒迅速传播并袭击了全球，致使互联网严重堵塞，作为互联网主要基础的域名服务器瘫痪，网民浏览互联网及收发电子邮件的速度大幅减缓，银行自动提款机、机票等网络预订系统的运作中断，信用卡等收付款系统出现故障等，专家估计，直接经济损失超过 26 亿美元。

（7）WannaCry 蠕虫：2017 年 5 月 12 日，WannaCry 蠕虫在全球范围大爆发，感染了大量的计算机，向计算机中植入敲诈者病毒，导致大量文件被加密。受害者计算机只有付一定的比特币才可以解锁，因此该蠕虫也被称作"勒索病毒"。

16.4.2 蠕虫的结构

蠕虫的基本程序结构为传播模块、隐藏模块和目的功能模块。传播模块负责蠕虫的传播;隐藏模块负责侵入主机后,隐藏蠕虫程序,防止被用户发现;目的功能模块实现对计算机的控制、监视或破坏等功能。

传播模块又可以分为扫描、攻击和复制 3 个基本模块。由扫描模块负责探测存在漏洞的主机。当程序向某个主机发送探测漏洞的信息并收到反馈信息后,就得到一个可传播的对象。攻击模块按漏洞攻击步骤自动攻击扫描中找到的对象,取得该主机的权限,获得一个 Shell。复制模块通过原主机和新主机的交互将蠕虫程序复制到新主机并启动。传播模块实际上实现的是自动入侵的功能。所以蠕虫的传播技术是蠕虫技术的首要技术,没有蠕虫的传播技术,也就谈不上什么蠕虫技术了。

蠕虫利用系统漏洞进行传播主要有以下 3 个阶段。

第一阶段要进行主机探测,已经感染蠕虫的主机在网络上搜索易感染的目标主机。这一步骤决定采用何种搜索算法对本地或者目标网络进行信息搜集,内容包括本机系统信息、用户信息、邮件列表、对本机的信任或授权的主机、本机所处网络的拓扑结构、边界路由信息等,这些信息可以单独使用或被其他个体共享。良好的扫描策略能够加速蠕虫传播,使蠕虫在最短的时间内找到互联网上全部可以感染的主机。

第二阶段已经感染蠕虫的主机把蠕虫代码传送到易感染的目标主机上。完成对特定主机的脆弱性检测,决定采用何种攻击渗透方式。攻击渗透模块利用获得的安全漏洞,建立传播途径,该模块在攻击方法上是开放的、可扩充的。

第三阶段易感染的目标主机执行蠕虫代码,感染目标主机系统。蠕虫进行自我复制与推进,该过程可以采用各种形式生成各种形态的蠕虫副本,在不同主机间完成蠕虫副本传递。例如,Nimda 会生成多种文件格式和名称的蠕虫副本;W32.Nachi.Worm 利用系统程序(如 TFTP)来完成推进模块的功能等。

目标主机感染后,又开始第一阶段的工作,寻找下一个易感染的目标主机,重复第二和第三阶段的工作。

16.4.3 蠕虫的特点

1. 独立性

一般病毒都需要宿主程序,将自己的代码写到宿主程序中,程序运行时执行病毒程序,从而造成感染和破坏。蠕虫病毒不需要宿主程序,它是完整、独立的代码,所以可不依赖宿主程序独立运行,主动地实施攻击。

2. 利用漏洞主动攻击

由于不受宿主程序的限制,蠕虫病毒可以利用操作系统的各种漏洞进行主动攻击,如"红色代码""尼姆达""求职信"等。由于 IE 浏览器的漏洞(Iframe ExecCommand),使得感染了"尼姆达"病毒的邮件在不用手工打开附件的情况下病毒就能激活。"红色代码"利用了微软公司 IIS 服务器软件的漏洞(idq.dll 远程缓冲区溢出)来传播。

3. 传播方式多样

蠕虫病毒比传统病毒具有更大的传染性,它不仅仅感染本地计算机,而且会以本地计算机为基础,感染网络中所有的服务器和客户端。通过网络中的共享文件夹、电子邮件、恶意网页以及存在着大量漏洞的服务器等途径肆意传播,几乎所有的传播手段都被蠕虫病毒运用得淋漓尽致。因此,蠕虫病毒的传播速度可以是传统病毒的几百倍,甚至可以在几个小时内蔓延全球,造成难以估量的损失。

4. 伪装和隐藏方式较好

在通常情况下,用户在接收、查看电子邮件时,都采取双击打开邮件主题的方式浏览邮件内容,如果邮件中带有病毒,用户的计算机就会被病毒感染。因此,通常的经验是不运行邮件的附件就不会感染蠕虫病毒。目前比较流行的蠕虫病毒将病毒文件通过 base64 编码隐藏到邮件的正文,并且通过某些漏洞造成用户在单击邮件时,病毒就会自动解码到硬盘上并运行。"尼姆达"和"求职信"等病毒及其变种还利用添加带有双扩展名的附件等形式来迷惑用户,使用户放松警惕性,从而进行更为广泛的传播。

5. 采用的技术更先进

一些蠕虫病毒与网页的脚本相结合,利用 VBScript、Java、ActiveX 等技术隐藏在 HTML 页面里。当用户上网浏览含有病毒代码的网页时,病毒会自动驻留内存并伺机触发。还有一些蠕虫病毒与后门程序或木马程序相结合,比较典型的是"红色代码"病毒,它会在被感染计算机的 WEB 目录下的\scripts 下生成一个 root.exe 后门程序,病毒的传播者可以通过这个程序远程控制该计算机。这类与黑客技术相结合的蠕虫病毒具有更大的潜在威胁。

16.4.4 蠕虫的防范技术

随着蠕虫技术的不断发展,网络蠕虫已经成为网络系统的极大威胁,准确有效的蠕虫检测与防范是消除这种威胁、减轻蠕虫所带来的损失的重要手段。

(1)加强网络管理员的安全管理水平,提高用户的安全意识。由于蠕虫病毒利用的是系统漏洞进行攻击,所以需要在第一时间内保持系统和应用软件的安全性,保持各种操作系统和应用软件的更新。由于各种漏洞的出现,使得安全不再是一劳永逸的事,要求企业的管理水平和安全意识也越来越高。

(2)建立安全检测系统。从网络整体考虑,建立相对完善的检测系统,能够在第一时间内检测到网络异常和病毒攻击,如 IDS、IPS、漏洞扫描、防火墙、防病毒软件等,并能实现互容联动。

(3)利用蠕虫免疫技术防范蠕虫攻击。蠕虫传播时,由于重复扫描,往往伴随着网络阻塞,但这不是蠕虫攻击的本意。为了避免重复感染这一问题,蠕虫设计者通常在受害主机系统上设置一个标记。网络蠕虫免疫技术的基本原理就是在易感染的主机系统上事先设置一个蠕虫感染标记,欺骗真实的网络蠕虫,从而保护主机免受蠕虫攻击。

(4)建立应急响应系统,将风险减少到最小。由于蠕虫病毒爆发的突然性,可能在蠕虫发现时已经蔓延到了整个网络,所以在突发情况下,建立一个紧急响应系统是很有必要的,在爆发的第一时间即能提供解决方案。

（5）灾难备份系统。对于数据库和数据系统,必须采用定期备份、多机备份措施,防止意外灾难下的数据丢失。

（6）对于局域网而言,可以采用以下一些主要手段:在Internet接入处安装防火墙式防杀计算机病毒的产品,将病毒隔离在局域网之外;对邮件服务器进行监控,防止带毒邮件进行传播;对局域网用户进行安全培训;建立局域网内部的升级系统,包括各种操作系统的补丁升级,各种常用软件升级,各种杀毒软件病毒库的升级等。

16.4.5　病毒、木马、蠕虫的区别

病毒、木马和蠕虫是3种常见的恶意程序,可导致计算机或计算机上的信息损坏。它们可使网络和操作系统变慢,危害严重时甚至会完全破坏系统,并且,它们还可通过网络进行传播,在更大范围内造成危害。三者都是人为编制的恶意代码,都会对用户造成危害。人们往往将它们统称作病毒,其实这种称法并不准确,它们之间虽然有共性,但也有很大的差别。

病毒必须满足两个条件:一是能自行执行;二是能自我复制。

此外,病毒还具有很强的感染性,一定的潜伏性,特定的触发性和破坏性等。由于计算机病毒所具有的这些特征与生物学上的病毒很相似,因此人们才将这种恶意程序代码称为计算机病毒。一些病毒被设计为通过损坏程序、删除文件或重新格式化硬盘来损坏计算机。有些病毒不损坏计算机,而只是复制自身,并通过显示文本、视频和音频消息表明它们的存在。通常它们会占据合法程序使用的计算机内存,引起操作异常,甚至导致系统崩溃。

特洛伊木马是具有欺骗性的文件(宣称是良性的,但事实上具有恶意的目的),是一种基于远程控制的黑客工具,具有隐蔽性和非授权性的特点。木马的隐蔽性使木马难以被发现,即使发现感染了木马,也难以确定其具体位置。木马的非授权性使控制端可以窃取到服务端的很多操作权限,如修改文件、修改注册表、控制鼠标、键盘、窃取信息等。一旦感染木马,用户的系统可能就会门户大开,毫无秘密可言。特洛伊木马与病毒的重大区别是特洛伊木马不具传染性,它并不能像病毒那样复制自身,也并不"刻意"地去感染其他文件,它主要通过将自身伪装起来,吸引用户下载执行。特洛伊木马中包含能够在触发时导致数据丢失甚至被窃的恶意代码,要使特洛伊木马传播,必须在计算机上有效地启用这些程序,例如打开电子邮件附件或者将木马绑定在软件中吸引用户下载执行等。现在的木马主要以窃取用户的相关信息为目的。相对病毒而言,可以简单地理解为,病毒破坏信息,而木马窃取信息。

从广义上说,蠕虫也可以算是病毒中的一种,但是它与普通病毒之间有着很大的区别。一般认为,蠕虫是一种通过网络传播的恶性病毒,它具有病毒的一些共性,如传播性、隐蔽性、破坏性等,同时具有自己的一些特征,如不利用文件寄生,对网络造成拒绝服务,以及和黑客技术相结合等。普通病毒需要传播受感染的驻留文件来进行复制,而蠕虫不使用驻留文件即可在系统之间进行自我复制,普通病毒的传染能力主要是针对计算机内的文件系统而言的,而蠕虫病毒的传染目标是互联网内的所有计算机。因此,在产生的破坏性上,蠕虫病毒也不是普通病毒所能比拟的。局域网条件下的共享文件夹、电子邮件、恶意网页、大量存在着漏洞的服务器等都是蠕虫传播的良好途径,蠕虫可以在几小时内蔓

延全球,而且蠕虫的主动攻击性和突然爆发性将使得人们手足无措。此外,蠕虫会消耗内存或网络带宽,从而可能导致计算机或网络崩溃。

综上所述,病毒侧重于破坏操作系统和应用程序的功能,木马侧重于窃取敏感信息的能力,蠕虫则侧重于在网络中的自我复制和自我传播能力。病毒、木马和蠕虫的对比如表16.1 所示。

表 16.1　病毒、木马和蠕虫的对比

比　较　项	病　　　毒	木　　　马	蠕　　　虫
存在形式	寄生	独立个体	独立个体
传播途径	通过宿主程序运行	植入目标主机	通过系统存在的漏洞
传播速度	慢	最慢	快
攻击目标	本地文件	本地文件和系统、网络上的其他主机	程序自身
触发机制	计算机操作者	计算机操作者	程序自身
防治方法	从宿主文件中清除	停止并删除计算机木马服务程序	为系统打上补丁
对抗主体	计算机使用者、防病毒供应商	计算机使用者和防病毒供应商、网络管理者	计算机使用者、系统软件供应商、网络管理者

16.5　新型恶意代码

下面对一些比较新型的恶意代码分类进行简单介绍。

16.5.1　从传播感染途径分类

1. 下载器

下载器(downloader)是在被攻击的机器上安装其他内容的程序。通常下载器是包含在恶意代码中的,该恶意代码首先被安装在感染系统中,而后下载大量的恶意代码。

利用浏览器自动下载安装程序的漏洞来传播木马。浏览器未进行安全更新就会中招,访问的是挂马网站。挂马的网页会在未打补丁的系统上下载和执行称为木马下载器的程序,而不是直接下载执行木马程序,然后由它建立专门的连接来下载多种木马。

2. 路过式下载

路过式下载(drive-by-download)是一种利用受感染网站的攻击形式,从而达到传播的目的。当用户浏览一个受攻击者控制的 Web 页面时,该页面包含的代码会攻击该浏览器的漏洞,并在用户不知情的情况下攻击访问者的主机和安装恶意代码。

3. 水坑式攻击

水坑式攻击(watering-hole attack)是路过式下载的变种,是一种具有高度针对性的攻击。攻击者通过研究他们要攻击的目标来确定目标可能要浏览的 Web 站点,然后扫描这些站点找出能够让他们植入夹带式下载的漏洞,再等待受害者去浏览那些有害的站点。

他们的攻击代码甚至可以被设定为只感染特定目标的系统,而对其他浏览该站点的访问者没有影响。这样极大地增加了受控制站点无法被检测出来的可能性。

4. 点击劫持

点击劫持(click jacking)即用户界面伪装攻击(UI redress attack),是一种攻击者收集被感染用户鼠标点击信息的攻击。攻击者甚至可能在一个合法按钮的上面或者下面部署另一个按钮,并将其制作成用户难以察觉的样子。典型例子是利用多重透明或模糊的页面层次来欺骗用户在试图点击最上层页面时,却实际上点击了另一个按钮或链接到另一个页面。

键盘输入也可能被劫持,使得用户会被误导以为他们在为电子邮件或银行账户输入口令,而实际上他们将口令输入攻击者控制的一个无形的框架内。

5. 手机蠕虫/手机木马

CommWarrior 蠕虫利用蓝牙技术向接收区域内的其他手机传播,也可以用彩信的方式向手机通信录中的号码发送自己的副本。手机蠕虫可以使手机完全瘫痪、删除手机数据,或者向收取额外费用的号码发送信息。

通过手机蠕虫传染是可能的,但目前已知的大多数手机恶意代码仍是通过含有木马的 App 植入手机。例如诱骗手机银行用户输入银行详细信息的网络钓鱼木马,以及模仿 Google 设计风格使其看起来更加合法和具有威胁性的勒索软件。

16.5.2　从有效载荷的作用分类

1. 系统损坏

1)勒索软件(ransomware)

某些恶意代码会加密用户数据,然后向用户索要赎金才可以恢复数据。2006 年出现了使用公钥加密算法和越来越长的密钥对数据进行加密的蠕虫和木马。用户必须支付赎金,或在指定网站进行支付才可以拿到解密密钥。

2017 年的 WannaCry 勒索软件感染了许多国家的很多系统,它会加密大量满足列表中文件类型要求的文件,而后索要比特币赎金来恢复它们。

2)逻辑炸弹(logic bomb)

被入侵者插入到正常程序中的程序。当预定义的条件(某个特定文件存在与否、某个特定的日期或者星期几、某些软件的特定版本或者配置、运行程序的某个特定用户等)满足时,逻辑炸弹被触发,开始进行非授权的操作(修改或删除数据或所有文件,导致死机或者其他破坏);其他时间则处于休眠状态。逻辑炸弹往往被那些有怨恨的职员利用,他们希望在离开公司后,通过启动逻辑炸弹来损害公司利益。

2. 信息窃取

1）间谍软件（spyware）

通过监听键盘输入、显示器数据或网络流量，或通过搜寻系统中的文件获取敏感信息，并将收集到的信息发送给另一台计算机。间谍软件可以监视受害系统的历史记录和浏览内容，更改某一网页至攻击者控制的虚假网站，动态修改浏览器和网站的交换数据等。所有这些会导致用户私人信息遭到严重的侵害。

由犯罪软件工具包制作的 Zeus 网银木马是此类间谍软件中的一个突出代表，它利用键盘记录器盗取银行和金融凭证，可修改某些网站的表单数据。它通常利用垃圾电子邮件或通过一个含有路过式下载的有害网站进行传播。

2）网络钓鱼（phishing）

网络钓鱼是一种用户获取用户登录名和口令的方法，在垃圾邮件中包含指向（或用其他方式让用户访问）被攻击者控制的虚假网站 URL，而且这个虚假网站模仿一些银行、游戏或其他类似网站的登录界面。如果用户在这些虚假网站的登录界面上输入了账号口令，攻击者就截获了合法用户的登录信息。

3）鱼叉式网络钓鱼（spear-fishing）

它是声称来自可信来源的电子邮件，但包含伪装成假发票、办公文档或其他预期内容的恶意附件。与普通网络钓鱼攻击不同的是，攻击者已经认真研究了该邮件的收件人，所以每封邮件都是为受害人定制的，使其会相信邮件的可靠性，这大大增加了收件人像攻击者所期望的那样做出响应的可能性。

4）QQ/微信盗号木马

在受害计算机上运行，注入键盘钩子函数盗取 QQ/微信账号，然后发给黑客。因为没有特别的控制功能，所以不需要有专门客户端，服务器端也不需要有监听端口。

3. 增加隐蔽性

1）后门 backdoor（陷门 trapdoor）

后门是进入一个程序的秘密入口，能够绕过正常安全检查的任何机制，它可以允许未授权访问某些功能。最早的后门一直被程序员合理地用于程序的调试和测试，这样的后门被称为维护挂钩（maintenance hook）。当程序员开发具有身份认证或者很长的配置过程的应用程序时，往往会用到后门。

当后门被攻击者肆无忌惮地使用来获得非授权访问时，后门就变成了一种安全威胁。近期，后门通常当作网络服务监听在一些攻击者能够连接的非标准端口上实现，通过运行后门向受害系统发送命令。

2）rootkit

rootkit 原来是指在系统中用来支持以管理员（或 root）权限对系统进行访问的一组程序。现在通常是指，攻击者成功入侵计算机系统并获得 root 访问权限之后使用的一套攻击工具。

rootkit 以恶意且隐蔽的方式更改主机的标准功能。获得管理员权限后，黑客就完全控制了系统,并能够添加或修改程序和文件、监控当前进程、发送和接收通信数据,并且如果需要还可以设置后门。

rootkit 能够对系统进行很多的修改来隐藏自己,是通过破坏系统对进程、文件、注册表的监控和报告机制而实现隐藏的。rootkit 作者和它的检测者一直在进行一个持续性的军备竞赛:所有的进展都围绕着寻找更加"底层"形式的攻击。

下一代的 rootkit 向底层移动,在内核中进行修改,与操作系统代码共存,这使得它们更难被检测到。任何反病毒程序现在都受 rootkit 用于隐藏自身的相同"底层"修改的制约。

16.5.3 其他恶意代码

1. 高级持续性威胁

高级持续性威胁(Advanced Persistent Threat,APT)是指向精心选择的商业性和政治性目标、使用多种入侵技术和恶意代码,并在很长一段时间内致力于发起持续有效攻击的网络犯罪,其元凶往往是拥有充足资源的由国家支持的组织或者犯罪企业。

2. 攻击工具包

攻击工具包(attack kit)是一套通过使用各种传播和载荷机制自动生成新恶意代码的工具。工具包也可以通过最新发现的漏洞定制恶意代码,在该漏洞被发现到打补丁修复前这段时间内进行漏洞攻击(0day 漏洞利用)。

3. 流氓软件

未经用户许可强行在用户计算机上安装的软件,或骗取用户的许可安装。未防止被用户卸载,流氓软件(rogue software)甚至去劫持操作系统内核,导致系统非常不稳定。流氓软件增加木马功能后就是一个无法清除的木马。

16.5.4 恶意代码常见的实现技术

1. 浏览器帮助插件(Browser Helper Object,BHO)

插件是以动态连接库形式实现的功能扩展模式,它为黑客通过劫持应用程序提供了一个很好的途径。黑客可以编写包括恶意代码的插件,当这种插件被系统装入应用系统内,这个恶意代码就有了被执行的机会。

2. 设备驱动

设备驱动提供了一种扩展系统内核功能的机制,TCP/IP 协议栈就是以驱动程序形式实现的。黑客可以将恶意代码伪装成设备驱动,骗取用户安装,这样恶意代码就获得了不加限制的权限,甚至可以劫持操作系统内核。rootkit、流氓软件都可以用驱动程序形式实现。但是黑客编写这种程序也是有风险的,因为易导致系统崩溃。

黑客通过某种方法将系统对内核服务的调用重定向到黑客编写的已伪装成驱动程序的恶意代码,就能够拦截系统对内核服务的调用。

3. 钩子函数

黑客作为非特权用户,编写一个包含恶意代码的钩子函数(如键盘钩子函数可以监控用户的键盘输入),并将其注册为全局钩子函数,就可以将恶意代码注入各种应用程序中,甚至重要的系统进程中。这使得钩子函数和动态连接库注入成为黑客劫持应用程序的有效手段。

线程注入是动态连接库注入的特例(或变种),即某个进程可强行在其他进程中创建新的线程,即远程线程注入。

16.6　恶意代码检测

恶意代码虽然有很多防止自己被检测的方法:加密、多态、变形、加壳等,但是已经开发出了一些相应的检测方法。

1. 基于主机的检测技术

1)简单的扫描器

简单的扫描器需要病毒特征码来识别已知病毒。

2)启发式扫描器

启发式扫描器通过启发式规则来检测可能存在的病毒感染。

其中一类扫描器是通过搜索经常与病毒关联的代码段来检测病毒。例如,扫描器可能会搜索多态病毒使用的加密循环的起始部分并发现其加密的密钥。这样扫描器就能解密病毒并识别病毒类型,然后清除病毒并使感染程序重新提供服务。

另一类方法是完整性检测,每个程序都被附件一个校验和。为了对付那些在感染时能够自动修改校验和的病毒,需要使用带有加密密钥的消息验证码。

3)内存驻留程序

内存驻留程序通过病毒行为来识别病毒而不是通过被感染文件的内部结构特征。其优点是不用为大量的病毒生成特征码和启发式规则。它只需要去识别一小部分预示病毒想要感染的行为,然后阻止这些行为。

4)综合应用各种反病毒技术

综合应用各种反病毒技术包括扫描和活动陷阱(activity trap)组件,同时还加入了访问控制功能,从而限制了病毒对系统渗透的能力,也就限制了病毒修改文件以继续传播的能力。

2. 网络边界检测技术

反病毒软件也可以部署在防火墙或入侵检测系统中,这样反病毒软件便可以访问通过网络连接到内网的任何系统传播的恶意代码,进一步可以防止恶意代码进入和损害目标系统,无论威胁来自内部还是外部。边界监控也能够通过检测非正常网络流量模式以协助检测相应的僵尸网络活动。当僵尸机们被激活并进行攻击时,这些防范措施能够检测到这个攻击。

3. 分布式检测技术

分布式检测技术从大量的主机或边界传感器中收集数据,把这些信息发送至一个能够将数据进行联系和分析的中央分析系统。该系统随后即可对恶意代码的特征和行为模式做出更新,并返回给所有受其协调的系统以共同应对和防御恶意代码的攻击。这实际上是分布式入侵防御系统(IPS)功能的重要组成部分。

4. 其他几种主要方法

1) 沙箱分析

在沙箱或虚拟机中运行恶意代码,这可以保证沙箱在可控的环境内运行,其行为可以被近距离监控,同时不会对实际系统的安全造成威胁。这些环境包括模拟目标系统的内存和CPU的沙箱仿真器,以及复制目标系统全部功能但可以很容易地恢复到已知状态的完全虚拟机。在沙箱环境中运行潜在的恶意代码可以让检测系统检测出加密、多态或变形的恶意代码。

沙箱分析设计最困难的部分是确定执行每次解释(interpretation)所需的时间。通常,恶意代码元素在程序开始执行后不久便被激活,但最近的恶意代码越来越多地使用逃避方法,例如延长休眠以逃避沙箱系统的检测。沙箱模拟运行特定恶意代码的时间越长,越有可能捕获任何隐藏的恶意代码。然而,沙箱分析只有有限的时间和资源可用。

2) 基于主机的动态恶意代码分析

动态恶意代码分析或行为阻断软件与主机的操作系统相结合,实时监控恶意的程序行为,寻找潜在的恶意行为。同时行为阻断软件能够在程序的恶意行为影响计算机之前将其阻断。

这种动态分析软件有很大的优势,因为不管恶意代码经过怎样的变形,最终它都必须向系统发送特定的请求。因此,行为阻断软件通过截获所有这样的请求,就能够识别并阻止恶意行为。

3) 检测 rootkit

rootkit(特别是内核级 rootkit)能够精准地损坏那些能够检测 rootkit 并发现其踪迹的管理工具,使自己不被检测到。针对这种情况,系统需要搜索那些能够预示 rootkit 存在的行为,例如截获系统调用或者与键盘驱动程序交互的键盘记录器等。

另一种解决方法是对某类文件进行完整性校验。如 RootkitRevealer 工具将使用 API 的系统扫描结果与不使用 API 的指令所获得的实际存储视图进行对比。因为 rootkit 通过修改系统管理员调用所能看到的存储视图来隐藏自己,而 RootkitRevealer 正是利用了这个差异。

16.7　实验：远程控制工具的使用

1. 实验环境

安装 Windows 操作系统并连接网络的两台 PC，或者使用虚拟机构建在同一局域网的两台 PC。

2. 实验步骤

（1）下载安装 QuasarRAT，QuasarRAT 是一种用 C♯ 编码的轻量级远程管理工具，其所具备的远程管理控制功能和木马类似，只是木马通常隐蔽自身，而远程管理工具不需要隐藏。为避免被杀毒软件查杀，建议在实验设备上暂时关闭杀毒软件。下载地址为 https://github.com/quasar/QuasarRAT。

（2）解压文件后，运行 Quasar.exe，首先配置生成一个客户端程序，单击菜单上的 Builder 命令，看到如图 16.3 所示界面。

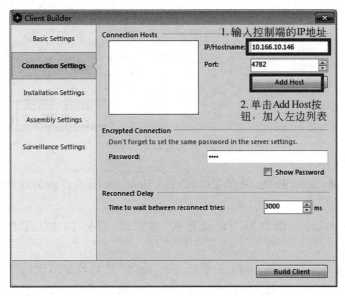

图 16.3　运行界面配置生成客户端程序

① 这里面最主要的配置操作就是填写第一行的 IP 地址，这里填写控制端的 IP 地址（简称 PC2），例如控制端计算机的 IP 地址 10.166.10.146，如图 16.3 所示。这里使用默认 4782 端口。也可以随意配置端口号，如更具有隐蔽性的 80 端口，记住同时在控制端更改监听端口。

② 然后单击 Add Host 按钮，将主机加入左边列表中。

其他选项不用改，使用默认值即可，如想了解，可以参考帮助文件。下面列举一些选项说明：

• 可以更改默认的安装文件名，只要不和系统现有的安装名称冲突就可以。

- 为了让防止服务端在一台主机中与别的服务端冲突,最好改变一下服务名称、服务显示名称。
- 如选插入 system 目录下的系统文件,必须测试插入后能否运行、重启与远控功能能否正常使用。
- 隐藏进程选项。

③ 为了使用键盘记录功能,在 Surveillance Settings 里面添加键盘记录功能,如图 16.4 所示。

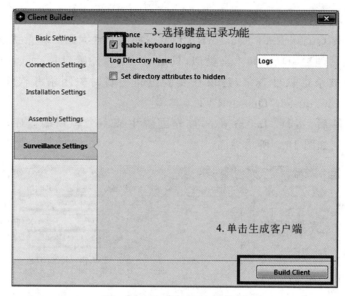

图 16.4　添加键盘记录功能

④ 单击 Build Client 按钮,保存文件,得到 Client-built,可以认为这就是某种木马,如图 16.5 所示。

⑤ 将 Client-built 复制到另一台计算机(客户端,简称 PC1),在 PC1 上双击运行 Client-built。

⑥ 在控制端 PC2 上运行 Quasar,单击 Settings 并选择开始监听端口(这一步非常重要,一定要单击 Start listening),如图 16.6 所示。如果配置正确,很快就发现客户端上线。

⑦ 右击选择一个客户端,可以进行多种操作。

(3) 在控制端 PC2 和客户端 PC1 分别查看网络连接情况。在"命令控制行"中使用 netstat - a 命令,查看可疑连接。

(4) 在控制端 PC2 上,可以从右键菜单的 System 命令中运行 Shell、查看 TCP 连接、打开注册表等。

(5) 可以从右键菜单的 Surveillance 命令中运行远程桌面、远程摄像头(需要硬件支持)、键盘记录操作(Keylogger)。

(6) 重点尝试键盘记录操作(Keylogger),从 PC2 上启动键盘记录后,在客户端 PC1

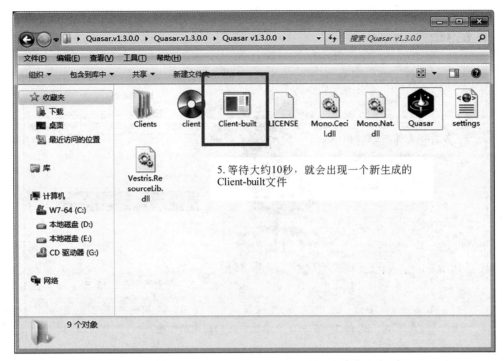

图 16.5 生成客户端文件

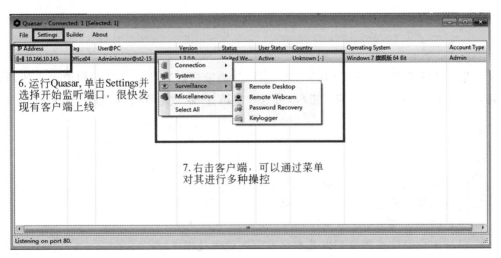

图 16.6 在控制端 PC2 上开始监听

上分别打开下面窗口进行登录,如图 16.7 所示。

- 打开"记事本",输入任意文字。
- 通过浏览器打开邮箱,例如 163 邮箱,输入用户名和密码并登录。
- 登录淘宝,输入用户名和密码并登录。
- 网络银行登录,如建行个人网银(安全控件登录),先按照网站要求安装安全控件,

图 16.7　在 PC1 上尝试输入密码等敏感信息

再输入用户名和密码并登录。

在控制端 PC2 上查看键盘记录，支付宝等敏感密码可以自己在实验中测试，及时清除，防止泄露密码。

3. 实验探索

如果在生成客户端 Build Client 时，选择了"隐藏进程"，此时已具备类似木马的隐藏功能，运行后，看一下能否找到该进程，可以和不选择"隐藏进程"的状态对比一下。

习题

1. 简述恶意代码的分类方法，列举出通常的几类恶意代码。
2. 计算机病毒的概念及特点是什么？
3. 计算机病毒的防范方法有哪些？
4. 简述木马的结构和原理以及木马有哪些隐藏技术。
5. 木马常用的植入手段有哪些？
6. 简述蠕虫的结构和原理，说明蠕虫的特点是什么。
7. 分析病毒、木马和蠕虫的区别。

参 考 文 献

[1] WILLIAM S. 网络安全基础：应用与标准[M]. 白国强，等译. 6 版. 北京：清华大学出版社，2020.

[2] WILLIAM S. 编码密码学与网络安全：原理与实践[M]. 王后珍，等译. 7 版. 北京：电子工业出版社，2012.

[3] WILLIAM S. 计算机安全：原理与实践[M]. 贾春福，等译. 4 版. 北京：机械工业出版社，2019.

[4] MARK S. 信息安全原理与实践[M]. 张戈，译. 2 版. 北京：清华大学出版社，2013.

[5] 张世永. 网络安全原理与应用[M]. 北京：科学出版社，2002.

[6] 田俊峰，杜瑞忠，杨晖. 网络攻防原理与实践[M]. 北京：高等教育出版社，2012.

[7] 张红旗，王鲁. 信息安全技术[M]. 北京：高等教育出版社，2008.

[8] 李剑，张然. 信息安全概论[M]. 北京：机械工业出版社，2009.

[9] 任伟. 现代密码学[M]. 北京：北京邮电大学出版社，2011.

[10] 刘嘉勇，等. 信息系统安全理论与技术[M]. 2 版. 北京：高等教育出版社，2008.

[11] 龚俭，杨望. 计算机网络安全导论[M]. 3 版. 南京：东南大学出版社，2020.

[12] 吴礼发，洪征. 计算机网络安全原理[M]. 2 版. 北京：电子工业出版社，2021.

图书资源支持

感谢您一直以来对清华版图书的支持和爱护。为了配合本书的使用，本书提供配套的资源，有需求的读者请扫描下方的"书圈"微信公众号二维码，在图书专区下载，也可以拨打电话或发送电子邮件咨询。

如果您在使用本书的过程中遇到了什么问题，或者有相关图书出版计划，也请您发邮件告诉我们，以便我们更好地为您服务。

我们的联系方式：

地　　址：北京市海淀区双清路学研大厦 A 座 714

邮　　编：100084

电　　话：010-83470236　010-83470237

客服邮箱：2301891038@qq.com

QQ：2301891038（请写明您的单位和姓名）

资源下载： 关注公众号"书圈"下载配套资源。

资源下载、样书申请

书 圈

图书案例

清华计算机学堂

观看课程直播